压水堆核电厂操纵人员基础理论培训系列教材

核电厂电气原理与设备

Electrical Principle and Equipment of Nuclear Power Plants

顾颖宾　王　略　等　编著

中国原子能出版社

图书在版编目(CIP)数据

核电厂电气原理与设备 / 顾颖宾，王略等编著．—北京：原子能出版社，2010.12（2025.7 重印）
（压水堆核电厂操纵人员基础理论培训系列教材）
ISBN 978-7-5022-4899-4

Ⅰ.①核… Ⅱ.①顾… ②王… Ⅲ.①压水型堆-核电厂-电气设备-技术培训-教材 Ⅳ.①TM623.91

中国版本图书馆 CIP 数据核字(2010)第 084987 号

内 容 简 介

本书主要介绍压水堆核电厂各类电气设备的结构特点、工作原理、测量与控制、运行及维护，电气主接线、厂用电接线的形式和结构，厂用电系统的运行及继电保护配置的原理和维护等，讲述了一些大型电气设备正常运行、非正常运行及事故处理，突出了核安全的重要性，同时对不同堆型的重要电气设备进行了介绍和比较。

本书是压水堆核电厂操纵人员基础理论培训系列教材之一，也可供从事核电工程的相关技术人员及高等院校相关专业的师生参考。

核电厂电气原理与设备

策　　划　刘　朔　张　琳
出版发行　中国原子能出版社(北京市海淀区阜成路 43 号　100048)
责任编辑　张　琳
技术编辑　冯莲凤
责任印制　赵　明
印　　刷　北京天恒嘉业印刷有限公司
经　　销　全国新华书店
开　　本　787 mm×1092 mm　1/16
印　　张　17　　**字　数**　420 千字
版　　次　2010 年 12 月第 1 版　2025 年 7 月第 10 次印刷
书　　号　ISBN 978-7-5022-4899-4
定　　价　**82.00 元**

网址:http://www.aep.com.cn　　**E-mail:atomep123@126.com**
发行电话:010-68452845

《压水堆核电厂操纵人员基础理论培训系列教材》

校 审 专 家

（按姓氏拼音顺序排列）

一审专家：

高秀清　高永春　李文埮　李永章　刘耕国
罗璋琳　彭木彰　浦胜娣　吴炳祥　夏益华
张培升　赵兆颐

二审专家：

陈　跃　付卫彬　黄志军　蒋祖跃　李守平
马明泽　毛正宥　潘泽飞　唐锡文　王瑞正
魏　挺　薛峻峰　杨　炜　朱晓斌

统审专家：

曹述栋　丁卫东　丁云峰　宫广臣　苟　峰
顾颖宾　郭利民　何小剑　黄世强　廖伟明
刘志勇　马明泽　毛正宥　缪亚民　戚屯锋
苏圣兵　孙光弟　王晓航　魏国良　吴　放
吴　岗　杨昭刚　俞卓平　张福宝　张志雄
周卫红

前　言

核电厂操纵人员的素质关系到核电厂的安全运营，而培训工作是保证人员素质的基本环节之一。为适应当前我国大力发展核电的形势，保证核电厂操纵人员的培训质量，使基础理论培训满足国家核安全法规与行业规定的要求，便于对培训过程实施统一规范的管理，国家主管部门决定编写一套适用于核电厂操纵人员的基础理论培训教材——《压水堆核电厂操纵人员基础理论培训系列教材》。鉴于核工业研究生部在近20年的核电基础理论培训中，积累了丰富的教学及管理经验，具有稳定的师资队伍和较完整的教材体系，故由核工业研究生部具体承担教材编写的组织工作。

为了编好操纵人员培训教材，核工业研究生部牵头组织长期从事核电培训的专家、教授进行认真分析和讨论，根据我国现有堆型的特点，从压水堆核电厂入手，由核电厂、核动力运行研究所、操纵人员资格审查委员会等单位的专家共同参与编写。这套教材共十二册，包括《核反应堆物理》、《核反应堆热工水力学》、《核电厂辐射防护》、《核电厂材料》、《核电厂通用机械设备》、《核电厂水化学》、《核电厂电气原理与设备》、《核电厂核蒸汽供应系统》、《核电厂蒸汽动力转换系统》、《核电厂仪表与控制》、《核电厂核安全》、《核电厂运行概论》。这套教材内容以核电厂相关专业的基本概念、基本原理及基础知识为主，可为操纵人员下一步培训打下良好的理论基础。

本套教材是经过充分准备、精心组织而完成的。首先，根据核电厂操纵人员的培训目标，按照《核电厂操纵人员的执照考核标准》(EJ/T 1043—2004)的相关内容和要求进行课程设置、制定教材编写原则、明确每种教材应涵盖的内容；在总结以往教学经验的基础上，充分征求各核电厂专家的意见，形成了内容完整、要求明确的教材编写大纲。其次，聘请既有较高的专业水平又有较强的实际工作能力和丰富的教学经验的专家担任本套教材的编者，并为编者提供教材编写技巧、《著作权法》等相关知识的讲座和模拟机现场观摩学习；编者根据教材编写原则和大纲编写具体内容，力求做到既符合学员的认知规律又贴近核电厂的实际。再次，请理论功底扎实、教学经验丰富的教授、专家根据教学原则对教材内容的准确性、系统性等进行审查，并广泛征求任课教师的意见；同时请实践经验丰富的核电厂专家结合实际进行审查。编者根据上述意见对教材进行认真修改后，再征求各方意见，最终由操纵人员资格审查委员会审定。

本套教材中《核电厂电气原理与设备》由江苏核电有限公司具有丰富实际工作经验的专家编写。其余的各分册由核工业研究生部多年从事核电培训教学工作、教学及实践经验丰富的教授、专家编写。

在本套教材的编审过程中，核工业研究生部的任课教师们认真参与教材的编审和研讨；江苏核电有限公司专门成立“电气教材编写专项组”，精心组织编审；各核电厂积极推荐审稿专家，提供编写教材所需资料；核电秦山联营有限公司组织一线人员与编者进行对口交流，创造条件为编者提供模拟机现场演示与讲解；各核电厂、核动力运行研究所、操纵人员资格审查委员会等单位的专家们认真审稿，提出许多宝贵意见；原子能出版社自始至终给予通力合作，提前介入指导，缩短了出版周期。

本套教材的编制出版，凝聚着编、审、校、印及组织管理人员的大量心血，同时得到各相关单位的大力支持和热情帮助，在此深表谢意！

编委会

2010 年 11 月

编者的话

《核电厂电气原理与设备》是根据核电基础理论培训教材编写大纲要求，在广泛听取核电专家意见的基础上编写的，是《压水堆核电厂操纵人员基础理论培训系列教材》之一，也可供核电厂相关人员参考。

本书根据《核动力厂运行安全规定》(HAF103)和《核电厂人员的配备、招聘、培训和授权》(HAD103/05)的要求，内容以基础理论知识、基本概念和基本原理为主，涵盖了《核电厂操纵人员的执照考核》标准(EJ/T 1043—2004)附录A和B的有关内容。

本书在编写上，以压水堆核电厂电气系统及设备的结构、原理、功能及性能为重点，力求突出压水堆核电厂机组的技术特点，尽量从原理上着重讲清楚概念，将这些基本原理与核电厂的运行实际相结合。在内容选择和安排上，为便于读者理解，力求做到由浅入深，尽量避免艰深的理论，做到既重点突出，又具有一定的全面性、系统性。

本教材共分10章。第1章概述由顾颖宾编写；第2章核电厂开关电器与导体、第3章成套配电装置由王略编写(其中第2章第9节由燕伟编写)；第4章核电厂的直流与UPS系统由李洪伟编写；第5章变压器由李雪岩编写；第6章交直流电动机由佟强编写；第7章同步发电机由舒新宽编写；第8章核电厂的电气主接线及厂用电由苏小军编写(其中第6节、第7节分别由李伟、燕伟编写)；第9章电气设备的测量和控制由彭雄伟、刘佳奇编写；第10章继电保护由张炳池、于绍涛、王爽编写。全书由王略统稿。

在编写的过程中，邵向业教授对初稿提出了建议和意见，吴炳祥、黄志军等专家审校了全文，在此表示诚挚的谢意。

书中如有不妥之处，恳请批评指正。

编者

2010年11月

目　录

第 1 章　概述 ……………………………………………………………… (1)

1.1　核电厂的电气设备 …………………………………………………… (1)

1.2　核电厂的电气设备安全分级 ………………………………………… (1)

1.3　核电厂电气原理及设备课程的重点 ………………………………… (2)

1.4　课程安排 ……………………………………………………………… (2)

第 2 章　核电厂开关电器与导体 ………………………………………… (4)

2.1　开关电器的电弧 ……………………………………………………… (4)

2.1.1　电弧的产生 …………………………………………………… (4)

2.1.2　电弧的熄灭 …………………………………………………… (4)

2.1.3　交流电弧的特性及熄灭 ……………………………………… (4)

2.2　熔断器作用及技术特性 ……………………………………………… (8)

2.2.1　熔断器的作用 ………………………………………………… (8)

2.2.2　熔断器的分类 ………………………………………………… (8)

2.2.3　熔断器的工作原理与特性 …………………………………… (9)

2.2.4　熔断器的主要参数与选择…………………………………… (10)

2.3　低压断路器…………………………………………………………… (11)

2.3.1　低压断路器的定义及分类…………………………………… (11)

2.3.2　低压断路器的结构…………………………………………… (11)

2.3.3　低压断路器的工作原理……………………………………… (13)

2.3.4　低压断路器的主要技术参数………………………………… (13)

2.4　高压断路器…………………………………………………………… (13)

2.4.1　高压断路器的用途及分类…………………………………… (13)

2.4.2　高压断路器的基本要求……………………………………… (14)

2.4.3　高压断路器的基本参数……………………………………… (15)

2.4.4　真空断路器…………………………………………………… (17)

2.4.5　SF_6 高压断路器 …………………………………………… (18)

2.5　断路器的操动机构…………………………………………………… (20)

2.5.1　操动机构概述………………………………………………… (20)

2.5.2　操动机构的性能要求………………………………………… (21)

2.5.3　操动机构的种类及特点……………………………………… (21)

2.6　隔离开关……………………………………………………………… (23)

2.6.1 隔离开关的用途…………………………………………………………………… (23)
2.6.2 隔离开关的特点…………………………………………………………………… (24)
2.6.3 隔离开关的额定参数与分类……………………………………………………… (24)
2.6.4 隔离开关操动机构………………………………………………………………… (24)
2.6.5 隔离开关型号和参数表示………………………………………………………… (25)
2.7 真空接触器……………………………………………………………………………… (25)
2.7.1 真空接触器的动作原理…………………………………………………………… (25)
2.7.2 真空接触器的主要优点…………………………………………………………… (26)
2.7.3 真空接触器的额定参数…………………………………………………………… (26)
2.8 载流导体………………………………………………………………………………… (26)
2.8.1 载流导体的发热…………………………………………………………………… (26)
2.8.2 材料与形状的选择………………………………………………………………… (27)
2.8.3 导体的选择和校验………………………………………………………………… (27)
2.8.4 封闭母线…………………………………………………………………………… (29)
2.9 核电厂电气贯穿件……………………………………………………………………… (31)
2.9.1 概况………………………………………………………………………………… (31)
2.9.2 电气贯穿件的结构………………………………………………………………… (32)
2.9.3 电气贯穿件的密封………………………………………………………………… (34)
2.9.4 电气贯穿件的现场试验…………………………………………………………… (36)
2.10 核电厂的防雷和接地装置 …………………………………………………………… (36)
2.10.1 核电厂外部防雷和接地 ………………………………………………………… (37)
2.10.2 核电厂内部防雷和接地 ………………………………………………………… (37)
2.10.3 避雷器 …………………………………………………………………………… (37)
复习题 ……………………………………………………………………………………… (39)

第3章 成套配电装置…………………………………………………………………… (41)
3.1 低压开关柜……………………………………………………………………………… (41)
3.1.1 低压开关柜的分类………………………………………………………………… (41)
3.1.2 低压开关柜的应用………………………………………………………………… (41)
3.2 中压开关柜……………………………………………………………………………… (43)
3.2.1 中压开关柜的分类………………………………………………………………… (43)
3.2.2 中置式金属铠装开关柜…………………………………………………………… (44)
3.2.3 防止误操作闭锁保护……………………………………………………………… (46)
3.2.4 中压接触器一熔断器组合电器…………………………………………………… (47)
3.3 气体绝缘金属封闭组合电器…………………………………………………………… (48)
3.3.1 GIS 封闭组合电器的特点 ………………………………………………………… (48)
3.3.2 气体绝缘金属封闭电器的结构…………………………………………………… (48)
3.3.3 智能化系统的应用………………………………………………………………… (51)
3.4 发电机断路器…………………………………………………………………………… (52)

3.4.1 发电机断路器的发展…… (52)
3.4.2 发电机断路器的功能与优越性…… (53)
3.4.3 发电机断路器的分类与结构…… (54)
3.4.4 发电机断路器的基本参数…… (55)
复习题 …… (56)

第 4 章 核电厂的直流与 UPS 系统 …… (57)
4.1 直流系统概述…… (57)
4.1.1 直流系统的作用…… (57)
4.1.2 直流系统的电压等级划分…… (57)
4.1.3 直流系统的组成和接线方式…… (57)
4.2 蓄电池…… (59)
4.2.1 富液式铅酸蓄电池…… (60)
4.2.2 密封阀控式铅酸蓄电池…… (65)
4.3 整流器…… (66)
4.3.1 相控型整流电源…… (66)
4.3.2 高频开关整流电源…… (67)
4.3.3 运行方式…… (68)
4.4 直流系统的绝缘监测装置…… (70)
4.4.1 母线绝缘监测…… (70)
4.4.2 支路监测…… (71)
4.5 交流不停电电源系统…… (72)
4.5.1 UPS 规格的确定 …… (72)
4.5.2 UPS 系统的典型配置方式 …… (73)
4.5.3 UPS 的输出要求 …… (75)
4.5.4 逆变装置…… (76)
复习题 …… (77)

第 5 章 变压器 …… (78)
5.1 变压器的工作原理…… (78)
5.1.1 理想变压器…… (78)
5.1.2 实际变压器…… (79)
5.1.3 变压器的阻抗参数…… (80)
5.1.4 变压器的效率…… (80)
5.2 变压器的结构…… (81)
5.2.1 结构部件的名称和作用…… (81)
5.2.2 变压器磁路系统…… (84)
5.2.3 绕组的连接方式和连接组…… (85)
5.2.4 变压器器身绝缘典型结构…… (87)

5.3 变压器的分类与铭牌 …… (88)
5.3.1 变压器的分类 …… (88)
5.3.2 变压器的型号表示方法 …… (89)
5.3.3 变压器铭牌 …… (90)
5.4 变压器的空载运行和负载运行 …… (90)
5.4.1 变压器的空载运行 …… (91)
5.4.2 变压器的负载运行 …… (92)
5.5 变压器的运行性能 …… (95)
5.5.1 变压器的外特性 …… (95)
5.5.2 变压器的电压变化率 …… (95)
5.5.3 变压器运行条件 …… (96)
5.5.4 变压器并列运行条件 …… (96)
5.5.5 变压器的热性能 …… (97)
5.5.6 变压器耐受短路的能力 …… (97)
5.5.7 变压器的励磁涌流 …… (98)
5.5.8 变压器的噪声 …… (99)
5.5.9 变压器油中溶解气体分析 …… (99)
5.6 特殊变压器 …… (101)
5.6.1 自耦变压器 …… (101)
5.6.2 电压互感器 …… (101)
5.6.3 电流互感器 …… (105)
复习题 …… (106)

第 6 章 交直流电动机 …… (107)
6.1 异步电动机的结构及应用 …… (107)
6.1.1 异步电动机的结构 …… (107)
6.1.2 异步电动机的铭牌 …… (109)
6.1.3 异步电动机的特点及分类 …… (111)
6.2 异步电动机的工作原理 …… (112)
6.2.1 异步电动机的转动原理 …… (112)
6.2.2 转差率 …… (114)
6.2.3 异步电动机的物理状况分析 …… (114)
6.2.4 电磁转矩 …… (116)
6.2.5 机械特性曲线 …… (117)
6.3 异步电动机的启动 …… (118)
6.3.1 异步电动机的启动转矩平衡 …… (118)
6.3.2 异步电动机的启动性能 …… (119)
6.3.3 异步电动机的启动方式 …… (119)
6.3.4 绕线式异步电动机的启动 …… (122)

6.3.5 各种启动方式的比较 …… (123)
6.4 异步电动机的调速 …… (123)
6.4.1 变极调速 …… (124)
6.4.2 变频调速 …… (124)
6.4.3 变转差率调速 …… (124)
6.5 异步电动机的运行 …… (125)
6.5.1 异步电动机的运行维护 …… (125)
6.5.2 异步电动机的简单故障分析 …… (125)
6.6 直流电动机的基本原理及结构 …… (126)
6.6.1 直流电动机的工作原理 …… (126)
6.6.2 直流电动机的结构 …… (127)
6.7 直流电动机的励磁方式 …… (128)
6.7.1 他励直流电动机 …… (128)
6.7.2 并励直流电动机 …… (128)
6.7.3 串励直流电动机 …… (128)
6.7.4 复励直流电动机 …… (129)
6.8 直流电动机的运行 …… (129)
6.8.1 直流电动机的基本方程 …… (129)
6.8.2 直流电动机的机械特性 …… (129)
6.8.3 对直流电动机启动特性的要求 …… (131)
6.8.4 直流电动机的启动方法 …… (131)
6.8.5 直流电动机的制动 …… (131)
6.8.6 直流电动机的反转 …… (132)
6.8.7 直流电动机的运行检查 …… (132)
6.9 直流电动机的调速 …… (132)
6.9.1 他(并)励直流电动机的调速 …… (133)
6.9.2 串励直流电动机调速 …… (134)
6.10 厂用电动机的选择与自启动 …… (134)
6.10.1 厂用电动机的选择 …… (134)
6.10.2 电动机自启动校验 …… (135)
复习题 …… (136)

第 7 章 同步发电机 …… (137)
7.1 同步发电机工作原理 …… (137)
7.2 汽轮发电机的结构 …… (138)
7.2.1 发电机定子结构 …… (139)
7.2.2 发电机转子结构 …… (142)
7.2.3 氢气冷却器 …… (144)
7.2.4 支撑轴承 …… (145)

7.2.5 轴密封 …… (145)
7.2.6 发电机的冷却方式 …… (147)
7.3 发电机励磁系统 …… (148)
7.3.1 励磁系统分类 …… (148)
7.3.2 无刷励磁机 …… (150)
7.3.3 自动励磁调节装置 …… (154)
7.3.4 励磁系统的控制方式 …… (154)
7.3.5 励磁系统的辅助功能 …… (155)
7.4 同步发电机的运行 …… (156)
7.4.1 发电机电枢反应 …… (156)
7.4.2 发电机功率 …… (157)
7.4.3 发电机电压方程与向量图 …… (159)
7.4.4 同步发电机的运行特性 …… (160)
7.4.5 同步发电机的容许运行范围 …… (162)
7.4.6 同步发电机的正常运行 …… (165)
7.5 同步发电机的并联运行 …… (166)
7.5.1 电压的允许变动范围 …… (167)
7.5.2 频率的允许变动范围 …… (168)
7.6 发电机非正常运行工况 …… (169)
7.6.1 发电机对称过负荷 …… (169)
7.6.2 发电机不对称过负荷 …… (169)
7.6.3 发电机的失磁运行 …… (170)
7.6.4 以同步电动机方式运行 …… (172)
7.6.5 定子电压偏差大于允许值 …… (173)
7.6.6 发电机及其辅助系统氢气泄漏 …… (173)
复习题 …… (174)

第 8 章 核电厂的电气主接线及厂用电 …… (175)
8.1 核电厂电气系统 …… (175)
8.2 电气主接线的要求和形式 …… (175)
8.2.1 电气系统主接线的基本要求 …… (175)
8.2.2 电气主接线的基本形式 …… (176)
8.3 核电厂电气主接线的选择 …… (176)
8.3.1 发电机出口主接线方式 …… (176)
8.3.2 升压站主接线的选择 …… (178)
8.3.3 核电厂备用电源主接线的选择 …… (182)
8.4 核电厂厂用电系统的构成 …… (183)
8.4.1 核电厂厂用电设计原则 …… (184)
8.4.2 厂用负荷的分级 …… (184)

8.5　电力系统的接地方式及选择 …………………………………… (185)
8.5.1　中性点接地方式的划分 ………………………………… (185)
8.5.2　中性点直接接地系统 …………………………………… (185)
8.5.3　中性点不接地系统 ……………………………………… (186)
8.5.4　中性点经消弧线圈接地系统 …………………………… (186)
8.5.5　中性点经电阻接地系统 ………………………………… (187)
8.5.6　各种接地方式的比较 …………………………………… (187)
8.5.7　核电厂接地方式的选择 ………………………………… (188)
8.6　核电厂棒控电源 ……………………………………………… (188)
8.6.1　从厂用母线获取交直流电源 …………………………… (189)
8.6.2　取自电动发电机的棒控电源 …………………………… (190)
8.7　核电厂应急柴油发电机 ……………………………………… (191)
8.7.1　概述 ……………………………………………………… (191)
8.7.2　应急柴油发电机的工作原理 …………………………… (192)
8.7.3　应急柴油发电机系统的构成 …………………………… (193)
8.7.4　柴油发电机的热备用 …………………………………… (196)
8.7.5　程序带载试验 …………………………………………… (197)
8.7.6　定期试验 ………………………………………………… (197)
复习题……………………………………………………………… (198)

第 9 章　电气设备的测量和控制 ……………………………… (199)
9.1　电气设备的测量回路 ………………………………………… (199)
9.1.1　概述 ……………………………………………………… (199)
9.1.2　常见电气量测量 ………………………………………… (200)
9.1.3　常用二次回路附件 ……………………………………… (202)
9.2　基本控制回路和自动装置 …………………………………… (203)
9.2.1　概述 ……………………………………………………… (203)
9.2.2　断路器控制 ……………………………………………… (204)
9.2.3　同期回路 ………………………………………………… (205)
9.2.4　信号回路 ………………………………………………… (206)
9.2.5　自动重合闸 ……………………………………………… (207)
9.2.6　备用电源自动投入装置 ………………………………… (207)
9.2.7　故障记录装置 …………………………………………… (207)
9.2.8　向量测量装置 …………………………………………… (208)
9.3　核电厂电气监控系统 ………………………………………… (208)
9.3.1　传统的核电厂电气监控系统 …………………………… (208)
9.3.2　电气 DCS 系统…………………………………………… (209)
复习题……………………………………………………………… (216)

第 10 章　继电保护 …………………………………………………… (217)
10.1　概述…………………………………………………………………… (217)
10.1.1　继电保护的基本原理……………………………………………… (217)
10.1.2　继电保护的基本要求……………………………………………… (219)
10.2　厂用电保护…………………………………………………………… (220)
10.2.1　6 kV 电动机保护 ………………………………………………… (220)
10.2.2　低厂变保护………………………………………………………… (222)
10.2.3　6 kV 母线及电源馈线保护 ……………………………………… (224)
10.2.4　厂用电源的切换…………………………………………………… (224)
10.3　发电机保护…………………………………………………………… (225)
10.3.1　发电机的故障和异常工况………………………………………… (225)
10.3.2　发电机保护配置及出口方式……………………………………… (227)
10.3.3　发电机保护原理…………………………………………………… (228)
10.4　变压器保护…………………………………………………………… (238)
10.4.1　变压器的故障与异常工况………………………………………… (238)
10.4.2　变压器的保护配置………………………………………………… (239)
10.4.3　变压器保护原理…………………………………………………… (239)
10.5　高压输电线路及母线保护…………………………………………… (243)
10.5.1　光纤差动保护……………………………………………………… (243)
10.5.2　高频纵联保护……………………………………………………… (245)
10.5.3　距离保护…………………………………………………………… (247)
10.5.4　接地保护…………………………………………………………… (248)
10.5.5　过电压保护………………………………………………………… (249)
10.5.6　自动重合闸………………………………………………………… (250)
10.5.7　短引线保护………………………………………………………… (251)
10.5.8　断路器失灵保护…………………………………………………… (251)
10.5.9　母差保护…………………………………………………………… (251)
复习题……………………………………………………………………… (252)

索引 …………………………………………………………………… (253)

参考文献 ……………………………………………………………… (254)

第 1 章　概　述

电气设备是在电力系统中对发电机、变压器、电力线路、断路器等设备的统称。主要工作是生产、输送和分配电能，根据负荷变化的要求启动、调整和停止机组，对回路进行必要的切换，并不断地监视主要设备的工作。

核电厂与常规电站的主要区别除了核电厂本身建造的复杂性和高难度外，它对安全性和可靠性的要求甚高。因此，核电厂的核反应堆，对其各个运行和安全系统的组成设备有着极高的质量要求。尤其是近年来的三哩岛和切尔诺贝利事故之后，世界各国对核电厂的安全性和可靠性较之以前更为注重。鉴于核电厂的这种特殊性，对其有关安全系统的组成设备及非安全系统的组成设备的要求就显得非常重要。

1.1　核电厂的电气设备

核电厂的电气设备可以分为一次设备和二次设备，一次设备是直接生产和输配电能的设备。主要包括：

(1) 发、变、送、用电设备：发电机、变压器、电缆、电动机等；

(2) 汇集和分配电能的设备：母线；

(3) 开关设备：断路器、隔离开关以及各种低压开关电器；

(4) 限制短路电流和防雷设备：限流电抗器、避雷器等；

(5) 将一次电路与二次电路相联系的设备：互感器。

通常我们把一次设备构成的系统分为两部分：主系统和厂用电系统，其中：主系统部分主要包括发电机、主变压器、超高压主接线及其配电装置；厂用电系统主要包括厂用高压系统和厂用低压系统。

二次设备是对一次设备的工作进行监察、测量、控制和保护的辅助设备。主要包括：

(1) 仪表和信号装置；

(2) 继电保护和自动装置；

(3) 远动装置和控制装置。

1.2　核电厂的电气设备安全分级

电气设备是核电厂实现各项安全和正常功能的重要组成部分，通常分为安全级设备、安全相关设备和非安全重要设备。

(1) 安全级设备

安全级(简称 1E 级)电气设备，是完成反应堆安全停堆、安全壳隔离、堆芯冷却以及从安全壳和反应堆排出热量所必需的，或者是防止放射性物质向环境过量排放所必需的。安全级电气设备要限制其功能范围和复杂程度，以保证其高度的可用性和可靠性。

(2) 安全相关的设备

安全相关的设备,在实现或保持核电厂安全方面起补充、支持或间接的作用,因此有可能避免触发安全级系统和设备,或者改善安全级设备功能的效果。安全有关电气设备可以是1E级的,也可以是非安全重要的,根据此类设备对供电的要求决定。

(3) 非安全重要设备

非安全重要电气设备,在实现或保持核电厂安全方面无明显作用。

1.3 核电厂电气原理及设备课程的重点

(1) 了解电弧的产生和熄灭过程,学习各种开关电器的基本构造、工作原理。熟悉对断路器、隔离开关、熔断器、载流导体、电气贯穿件等设备的分类、额定参数、用途、功能和特点,学会如何进行核电厂电气设备的选择。简要掌握核电厂的防雷和接地系统构成,了解避雷装置在核电厂的应用。

(2) 了解核电厂电气成套设备的发展和应用,掌握主要的电气成套装置的结构组成,熟悉中低压开关柜、GIS、发电机断路器的作用和特点,熟悉各种电气设备使用的优缺点,对成套设备的发展方向进行必要的了解。

(3) 掌握直流系统和UPS系统在核电厂的重要作用,学习直流系统和UPS系统的构成方式及工作原理,并掌握几种典型的配置方式。熟悉蓄电池的工作原理和结构组成以及外界各种因素的影响。

(4) 熟悉变压器,异步电动机,发电机的基本结构。掌握电气设备的基本原理,明确各种设备有关运行和检修方面的基本知识,如发电机和变压器的调压,并联运行,电动机的启动,调速,制动等。明确各种电机的基本特性,其中最主要的是各种发电机、变压器的外特性和各种电动机的机械特性。掌握发电机正常运行和非正常运行的几种方式。对直流电动机的工作原理和特性简要进行了解。

(5) 掌握各种主结线的形式和特点,了解核电厂对主接线及厂用电可靠性和安全性的特殊要求。了解国内各核电厂的主接线方式,掌握棒控棒位电源的构成方式。对电力系统接地方式和特点给予了解。掌握柴油发电机对核电厂的重要作用,同时清楚柴油发电机系统运行、备用及定期试验等操作。

(6) 了解电气测量的基本方法、误差产生及常用的测量附件,掌握断路器控制、同期回路、重合闸回路、备自投回路以及故障记录等装置和回路的构成、工作原理。了解传统核电厂控制和DCS系统控制的特点和功能。

(7) 了解继电保护的作用,掌握继电保护的基本原理和组成,掌握继电保护4项基本要求及电气设备和电力系统的常见基本故障及相应的保护配置,了解各种保护的构成和基本判据,清楚继电保护在核电厂中使用原则。

1.4 课程安排

本教材是压水堆核电厂操纵员电气培训基础教材,共十章,分别对核电厂的开关电器、载流导体、发电机、变压器、直流及UPS系统、电动机、主接线、继电保护等方面进行了介绍,共 46 学时。通过电气设备和原理的学习，了解核电厂电气设备和电力系统的基础知识，熟练掌握核电厂一次系统的电气设备的结构、基本参数、功能、运行方面的基本理论，同时熟悉发电厂二次系统的基本知识，具备一定的分析和解决实际问题的能力。本课程的学习需要理论联系实际，与工作岗位相结合，充分发挥学习的能动性，要了解各种电气设备之间的联系，应有完整的系统概念，不要孤立的分析和学习。

第 2 章 核电厂开关电器与导体

2.1 开关电器的电弧

2.1.1 电弧的产生

当开关开断电路时，只要电流达到几百毫安，电源电压有几十伏，在开关的触头间就会出现电弧。电弧具有温度高、光亮强的特点。电弧的产生不仅有可能损坏设备，烧损触头甚至引起弧光短路，而且还延长了故障电路的切断时间。

电弧是由带电质点形成的良导体，通常分成三个区域：阴极区、弧柱区和阳极区，如图 2-1 所示。只有将电弧熄灭才能实现电路的开断。因此电弧现象，也即电弧燃烧和熄灭过程是开关电器最重要的内容。

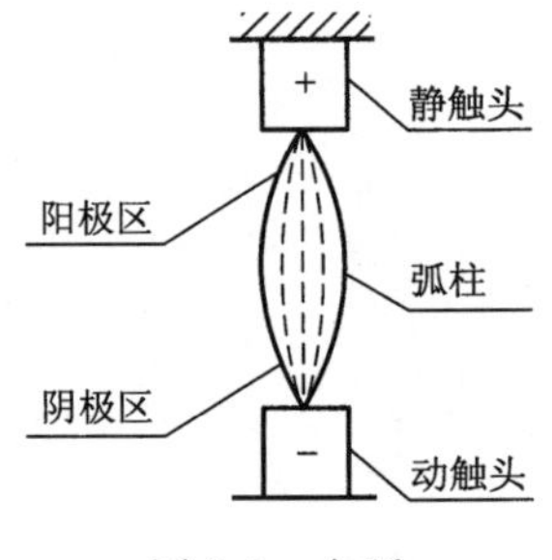

图 2-1 电弧

当开关电器分闸时，它的触头间的气体最初是绝缘的，气体从绝缘状态转变为导电状态，存在一个游离过程。游离是使电子从围绕原子核运动的轨道中解脱出来，成为自由电子。而中性原子失去一个外层轨道的电子，就转变成一个正离子。触头间的气体因为游离而形成大量的自由电子和离子，产生光和热，转变为导电状态，形成电弧。电弧就是一种游离放电现象。

2.1.2 电弧的熄灭

与游离现象同时存在的相反过程称为去游离现象，此时自由电子和正离子相互吸引发生中和，去游离现象是与游离现象同时存在的，去游离现象使触头之间的离子减少，在稳定燃烧的电弧中，这两个过程处于动平衡状态，如果游离过程大于去游离的过程，电弧将继续燃烧，如果去游离过程大于游离过程，电弧越来越小，最后熄灭。显然，要想熄灭电弧，实际上就是采取各种措施，增加去游离的作用。

2.1.3 交流电弧的特性及熄灭

1. 交流电弧的特性

在交流电路中产生的电弧称为交流电弧，交流电弧是动态的电弧。有如下特点：

(1) 电流瞬时值随时间变化，因而电弧的温度、直径以及电弧电压也随时间变化，电弧的这种特性称为动特性。

(2) 电弧具有热惯性。由于弧柱的受热升温或散热降温都有一定过程，跟不上快速变化的电流，所以电弧温度的变化总滞后于电流的变化，这种现象称为电弧的热惯性。

(3) 交流电弧每隔半个周期要经过零值一次，称为“自然过零”。电弧电流也跟随外电路电流每隔半个周期经过零点。可见交流电弧在交流电流自然过零时将自动熄灭，但在下半周随着电压的增高，电弧又重燃。如果电弧过零后，电弧不发生重燃，电弧就此熄灭。所以，交流电流在经过零值的时刻是熄灭交流电弧的最好时机。

2. 弧隙介质强度的恢复

弧隙介质能够承受外加电压作用而不致使弧隙击穿的电压称为弧隙的介质强度。当电弧电流过零时电弧熄灭后，触头间的去游离过程仍继续进行，所以弧隙的电阻不断增大，弧隙的电阻增加得越快越好。弧隙从导电状态转变成绝缘状态所经历的过程，称为介质强度恢复过程。在此过程弧隙的击穿电压逐渐升高，弧隙的电阻也越来越大。

电弧过零后，在极短时间内弧隙会立即出现150～250 V的介质强度。这个起始的介质强度是由近阴极效应产生的。近阴极效应就是当电流过零电极极性改变时，弧隙中剩余带电质点的运动方向随之改变，质量较轻的自由电子因带负电荷迅速转向新的阳极，而此时质量比自由电子大的多的正离子由于惯性较大，来不及改变方向，还停留在原处。这就使新阴极附近被正的空间电荷充满，缺少导电的自由电子，于是在阴极附近出现了150～250 V介质强度，这种现象被称为近阴极效应。

电流过零前，弧隙电压呈马鞍形变化，电压值很低，电源电压的绝大部分降落在线路和负载阻抗上。电流过零时，弧隙电压正处于马鞍形的后峰值处。电流过零后，弧隙电压从后峰值逐渐增长，一直恢复到电源电压，这一过程中的弧隙电压称为恢复电压，其电压恢复过程以$U_h(t)$表示。电压恢复过程与线路参数、负荷性质等有关。受线路参数等因素的影响，电压恢复过程可能是周期性的变化过程，也可能是非周期性的变化过程。周期性振荡的恢复电压更容易发生击穿。

如果弧隙介质强度在任何情况下都高于弧隙恢复电压，则电弧熄灭；反之，如果弧隙恢复电压高于弧隙介质强度，弧隙就被击穿，电弧重燃。见图2-2，图中Oa段就是弧隙近阴极效应产生的起始介质。因此，交流电弧的熄灭条件就是弧隙的介质强度高于弧隙回复电压。

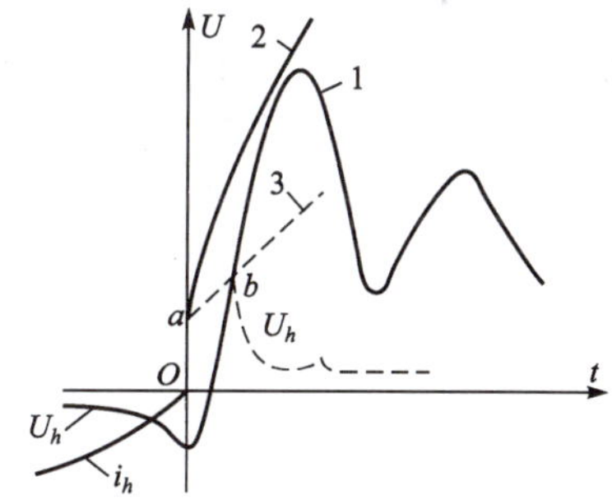

图2-2　回复电压与介质强度曲线
1—弧隙回复电压曲线(U_h)；
2,3—弧隙介质强度曲线(U_j)

影响介质强度恢复速率的物理因素有以下几点：

(1) 弧隙温度。弧隙温度降低越快，弧隙介质强度恢复速率就越大。

(2) 弧隙介质的特性。不同的灭弧介质对弧隙介质强度恢复速率有很大影响，见图2-3。

(3) 灭弧介质的压力。气体压力高不易击穿产生电弧。

(4) 断路器跳闸时，触头的分断速度。触头开距越大，弧隙介质强度恢复速率也越大。

3. 熄灭交流电弧的方法

交流电弧在电流过零自然熄灭后，会因为“热击穿”和“电击穿”再次重燃。热击穿往往发生在电流过零以后的附近。由于弧隙温度仍然很高，在热游离作用下弧隙的导电性仍然存在，恢复电压过零后出现残余电流，导致电弧重燃。电击穿是由于恢复电压增大很快，超过介质强度增加速度，发生再次击穿使电弧重燃。要使电弧迅速熄灭，就要采取良好有效的灭弧装置，在灭弧装置中采用各种有效的灭弧方法：

(1) 提高触头的分闸速度

熄灭交流电弧的关键在于电弧电流过零后，弧隙的介质强度的恢复过程能否始终大于弧隙电压的恢复过程。为了加强冷却，抑制热游离，增强去游离，在开关电器中装设专用的灭弧装置或使用特殊的灭弧介质，以提高开关的灭弧能力。迅速拉长电弧，有利于迅速减小弧柱中的电位梯度，增加电弧与周围介质的接触面积，加强冷却和扩散的作用。因此，现代高压开关中都采取了迅速拉长电弧的措施灭弧。

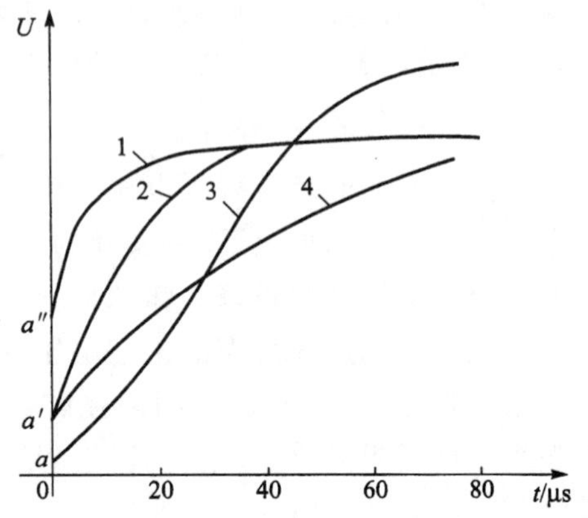

图 2-3 介质强度回复过程曲线

1—真空；2—SF_6；3—空气；4—油

(2) 采用多断口

每一相有两个或多个断口相串联。在熄弧时，多断口把电弧分割成多个相串联的小电弧段。多断口使电弧的总长度加长，导致弧隙的电阻增加；在触头行程、分闸速度相同的情况下，电弧被拉长的速度成倍增加，使弧隙电阻加速增大，提高了介质强度的恢复速度，缩短了灭弧时间。采用多断口时，加在每一断口上的电压成倍减少，降低了弧隙的恢复电压，亦有利于熄灭电弧。在要求将电弧拉到同样的长度时，采用多断口结构成倍减小了触头行程，也就减小了开关电器的尺寸，如图 2-4 所示。

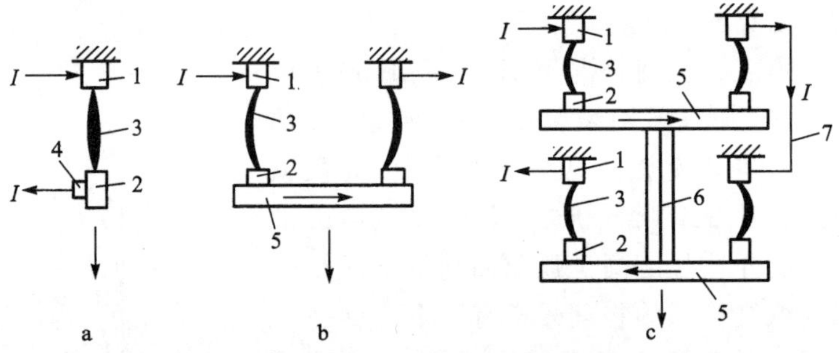

图 2-4 一相有多断口触头示意图

a. 单断口；b. 双断口；c. 四断口

1—静触头；2—动触头；3—电弧；4—可动触头；5—导电横担；6—绝缘杆；7—连线

(3) 吹弧

用新鲜而且低温的介质吹拂电弧时，可以将带电质点吹到弧隙以外，加强了扩散，由于电弧被拉长变细，使弧隙的电导下降。吹弧还使电弧的温度下降，热游离减弱，复合加快。按吹弧方向的不同，吹弧可分为以下几种。

1) 纵吹

吹弧的介质(气流或油流)沿电弧方向的吹拂称为纵吹，纵吹能增强弧柱中的带电质点向外扩散，使新鲜介质更好地与炽热电弧接触，加强电弧的冷却，有利于迅速灭弧。见图 2-5a。

2) 横吹

横吹时气流或油流的方向与触头运动方向是垂直的，或者说与电弧轴线方向垂直。横吹不但能加强冷却和增强扩散，还能将电弧迅速吹弯吹长。有介质灭弧栅的横吹灭弧室，栅片能更充分地冷却和吸附电弧，加强去游离。在相同的工作条件下，横吹比纵吹效果要好。见图 2-5b。

3）纵横吹

横吹灭弧室在开断小电流时因室内压力太小，开断性能较差。为了改善开断小电流时的灭弧性能，可将纵吹和横吹结合起来。在大电流时主要靠横吹，小电流时主要靠纵吹，这就是纵横吹灭弧室。见图 2-5c 和图 2-6。

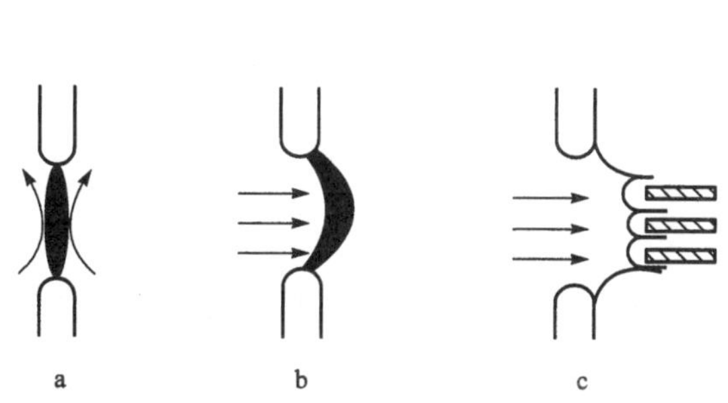

图 2-5　吹弧示意图

a. 纵吹；b. 横吹；c. 纵横吹

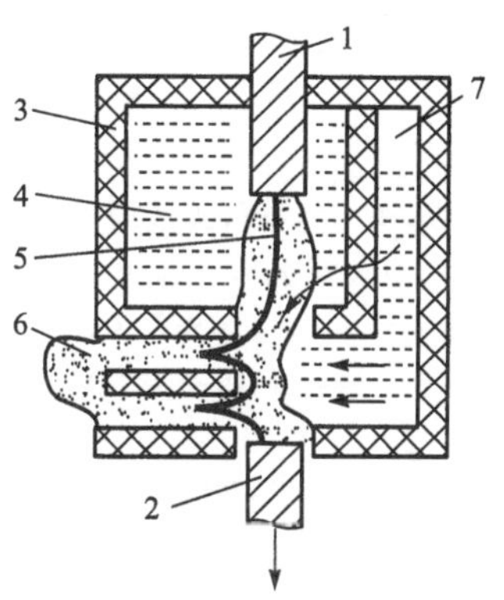

图 2-6　纵横吹灭弧室示意图

1—静触头；2—动触头；3—密闭燃弧室；4—变压器油；5—电弧；6—横吹孔；7—空气囊

（4）短弧原理灭弧

灭弧装置是一个金属栅灭弧罩，利用将电弧分为多个串联的短弧的方法来灭弧。由于受到电磁力的作用，电弧从金属栅片的缺口处被引入金属栅片内，一束长弧就被多个金属片分割成多个串联的短弧。如果所有串联短弧阴极区的起始介质强度或阴极区的电压降的总和永远大于触头间的外施电压，电弧就不再重燃而熄灭。采用缺口铁质栅片，是为了减少电弧进入栅片的阻力，缩短燃弧时间。见图 2-7。

（5）利用固体介质的狭缝狭沟灭弧

灭弧装置的灭弧片是由石棉水泥或陶土制成的。触头间产生电弧后，在磁吹装置产生的磁场作用下，将电弧吹入又灭弧片构成的狭缝中，把电弧迅速拉长的同时，使电弧与灭弧片内壁紧密接触，对电弧的表面进行冷却和吸附，产生强烈的去游离。原理图如图 2-8 所示。

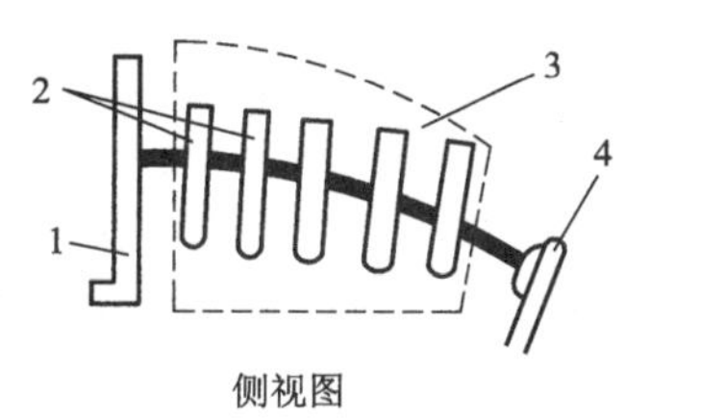

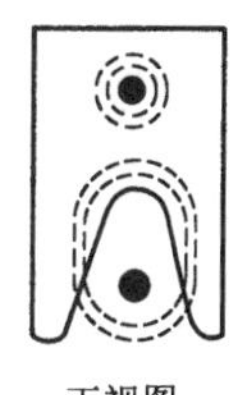

图 2-7　金属灭弧栅灭弧

1—静触头；2—金属栅片；3—灭弧罩；4—动触头

石英砂熔断器中的熔丝熔断时，在石英砂的狭沟中产生电弧。由于受到石英砂的冷却和表面吸附作用，使电弧迅速熄灭。同时，熔丝气化时产生的金属蒸汽渗入石英砂中遇冷而迅速凝结，大大减少了弧隙中的金属蒸汽，使得电弧容易熄灭。原理图如图 2-9 所示。

（6）采用耐高温金属材料制作触头、优质灭弧介质

触头材料对电弧中的去游离也有一定影响，用熔点高、导热系数和热容量大的耐高温金属制作触头，可以减少热电子发射和电弧中的金属蒸汽，从而减弱了游离过程，有利于熄灭电弧。

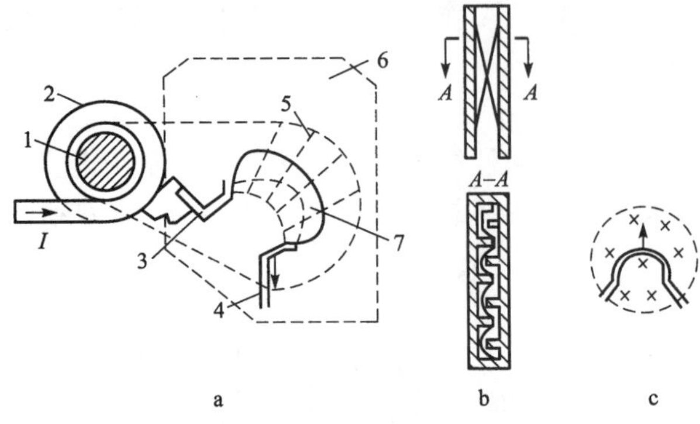

图 2-8 狭缝灭弧装置的工作原理

a. 灭弧装置；b. 灭弧片；c. 灭弧原理

1—磁吹铁芯；2—磁吹线圈；3—静触头；4—动触头；

5—灭弧片；6—灭弧罩；7—电弧

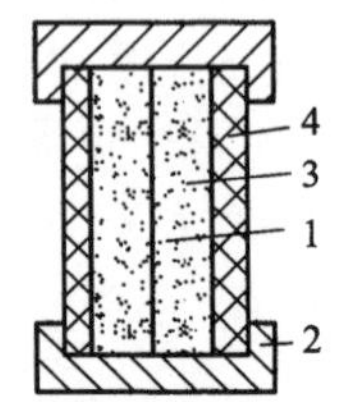

图 2-9 石英砂灭弧原理

1—熔丝；2—铜帽；

3—石英砂；4—管体

灭弧介质的特性，如导热系数、电强度、热游离温度、热容量等，对电弧的游离程度具有很大影响，这些参数值越大，去游离作用就越强。在高压开关中，广泛采用压缩空气、六氟化硫（SF_6）气体、真空等作为灭弧介质。

2.2 熔断器作用及技术特性

2.2.1 熔断器的作用

熔断器是最简单的一种保护电器，用来保护线路或电气设备，使其在短路或过负荷时免受损坏。熔断器的优点是结构简单、体积小、重量轻、使用和维护方便。在功率较小和对保护性能要求不高的地方，可以与刀闸开关配合代替自动空气开关，与负荷开关配合代替高压断路器。所以电压为 1 000 V 及以下的装置中，熔断器用得最多。电压为 3～35 kV 的高压装置中，熔断器主要用作小功率辐射形电网和小容量变电所等电路的保护电器，也常用来保护电压互感器。

在核电厂，由于自动空气开关的大量应用，低压熔断器的使用越来越少，在厂用电系统中只有在少量的交直流控制电源、控制机柜、工业检修插座、照明等回路采用熔断器保护；另外如果发电机采用无刷旋转励磁系统，在旋转整流单元也配置熔断器保护回路。

熔断器主要由金属熔件、支持熔件的触头和外壳（熔管）构成。某些熔断器内还装有特种灭弧物质，如产气纤维管、石英砂等，用来熄灭熔件熔断时形成的电弧。

熔断器串联在电路中，当电路发生过负荷或短路时，因过负荷电流或短路电流的加热熔件在被保护设备（如导线、电缆、电机或变压器的线圈等）的温度未达到破坏其绝缘之前熔断，电路断开，设备得到保护。

2.2.2 熔断器的分类

1. 低压熔断器

1 kV 以下的低压熔断器，在发电厂和变电所中广泛使用在厂用电低压系统中作为保护器件。其种类和型式很多，各有特点，常见的有瓷插式、螺旋式、密闭管式和有填料管式等。

2. 高压熔断器

高压熔断器主要用于 3～35 kV 设备或配电线路。常用的有户内充填式和户外跌落式两种。屋内式主要采用 RN1、RN2 及 RN3 型管式熔断器，屋外式则广泛采用 RW9 型限流熔断器和 RW3 和 RW4 型跌落式熔断器。

户内填充式高压熔断器，国内常用的型号为 RN1、RN2 及 RN3，它们的结构基本相同，都是石英砂填料的密闭管式熔断器，RN1、RN3 主要用于 3～35 kV 电力线路和电气设备的短路保护。RN2 用作 3～35 kV 电压互感器的短路保护。RN 型熔断器具有很强的灭弧能力，灭弧时间不超过 0.01 s，能在短路电流达到峰值之前就可以完全熄灭电弧，这种熔断器具有限流作用。利用具有限流作用的熔断器保护电气设备和线路时，可以大大改善电气设备在短路时的工作条件，无须再校验设备或线路的短路稳定性。见图 2-10。

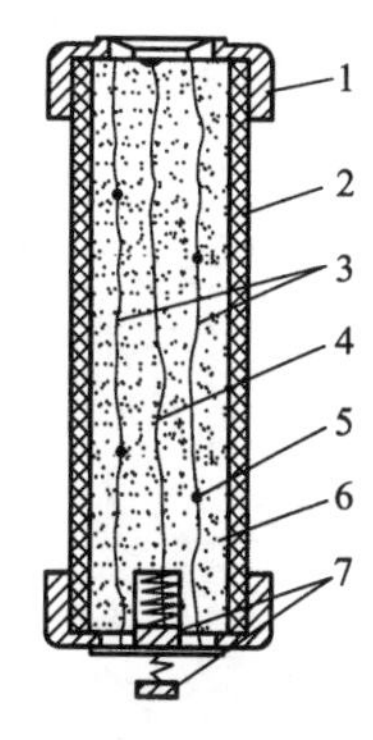

图 2-10　RN2 型断路器熔管剖面图

1—管帽；2—瓷管；3—工作熔体；4—指示熔体；5—锡球；6—石英砂填料；7—熔断指示器

户外高压跌落式 RW 型熔断器，适用于周围没有导电尘埃和腐蚀性气体、易燃、易爆及剧烈振动的户外场所。这种熔断器主要用作线路和小型变压器的短路保护，也可以用高压绝缘棒来操作熔管与静触头的分、合，借以通断小容量的空载变压器、电容电流较小的空载线路和小负荷电流。由于具有明显断点还可以起隔离开关作用。RW 型系列熔断器结构原理基本相同。它由绝缘支柱、接触导电系统及熔件管组成。熔件管的轴线与垂直轴线成一定的倾斜角度，当熔件熔断时，使熔件管的活动关节释放，熔件管靠本身重量自动绕轴断开，见图 2-11。

2.2.3　熔断器的工作原理与特性

在正常工作时，熔件仅通过不大于额定值的负荷电流，其正常发热温度不会使它熔断。熔件熔化时间的长短，取决于流过电流的大小和熔件熔点的高低。铅、铅锡合金和锌的熔点较低，分别为 327 ℃、200 ℃和 420 ℃，电阻率较大，所以用这些金属制成的熔件只能应用在 500 V 以下的低压熔断器中。锌熔件的优点是在空气中不易氧化，因此保护特性较稳定。熔件的氧化将使有效截面减小，电阻增大，以致改变了熔件的保护特性。

铜的电阻率较小，热传导率较高，用它做成的熔件截面较小，因此广泛应用在各种电压级的熔断器中。铜熔件的主要缺点是熔点高，可达成 1 080 ℃。可采用人为的方法降低熔件的熔点，最简便的方法是所谓金属熔剂法，亦称冶金效应法，即使难熔金属在某种合金状态下成为易熔材料。由于易熔金属锡、铅等，在熔化状态下能渗入铜、黄铜、银等金属中。因此，可在铜或银熔件的表面焊上小锡球或小铅球，当熔件发热到锡或铅的熔点时，锡或铅的小球先熔化，而渗入铜或银熔件内部，形成合金，电阻增大，发热加剧，同时熔点降低，首先在焊有小锡球或小铅球处熔断，熔断点形成电弧使熔件沿全长熔化。

熔断器可分为限流和不限流两大类。在熔件熔化后，其电流未达到最大值之前就立即减小到零的熔断器叫限流熔断器。不限流的熔断器在熔件熔化后，电流几乎不减小，仍继续达到其最大值，在第一次过零或经过几个半周期之后电弧才熄灭。熔断器串接在电路中，通过熔件的电流愈大，则加热到熔点的时间愈短，熔断就愈快。熔件熔断时间与通过电流的关系称为熔断器的保护特性。此特性用 $t=f(I)$ 曲线表示，称为熔断器的安秒特性，又称为保护特性曲线，由制造厂给出。图 2-12 所示为熔件额定电流不同（$I_{ef1}<I_{ef2}$）的两个熔断器的保护特性曲线。同一电流通过不同额定电流的熔件时，额定电流小的熔件先熔断，例如当通过短路电流 I_d 时 $t_1<t_2$，熔件 1 先熔断。但通过熔件的电流不大于其额定电流时，无论通过的时间多长，熔件不应熔断。

图 2-11 跌落式熔断器

1—上接线端子；2—上静触头；3—上动触头；
4—熔管；5—安装板；6—绝缘瓷瓶；7—下接线端子板

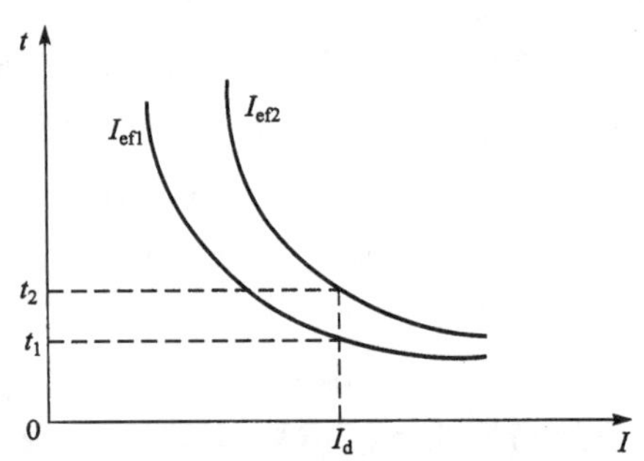

图 2-12 熔断器的保护特性曲线

熔断器的安秒特性是选择熔断器的依据，其最小熔断电流必须大于其额定电流，而通过最小熔断电流的熔断时间为无穷大。熔体的截面不同，其安秒特性也不同，由此可实现熔断器配置时的分级选择性。例如在选择电源侧的熔断器时，其额定电流要大于下一级母线或负荷的额定电流，这样当下一级母线或负荷发生故障时，首先引起下一级熔断器的熔断，减少因熔断器熔断所引起的停电范围，这一点在直流母线各级熔断器配置时非常重要。

2.2.4 熔断器的主要参数与选择

1. 主要参数

(1) 额定电压

熔断器长期工作时和分断后能够耐受的电压，一般等于或大于电气设备的额定电压。

(2) 额定电流

熔体长期通过而不会熔断的电流值。

(3) 极限分断能力

熔断器在规定的额定电压和功率因数（时间常数）的条件下，能分断的最大电流值。

2. 熔断器的选择

选择的原则：设备正常工作（设备启动）时不熔断，当过大电流和短路电流时熔断。

(1) 无启动过程的平稳负载（照明、电阻电炉）

$$U_{RTR}\geqslant U_{RT} \qquad I_{RTR}\geqslant I_{RT} \tag{2-1}$$

U_{RTR}熔断器额定电压；U_{RT}线路额定电压；I_{RTR}熔断器额定电流；I_{RT}负载额定电流。

(2) 单台长期工作的电动机

$$I_{RTR} \geqslant (1.5-2.5) I_{RT} \tag{2-2}$$

(3) 多台电动机

$$I_{RTR} \geqslant (1.5-2.5) I_{RTMAX} + \sum I_{RT} \tag{2-3}$$

I_{RTMAX}多台电机中容量最大的一台电机的额定电流；$\sum I_{RT}$其余电动机额定电流之和。

2.3　低压断路器

2.3.1　低压断路器的定义及分类

低压断路器俗称自动开关或空气开关，是低压电力系统中的主要电器设备之一。低压断路器可在正常负荷下接通或断开电路，当电路中发生短路故障或过载时，低压断路器可自动跳闸起到保护电气线路和电气设备的作用，并可防止事故范围扩人，是一种控制兼保护电器。低压断路器从它的结构、用途和它所具备的功能来分，有万能式（又称框架式，见图 2-13）和塑壳式（又称装置式，见图 2-14）两大类，此外还有一些特殊用途的断路器，如灭磁式断路器、爆炸式断路器、真空断路器等。

图 2-13　框架式断路器

图 2-14　塑壳式断路器

根据保护对象不同，断路器又可分为四个类型：

(1) 配电保护型—保护电源和电气线路（电线、电缆及设备）；

(2) 电动机保护型—专作电动机不频繁启动、运行中分断，以及在电动机发生过载、短路、欠电压时的保护，一般它所保护的电动机的功率都在 200 kW 以下；

(3) 家用保护型—电路末端的照明，家用电器等保护；

(4) 剩余电流（漏电）保护型—有不带过电流和带过电流两种，前者主要用作漏电（触电）保护，后者除漏电保护外，还兼有一般断路器的过载、短路和欠电压保护功能。

2.3.2　低压断路器的结构

低压断路器主要由 4 个基本部分组成，即触头、操作机构、灭弧装置、脱扣器，其中脱扣器主要包括过电流脱扣器、失压（欠电压）脱扣器、热脱扣器、分励脱扣器和自由脱扣器。

无论是万能式、塑料外壳式还是其他小型断路器，断路器本体的结构基本相同，所不同的是尺寸大小和零部件的形状。

1. 塑壳式(装置式)断路器结构,基本有7部分

(1) 过载脱扣器

过载脱扣器有热动式和电磁式两种,当开关有过载电流通过,通过热膨胀或电磁力作用,开关自动脱扣。

(2) 短路脱扣器

短路脱扣器是一个电磁铁机构。当短路电流达到设定值时,在小于0.1 s的时间内使断路器跳闸。

(3) 灭弧装置

灭弧装置的作用是吸引开断大电流时产生的电弧,使长电弧被分割成短弧,通过灭弧栅片的冷却,使弧柱极大降温,去游离效果增大,电弧电压上升,最终熄灭电弧。

(4) 触头

用来分合电路,遇线路或设备发生过载或短路时,触头自动打开,动、静触头之间产生的电弧被拉长,然后进入灭弧室灭弧。

(5) 带自由脱扣的操动机构

用手动来操作触头的合、分,在出现过载、短路时可自由脱扣,此时与手柄的操作无关。

(6) 外壳

用来装容其他零部件(导电件、保护元件、操动机构、灭弧装置等),有绝缘和机械强度的要求。它应保证断路器操作时,不发生任何危险。

(7) 接线端子

大多数是用铜或黄铜材料制成,用来作引出线的连接。

2. 万能式(框架式)结构

万能式断路器的特点是一个钢制框架(小容量的也有用塑料底板)。所有部件包括触头系统、灭弧室、自由脱扣机构、电动转动机构(电磁铁或电动机)、过电流脱扣器(过载和短路)或电子脱扣器、分励脱扣器、欠电压脱扣器、辅助开关(触头)、二次接线插座等,都安装在框架内,导电部分加绝缘。这种断路器具有多种变化方式,如多种操动方式(手动、电动)、多种保护方式(过载、短路短延时、短路速断、单相接地故障、欠电压等)、多种接线方式和用途以及不同数量的辅助触头等。其部件多数设计成可拆卸式,便于安装和制造。

智能型万能式断路器的结构主要由触头系统、灭弧室、手动操动机构、释能电磁铁、智能型控制器(脱扣器)、速饱和互感器、空心互感器、二次接线座、分励脱扣器、欠电压脱扣器、安装板等组成,见图2-15。

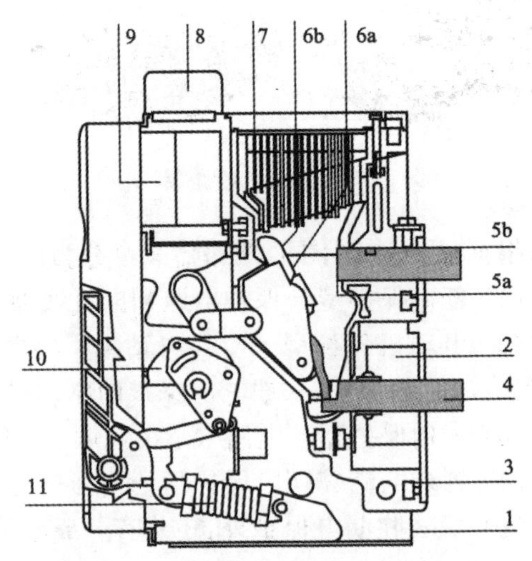

图2-15　智能型万能式断路器的结构

1—钢板承载结构;2—脱扣器电流传感器;3—隔离式端子盒;4—水平式后端子;5a—静触头主触头;5b—静触头弧触头;6a—动触头主触头;6b—动触头弧触头;7—灭弧室;8—二次接线座或滑动触头;9—保护脱扣器;10—分合闸控制;11—合闸弹簧

现在在新建的大型火电厂和核电厂，智能型的万能式断路器已经成为最基本的配置，常见如 ABB 公司的 SAC Emax 开关、国内生产的 DW45 系列等等。

2.3.3　低压断路器的工作原理

低压断路器用作合分电路时，依靠扳动其手柄或采用电动操作机构使动静触头闭合或断开。在正常情况下，触头能接通和断开额定电流；当出现过载时，双金属元件受热产生变形、弯曲，使锁扣脱扣，碰、顶断路器的连杆机构，断路器跳闸，如线路（或电动机）短路，则一定定值的短路电流会使过电流脱扣器（电磁铁衔铁）被吸合，带动连杆机构使断路器分断。在线路出现欠电压、欠电压脱扣器在电压低于 70%U_n（额定电压）时，其衔铁释放，触动连杆机构；要远距离控制断路器的跳闸，可采用分励脱扣器，分励脱扣器通电时，它的衔铁吸合，时连杆机构逆时针运动，断路器断开。

2.3.4　低压断路器的主要技术参数

额定电压：断路器的额定工作电压是指与开断能力及使用类别相关的电压值。对多相电路是指相间的电压值，即线电压。在我国低压断路器的额定电压一般为 400 V。

额定频率：我国低压断路器的频率为 50 Hz。

额定电流：就是额定持续电流。也就是脱扣器能长期通过的电流。对带可调式脱扣器的断路器是可长期通过的最大电流。

额定开断能力：断路器在规定条件下所能分断的最大短路电流值。

低压断路器除此之外还有许多技术参数，如温升、工频耐压、保护特性、剩余动作电流、剩余不动作电流、寿命、短时耐受电流及本体功耗等技术参数，这些参数在此不进行详细叙述。

2.4　高压断路器

2.4.1　高压断路器的用途及分类

高压断路器是电力系统中最重要的控制和保护设备，通常电力系统内 3 kV 以上的断路器通常称为高压断路器。高压断路器在电力系统中有两方面作用：

1. 控制作用

根据电网运行要求把一部分电力设备或线路投入或退出运行。这种作用称为控制作用。

2. 保护作用

高压断路器还可以在电力系统某一部分发生故障时，它和保护装置、自动装置相配合，将该故障部分从系统中迅速切除，减少停电范围，防止事故扩大，保护系统中各类电气设备不受损坏，保证系统无故障部分安全运行。这种作用称为保护作用。

根据控制和保护的对象不同，高压断路器可以分为：

发电机断路器：控制和保护发电机用的断路器，额定电流大，不需要快速自动重合闸。

输电断路器：用于 110(63)kV 及以上的输电系统的断路器，要求具备快速自动重合闸外，还要具备开合失步故障，架空线路和电缆线路充电电流的能力。电压很高，结构也比较复杂。

配电断路器：用于 35(63)kV 及以下的配电系统中的断路器。该类断路器具备快速重合闸、开合电容器组及电缆线路充电电流的能力。与输电线路断路器相比结构相对简单。

控制断路器：由于控制、保护需要经常进行启停的电气设备(如高压电动机)的断路器。断路器的额定电压在 12 kV 以下，断路器由于频繁操作具有较高的机械寿命和电气寿命。

按断路器的灭弧原理来划分，有以下几类：

油断路器(多油和少油)：采用油作为灭弧介质的断路器。断路器灭弧室中的油除了起到灭弧作用外，还作为电弧熄灭后，弧隙间的绝缘以及带电触头与解体箱体之间的绝缘。该类断路器由于工艺已经逐渐落后，而且维护的工作量很大，在当今建设和运行的核电厂中不再使用。

压缩空气断路器：采用压缩空气作为灭弧介质的断路器。压缩空气除了作为灭弧介质外，还作为触头开断后的弧隙绝缘介质。其特点是灭弧能力强，动作迅速，但结构复杂，体积大，开断时的噪声大。

六氟化硫断路器：采用具有优良灭弧性能和绝缘性能的 SF_6 气体作为灭弧介质的断路器。其特点是具有开断能力强，体积小，但结构复杂，工艺要求高且价格昂贵，一般用于高压和超高压系统中，常在 GIS 和发电机出口断路器中使用。

真空断路器：利用真空的高介质强度来灭弧的断路器。其特点是具有灭弧速度快，触头材料不易氧化、寿命长、能够频繁操作、免维护、体积小等特点，同油断路器和 SF_6 断路器相比具有无油化、无 SF_6 气体泄漏的优点，目前被广泛应用于中压等级的交流系统中。

磁吹断路器：靠故障电流产生的强大电磁力进行吹弧，利用狭缝灭弧装置将吹入狭缝中的电弧进行冷却、熄弧的断路器。其特点是具有频繁开断性能好、不需要油、压缩空气、真空等优点，但使用电压不高，常被用于 400 V 系统中的电源开关和功率较大的厂用负荷的负荷开关以及发电机的灭磁开关等。

固体产气断路器：利用固体产气物质在电弧高温作用下分解出的气体来熄灭电弧的断路器，常被应用在户外小型高压变配电所中。

2.4.2 高压断路器的基本要求

断路器在电力系统中担负着接通或切断负荷电流，短路时切断短路电流的重要作用，因此对高压断路器有以下几个方面的要求：

(1) 断路器在额定条件下，应能长期可靠的工作。

(2) 应具有足够的断路能力。由于系统的电压较高，正常负荷电流和短路电流都很大，当断路器在断开回路时，触头间会产生强烈的电弧，只有在电弧完全熄灭时，回路才能真正断开。因此要求断路器具有足够的断路能力和足够的热稳定、动稳定能力。

(3) 具有尽可能短的开断时间。当系统发生故障时，要求断路器迅速切断故障回路，保护系统和设备安全。

(4) 要求断路器结构简单，价格合适。在保障安全性的前提下，还应考虑经济性。

2.4.3　高压断路器的基本参数

2.4.3.1　高压断路器的型号表示方法及含义

我国电力系统中使用的高压断路器，有专用的国家标准规定它的型号和规格，一般由字母和数字方式表示。

1 2 3—4 5 / 6 7 8

其代表的意义：1—产品的字母代号，表示产品的种类，如表 2-1 所示；2—产品的安装场所代号，屋内 N，屋外 W；3—设计系列代号，以数字表示；4—额定电压（kV）；5—其他标志，如改进型 G；6—额定电流（A）；7—额定开断能力（kA 或 MVA）；8—特殊环境代号。例如：ZN12—10/1250—50 型，表示 10 kV，1 250 A，50 kA，12 型屋内真空断路器。

表 2-1　高压断路器产品字母代号

断路器名称	少油断路器	多油断路器	空气断路器	SF_6 断路器	真空断路器
字母代号	S	D	K	L	Z

2.4.3.2　高压断路器的基本参数

高压断路器的特性和工作性能，可用它的基本参数来表征，主要参数如下：

1. 额定电压

额定电压是允许断路器连续工作的工作电压，一般指正常工作的线电压。额定电压的大小决定着断路器的绝缘水平和外形尺寸，同时也决定着断路器的熄弧条件。国家标准规定，断路器额定电压等级有：3、6、10、20、35、60、110、220、330、500 kV 等。

2. 最高工作电压

由于电力系统在运行过程中允许 5%U_N 的电压波动，输电线路或电缆上有压降，变压器出口端电压要高于线路额定电压，断路器可能在高于额定电压的装置中长期工作，断路器必须适应在允许电压变化范围内长期工作，因此又规定了断路器的最高工作电压。220 kV 以下的高压断路器，其最高工作电压较额定电压高约 15%，330 kV 以上，规定其最高工作电压较额定电压高 10%。如表 2-2。

表 2-2　断路器的额定电压与最高工作电压

额定电压/kV	3	6	10	35	110	220	330	500
最高工作电压/kV	3.5	6.9	11.5	40.5	126	252	363	550

3. 额定电流

额定电流指断路器可以长期允许通过的电流，长期通过额定电流的断路器，其各部分的温升不会超过允许数值。额定电流决定断路器触头及导电部分的截面积。我国规定断路器的额定电流分别为：200，400，630，（1 000），1 250，（1 500），1 600，2 000，3 150，4 000，

5 000,6 300,8 000,10 000,12 500,16 000,20 000 A。

4. 额定开断电流

开断电流指断路器在一定电压下能正常开断的最大短路电流,在额定电压下的开断电流成为额定开断电流,它表征断路器的开断能力。在低于额定电压时,容许开断电流可以高过额定开断电流,但不是按电压降低成比例的增加,而是有一个极限值。这个值是由断路器的灭弧能力和承受内部气体压力的机械强度决定的,这个极限值称为极限开断电流。我国规定额定开断电流为:1.6,3.15,6.3,8,10,12.5,16,20,25,31.5,40,50,63,80,100,180 kA 等。

5. 热稳定电流

表明断路器能够承受短路电流热效应的能力。当热稳定电流通过断路器时,在规定的时间内,温度不超过规定的允许发热温度,并且不能发生触头熔焊和妨碍断路器继续正常工作的现象,这个电流值称为额定热稳定电流。通常断路器的额定热稳定电流等于它的额定开断电流,热稳定电流规定的时间一般为 3 s 或 4 s。

6. 动稳定电流

表明断路器能承受短路电流电动力作用的性能,即断路器对短路电流的电动稳定性,决定于断路器的机械强度。断路器在闭合状态下,或关合到故障电路时,能通过的不至于妨碍继续正常工作的短路电流的最大瞬时值。

7. 额定关合电流

断路器关合有故障回路时,在动静触头接触瞬间,强大的短路电流可能引起开关触头弹跳、融化、焊接,甚至爆炸。断路器能可靠接通的最大电流称为额定关合电流,一般取额定开断电流的 1.8 倍。

8. 分、合闸时间

表明断路器开断与合闸过程快慢的参数,对分闸的时间及合闸的相间的同期有严格的要求。

9. 自动重合闸性能

对于高压和超高压输电线路而言,其发生单相暂时性短路故障的概率比发生相间和三相短路的机会要多,这些短时性故障会随着短路电流的切断,马上又立即恢复。为了提高系统供电的可靠性和系统的稳定性,在输电线路两侧均装有自动重合闸装置,在发生单相短路故障时,继电保护装置发出选择性的跳闸信号,这时故障相的断路器跳闸,经过 0.5 s 的无电流时间后,故障相跳闸的断路器将会自动合闸,如果线路故障消除,则系统恢复运行,如果线路故障未消除,这时保护将发出三相跳闸的信号,断路器跳闸后,切除故障线路,这种现象称为“不成功自动重合闸”。

对于重要的输电线路,调度规程规定在发生这种不成功的自动重合闸后,经过 180 s 后,允许强制送电一次,如合闸后线路故障仍然存在,则断路器三相跳闸。这个循环称为自动重合闸操作循环。

2.4.4　真空断路器

1. 真空断路器的特点

真空断路器的触头在真空中关合、开断，具备良好的灭弧特性，适宜频繁操作，电气寿命长、运行可靠性高、维护工作量小、不检修周期长的优势，在当今我国电力系统中得到广泛的应用，真空断路器的出现加快了开关无油化的进程，现在断路器的额定电流已经达到 4 000 A，开断电流达到 63 kA，额定电压也达到 35 kV 等级，见图 2-16。

2. 真空断路器的结构

下面将从真空断路器的灭弧室、操动机构、绝缘结构几个方面进行简单的介绍。

(1) 灭弧室

真空灭弧室是真空断路灭弧器的关键部件，见图 2-17，它是采用玻璃或陶瓷作支撑及密封，内部有动、静触头和屏蔽罩，室内有负压，真空度为 10^{-5}～10^{-3} Pa，保证其开断时的灭弧性能和绝缘水平。当真空度降低时，其开断性能明显降低，因此真空灭弧室不得受任何外力碰撞，搬动及维护时不得受力。禁止把任何东西放在真空断路器上，以防止落下时打坏真空灭弧室。出厂前真空断路器经过严格平行度检查和装配，维修时应紧固灭弧室的各螺栓，以保证其受力均匀。

图 2-16　真空断路器

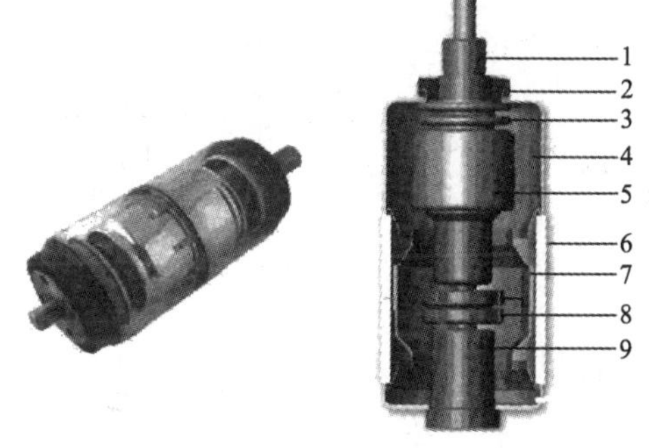

图 2-17　真空灭弧室

1—动导电杆；2—扭转保护环；3—波纹管；4—端盖；5—波纹管屏蔽罩；6—玻璃(陶瓷)绝缘外壳；7—屏蔽筒；8—触头；9—静导电杆

由于灭弧室静态压力极低，所以只需要很小的触头间隙就可以达到很高的电介质强度，在分闸过程中触头间隙产生的电弧很容易熄灭。分闸过程中的高温产生了金属蒸汽离子和电子组成的电弧等离子体，使电流将持续一个很短的时间，由于触头上开有螺旋槽，电流曲折路径效应形成的磁场会使电弧产生旋转运动，由于阳极区的电弧收缩，即使切断很大的电流时，也可以避免触头表面因局部过热和不均匀的烧蚀。

触头结构对灭弧室的开断能力有很大影响。采用不同结构触头产生的灭弧效果有所不同的，早期采用简单的圆柱形平板触头，结构简单，开断能力不能满足断路器的要求，仅能开断 10 kA 以下电流；随着技术水平的提高出现了横磁场触头，横磁场触头常见有两种，一种是螺旋触头，另一种是杯状磁场触头，螺旋触头大大的增加开断电流的能力，可以达到

40 kA,杯状触头可以达到 40 kA 以上;在核电厂真空断路器被广泛的应用在 6.3 kV 厂用配电系统,有着很高的可靠性和安全性,维护量很低,灭弧室的触头结构一般为螺旋槽型横磁场触头,如 ABB 公司的 VD4 真空断路器及国产的 ZN12 真空断路器,如图 2-18 所示。

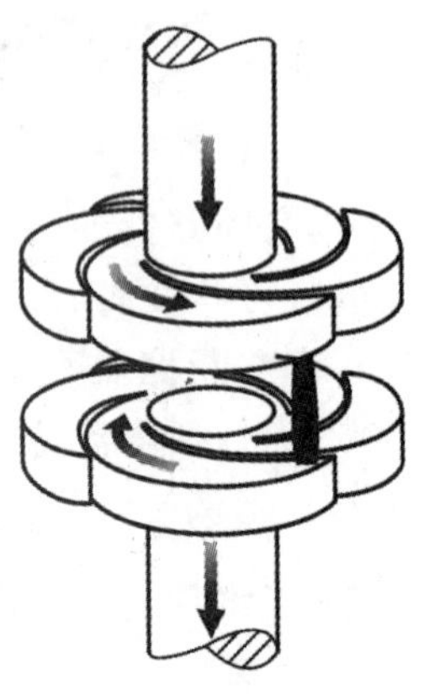

图 2-18 横向磁场螺旋触头

另外影响灭弧室开断能力的因素还有触头材质和灭弧室的封排工艺等。在这里不作为重点阐述。

(2) 操动机构

操动机构是衡量真空断路器性能优劣的重要方面之一,影响真空断路器可靠性的主要原因就是操动机构的机械特性。真空断路器使用的操动机构主要有手动操动机构、电磁操动机构、弹簧操动机构和永磁操动机构四种,由于手动操动机构和电磁操动机构的工艺落后且缺点很大,所以在当前的真空断路器中绝大多数都采用弹簧操动机构和永磁机构。关于操动机构的详细分析见 2.5 节。

(3) 绝缘结构

绝缘结构也是真空断路器的重要组成部分,根据相柱绝缘经历的变化发展,可基本上划分为三代:空气绝缘方式、复合绝缘方式、固封极柱绝缘方式。

a. 空气绝缘方式

产品的相间绝缘、对地绝缘和灭弧室外绝缘均为空气介质。这样断路器的真空灭弧室多采用悬挂支撑方式,并且要遵循严格的安装调试工艺。为了保证空气绝缘净距和爬电比距所以该类型产品的小型化比较困难。

b. 复合绝缘方式

产品的绝缘结构采用固体绝缘和空气绝缘相结合的方法,一方面提高了绝缘性能;另一方面可以减少设备的尺寸。采用绝缘套筒式结构,真空灭弧室通过螺栓固定在环氧树脂绝缘套筒内,然后与机构组装成断路器。但是环境气候条件对灭弧室外绝缘的影响还不可避免,对极柱的装配还是有比较高的工艺要求。

c. 固封极柱绝缘方式

固封极柱又称为浇注式极柱结构,这是中压真空断路器绝缘结构的重大变革。它的主要特点是将真空灭弧室及导电端子等零件用环氧树脂通过 APG 工艺(环氧树脂自动压力凝胶工艺)包封成极柱,然后与机构组装成断路器。固封式真空断路器的电气性能除了决定真空灭弧室外,极柱的结构设计也至关重要。极柱结构除考虑绝缘外,还应考虑强度及散热问题。

2.4.5 SF_6 高压断路器

SF_6 高压断路器以 SF_6 气体作为灭弧和绝缘介质,SF_6气体具有良好的绝缘性能和灭弧性能。主要应用在高压或超高压系统中的户外断路器、GIS 以及中压系统的发电机断路器中如图 2-19 所示,在中低压厂用电系统中也有少量的 SF_6 断路器,但由于开关经常操作对灭弧室的密封工艺要求很高、造价昂贵,所以在厂用电系统中的使用没有真空断路器使用广泛。

1. SF_6 断路器的特点

(1) 断路器断口耐压强度高。由于单断口耐压强度高,在同一电压等级 SF_6 断路器断口少，结构简单、占地面积小。

(2) 开断容量大。目前 500 kV 电压等级的 SF_6 断路器，其额定开断电流已经达到 60 kA，最大已经达到 80 kA。

(3) 电气寿命长、检修周期长。由于 SF_6 气体良好的灭弧性能，断路器的触头损耗轻微，所以电气寿命长，检修周期可以持续很长时间。

(4) 操作所需操动能量小、分合闸特性好。不仅可以切断长导线不重燃，切断空载变压器不截流，而且比较容易切断近区短路故障。

图 2-19 LW8 型户外 SF_6 断路器

2. SF_6 气体特性

SF_6 气体在 1900 年被发现后，在前半个世纪，主要是解决提纯问题，并研究其物理、化学、电气等性能。20 世纪 50 年代初开始使用纸气体作为断路器的绝缘和灭弧介质，SF_6 气体广泛用于断路器在 70 年代之后得到迅速发展。虽然 SF_6 气体在高压电气设备和其他领域得到了广泛的应用，但对于它的一些性质和机理还须进一步的研究。预期 21 世纪开发特高压开关及其设备，它将被指定为唯一选用的气体。

SF_6 气体的是一种化学特性非常稳定的且呈惰性的气体，它无色、无味、无毒、不燃且不溶于水。是最不活泼的已知气体之一，而且在通常条件下，它不侵蚀与它接触的物质；它的物理特性是最重的已知气体之一。在通常条件下，它大约比空气重 5 倍。靠对流和扩散同空气混合缓慢，但一经混合，则不再分离。虽然 SF_6 气体的热导率低，但由于其黏度较低且密度较高，热导率好于空气 2～5 倍；具有优异的绝缘性能，由于其呈强烈的电负性，而且体积较大，对电子捕获能力强，在吸收电子的能量后生成低活动性的稳定负离子，重离子的迁移率低，使之电子崩的发展很困难，同时它的击穿场强为空气的 2.5～3 倍。

SF_6气体与其他绝缘介质相比具有以下优点：使用安全可靠，无火灾和爆炸危险，不必担心材料的氧化、腐蚀；可以减小开关电器的体积；操作、维护比较方便，运行中主要监视 SF_6压力，基本上可以实现免维护；无噪声和无线电干扰；适用的环境温度范围大。

但是，由于 SF_6在电弧作用下分解出的气体都是有害的，所以必须注意气体的纯度和气体中的水分，防止运行中发生泄漏，如果发生泄漏，则必须采用正确的方法，保证使用过程中的安全性。

3. SF_6 断路器分类

(1) 按使用地点可分为敞开式和全封闭组合电器。

(2) 按结构形式可分为绝缘子支柱型和落地罐式。绝缘子支柱型断路器可做成积木式结构，系列性、通用性强。落地罐式断路器整体性强，机械稳固性好，防震能力强，还可组装电流互感器等其他原件，但系列性差。

(3) 按灭弧方式可分为双压式和单压式。双压式的特点是断路器灭弧装置设有高压和低压两个气压系统。低压系统主要用作绝缘介质，高压系统在灭弧过程中起作用。单压式断路器是灭弧装置只有一种压力的 SF_6 气体，开断过程中利用动触头及活塞的运动产生压气作用，在触头和喷嘴之间产生高速气流吹弧。双压式的断路器是早期产品，现在已经完全被单压式替代。

(4) 按触头动作方式可分为定开距和变开距。定开距灭弧室的特点是开距小，电弧长度短，触头从分离到电弧熄灭行程很短，电弧能量小可以做到较大的额定开断电流；分闸后断口两极间电场分布均匀，可提高两极间击穿强度；喷口用耐电弧合金制成，烧损轻微，多次开断能保持性能稳定，且气流状态好。变开距灭弧室的特点是触头开距在分闸过程中不断增大，最终开距大，断口电压可以做的很高，起始介质强度恢复快。喷嘴与触头分开，有利于改善吹弧效果，提高开断能力，缺点是喷嘴容易被电弧烧坏。

4. 操动机构

SF_6 断路器的操动机构是断路器的重要组成部分，操动机构的主要作用是：按照规定的操作顺序操动断路器实现分、合闸操作，并分别保持在相应的分、合闸位置。要求必须具备动作高度可靠、动作快速稳定、并能防止“跳跃”、联锁、重合闸等可靠的功能，操动机构的性能好坏，将直接影响到断路器的正常工作。目前国内外许多制造厂家生产的各电压等级的 SF_6 断路器所配置的操动机构，可分为以下几种类型，即：液压机构、气动机构、弹簧机构及液压弹簧机构。关于操动机构的详细分析见 2.5 节。

2.5 断路器的操动机构

2.5.1 操动机构概述

高压断路器都是带触头的电器，通过触头的分、合动作达到开断与关合电路的目的，因此必须依靠一定的机械操动系统才能完成。在断路器本体以外的机械操动装置称为操动机构，而操动机构与断路器动触头之间连接部分称为传动机构和提升机构，如图 2-20 所示。

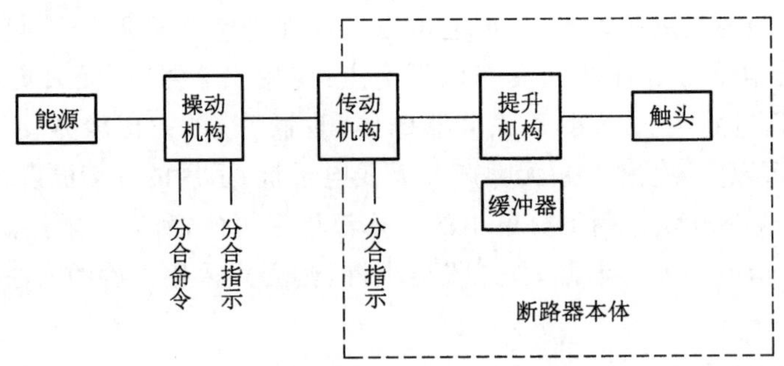

图 2-20 断路器操动机构的组成

断路器的操动机构接到断路器的分闸(或合闸)命令后，将能量转变为电磁能(或弹簧势能、重力势能、气体或液体的压缩能等)，传动机构将能量传给提升机构。传动机构将相隔一定距离的操动机构与提升机构连在一起，并可改变两者的运动方向。提升机构是断路器的一个部分，是带动断路器触头运动的机构，它能使动触头运动的机构，它能使动触头按照一定的轨迹运动，通常为直线运动或近似直线运动。

操动机构一般做成独立产品。一种型号的操动机构可以配用几种型号的断路器，而一种型号的断路器也可以配不同类型的操动机构。根据能量形式的不同，操动机构可分为手动操动机构、电磁操动机构、弹簧操动机构、电动机操动机构、气动操动机构和液压操动机构、永磁操动机构等。

断路器操作时的速度很高，为了减少撞击，避免零部件的损坏，需要装置分、合闸缓冲器，缓冲器大多装在提升机构附近。在操动机构即断路器上应具有反映分、合闸位置的机械指示器。

2.5.2　操动机构的性能要求

断路器主要用途体现在触头的分、合动作上，而分、合动作又是通过操动机构实现的。因此，操动机构的工作性能和质量的优劣，对高压断路器的工作性能和可靠性起着极为重要的作用，对于操动机构的主要要求如下：

(1) 合闸。不仅能关合正常工作电流，而且在关合故障回路时，能克服短路电动力的阻碍，关合到底。在操作能源(如电压、气压、液压等)在一定范围内(80%～110%)变化时仍能正确、可靠的工作。

(2) 保持合闸。由于合闸过程中，合闸命令的持续时间很短，而且操动机构的操作力也只在短时间提供，因此操动机构中必须有保持合闸的部分，以保证在合闸命令和操作力消失后，断路器仍能保持在合闸位置。

(3) 分闸。操动机构要能够满足正常电动分闸，在特殊情况下(如事故应急)还必须能够就地手动分闸。而且要求断路器的分断速度与操作人员的动作快慢和下达命令的时间长短无关。操动机构应有分闸省力机构。

(4) 自由脱扣。在断路器合闸过程中，如操动机构又接到分闸命令，操动机构不应继续执行合闸命令而应立即分闸。

(5) 防跳跃。断路器关合短路而又自动分闸后，即使合闸命令尚未解除也不会再次合闸。

(6) 复位。断路器分闸后，操动机构中的每个部件应能自动恢复到准备合闸的位置。

(7) 联锁。为了保证操动机构动作可靠，要求操动机构具有一定的联锁装置。厂用的联锁装置有：分合闸位置联锁、低气(液)压与高气(液)压联锁、弹簧操动机构中的位置联锁等。

2.5.3　操动机构的种类及特点

1. 手动操动机构

靠手力直接合闸的操动机构称为手动操动机构。主要用来操动电压等级较低、额定开端电流很小的断路器。主要用在工矿企业，在核电厂基本不被采用。手动操动机构结构简单，不要求配备复杂的辅助设备及操作电源；缺点是不能自动重合闸，只能就地操作，不够安全。

2. 电磁操动机构

靠电磁力合闸的操动机构称为电磁操动机构。电磁操动机构的优点是结构简单、工作可靠、制造成本低；缺点是合闸线圈消耗功率太大，因而需要用户配备价格昂贵的蓄电池组，电磁操动机构的结构笨重、合闸时间长，因此在超高压系统中很少采用，主要用来操作

110 kV 及以下的断路器。

3. 电动机操动机构

利用电动机经减速装置带动断路器合闸的操动机构称为电动机操动机构。电动机功率的大小取决于操作功的大小及合闸做功的时间，由于电动机做功时间很短，因此要求电动机有较大的功率。电动机操动机构的结构比电磁操动机构复杂、造价相对较高，但可用于交流操作。用于断路器的电动机操动机构在我国使用较少，核电厂基本没有采用，有些电动机操动机构则用来操动额定电压较高的隔离开关，对合闸时间没有严格的要求。

4. 弹簧操动机构

弹簧操动机构的工作原理，是利用电动机对合闸弹簧储能，并由合闸掣子保持。在断路器合闸操作时，利用合闸弹簧释放的能量操动断路器合闸，与此同时，对分闸弹簧储能，并由分闸掣子保持；断路器分闸操作时，利用分闸弹簧释放的能量操动断路器分闸，既能够获得较高的分闸速度，又能够实现快速自动重复合闸操作。它同样具备闭锁、重合闸等其他功能。弹簧操动机构成套性强，不需要配置其他附属设备，不受环境温度的影响，性能稳定，运行可靠，但是，其结构复杂，对加工工艺要求高。另外，与电磁操动机构相比，弹簧操动机构成本低，价格便宜，是真空断路器和中压 SF_6 断路器中最常用的一种操动机构。

5. 气动操动机构

压缩空气操动机构是一种比较常用的操动机构，常被应用在 SF_6 断路器中，经过多年来的不断研制改进，技术比较成熟，运行性能稳定，动作可靠。压缩空气操动机构的特点是：

(1) 结构简单，动作可靠，易损件少。

(2) 不存在慢分和慢合的问题。在分闸位置时由掣子锁死，在合闸位置时是由合闸弹簧保持。

(3) 机械寿命长。其转动部分大都装有滚动轴承，减少了摩擦力及磨损，可达到操作 10 000 次不更换零件。

(4) 机构缓冲性能好。装配的油缓冲器直接与机构活塞连接，有效地减缓了分、合闸时的机械冲击力。

(5) 防“跳跃”措施好。装在机构内配置有电气防“跳跃”回路，还配置一套有机械防“跳跃”功能的机构。

(6) 断路器分、合闸机械特性稳定。断路器的分闸是靠压缩空气作为动力源，合闸是靠储能后的合闸弹簧作为动力源，机械特性比较稳定。

6. 液压操动机构

液压操动机构是利用液体不可压缩的原理，以液压油作为传递介质，将高压油送入工作缸两侧来实现断路器分、合闸操作。它具有输出功率大、动作快、负载特性配合好、噪声小、速度易调变、可靠性高、维修方便等主要优点。因为加工工艺要求高，如果制造或装配不良，容易渗漏油，同时速度特性易受环境温度的影响也要给予注意。各种液压操动机构具体结构不同，但它们的基本原理相同，见图 2-21。

液压操动机构可按照下列不同的方法进行分类：

(1) 按储能方式，可分为非储能式和储能式两种。一般地，非储能式用于隔离开关；储能式用于 35 kV 及以上的少油断路器和 110 kV 及以上的单压式 SF_6 断路器。

(2) 按液压作用方向，可分为单向传动式和双向传动式两种。

(3) 按液压传动方式，可分为间接传动和直接传动两种。

(4) 按充压方式，可分为瞬时充压式、常高压保持式、瞬时失压一常高压保持式三种。

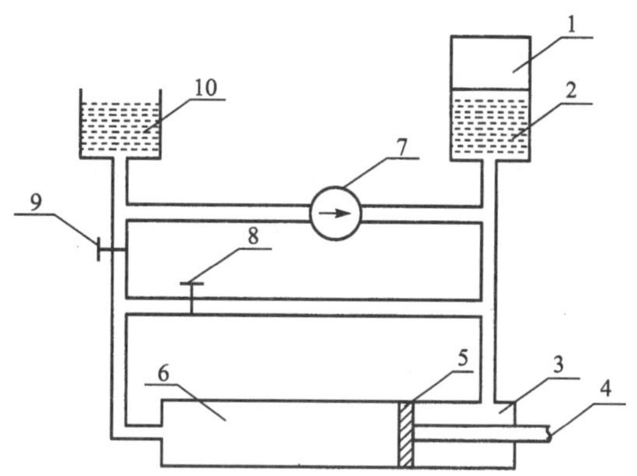

图 2-21　液压操动机构

1—氮气；2—液压油；3—工作缸分闸油室；4—活塞缸；5—活塞；6—工作缸合闸油室；7—油泵；8，9—阀门；10—贮油池

7. 液压弹簧机构

液压弹簧机构是液压与弹簧机构的组合。弹簧由液压储能，力的传递由液压进行。此时断路器触头的操动力像在液压机构那样靠操动活塞产生。操动活塞集成在操动机构内。

液压弹簧操动机构有如下优点：

(1) 储能件不受温度的影响，因而油体积尽可能小；

(2) 操作时间恢复精度高；

(3) 结构紧凑；

(4) 备有集成的液压缓冲；

(5) 机械寿命长；

(6) 容易匹配各种型式的断路器。

液压弹簧机构广泛用于户外型断路器、GIS 内断路器、发电机断路器及罐式断路器。如 ABB 公司现代高压断路器仅配液压弹簧操动机构或机械式弹簧操动机构。

8. 永磁操动机构

永磁机构采用新的工作原理，将电磁机构与永久磁铁有机地组合起来，避免了合分闸位置机械脱扣、锁扣系统所造成的不利因素，无须任何机械能而通过永久磁铁产生的保持力就可使真空断路器保持在合、分闸位置上。配以控制系统实现真空断路器所要求的全部功能。主要可以分为两个类型：单稳态永磁操动机构和双稳态永磁操动机构。其中双稳态永磁操动机构的工作原理为分闸与合闸及保持都靠永磁力；单稳态永磁操动机构的工作原理为在储能弹簧的帮助下快速分闸，并保持分闸位置，只有合闸保持靠永磁力。永磁操动机构结构简单、零件数量少、可靠性高，非常适合于操动真空断路器。机构寿命长、体积小、重量轻。

2.6　隔离开关

2.6.1　隔离开关的用途

隔离开关是高压电气中应用非常普遍的一种电器，相对于高压断路器结构简单、价格便宜。因为没有专门的灭弧装置，只能在无压和无负荷的情况下通断回路，如图 2-22。

它的主要作用是：

(1) 隔离设备和线路与高压电源隔开，以保证检修人员和设备的安全。

(2) 通断电压互感器励磁电流、线路和母线的电容电流等。

(3) 用于双母线或旁路母线的负荷改变运行方式。

图 2-22 隔离开关

2.6.2 隔离开关的特点

根据隔离开关的作用，隔离开关在结构上有以下特点：

(1) 具有明显的断开点与信号标记，使运行或检修人员能清楚确认开关分、合状态。

(2) 断口绝缘稳定可靠，其绝缘水平要高于断路器，以保证工作人员的安全。

(3) 由于隔离开关不能切断负荷电流与短路电流，因此在和断路器配合使用时要有机械或电气的闭锁，以确保操作顺序正确：先分断路器后分隔离开关，隔离开关先合断路器后合。许多隔离开关为了防止误操作除了采用“五防”闭锁系统、联锁电磁铁外，还设置了防止流过短路电流时会自动打开的装置，如在隔离开关上装磁锁增加接触压力等措施。

(4) 隔离开关带有接地开关时，隔离开关与接地开关之间应有机械或电气闭锁，即隔离开关闭合时，不能合接地开关；接地开关合闸时，不能合隔离开关。

2.6.3 隔离开关的额定参数与分类

隔离开关的铭牌额定参数与配合使用的断路器参数基本相同，如额定电压、额定电流、动稳定电流、热额定电流等。因其不能开断负载电流和短路电流，所以不做切断能力试验。

隔离开关的分类：

(1) 按绝缘支柱的数目可分为单柱、双柱、三柱式和 V 型。

(2) 按极数可分为单极、三极式。

(3) 按隔离开关的运行方式可分为水平旋转、垂直旋转、摆动、插入式。

(4) 按操动机构可分为手动、电动、气动、液压式。

(5) 按使用地点可分为户内、户外式。

户内式有单极式和三极式，其可动触头装设与支持绝缘的轴垂直，并且大多为线接触。户内式一般用于 6～35 kV，采用手动操作机构，轻型的采用杠杆式手动机构，重型的(额定电流在 3 000 A 及以上)采用蜗轮式手动机构。户外式由于工作条件恶劣，绝缘和机械强度要求高，有单柱、双柱、三柱式和 V 型。V 型一般用于 35～110 kV，采用手动操作机构；单柱、双柱、三柱或单极式一般用于 220 kV 及以上，采用手动或电动操作机构。

2.6.4 隔离开关操动机构

目前发电厂和变电所的配电装置中主要采用操动机构进行隔离开关的分合。使用操动机构操作隔离开关可以提高工作的安全性。操动机构可使隔离开关的操作简化，并且可实现隔离开关操动机构与断路器操动机构之间的联锁，以防止隔离开关的误操作，提高工作的可靠性和安全性。隔离开关的操动机构种类有手动杠杆操动机构、手动涡轮操动机构、电动机操动机构和气动操动机构等。

2.6.5　隔离开关型号和参数表示

国家相关标准对隔离开关的型号和参数进行了规定。

1 2 3—4 5 / 6

其代表的意义：1—产品字母代号（G—隔离开关，J—接地开关）；2—使用环境（N—户内，W—户外）；3—设计序号（1，2，3，…）；4—额定电压（kV）；5—派生代号（K—带快分装置，D—带接地刀闸，G—改进型，T—统一设计产品）；6—额定电流（A）。

2.7　真空接触器

真空灭弧室除用于真空断路器和真空负荷开关外，真空接触器也是其中一个重要的应用。真空接触器属于控制电器，主要用于对高压电动机、变压器、电容器等设备，用于远距离控制和频繁操作。

2.7.1　真空接触器的动作原理

真空接触器主要由真空灭弧室、绝缘固定架、操动机构、锁扣机构等组成，如图 2-23。

图 2-23　真空接触器外形图

绝缘固定架上安装了熔断器支座，支座上装配有联动脱扣机构，即便只有一相熔断器熔断时，也能使接触器联动跳闸，同样地，即便只有一相熔断器未安装时，该联动机构也能防止接触器合闸。对真空接触器主触头的控制而言，有电磁式操作机构和弹簧储能式操作机构两种，由于电磁式分合闸频率可达到 2 000 次/h，故目前均采用电磁式操作机构。控制回路电压有直流 110 V、220 V；交流 110 V、220 V；保持方式有电气自保持和机械自保持两种。电气自保持机构是合闸线圈得电动作使得接触器主触头合闸，当接触器合闸后，合闸线圈断电转成保持线圈得电，确保接触器主触头处于合闸状态。当分闸时，使得保持线圈失电，在分闸弹簧的反力作用下，快速把接触器主触头分闸。机械自保持机构是合闸线圈得电驱动合闸电磁铁通过操作机构使接触器主触头合闸，并由合闸锁扣装置使接触器保持合闸状态，同时合闸线圈失电；当分闸时，分闸电磁铁得电动作使合闸锁扣装置解扣，由分闸弹簧驱动操作机构完成分闸。机械自保持机构包括脱扣器和手动分闸按钮组成。

2.7.2 真空接触器的主要优点

真空接触器的主触头是密封在以陶瓷为外壳的真空灭弧室中，灭弧室中的真空度高达 1.33×10^{-4} Pa。当真空接触器分闸时，真空灭弧室中的动、静触头快速地开断，在分闸过程中，在高温触头之间产生的金属蒸气使电弧持续到电流第一次过零点，在电流过零点时，金属蒸气迅速凝结，使动静触头之间重新建立起很高的电介质强度，维持很高的瞬态恢复电压值，实现对开断电流的完成。如果用于控制高压电动机，因截流值不高于 0.5 A，所以仅产生很低的过电压值，此特性对电动机的保护非常重要。

真空接触器的主要优点：

(1) 真空接触器截流值小，一般小于 0.5 A。

(2) 触头抗磨能力强，维修周期长、工作量小。

(3) 可频繁操作；达到每小时 2 000 次分合闸动作。

(4) 寿命长；电气寿命为 30 万次，机械寿命 100 万次。

(5) 体积小、重量轻、不爆炸、不污染环境。

2.7.3 真空接触器的额定参数

真空接触器的额定参数与真空断路器参数基本一致，高压真空接触器按电压等级分为 3.6，7.2，12 kV；按高压部分相对位置，分为上下布置和前后布置；按合闸是否带锁扣，分为带锁扣（机构保持）和不带锁扣。额定电流一般不超过 630 A。此外还有关合能力、开断能力、和峰值耐受电流。额定关合能力也就是接通能力是指在规定的关合条件下确定的电流数值；此时接触器可以关合而不发生熔焊或过分的腐蚀。额定分断能力是在规定的条件下在额定工作电压时接触器能够开断而没有过分的触头烧损的电流值。极限开断能力是指在 $\cos\Phi=0.6\pm0.05$，1.1 倍额定工作电压下分断额定开断能力电流 3 次。额定峰值耐受电流是接触器在闭合位置与保护熔断器配合所能实际承受的电流第一个半波内最大瞬时值。

2.8 载流导体

2.8.1 载流导体的发热

导体和电器在运行中基本有两种工作状态：

(1) 正常工作状态。电压和电流都不超过额定值，可以长期正常而经济的运行。

(2) 短路工作状态。系统发生短路故障引起电流突然增加，短路电流要高出额定电流许多倍，在故障切除前的短时间内，导体和电器应能承受短时发热和电动力的作用。

导体正常工作时产生的各种损耗：

(1) 导体通过电流，由于自身电阻产生的电阻损耗。

(2) 绝缘材料中出现的介质损耗。

(3) 导体周围的金属构件，在电磁场作用下引起的涡流和磁滞损耗。

这些损耗变成热能使导体的温度升高，以致使材料的物理性能和化学性能变坏。会使电器的机械强度下降、接触电阻增加、绝缘性能降低。

为了保证导体可靠工作，必须使其发热温度不超过一定数值，这个限值叫做最高允许温度。按照有关规定，导体的正常最高允许温度一般不超过+70 ℃。在考虑太阳辐射的影响时，钢芯铝绞线及管型导体可按不超过+80 ℃。导体通过短路电流时，短时最高允许温度可高于正常最高允许温度，对硬锰合金可取 220 ℃，硬铜可取 320 ℃。

2.8.2　材料与形状的选择

1. 导体材料的选择

导体通常采用铜、铝、铝合金及钢材料。这些材料由于其物理特性的不同，所以使用情况也存在着很大的差异。铜的电阻率低、强度大、抗腐蚀性强，是很好的导体材料，但铜的用途广泛，我国的储量不多，价格昂贵，因此铜导体只在下列情况被采用：

(1) 位于对铝有强腐蚀对铜腐蚀较轻的环境。

(2) 发电机出线端子及对尺寸、位置、截面有特殊要求的环境。

(3) 持续工作电流在 4 000 A 或可靠性要求较高的条件。

铝的导电率虽然是铜的 1.7～2 倍，但密度只有铜的 30%，我国铝的储量丰富、价格低廉，因此载流导体一般使用铝或铝合金材料。常用的导体截面一般有矩形、槽型、管型。由于纯铝的管型导体强度低，110 kV 及以上的配电装置敞露布置时一般不宜采用。

2. 导体形式选择

矩形导体具有散热条件好、安装条件简单、连接方便等优点，但集肤效应较大。一般适用于 2 000 A 以下回路中，如果电流超过 2 000 A 小于 4 000 A 需要采用多片母线，由于随着母线片数增加集肤效应也随之增加，载流量不是随着片数增加而成倍增加，一般都用在 35 kV 以下系统。在核电厂，一般 6 kV 厂用电源系统中由于电流较大、开关柜或共箱母线紧凑布置，都采用矩形铜导体。

槽型导体的电流分布比较均匀，集肤效应小，与同截面的导体相比，散热条件好、机械强度高、安装简便，适用于载流量为 4 000 ～8 000 A 回路使用，但大于 8 000 A 时会引起钢构件严重发热。

管型导体是空芯导体，集肤效应系数小，机械强度高，适用于 8 000 A 以上的大电流母线。此外由于管型母线表面光滑，电晕的放电电压高，可用在 110 kV 以上的配电装置上，如 220 kV、500 kV GIS 户内配电装置。户外配电装置也常使用管型导体。户外配电装置使用的管型导体，由于设备与导体连接端子复杂，用于户外需要考虑产生的风振动。

2.8.3　导体的选择和校验

裸导体通常按下列技术条件进行选择和校验：

1. 按长期允许工作电流选择

按长期允许工作电流选择就是所选导体截面的长期允许电流大于导体所在回路最大工作电流，即

$$KI_{al} \geqslant I_{w\max} \tag{2-4}$$

其中：

I_{al}——裸导体允许载流量。可在专业设计手册查到。

K——综合修正系数，与环境温度、长期工作温度、导体布置方式、海拔及日照有关，本章节不做要求。

I_{wmax}——导体所在回路最大持续工作电流。

回路最大持续工作电流的计算根据导体所在回路不同，计算有所不同：

1）单回路出线，取线路最大负荷电流（包括线损）。

2）双回路出线，取 1.2～2 倍其中一条回路的正常负荷电流。

3）变压器回路，一般取 1.05 倍变压器额定电流，有载调压的变压器取最大工作电流。

4）发电机回路，取 1.05 倍发电机额定电流。

5）电动机回路，取电动机的额定电流。

6）母线联络回路，取一个母线段的计算电流。

2. 按经济电流密度选择

除配电装置的汇流母线以外，对于全年负荷利用小时数较大，长度超过 20 m 的母线，传输容量较大的回路（如发电机至主变回路），均应按经济电流密度选择导体截面。按经济电流密度选择导体截面可使年运行费用最小。年运行费用包括导体的电能损耗，导体投资、折旧费等。

按经济电流密度选择导体截面，由下式计算：

$$S_{ec}=\frac{I_{wmax}}{j} \tag{2-5}$$

其中：

S_{ec}——经济截面，mm^2；

I_{wmax}——回路持续最大工作电流，A；

j——经济电流密度，A/ mm^2，见表 2-3。

表 2-3 导体经济电流密度表

导线材质	年最大负荷利用小时数/h		
	<3 000	3 000～5 000	>5 000
铜线	3.0 A/mm^2	2.25 A/mm^2	1.75 A/mm^2
铝线	1.65 A/mm^2	1.15 A/mm^2	0.9 A/mm^2

火力发电厂的最大负荷利用小时数平均可取 5 000 h；水力发电厂平均可取 3 200 h；核电厂由于燃料的特殊性一般平均超过 7 000 h。

导体的选择要尽可能的靠近公式计算结果，如果无合适导体时，导体的经济截面可小于经济电流的计算截面。在核电厂一般考虑系统和设备的安全性，应该选取大于经济电流的计算截面。

3. 导体截面的校验

（1）按电晕条件校验

110 kV 以上母线应进行电晕电压校验。因为电晕能产生附加功率且对通讯有强烈的干扰。

在工程中采用经验公式计算临界电晕电压及电晕无线电干扰分贝数的方法来校验。如校验不合格可用增加导体截面或采用分裂导线的办法来减少电晕的产生。

当导线截面或外径大于表 2-4 的规定，可不进行电晕校验。

表 2-4　可不进行电晕校验的截面或半径

电压/kV	110	220	330
软导线型号	LGJ－70	LGJ－100	LGKK－500/50 2×LGJQ
管型导线外径/mm	$\phi20$	$\phi30$	$\phi40$

注：LGJ－钢芯铝绞线；LGKK－铝钢扩径、空芯导线。

(2) 按短路热稳定校验

为了保证在导体流过短路电流时不会发生熔焊变形，导体的最小截面应满足以下条件：

$$S_{\min}=\frac{\sqrt{Q_k K_j}}{C} \tag{2-6}$$

其中：

$S_{\min}$——通过短路电流导体的最小截面，mm^2；

Q_k——短路电流的热效应，$A^2 \cdot s$；

K_j——集肤效应系数，该系数可在工程手册上进行查询；

C——与导体材料及发热温度有关的系数，称为热稳定系数。参见表 2-5。

表 2-5　不同工作温度下裸导体的 *C* 值

工作温度/℃	40	45	50	60	65	70	75	80	85	90
硬铝及铝锰合金	99	97	95	91	89	87	85	83	82	81
硬铜	186	183	181	176	174	171	169	166	164	161

(3) 按短路动稳定校验

导体短路时将产生很大的机械应力和电动力，在校验时，校验的短路电流一般取三相短路时的短路电流，若发电机出口的两相短路或中性点直接接地系统回路中的单相、两相接地短路较三相短路严重时，则应按严重情况校验。要求材料的允许应力能够满足短路故障产生的总的机械应力和电动力的要求。校验方法在此不做详细分析。软导体不需要进行动稳定校验。

2.8.4　封闭母线

1. 封闭母线的作用及分类

随着发电机单机容量的不断增大，发电机的额定电流也随之大幅度增长，出口额定电压 24 kV 的 1 000 MW 以上机组，发电机额定电流已经超过 25 000 A，发电机的出口短路电流已经达到几百千安以上，给断路器制造带来很大困难，发电机本身也难以承受出口短路电流的冲击。同时对于大容量发电机组的母线，不仅有母线本身电动力问题、发热问题、还有母线支撑、悬挂钢吊架以及母线附近构筑物内的钢筋感应涡流引起发热的问题。一旦机组出口发生短路，不仅敞露的母线和绝缘子的机械强度难以满足要求，发电机本身会受到损伤，由此影响系统安全、稳定运行。

为了解决以上问题，设计人员采取了很多措施，如增加母线和绝缘子机械强度、改变母线材料和外形、采用强迫冷却方式、增加磁屏蔽等，但对与大容量机组仍然不能彻底解决问题。经实践证明，采用金属外壳的封闭母线，是解决上述问题最有效的办法。金属外壳的分相封闭母线，是将载流母线分相用金属外壳保护，并将外壳接地。

封闭母线的作用：

(1) 减少接地故障，避免相间短路。

(2) 消除了雨水、潮气、尘埃对母线支撑绝缘子绝缘水平的影响。

(3) 由于金属外壳的屏蔽作用，降低了涡流感应对钢构架、建筑物钢筋的发热；改善了母线和绝缘子短路时的受力情况。

(4) 采用干燥空气微正压运行方式，可防止绝缘子结露，提高运行的稳定性，同时为母线强迫冷却创造了条件。

(5) 封闭母线由工厂成套生产，施工安装简便，占据空间小，运行维护工作量小。

封闭母线的分类：

分相封闭母线按外壳电气连接方式的不同可分为分段绝缘式、全连式和带限流电抗器的全连式三种。由于分段式分相母线屏蔽效果较差已经逐渐被全连式分相母线替代。带限流电抗器的全连式在我国尚未引进。按冷却方式可分为自然冷却和强迫冷却封闭母线。自然冷却封闭母线，母线和外壳产生的热量完全靠对流和辐射流散至周围环境，这种冷却方式简单、可靠、运行维护容易，但金属耗费较大。强迫冷却又可分为强迫风冷和强迫水冷。强迫风冷以母线外壳为风道，以强迫通风的方式冷却。强迫水冷是在导线内部通水带走热量，冷却方式结构复杂、附属设备多，造价昂贵。

本章着重介绍全连式分相封闭母线。

2. 全连式分相封闭母线的结构

全连式分相封闭母线，每相一个金属外壳，每相外壳各段在电气上相连接，又在各相外壳两端通过短路板相互连接并接地，如图 2-24 所示。全连分相封闭母线的外壳中，除母线电流在外壳上感应出大小与母线电流几乎相等、方向相反的轴向环流，还产生了邻相剩余磁场在外壳上感应出的涡流。由于外壳不是超导体，壳外尚有敞露母线的百分之几的剩余磁场。

封闭母线由以下部分构成：

(1) 母线导体

母线导体采用圆管铝母线，每隔一定长度设置有焊接的不可拆卸的伸缩补偿装置，采用多层薄铝制成的伸缩节，与两侧母线焊接。封闭母线与设备连接处或需拆卸的不为设置可拆卸的伸缩补偿装置，母线与设备连接的导电接触面做镀银处理，其间采用软连接。

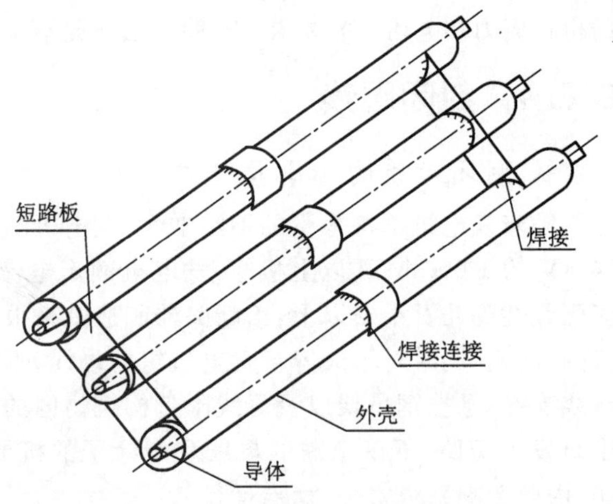

图 2-24 全连式分相封闭母线示意图

(2) 母线支持绝缘子

导体主要采用同一断面三个绝缘子呈 120°支撑的方式，绝缘子上部装有可调金具与母线导体接触，下部固定在于支撑板上，支撑板紧固在绝缘子底座上，见图 2-25。三绝缘子结构使用普遍，结构简单，受力情况好，安装拆修方便。

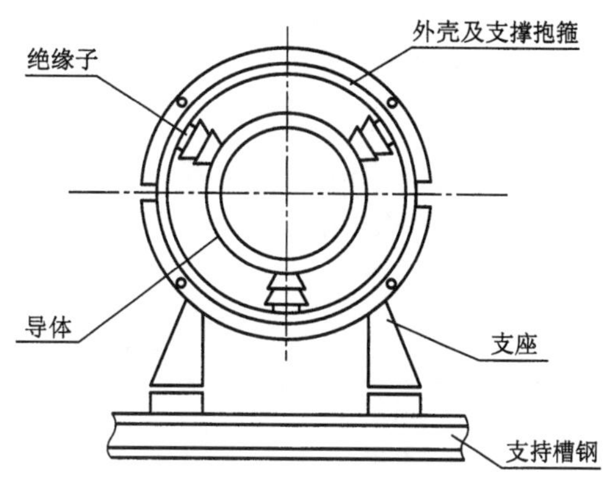

图 2-25　分相封闭母线导体三绝缘子支持结构及外壳支撑装置图

(3) 母线外壳

封闭母线的外壳一般由铝板卷制焊接而成，外壳的支持采用铰销式底座，在支持处用抱箍将外壳抱紧，抱箍通过铰销与底座连接，底座用螺栓固定于支撑横梁上。各段外壳一般采用对接或抱瓦搭接焊接，外壳在一定长度范围内采用多层铝制波纹管于两端外壳搭焊作为伸缩补偿装置。为了保障安全消除电容产生的电位差，全连式分相封闭母线外壳采用多点接地方式，并在外壳短路板处设置可靠接地。

(4) 冷却装置

由于近年来核电厂机组的容量不断增大，封闭母线的载流量也随之不断增大，对于发电机与主变之间的分相封闭母线基本都安装了通风冷却装置，有些国外机组还在发电机与封闭母线的连接处单独的安装了冷却和排氢用的通风系统。这些系统的功能有以下几点：

(1) 保持封闭母线内正压，防止潮气侵入。

(2) 冷却大电流母线，将母线产生的热量用通风系统中冷却器带走。

(3) 将发电机漏至母线的氢气排走，防止氢气浓度过高发生爆炸。

现在核电厂的封闭母线冷却系统，随着传感器的逐渐增多，功能也越来越先进，将各种检测参数引入计算机控制系统，有很多已经实现的自动控制。如国内某核电厂，发电机冷却系统当发电机出口电流大于 300 A 时，风机进、出口电动风阀自动打开，风机启动，冷却水功能模块投入自动，投入一组冷却水，当封闭母线空气温度大于 60 ℃，延时 30 min 后第二组冷却水自动打开，加大冷却水量。如果封闭母线空气温度仍高于 60 ℃，自动打开第三组冷却水阀门，冷却水流量达到最大值。如果封闭母线空气温度小于 55 ℃或电机出口电流小于 300 A 时，自动关闭第三组阀门，30 min 后封闭母线空气温度仍低于 55 ℃或电机出口电流小于 300 A 时，再关闭第二组冷却水阀门，减少冷却水流量。当发电机出口电流小于 300 A 时，延时 90 min 后关闭第一组冷却水。

此外还有一些诸如支持钢结构、伸缩节等附件共同构成分相封闭母线。

2.9　核电厂电气贯穿件

2.9.1　概况

电气贯穿件是安装在反应堆安全壳墙上，用于电缆穿越安全壳的专用电气设备。在正常和各种事故工况下，包括：地震和失水事故情况下，电气贯穿件应能够保证反应堆安全壳的完整性，防止放射性物质外泄，同时，维持安全壳内外的电气和信号的连续性。

按照核安全法规的要求，电气贯穿件属于核级设备，安全分级为电气 1E 级、机械 2 级，质保分级为 QA1 级、抗震分级为抗震 1 类。根据应用范围的不同，电气贯穿件主要分为中压动力电气贯穿件、低压动力贯穿件、低压控制和仪表贯穿件、低压同轴电气贯穿件，有些核电厂还有人员闸门电气贯穿件。通常一个反应堆需要各类电气贯穿件 100 个左右，如国内某核电厂，由于采用数字化仪控，所用电缆较多，电气贯穿件的数量达到每个反应堆 156 个，电气贯穿件随种类不同运行参数也有很大差异，如表 2-6。下面以该核电厂电气贯穿件为例，介绍其结构。

表 2-6 电气贯穿件的主要技术参数

参数名称	中压电气贯穿件	低压电气(仪表 & 控制)贯穿件
额定电压	6.3 kV	400(250)V
额定电流	780 A	最大 200 A
正常工作温度	15～60 ℃	
基准事故运行温度(LOCA)	150 ℃	
超设计基准事故(BDBA)	250 ℃(1 h)	
允许温升	30 ℃	
设计压力	400 kPa	
检测气压	250 kPa	
筒体尺寸	20 in	10 in

2.9.2 电气贯穿件的结构

下面的图 2-26 和图 2-27 是中、低压电气贯穿件的结构原理图。

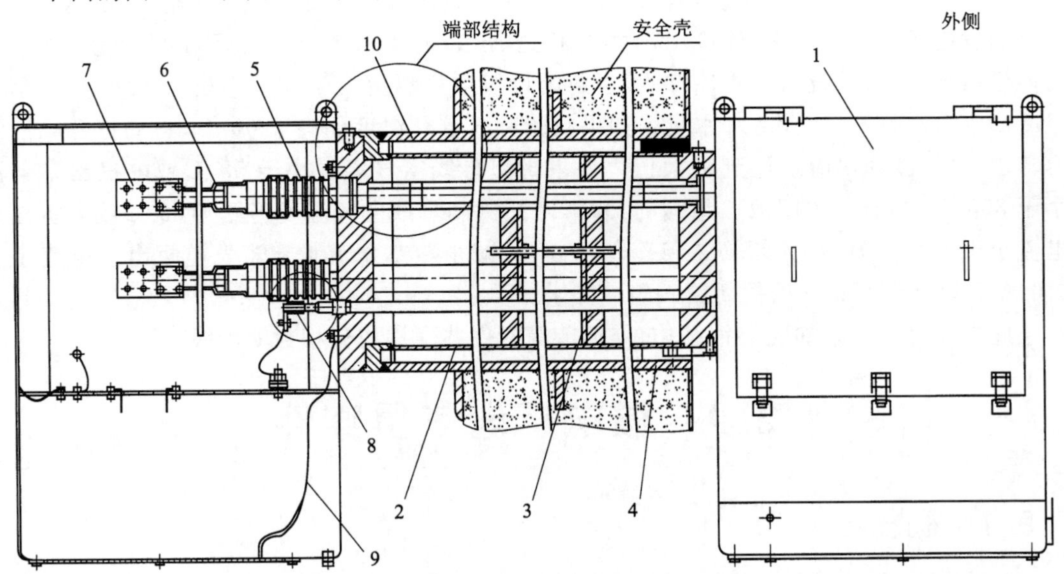

图 2-26 中压电气贯穿件

1—端子箱；2—贯穿件筒体；3—支撑板；4—生物屏蔽；5—1 500 MCM 的导体组件及绝缘瓷套管；6—导体端部密封组件；7—中压电缆接线端子排；8—350 MCM 的接地导体组件；9—接地线；10—安全壳钢衬里

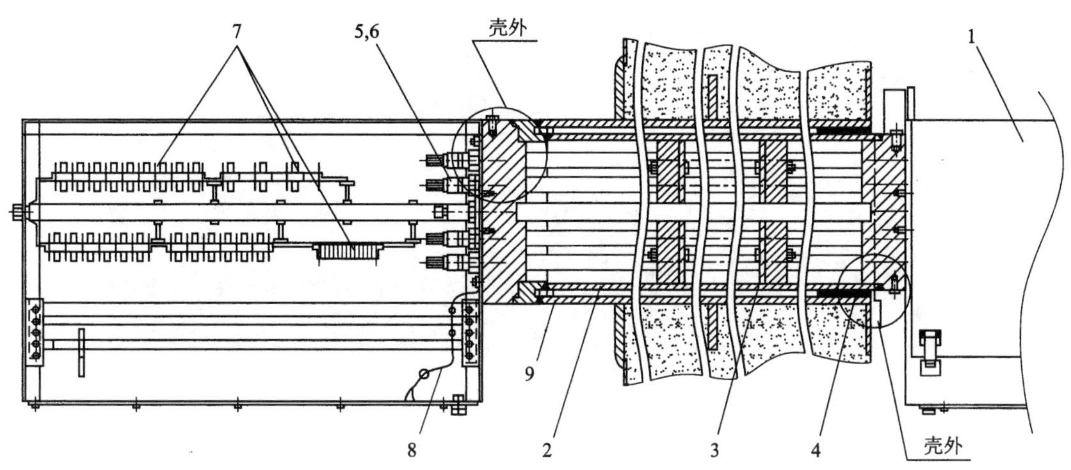

图 2-27　低压电气贯穿件

1—端子箱；2—贯穿件筒体；3—支撑板；4—生物屏蔽；5—低压导体组件；6—导体端部密封组件；7—低压接线端子；8—接地线；9—安全壳钢衬里

从图 2-27 中可以看到中低压电气贯穿件的主体结构是基本相同的。电气贯穿件主要由筒体、安全壳内外侧的端子箱、导体组件、密封材料等构成（表 2-7）。中压电气贯穿件的运行电压较高，相间及相对地要求有更大的主绝缘距离。因此，贯穿件的筒体尺寸加大，同时，中压电气贯穿件有绝缘瓷套管，密封结构也更加复杂。而对于低压电气贯穿件，由于运行电压较低，筒体的尺寸可以设计的较小，同时，在每个筒体内导体组件可以布置得更密集，低压动力电气贯穿件可以布置 10 个导体组件，低压控制和仪表贯穿件及低压同轴电气贯穿件可以布置 14 个导体组件。

电气贯穿件两侧的端子箱能够临时拆除，以便于电气贯穿件的安装。首先，将端子箱拆除并将电气贯穿件从安全壳内侧穿过预埋管。在贯穿件就位后，在安全壳内侧将贯穿件筒体和预埋管焊接在一起，安全壳外侧贯穿件筒体和预埋管之间的缝隙填充铅丝材料构成的生物屏蔽（表 2-7）。

表 2-7　电气贯穿件导体组件的规格

中压电气贯穿件	1 500 MCM 导体组件 3 个，350 MCM 接地组件 1 个				
低压动力贯穿件导体组件	1×350 MCM	1×250 MCM	1×1/0 AWG	3×2 AWG	6×4 AWG
	8×6 AWG	9×8 AWG	19×10 AWG	20×12 AWG	30×14 AWG
低压控制和仪表贯穿件组件	6×4 AWG	8×6 AWG	9×8 AWG	19×10 AWG	20×12 AWG
	30×14 AWG	37×16 AWG	40×18 AWG		
低压同轴电气贯穿件	1×16 AWG				
人员闸门电气贯穿件	3×1 AWG、20×12 AWG、30×14 AWG				

图 2-28 是一个低压电气贯穿件的结构图，从中可以清晰地看到低压贯穿件支架、端子排、导体组件、压力表等的结构形式。

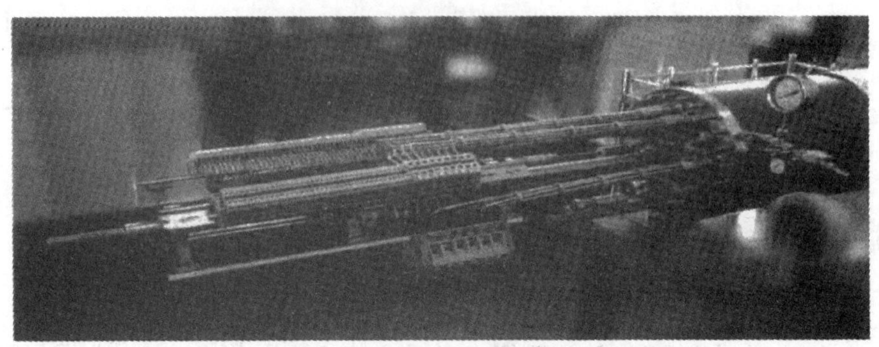

图 2-28 低压电气贯穿件的结构图

2.9.3 电气贯穿件的密封

电气贯穿件的密封性是通过结构设计、工艺措施和运行监督来实现的，主要体现在下面四个方面：

(1) 导体组件的密封性；

(2) 导体组件和贯穿件筒体的密封性；

(3) 贯穿件筒体和安全壳的密封性；

(4) 贯穿件密封性的监测。

2.9.3.1 导体组件的密封性

中压电气贯穿件的导体组件采用类似电缆的结构，在铜导电杆表面包覆绝缘材料，因此，中压电气贯穿件的导体组件本身不存在密封性问题。而低压电气贯穿件各导电线芯之间以及线芯和不锈钢管之间存在空隙，这个空隙要通过密封件进行填充，并通过旋锻工艺或均匀挤压工艺使线芯、密封材料及不锈钢管紧密结合，起到密封的作用。

2.9.3.2 导体组件和贯穿件筒体的密封性

低压电气贯穿件的导体组件直接安装在贯穿件筒体上，导体组件和筒体之间的密封采用金属密封。密封组件包括：密封帽、压紧环及密封环三部分。密封帽和压紧环为不锈钢材质，密封环为无氧铜表面镀银。电气贯穿件导体组件装配时，3 个密封组件需要严格按顺序安装。当通过力矩扳手旋紧密封帽时，密封帽向内顶推压紧环。密封环在密封帽和压紧环的挤压作用下变形，填充导体组件和贯穿件筒体之间的气隙起到密封作用，如图 2-29。

由于有绝缘瓷套管，中压电气贯穿件导体组件和贯穿件筒体的密封结构要复杂一些，包括：中压导体组件和绝缘瓷套管之间的密封，这部分部件的结构及装配方式和低压电气贯穿件导体组件和贯穿件筒体的密封结构相同。此外，还包括绝缘瓷套管和贯穿件筒体的密封，这部分的密封靠 O 形环实现，如图 2-30。

2.9.3.3 贯穿件筒体和安全壳的密封性

在安全壳内侧，电气贯穿件筒体和安全壳预埋管焊接在一起，焊缝为 Y 形坡口环焊缝，贯穿件筒体和安全壳之间的密封性通过这条连续焊缝保证，如图 2-31。

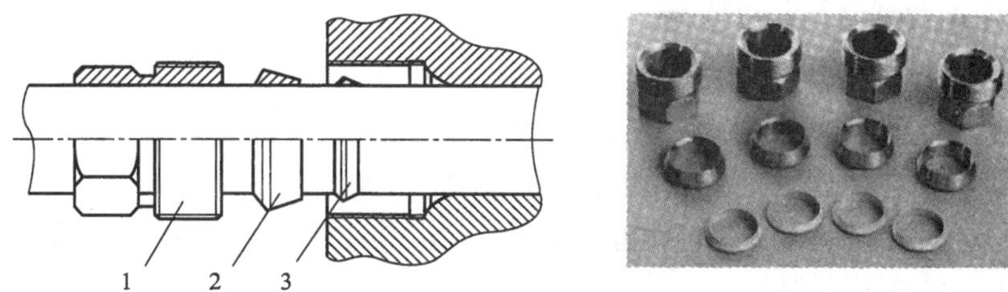

图 2-29　导体端部密封组件

1—密封帽；2—压紧环；3—密封环

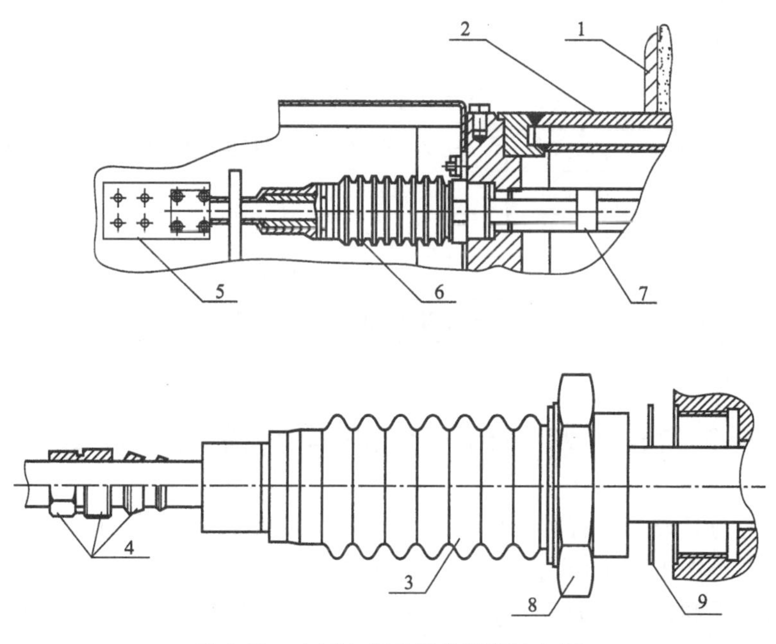

图 2-30　中压电气贯穿件端部结构图

1—安全壳钢衬里；2—贯穿件安装预埋管；3—绝缘瓷套管；4—密封组件；5—电缆接线端子排；6—热缩套管；7—导体支撑件；8—绝缘瓷套管底部金属法兰；9—O 形环

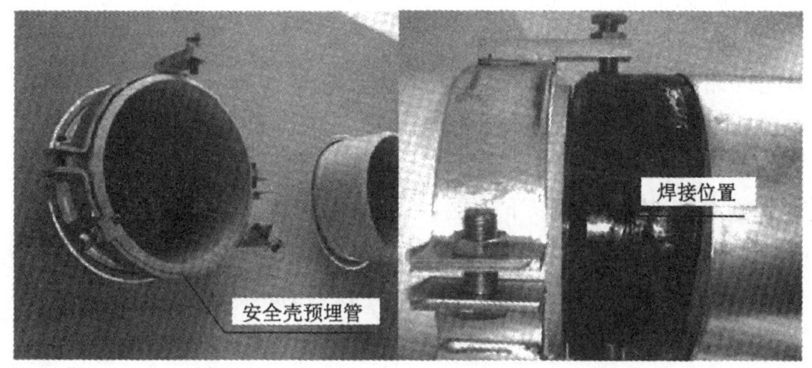

图 2-31　贯穿件筒体和安全壳的焊接示意图

2.9.3.4 贯穿件密封性的监测

正常运行时,电气贯穿件筒体内充入 250 kPa 的干燥氮气。在电气贯穿件的安全壳外侧装有压力表,通过定期检查压力值的变化,来监督判断电气贯穿件是否存在泄漏问题。检查周期一般为半年左右,当发现压力表指示值下降 35 kPa 以上时,要使用专用的泄漏检测仪检查电气贯穿件的泄漏点并进行维修。通常情况下,电气贯穿件的泄漏点在压力表安装位置或导体组件的密封位置。

2.9.4 电气贯穿件的现场试验

电气贯穿件在现场安装完毕后还有进行很多试验,以验证它的性能能否满足电气性能要求和辐射防护要求,试验项目见表 2-8。

表 2-8 电气贯穿件的现场试验项目

试验项目	中压电气贯穿件	低压电气贯穿件	低压仪控贯穿件	同轴贯穿件
绝缘电阻试验/Ω	1×10^{8}	1×10^{8}	1×10^{11}	1×10^{8}
工频耐压试验/kV	27	2.3	1.2	2.3
连续性试验	导通			
气密性试验	检测周期内压力表指示值下降不超过 35 kPa			

2.10 核电厂的防雷和接地装置

核电厂在电力系统中占有的地位极其重要,一旦发生雷击事故,不但对电厂设备及电力系统安全运行都会产生严重影响和破坏,但更重要的是有可能对核电厂的核安全产生影响,因此核电厂对防雷和接地方面考虑的更加完善,甚至在进行厂址分析的时候就会将这些因素进行细致的考虑。

核电厂的防雷装置应通过下列措施保证人身安全,保护建筑物、电气装置免受损坏以及引起爆炸和火灾危险:

(1) 防直击雷的保护。

(2) 防雷电感应二次过电压的保护。

(3) 防输电线路引入雷电波的保护。

(4) 防通过地上地下管线产生高电位的保护。

(5) 屏蔽装有自动监控系统的厂房。

核电厂的接地装置应该完成以下功能:

(1) 当电气设备绝缘损坏时,能够保证工作人员的人身安全。

(2) 将来自受雷器(接闪器)或避雷器的冲击电流引入大地。

(3) 设置变压器和电网中性点直接接地,用于接地短路时保护动作。

(4) 防止电气设备过电压。

对于位置相临近不同用途,不同电压等级和中性点接地方式不同的电气装置接地,应考虑设置一个能完成上述功能的共同的接地装置。

2.10.1 核电厂外部防雷和接地

为了防止雷直击可装设避雷针和避雷线，独立的设置的避雷针与被保护物之间应有一定的距离。外部防雷由引下线或由建筑物混凝土钢筋网构成的法拉第笼构成接地装置。保证建筑物和电气设备免受雷击。所有的设备都应可靠接地，以便将可能造成危险的雷电流引入大地。

外部防雷和接地包括所有受雷和避雷装置以及建筑物地下部分基础周圈设有的环形水平接地体。屋面装有避雷针和接地网，对于 220 kV、500 kV 配电装置、GIS 组合电器、主变压器、厂用变压器、备用变压器、6 kV 厂用配电装置及变压器都装有过电压保护装置。

引雷装置采用 10 mm 以上的钢筋，并在屋顶构成避雷网格，对于较高的建筑物应在距离地面 20 m 以上的墙上周圈设置均压环，屋顶设置避雷带，反应堆厂房穹顶和通风烟囱顶部装设避雷针。提供防雷和保护功能的外部接地装置接地电阻应小于 0.5 Ω，每一需要防雷保护的建筑物应敷设环形接地体，通过每隔 10 m 的接点与引下线相连。超过屋面 1 m 以上的金属物体应与屋面避雷网络相连。

2.10.2 核电厂内部防雷和接地

建筑物内部的防雷采用阀型避雷器或氧化锌避雷器实现，保护电气设备和监控系统设备免受由雷电感应引起的感应过电压和由地面及外部防雷系统接地极之间因电位差而产生的反击。内部保护应与防雷保护设施相连，以便防止因上述原因造成的人员伤害及设备损坏。

内部防雷系统有以下几种接地方式：

(1) 电气设备保护接地。用于防止电气设备绝缘损坏时，保证工作人员的电气安全。

(2) 防雷接地。由于将来自受雷器(接闪器)和避雷器的冲击电流引入大地。

(3) 1 kV 以上的变压器中性点的工作接地和 1 kV 以下变压器中性点的直接接地。

厂区的共用接地装置应该通过最短路径与所有建筑物上的接地体相连，也就是说各种方式(保护接地、工作接地、防雷接地)应相互连接。在建筑物下及建筑物内以及核电厂的屋面和外侧，形成统一的等电位接地网。

2.10.3 避雷器

避雷针(线)虽然能够防止雷电对电气设备的直击，但被保护设备仍然有被雷击造成过电压损坏的可能，为了限制过电压的幅值，就需要在电气设备上安装过电压保护装置即避雷器。避雷器是一种过电压限制器，并联装在电气设备的附近，当设备上的电压超过一定的限值，避雷器先行放电，将过电压中的电荷引入地下，防止了设备的绝缘被击穿损坏。

避雷器按照结构可分为：保护间隙、管型避雷器、普通阀式避雷器、磁吹避雷器、金属氧化物避雷器等类型。

1. 保护间隙

保护间隙是一种比较原始的避雷器，由两个相距一定距离，敞露在大气的电极构成，一只接在线路侧，另一只接地，两针之间距离根据保护对象的额定电压来确定，如图 2-32。当雷电波侵入后，主间隙击穿形成电弧接地。过电压消失后主间隙仍有正常电压作用下的电弧电流,这种间隙的熄弧性能较差,间隙电弧往往因为不能自行熄灭而造成断路器的跳闸。由于这个缺点该设备现在很少被使用,同时由于其敞露在空气中其放电特性也受气象和外界条件影响。

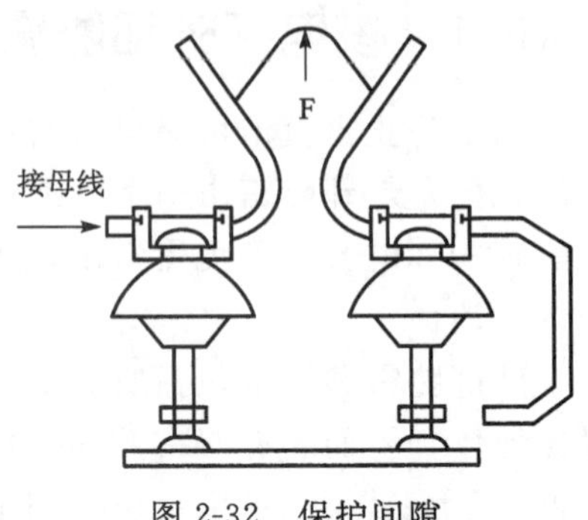

图 2-32 保护间隙

2. 管型避雷器

管型避雷器是一种放在管状外壳内的火花间隙,在火花放电时,管内装置因为电弧放电的高温而产生气流,它可以把续流电弧吹熄,构造比较简单,缺点较多。管型避雷器实际上是一种具有较高熄弧能力的保护间隙。它由两个串联的间隙组成,一个在产气管外称为外间隙,一个在产气管内称为内间隙。产气管在电弧作用下可以分解出大量的气体,甚至达到上百个大气压,高压气体喷出形成强烈的纵吹熄弧效果。与保护间隙相比管型避雷器仅在灭弧能力上有所改进,其他缺点与保护间隙完全相同,运行与维护比较麻烦,在电厂中基本不被使用。

3. 阀型避雷器

阀型避雷器由装在密封瓷套中的火花间隙和非线性电阻(阀片)串联而成,阀片的电阻与流过的电流有关,具有非线性特性,电流越大电阻越小。在正常情况下,火花间隙将带电部分与阀片隔开。当雷电波幅值超过避雷器的冲击放电电压时,火花间隙被击穿,冲击电流经阀片流入大地,阀片上出现电压降。只要使避雷器的冲击放电电压和残压低于被保护设备的冲击耐压值,设备就得到了保护。显然避雷器的灭弧电压必须高于系统最高工作电压,这样才能保证雷电波后顺利熄灭工频续流电弧。

阀型避雷器分为普通型和磁吹型两类。普通型避雷器的火花间隙由许多单个间隙串联而成。避雷器动作后,工频续流电弧被许多单个间隙分割成许多段短弧使其熄灭。减小工频续流有利于电弧的熄灭,因此在工频电压下,希望阀片有较大的电阻。由于阀片的电阻是非线性的,当大的雷电压通过时电阻值很小,残压不高不会危及设备绝缘。当雷电流过去之后,在工频电压作用下,电阻值变得很大,因而大大限制了工频续流,以利于火花间隙灭弧。利用阀片电阻的非线性特性,解决了既要降低残压又要限制工频续流的矛盾。

磁吹型避雷器的火花间隙也由许多单个间隙串联而成,但每个间隙的结构较复杂,利用磁场使每个间隙中的电弧产生运动来加强去游离,以提高间隙的灭弧能力。磁场是由与间隙串联的线圈产生,磁吹线圈两端设置的辅助间隙的作用,是为了磁吹线圈在冲击电流通过时产生过大的压降而使保护性能变坏。在冲击电压作用下,主间隙被击穿,放电电流通过磁吹线圈,上面的压降使辅助间隙击穿,放电电流便经过辅助间隙、主间隙和电阻阀片而流入大地,使避雷器的压降不至于增大。当工频电流通过时,磁吹线圈压降减小,使辅助间隙电弧熄灭,工频续流也就很快转入磁吹线圈产生磁场起吹弧作用。

上述两类阀型避雷器,其阀片的主要作用都是限制工频续流,使间隙电弧能在工频续流第一次过零时就熄灭,普通型避雷器的阀片通流容量小,不能承受持续时间过长的内部过电压冲击电流,磁吹型避雷器的阀片非线性系数较高,通流容量大,能用于限制内部过电压。

4. 氧化锌避雷器

氧化锌避雷器,其电阻片以氧化锌为主要材料,加入少量金属氧化物,在高温下烧结而成，该电阻片具有很好的伏安特性，在工作电压下氧化锌阀片可以看做是绝缘体。氧化锌避雷器具有许多优点：

(1) 无间隙，正常工作电压下，氧化锌电阻片相当于绝缘体，工作电压不会使氧化锌电阻片烧坏，可以不用串联火花间隙。结构简单，体积小，重量轻。

(2) 无续流。当电网出现过电压时，通过避雷器的电流增大，氧化锌电阻片上的残压受其良好的非线性控制；当过电压作用结束后，电阻片又恢复到绝缘体状态，续流仅为微安级，实际上可认为无续流，具有耐受多重雷击和重复发生的操作过电压能力。

(3) 设备承受过电压能量低

在相同雷电流和相同残压下 SiC 避雷器只有在串联间隙击穿放电后才泄放电流，而氧化锌避雷器在波头上升过程中就有电流通过，这就可降低作用在设备上的过电压。

(4) 通流容量大。氧化锌避雷器的通流能力完全不受串联间隙被灼伤的制约，仅与阀片本身的通流能力有关。

(5) 在绝缘配合方面可以做到陡波、雷电流和操作波的保护裕度接近一致。

氧化锌避雷器由于其优异的防雷特性，越来越多被应用到电力系统中，现在取代 SiC 避雷器已经成为一种趋势，在核电厂和一些大型火电厂、变电所中已经成为一种基本配置，如 GIS 中的母线避雷器，主变压器的出口避雷器等。

复习题

1. 核电厂一次设备的作用及构成？
2. 核电厂二次设备的作用及构成？
3. 核电厂的电气设备在安全上是如何分级的？
4. 电弧是如何形成的？
5. 简述交流电弧的熄灭条件。
6. 熔断器的作用是什么？低压熔断器分几类？
7. 简述熔断器的主要参数及选择。
8. 什么是熔断器的安秒特性曲线？
9. 简述低压断路器的分类及结构。
10. 简述高压断路器在电力系统中的作用及分类。
11. 真空断路器有什么特点？它的灭弧室由哪些部件组成？
12. SF_6 断路器有什么特点？它是如何分类的？
13. 断路器的操动机构的作用是什么？
14. 简述隔离开关的用途及特点。
15. 在高压断路器和隔离开关之间为什么要设联锁装置？
16. 隔离开关是如何分类的？
17. 真空接触器有哪些优点？它的操动机构有几种？
18. 封闭母线有什么作用和优点？它是如何分类的？

19. 简述电气贯穿件的用途。
20. 简述电气贯穿件的结构。
21. 电气贯穿件密封体现在哪几个方面?
22. 简述避雷器的分类。
23. 氧化锌避雷器的优点有哪些?

第3章 成套配电装置

成套配电装置是由制造厂成套供应的设备，它将电气主电路分成若干个单元，每个单元即一条回路，同一回路的开关电器、测量仪表、保护电器、控制回路以及其他辅助设备都组装在全封闭或半封闭的金属单元内，制造厂按系统特点生产出不同功能的开关柜或配电单元，设计时可按照主接线选择相应的开关柜或配电单元，组成一套配电装置，每个独立回路到现场后组装在一起成为一个系统。

成套配电装置分为低压开关柜、高压开关柜、SF_6 全封闭组合电器三类，按安装地点可分为屋内型和屋外型。低压开关柜只做屋内型；高压开关柜有屋内和屋外两种，但由于屋外工作环境较差，在核电厂为了保证运行的安全性和可靠性，目前大量采用屋内型。SF_6 封闭电器大部分也采用屋内布置。

3.1 低压开关柜

3.1.1 低压开关柜的分类

低压成套配电装置也叫做低压成套设备或低压开关柜。它是将控制、测量、保护等低压电器元件根据使用要求按照一、二次接线方案组装在封闭式或敞开式的金属屏柜内，作为接受和分配电能的成套装置。主要特点是：结构紧凑、占地少、安装和维护方便、有金属外壳保护、电器元件和载流体不易被侵蚀、污染、使用安全，设备便于标准化和系列化。

低压开关柜按其结构特点可分为开启式和封闭式两种。开启式开关柜带电母线外露，电器元件集中安装在固定的支架上，相互不隔开。这种配电装置结构较简单造价较低。BDL、BSL、PGL型低压配电屏即为此类。封闭式配电屏其带电母线、开关、测量仪表等均用小间隔隔开，比较全安，但结构复杂、造价高。BFC、BCL、GGD型低压开关柜即为封闭式类型。

低压配电装置按结构不同，分为两大类：一类为抽出式结构（抽屉柜），如GCK(GCL)、GCS、MNS等；另一类为固定式结构（固定型配电柜），如GGD、PGL等。

3.1.2 低压开关柜的应用

1. 固定式低压开关柜

固定式低压开关柜按其安装方式分靠墙安装和离墙安装两种。靠墙安装的配电屏由于电气性能差检修和接线不方便，现在使用越来越少。离墙安装的固定式配电屏有多种产品。下面以GGD型低压开关柜为例（如图3-1所示），对固定式离墙安装的低压开关柜进行简单介绍。

GGD型低压开关柜的用途：

GGD型交流低压配电柜适用于变电站、发电厂、厂矿企业等电力用户的交流50 Hz，额定工作电压 400 V，额定工作电流 1 000～3 150 A 的配电系统，作为动力、照明及发配电设备的电能转换、分配与控制之用。产品具有分断能力高，动热稳定性好，电气方案灵活、组合方便，系列性，实用性强、结构新颖，防护等级高等特点。

图 3-1　GGD 型低压开关柜示意图

GGD 型低压开关柜的结构特点：

(1) 结构设计合理，柜体采用通用柜形式，构架用 8 MF 冷弯型钢局部焊接组装而成，并有 20 模的安装孔，通用系数高。

(2) 充分考虑散热问题。在柜体上下两端均有不同数量的散热槽孔，当柜内电器元件发热后，热量上升，通过上端槽孔排出，而冷风不断地由下端槽孔补充进柜，使密封的柜体自下而上形成一个自然通风道，达到散热的目的。

(3) 防护性能好，柜体的防护等级为 IP30，用户也可根据环境的要求在 IP20～IP40 之间选择。

(4) 电路配置安全结构新颖、合理、电气接线方案切合实际，系列性、实用性强，防护等级高等特点，具有分断能力高，动、热稳定性好，运行安全可靠等优点。

(5) 采用离墙安装，正面操作，双面维修。

2. 抽屉式低压开关柜

抽屉式低压配电屏主要有 BFC 和 BCL、MNS 系列产品，分单面抽屉式和双面抽屉式两种。该产品馈电回路多、体积小、占地少、安全性能好，结构复杂、造价高。随着生产技术的发展，抽屉式低压配电屏的应用逐渐增加。以 MNS 型低压开关柜为例，如图 3-2 所示，对抽屉式低压开关柜进行简单介绍。

MNS 型低压开关柜的用途：

MNS 型低压抽出式成套开关设备是国内引进具有世界先进水平的组合式低压开关柜系统。适用于发电厂、变电站、工矿企业等各种低压配电系统。由于其工艺的先进性和运行的可靠性，在新建的核电厂被广泛地使用。

MNS 型低压开关柜的结构特点：

它的结构特点是框架结构具有高度的灵活性，基本属于免维护产品，柜体内可安装不同的标准元件，以满足各种使用功能。设计和选用的材料均能最大限度防止电弧故障的发生，一旦发生故障能在短时间熄灭，同时故障不影响相邻间隔的设备正常工作。

图 3-2　MNS 型低压开关柜

MNS 型低压开关柜的结构由框架结构和核心部件、母线、保护线和中性线等构成。MNS 系统的框架结构可分为装置小室、母线小室、电缆小室，该种框架结构可固定式、插入式或抽屉式安装，装置小室中为开关柜的核心部件即功能单元组件，母线小室中安装主母线和配电母线，电缆小室中为进出线电缆、功能组件中的连接线以及附件，如电缆夹、电流互感器、二次端子排、盘间连线线槽等。

抽屉式开关柜除框架结构外其核心部件是抽出式组件，如图 3-3 所示。它由组件本身和组件安装小室两部分组成，动力单元和控制单元的组件为抽出式安装，设有各种标准规格 8E/4、8E/2、4E、8E、16E、20E、24E。抽出式组件在进行抽出操作时，开关柜的主电源不必切断。在相邻组件不断电的情况下进行操作组件的插入/抽出，不影响其他组件运行且不会发生触电事故。

图 3-3　标准抽出式组件及安装小室

母线由主母线和配电母线构成，主母线布置在开关柜的背部的母线小室内，可分为上下两层，主母线单独、串联、并联均可。视母线电流大小，每相母线由 2～4 条主母线组成。配电母线用于功能单元组件和母线之间的连接，垂直分布在母线小室内。

3.2　中压开关柜

中压开关柜是以开关为主体，将其他各种电器元件按一定主接线要求组装为一体的成套电气设备。除一次电器元件外，还包括控制、测量、保护和调整等方面的元件和电气连接、配件、外壳等有机组合在一起构成开关柜。

3.2.1　中压开关柜的分类

开关柜是金属封闭开关设备的简称，金属封闭开关按柜内隔室的构成可分为：

(1) 半封闭式，柜体正面和侧面封闭，背面和母线裸露，结构简单，造价较低，安全性较差，已接近淘汰，如 GG1A 型。

(2) 箱式，具有金属外壳，但间隔数目较少，母线也被封闭，安全性较好。如 XGN 型。

(3) 间隔式，各室间采用一个或多个非金属隔板隔离，安全型更好一些。如 JYN 型。

(4) 铠装式，各室间采用金属隔板隔离且接地，安全性最好，结构复杂，加工精度高，价格稍高。如国产的 KYN 型，ABB 公司的 ZS1 型。

以上四种类型的开关柜，都具有金属外壳。间隔式和铠装式开关柜均有隔室，但间隔式的隔室常采用非金属的绝缘板，而铠装式的隔室用接地的金属板。采用金属板可以将故障电弧限制在产生的隔室内，当电弧接触到金属隔板时即被引入大地。间隔式开关柜由于采用的非金属绝缘板有可能被电弧烧穿，进入其他间隔，造成故障范围扩大。

按柜内绝缘介质，可分为三类：

(1) 空气绝缘,极间和极对的绝缘靠空气间隙保证,绝缘性能稳定,造价低,柜体体积较大。

(2) 复合绝缘,极间和极对的绝缘靠较小的空气间隙加固体绝缘材料来保证,柜体体积小,但防凝性能稍差,造价较高。

(3) SF_6 气体绝缘,全部回路元件置于密闭以容器中,充入 SF_6 气体 。技术复杂,加工精度要求高,价格昂贵,此种方式一般都用在超高压设备中,中压开关柜在国外有采用此种型式,我国国内尚无此类产品。

从中压断路器安装方式分类,可分为两种类型:

(1) 固定式,断路器固定安装,柜内装有隔离开关,柜内空间较大便于检修,易于制造,成本较低,安全性较差。

(2) 移开式,断路器可用手车移出柜外,它又分落地式和中置式。落地式,断路器手车本体落地,通过柜内的落地滑道推入柜内,电缆室置于开关柜后侧;中置式,断路器手车位于开关柜中部,手车在固定滑道上移动,装卸断路器需要装卸小车,电缆室可以根据空间或实际需要放在开关柜前侧和后侧均可。移开式开关柜省却了隔离开关,同时保证检修时电气回路有明显的断开点,结构紧凑,工艺先进,安全性高。

半封闭式、箱式和间隔式开关柜一般在变电所和小型厂矿、农村电网使用较多,在近期建成或新开工的核电厂已经全部采用中置式金属铠装开关柜。该种柜型安全性高、操作灵活、运行可靠,已经成为当前使用的主流。金属铠装开关柜一般内装 SF_6 断路器和真空断路器,由于真空断路器大量可靠应用,且 SF_6 断路器对维护的严格要求,当前绝大多数都采用真空断路器。

开关柜的技术参数与断路器技术参数相仿,根据所装断路器的参数而定,唯一不同的是,开关柜额定电流根据主回路中各电器元件(例如隔离开关,或电流互感器)的最小额定电流取值。所以在本章对开关柜的参数就不再进行介绍。

3.2.2 中置式金属铠装开关柜

中置式金属铠装开关柜虽然价格相对略高,但由于卓越的电气性能、安全性能、灵活的操作维修方式,在核电厂得到广泛的应用,其中以国产的 KYN 系列和国外 ABB 公司的 ZS1 系列应用较普遍,我们以 KYN28A 为例对开关柜的整体结构进行介绍,见图 3-4。

1. 基本结构

中置式开关柜由固定的柜体和断路器手车组成,柜体一般分为四个小室,分别是母线室、断路器室、电缆室、低压室。开关柜可以采用不同方案进行配置,可以作为进线柜、出线柜(负荷柜)、母联柜、计量柜、隔离柜等功能,手车可以配置负荷开关、SF_6 断路器、真空断路器、真空接触器、隔离手车、计量互感器等设备。

2. 柜体和隔板

开关柜的柜体和隔板由覆铝锌钢板经数控机床折叠冲压制成,具有很强的抗氧化、耐腐蚀功能,刚度和机械强度也高于普通的低碳钢板。三个高压室的顶部装有压力释放板,压力释放板由金属螺栓和塑料螺母固定。当出现内部故障电弧时,高压室内压力升高,由于柜门可靠密封,高压气体将冲开压力释放板释放,并触动顶部的限位开关反馈至保护回路断开电

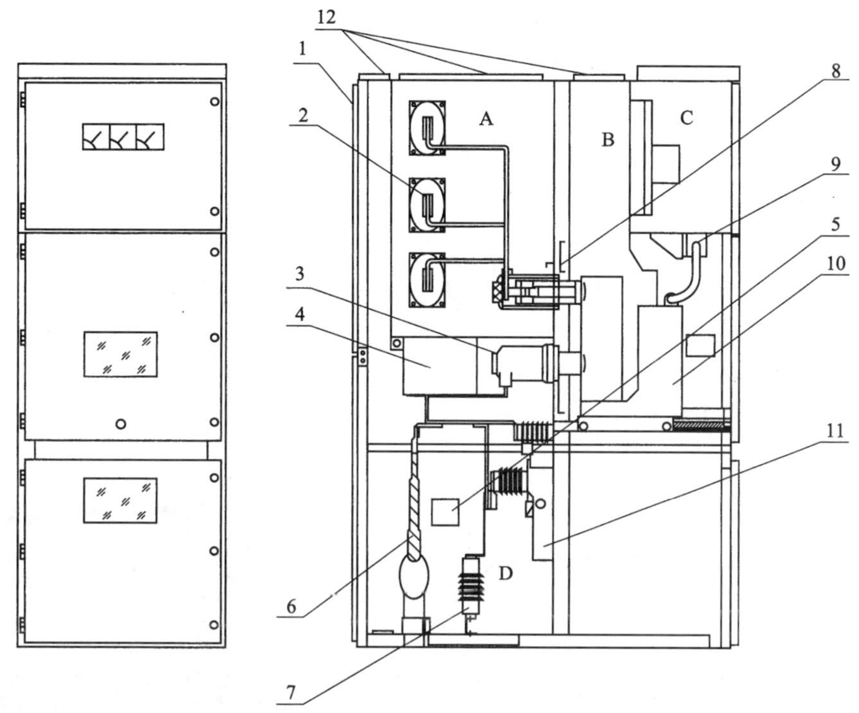

图 3-4　KYN28A－12(Z)结构及正视图

A—母线室；B—断路器室；C—低压室；D—电缆室

1—柜体；2—母线；3—触头罩；4—电流互感器；5—电加热器；6—动力电缆；7—避雷器；
8—静触头室活门；9—二次插座；10—断路器手车；11—接地开关；12—压力释放板

源。相邻的开关柜由于有各自的侧板隔开，可防止开关柜被故障电弧贯穿熔化，防止故障扩大。低压室装配成独立的隔室，与高压区域分隔开，内部有专用的安装板来安装二次控制测量元件。当断路器手车移开时，静触头室活门自动关闭，防止操作者触及上下静触头带电部分。

3. 母线室

母线室用来分布和排列母线系统，母线通过母线室与完成与本柜分支引线的接引和与其他开关柜之间的连接，当负荷电流较小时采用单根铜母线，如果负荷电流很大可以采用 2～3 根铜母线并列，在 ABB 公司的 ZS1 系列开关柜中还采用了工艺独特的 D 型母线，所有母线及分支下引线全部用热缩绝缘套管覆盖。柜与柜之间还有能将两个开关柜相隔离的套管和套管板。

4. 断路器室

断路器手车装在有导轨的断路器室内，可在运行、试验/隔离两个位置之间移动，当手车从运行位置向试验/隔离位置移动时，活门挡板会自动关闭盖住母线室和电缆室内的静触头，防止断路器移开后危及人员安全，反向运行活门则打开，保障动触头静触头可靠接触。通过断路器室柜门的观察孔可以检查手车的位置、开关分合闸状态和储能指示。

5. 低压室

开关柜的低压室内装有实现控制、保护、测量、信号等功能的二次元件，通过二次回路连接实现功能，内部装有线槽和进行电缆、柜内回路连接的端子排，所有与外部控制系统的通讯都通过低压室实现。同时为了防止因环境潮湿影响电气元件的运行还装有电加热器。随着电气设备的保护水平越来越高，微机保护已经成为当前最重要使用最广泛的保护。

6. 电缆室

电缆室一般可装有电流互感器、电压互感器、接地开关、避雷器等元件，但以上这些配件并非所有开关柜都同时配备，这些元件的选用是根据电气主接线的功能进行选择的。同时电缆室还是断路器与外部动力电缆进行连接的部位。盖在电缆入口处的底板必须是非导磁的不锈钢钢板，在进行电缆连接后还必须注意下部与电缆沟之间的缝隙需要进行密封，以防止小动物进入。

7. 断路器手车

断路器手车可以采用手动或电动机构进行操作，如图 3-5 所示。框架由合金钢板制成，上面装有断路器或其他设备(如真空接触器、电压互感器、所用变压器等)，手车与开关柜之间的信号、保护和控制靠控制线插头连接。当手车移动至运行位置时，动触头与静触头可靠连接，当手车移动至试验/隔离位置时，手车与开关柜的接地系统可靠连接。断路器手车上同时装有位置限位开关保障开关柜能够在正确的位置进行操作。当手车安装真空接触器、电压互感器或所用变压器时还需要安装专用的高压熔断器与之相配合。

图 3-5 真空断路器手车

3.2.3 防止误操作闭锁保护

防止误操作联锁装置，从根本上防止出现危险局面或可能引起严重后果的误操作，因此有效地保护了操作人员、开关柜、机组、反应堆的安全。一般有如下联锁功能：

(1) 开关在分闸状态时，才可以进行由试验/隔离位置向运行位置移动，反向运动也可；

(2) 接地开关在合闸状态时，断路器不能由试验/隔离位置向运行位置移动；

(3) 手车在试验位/隔离位或移开状态，接地开关才能合闸，开关在工作位或中间位置时，不能进行地刀合闸操作，防止带电合地刀；

(4) 手车必须到达试验位或运行位时，断路器才能合闸；

(5) 手车在试验位或运行位没有控制电源时，断路器不能进行合闸，只能进行分闸操作；

(6) 手车移开后，断路器室活门可以用挂锁锁定；

(7) 电缆室柜门，只有接地开关合闸时，电缆室门才允许被打开，且只有关闭电缆门后，接地开关才允许被分闸；

(8) 除了本柜内部的闭锁装置，开关柜间也存在联锁，如只有整段母线所有的馈线开关都在试验位，母线地刀方可解锁操作；

(9) 此外开关柜还有些装置可以采用挂锁的方式进行闭锁，如活门、地刀操作孔、断路器手车操作孔。

3.2.4 中压接触器—熔断器组合电器

接触器—熔断器组合电器一般采用的接触器主要有真空接触器和 SF_6 接触器两种，这两种接触器都具有很高的可靠性，但由于当前真空灭弧室的快速发展，以及 SF_6 维修和监测的严格要求，真空接触器被使用的越来越多。但 SF_6 接触器也在国内早期的核电厂中被采用，如某核电厂在中压厂用电系统中就使用了法国 MERLIN GERLIN 公司产的 F100 型接触器—熔断器组合电器。本节我们主要介绍真空接触器构成的接触器—熔断器组合电器。

真空接触器—熔断器组合电器是由能够开断大范围故障电流的高压熔断器和可频繁操作的真空接触器组成(FC 回路)，如图 3-6 所示。

图 3-6　中压 FC 回路开关柜

在满足设计要求的情况下，采用 FC 回路比使用断路器节约一次性投资 30%以上，节约长期性投资更可观，具有明显的经济效益。因此，在适用 FC 回路的地方和场合，应尽量考虑使用。高压真空接触器已在许多需要频繁操作的场合大量使用。它特别适用于电动机的频繁启动和变压器、电容器的频繁投切。在核电厂同样得到了应用。当前，真空接触器的发展主要表现在提高技术参数，如额定电压从 3.6，7.2，12 kV 提高到 24 kV 和 40.5 kV，额定电流从 400 A 提高到 630～800 A。同时，真空接触器的极柱绝缘从空气绝缘发展到有的采用固封绝缘，真空接触器的驱动也有的从电磁操动改为永磁操动。总之，真空接触器在不断地发展之中。

在真空断路器—熔断器组合电器中，高压熔断器因负荷种类不同选取的方法不同：

1) 电动机的保护和熔断器的选择：用于电动机保护的熔断器的选择必须依据其使用条件来进行，必须考虑工作电压、启动电流、启动时间、每小时启动次数、电动机满负荷电流、现场的短路电流等因素。熔断器的脱扣与其他保护继电器须良好配合，在电流—时间特性曲线上，要使继电器曲线和熔断器曲线交于一点。

2) 变压器的保护和熔断器的选择：熔断器的选择应与其他保护装置配合，且能承受较高的变压器的涌流和变压器的持续过负荷电流而不损坏，但熔断器的额定电流不应太大，以便与接触器等设备的配合。

3) 电容器组的保护和熔断器的选择：用于控制和保护电容器组时，应对关合电容器组时电流的瞬变过程进行计算，依此选择在过载时对设备的保护，高压熔断器—真空接触器回路中的熔断器作短路保护电容器组时，必须能承受上面提到的合闸涌流，当熔断器不能满足上述条件，并且已不可能选择更大规格的熔断器时，为降低瞬态过程允通能量，可给电容器组串联特殊电阻。通常选择熔断器的额定电流大于电容器额定电流的2～3倍即可。

3.3 气体绝缘金属封闭组合电器

气体绝缘金属封闭组合电器(简称GIS),是将一些单独的电器设备按一定电气主接线相互连接组成的,它是由断路器、母线、隔离开关、电压互感器、电流互感器、避雷器、套管、连接节等几种高压电器组合而成的高压配电装置,采用的是绝缘性能和灭弧性能优异的 SF_6 气体作为绝缘和灭弧介质,并将所有的高压电器元件密封在接地金属筒中,各个元件之间的气室是相互隔绝的,通过导电杆、绝缘子和金属法兰实现气室密封,GIS通常有户外型和户内型,在核电厂考虑到运行的安全性,GIS通常选用户内全封闭型,如图3-7所示。

图3-7 户内全封闭型组合电器

3.3.1 GIS封闭组合电器的特点

GIS与常规的配电装置相比,有以下优点:

(1) 大量节省配电装置所占的面积和空间,电压越高效果越显著。

(2) 运行可靠性高。暴露的外绝缘少,外绝缘事故少;内部简单,机械故障减少;外壳接地,无触电危险;SF_6 为非可燃气体,无火灾危险;气压低,爆炸危险性小。

(3) 运行维护工作量小,设备检修周期长,几乎在使用寿命内不需要解体检查。

(4) 环境保护好。无静电感应和电晕干扰,噪声水平低。

(5) 适应性强。中心低,脆性原件少,所以抗震性能好;因为是全封闭,不受外界环境影响,还可用于高海拔和污秽地区。

(6) 安装调试容易。由于在制造厂经过装配,现场只需简单进行装配,安装、调试方便。

GIS配电装置的缺点:

(1) 对材料性能、加工精度和装配工艺要求高。

(2) 需要专门的 SF_6 气体系统和压力监视装置,且对 SF_6 的纯度和水分都有严格的要求。

(3) 金属消耗量大,造价昂贵。

3.3.2 气体绝缘金属封闭电器的结构

1. 断路器

组合电器中的断路器其灭弧室为单压式或双压式。目前广泛使用的是单压式变开距灭弧室,单断口结构,断路器制造简单,维护方便。操动机构一般采用液压、气压和弹簧储能的操动机构。

断路器的灭弧室断口可以垂直布置，也可以水平布置。水平布置的特点是两侧出线孔需支持在其他元件上，检修时，灭弧室从端盖方向抽出，因此没有起吊灭弧室的高度要求，但侧向则要求有一定的宽度。灭弧室断口垂直布置的断路器，出线孔布置在两侧，操动机构一般作为断路器的支座，检修时灭弧室垂直向上吊出，配电室高度有一定要求，但侧面距离一般比断口水平布置的断路器小，如图 3-8 所示。

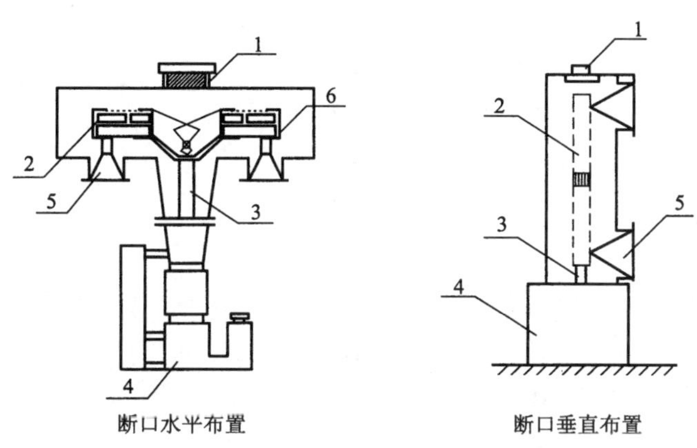

图 3-8　气体绝缘金属封闭组合电器断路器

1—吸附剂；2—灭弧室；3—绝缘拉杆；4—操作箱；5—绝缘子；6—均压电容

2. 隔离开关

隔离开关有直动式和转动式两种。直动式的传动机构和动触杆位于同一直线，通过操动机构直接操作动触杆；转动式机构的操作机构与动触杆成 90°布置，通过涡流转动动触杆。为了安全隔离开关与断路器之间有机械闭锁，并有分合闸指示器。见图 3-9。

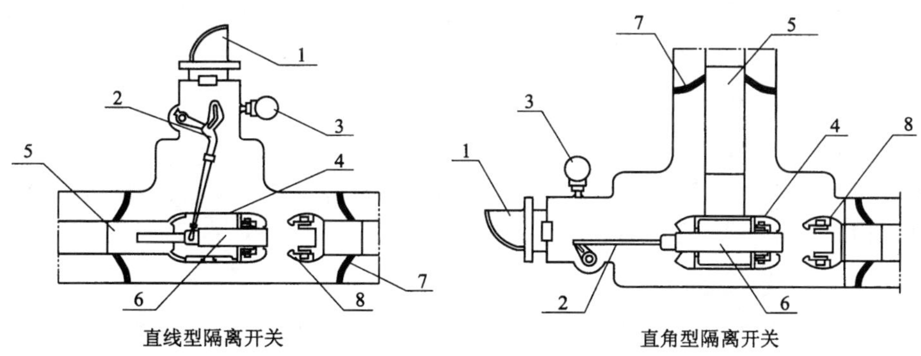

图 3-9　气体绝缘金属封闭组合电器隔离开关

1—超压开关；2—操作机构；3—压力开关；4—滑动触头；5—导体；
6—动触头；7—绝缘子；8—静触头

3. 接地开关

一般情况下，隔离开关与接地开关组合为一个元件，接地开关又分为工作接地开关和快速接地开关。为了保证检修安全在断路器任何一侧和母线都装有工作接地开关，见图 3-10。快速接地开关装在配电装置的线路侧，其作用是防止对侧断路器未断开时合接地开关造成严重后果。

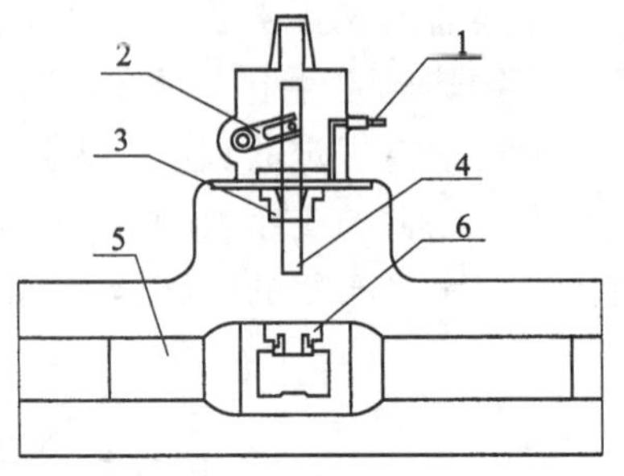

图 3-10 接地开关内部结构图
1—接地端子；2—曲柄机构；3—滑动触头；4—动触头；5—导体；6—静触头

快速接地开关在合闸前无法验电，也无法与对侧断路器联锁，所以要求它具有快速动作且有通过一定短路电流的能力，促使对端电源侧继电保护动作跳闸。快速接地开关与相邻的隔离开关有电磁闭锁，防止接地开关误合在带电导体上。它无论在分位、合位都有锁住装置。

此外快速接地开关还有用于外壳保护。防止内部发生电弧接地时，封闭电器本身无断弧能力造成内部气体压力升高造成爆炸。在继电保护作用下接地开关迅速动作使导体完全接地，从而使电弧熄灭。

4. 电流互感器

GIS 中的电流互感器可以单独组成一个元件，或与套管、电缆头联合组成一个元件。单独的电流互感器放在一个直径较大的筒内，或者放在母线筒外面，它可以根据需要放置 4～6 个单独的环形铁芯，并选择不同的变比。

5. 电压互感器

220 kV 及以下电压等级中，一般采用环氧树脂浇注的电磁式电压互感器，550 kV 及以上电压等级中，普遍采用电容式电压互感器。

6. 母线

母线一般按间隔方向布置，分三相共筒式和分相式，三相共筒式是将三相母线封闭在一个金属筒内，导电杆采用盆式支持绝缘子固定，它的优点是外壳涡流损耗小，相应的载流容量大。但是，三相母线布置在一个筒内，不仅电动力大，而且存在相间短路的可能性，一般用于 110 kV 以下系统。另一种是单相母线筒，即每相母线封闭在一个筒内。这种方式存在着占地面积较大、外壳涡流损耗大等缺点，主要优点是杜绝三相短路的可能性，圆筒直径较小。500 kV 以上系统都采用此种母线布置方式。

7. 避雷器

目前广泛采用的是氧化锌避雷器，也有采用磁吹避雷器的。氧化锌避雷器具有残压低，尺寸及质量小，伏秒特性好，保护性能稳定等优点。

8. 伸缩节及连接管

全封闭外壳受温差的影响发生热胀冷缩，地面基础也可能产生不均匀沉降，因此封闭组合电器在两支点间不能自由滑动的地方必须加伸缩节，通常由不锈钢波纹管制成。连接管有 90°弯管、二通、四通、转角管、直线管、伸缩节等，一般选择定型规格的连接管。

9. 过渡元件

SF_6 电缆终端是 GIS 与全封闭组合电器和高压电缆出线的连接部分，目前一般采用加强过渡的密封或中油压电缆。SF_6 充气套管是 SF_6 全封闭组合电器与架空线路的连接部分。

10. 密度继电器

由于 SF_6 断路器的介电强度和开断容量取决于 SF_6 气体的密度，因此在 GIS 各气室单元均装有气体密度继电器，用于监测气体密度的变化，探测是否发生泄漏。当 GIS 断路器单元的压力下降到一定程度时，发出第一级报警，这时如果是微小的泄漏，可以通过补充 SF_6 气体的方法将压力恢复到额定压力；如果是较大的泄漏，则当压力继续降低到规定值时，密度继电器将发出闭锁信号，将断路器闭锁在当前的位置，防止在关合或开断短路电流的过程中，因开断能力下降，导致的断路器爆炸。

11. 压力释放装置

当 GIS 内部故障，电弧造成 SF_6 气体压力增加超过允许值时，压力释放装置动作，使故障气室的压力下降，这种压力释放装置是在外壳上安装的专用防爆膜，将故障气室的 SF_6 气体直接排放到大气中。

12. 汇控柜

汇控柜的主要作用是起监视和控制作用，监控的主要内容包括：气体压力监视、气体密度监视、状态监视、故障监视、电压监视、电流监视等。

另外，全封闭组合电器组成的配电装置，在实际使用中分隔成许多独立气室，这些隔离单元中的 SF_6 气体互不相通，其作用如下：

(1) 正常运行时用以区别两种不同的 SF_6 气体压力，如断路器间隔与隔离开关间隔的压力就不相同。

(2) 正常运行时，用以区别不同元件对 SF_6 气体压力变动范围的不同要求，如避雷器间隔的压力变化范围要求比其他元件气室的压力变化小。

(3) 当 GIS 装置中有可能产生 SF_6 气体与油混合的情况时，为防止油气混合扩大到其他元件的气室中，需设置气隔。

(4) 检修时减少 SF_6 气体的回收量。

(5) 系统发生故障时，减少事故停电范围。

(6) 利于局部的部件更换，运行灵活，容易发现故障。

3.3.3 智能化系统的应用

随着电力系统的发展，对气体绝缘全封闭组合电器的可靠性和自动化要求也日益提高，将微电子技术、计算机技术、传感技术以及数字处理技术同电器控制技术相结合应用在 GIS 中，在核电厂越来越多的智能数字化系统被采用，220 kV、500 kV 变电所逐渐实现了无人值守。智能化系统在 GIS 上的应用主要体现在以下几个方面：

(1) 采用新型电流和电压传感器。电流、电压互感器是提供电流与电压信息的采集单元，传统的互感器由于体积大、铁芯的饱和特性已经不能满足智能化的高压电器要求。采用了新型的传感器和微机综合继电保护后，其信号全部是数字信号。

(2) GIS 的运行状态检测。为了更好地了解设备的运行状况，同时针对各种异常情况控制系统能自动进行判断和处理，对 GIS 的 SF_6 气体进行监测、对绝缘状态监测、对开关电弧状态监测。SF_6 气体监测包括对气体温度、压力、气体密度进行监测，可以提供趋势分析和维护预测。绝缘状态监测包括局部放电、介质损失、漏电流和电晕等。

(3) 以计算机为主的控制、保护、计量系统。将计算机技术引入控制、保护、计量模块中，取代传统的电磁控制，形成数字化控制适应现代配电自动化发展需要。

在当前国内已经投产的核电厂，正在运行的GIS都不能称为完全智能化的GIS，智能化系统和部件只是部分地被采用。随着科技的不断发展，更高智能化的设备势必越来越被成熟应用。

3.4 发电机断路器

3.4.1 发电机断路器的发展

发电机出口电压一般为17.5～36 kV，所以发电机断路器属于中压断路器，随着断路器技术的发展，工业、制造水平的不断提高以及电力需求的不断增加，20世纪40年代初，大容量发电机组的生产制造成为可能，而且成为满足电力市场需求的要求。发电机单机容量的不断增大致使短路电流迅速提高，使普通的中压开关已无法满足开断能力的要求，同时为了提高安全可靠性，离相封闭母线以及发电机—变压器单元接线得到广泛采用。

至20世纪60年代中期，为了简化电厂的运行操作，提高机组的可用率的需要，越来越多的专家认为发电机断路器的使用是十分必要。正是这种需要导致了瑞士勃朗·鲍威利(BBC)公司在1969年开发出第一台可在大型发电机机端直接操作的DR型空气断路器。该断路器为离相式全封闭结构，以压缩空气为灭弧介质，操动机构也采用压缩空气，额定电流达50 000 A，开断能力为250 kA，其中额定电流为11 000 A以下的断路器采用自然风冷，11 000～20 000 A采用强迫水循环风冷，20 000～50 000 A则为水冷。1984年ABB推出了第一台HE型SF_6发电机断路器，采用SF_6气体作为灭弧介质，操动机构仍为气动。它利用SF_6气体自灭弧原理，由触头分开时产生的电弧来加热SF_6气体，使其膨胀，形成熄弧所需的气体，同时电流流过固定触头内的线圈产生磁场，导致电弧旋转，以使对触头的烧伤减小至最低限度，而且相对独立的荷载触头与灭弧触头，保证了连续载流能力。1996年3月，ABB研制的HEC－7/8型发电机断路器通过了荷兰KEMA实验室试验，该断路器额定电流可达24 000 A，开断能力达160 kA。HEC－7/8型断路器研制成功投入市场后，ABB公司逐步停止生产DR型空气式断路器，集中精力研制新型SF_6发电机断路器，如HECS系列。现在发电机断路器已不仅仅是一台断路器，而是集成了电压互感器、电流互感器、隔离开关、接地开关等发电机与主变压器之间的设备，成为具有多种功能的组合电器。

另外，日本的三菱公司和日立公司也分别生产额定电流为42～44 kA，短路开断电流为110～125 kA的SF_6发电机断路器。可见ABB、Alsthom、三菱、日立等公司有能力提供600 MW以上机组的发电机断路器。目前ABB公司生产的SF_6发电机断路器的最大开断电流已经达到210 kA，而压缩空气式发电机断路器最大开断电流为275 kA。20世纪80年代末90年代初又利用真空技术开发了真空型发电机断路器，这种发电机断路器是由德国西门子公司开发和生产。8BK40、8BK41系列即是西门子公司生产的真空型发电机断路器，其额定电压7.2～17.5 kV，其中8BK40的额定电流5 000 A，最大开断电流为63 kA；8BK41的额定电流4 000～12 000 A，最大开断电流为80 kA。真空型发电机断路器由于在开断水平上受到限制，开断电流大于63 kA的真空断路器制造已非常困难，而且价格也较昂贵，所以目前真空型发电机断路器在小容量机组中使用较多，在大机组中的使用受到限制。

目前国外发电机断路器的技术发展十分迅速，各大公司竞相开发革新技术，从原来的少油型向 SF_6 型和真空型断路器发展，体积越来越小，额定电流和开断电流越来越大，机械寿命高达 10 000 次以上，随着研发能力及制造技术的提高，发电机断路器配置保护将更趋完善，可靠性更高故障率更低。国内发电机断路器的发展水平相对来讲还比较低，1980 年，沈阳高压开关厂引进 A-Alsthom 制造技术，开始研制生产 PKG2 型空气断路器，1986 年第 1 台样机在葛洲坝大江电厂正式投运，随后又有 14 台 PKG2 型发电机断路器投入运行。由于开断电流不能满足系统的短路电流水平，且该产品体积大、噪声大，维护工作量较大，现已全部更换为短路开断电流为 100～120 kA 的 SF_6 发电机断路器。

自第一台发电机断路器诞生以来，发电机—断路器单元接线在世界各国得到了广泛应用。据国际大电网会议(CIGRE)统计，目前全世界有超过 50%的核电厂与超过 10%的火电厂采用了发电机断路器。近年来，随着国内核电厂机组装机容量的逐渐增大，以及核安全性的高要求装设发电机断路器已渐成趋势。国内绝大多数核电机组(除秦山一期)都装设了发电机断路器。

3.4.2　发电机断路器的功能与优越性

在大型机组中使用发电机断路器可以使机组无论在经济性、安全性、运行的灵活性和可靠性以及保护选择性等方面都得到明显的提高：

(1) 运行的灵活性和可靠性

机组正常起、停不需切换厂用电，只需操作发电机断路器，使厂用电可靠性提高。机组正常起停以及故障引起的跳机等引起的厂用电切换操作比不装设机组减少了很多。另外厂用电的切换成功与否具有一定的风险，因而厂用电切换一直是电厂运行人员担心的问题，因此减少厂用电切换操作就减少了运行人员的负担。在核电厂当发生机组故障时，为了保证核安全对厂用电有更高的要求，所以发电机断路器在核电厂的应用也更加普遍。

(2) 有利于机组故障后的快速恢复

在核电厂当反应堆、汽轮机、发电机发生故障时，安装发电机断路器可以使厂用电不中断，尤其一些可以很快排除却造成机组跳机的故障，在厂用电未中断的情况下，有利于机组快速恢复运行。

(3) 有利于主变压器、高压厂用工作变压器的保护

对于主变压器、高压厂用工作变压器发生内部故障时，由于发电机励磁电流衰减需要一定的时间，在发电机—变压器组保护动作切除主变压器高压侧断路器后，发电机在励磁电流衰减阶段仍向故障点供电，因而装设发电机断路器可快速切开发电机断路器，使主变压器、厂变压器受到更好保护，这一点对大型机组非常有利。

(4) 有利于发电机的保护

主变压器侧发生单相或两相故障时，发电机会产生机械应力和热应力，特别是故障电流的负序分量会在发电机转子感应出倍频电流，使转子端部、锲槽和小齿接触面等部位灼伤。如果没有发电机断路器，发电机将持续承受不对称短路电流的作用，直到发电机灭磁结束。装设发电机断路器，可在很短时间(60～80 ms)内将机组从故障点切除，从而保护发电机组。

(5) 有利于电网的安全性

发电机断路器以内故障只需跳开发电机断路器，不需跳主变压器高压侧 500 kV 断路

器，对系统的电网结构影响较小。尤其使 500 kV 配电装置不必开环运行，使运行安全可靠，对电网有利。

(6) 方便调试和改善同期条件

发电机断路器之所以能执行机组所需的全部操作任务，是因为它的位置处在回路中最恰当的地方，机组投运进行短路试验时，可很方便地实现使用接地开关，否则要进行试验改接线，需投入额外的资金和时间，还有可能承担不必要的风险。

当电厂与电网的连接经由高压断路器通过主变压器受电时，同期点可由发电机断路器来实现。对于同期操作而言，应用主变压器高压侧断路器和发电机断路器来进行同期操作有很大不同，由高压断路器和发电机断路器来实现同期操作和不同期操作所引起的延迟过零电流，对系统有着不同的影响，在反相同期操作过程中由于发电机转子的快速转动会产生的延迟过零电流，高压断路器在切断反相同期电流上能力非常有限，而发电机断路器有足够的能力切断该电流。

当同期在高压侧进行操作时，高压断路器可能会受到过电压作用。在污染较重的情况下，可能造成高压断路器外部绝缘介质的闪络。再者，高压断路器一般都不是三相机械联动的，所以在同期操作过程中就有可能产生有较大不同期，这样会产生一个不平衡负载，给发电机带来严重的机械和热应力，从而损坏发电机。当同期在发电机电压等级进行操作时，断路器电压等级的降低有助于防止外部绝缘闪络。

3.4.3 发电机断路器的分类与结构

1. 发电机断路器基本分类

随着发电机机组容量的增大，同时加工材料和现代技术的不断进步，发电机断路器也取得很大的发展，其基本分类情况如表 3-1 所示。

表 3-1 发电机断路器基本分类

基本分类	少油式、压缩空气式、SF_6式、真空式
操动结构分类	电磁式、压缩空气式、液压式、弹簧式
本体布置方式	立式、卧式
冷却方式	自然风冷、强制风冷、强制水冷、强制水冷和强制风冷
操作方式	(电气、机械)三相联动
操作频度	一般、频繁操作

可以根据机组主接线的要求、经济状况、安全性、布置空间等方面进行选择。在核电厂设备的安全性和动作的可靠性是首要考虑的因素，在当前国内电站采用 SF_6 作为绝缘介质的发电机断路器被广泛采用。

2. 发电机断路器的结构

发电机断路器属于中压全封闭组合电器，它将断路器、隔离开关、接地开关、电流互感器、电压互感器、避雷器、母线等设备组合在一起，如图 3-11 所示，一般采用三相分离布置，共用一台操作机构，灭弧介质一般也是选用 SF_6 气体，小容量的也有采用真空灭弧室，与 GIS 的功能与结构十分相似。对发电机断路器的内部组成元件不再进行详细阐述。

图 3-11　SF_6 发电机断路器

3.4.4　发电机断路器的基本参数

发电机断路器的选择除了依据额定电压外，主要是额定电流和额定开断电流，同时还需要考虑厂房的空间、机组的大小、经济的可接受性以及运行的可靠性，还要符合国家标准 DL 427—1991《户内型发电机断路器订货技术条件》的规定，本节对发电机断路器的主要参数进行阐述：

1. 额定最高工作电压及绝缘水平

DL 427—1991《户内型发电机断路器订货技术条件》分别给出了额定最高电压及相应的绝缘水平，见表 3-2。

表 3-2　额定最高工作电压及绝缘水平

最高电压/kV		12	24	36
冲击耐受电压幅值 1.2/50(ms/kV)	对地	75	120	185
	断口间	85	136	210
工频耐受 1 min 耐受电压有效值/kV	对地	42	65	95
	断口间	50	81	120

2. 额定电流

发电机断路器的额定电流应为发电机额定电流的 1.05 倍，即发电机回路的持续工作电流。选用 R10 系列，可在以下数值中选取：1.25、1.6、2.0、3.15、4.0、5.0、6.3、8.0、11.0、12.5、14、16、18、20、22、25、31.5、40、50 kA 等。考虑到断路器是没有过负荷运行能力的，此时断路器工作的周围环境温度也高，特别是卧式全封闭结构，因此断路器的额定电流的取值应比回路最大工作电流大。

3. 额定频率

额定频率为 50 Hz、60 Hz。

4. 额定热稳定电流及其额定持续时间

额定热稳定电流等于额定短路开断电流，持续时间一般为 1 s。

5. 额定动稳定电流

额定动稳定电流为峰值电流，等于额定开断电流的 2.8 倍。

6. 额定关合电流

额定关合电流等于额定动稳定电流。

7. 时间参数额定值

三相分闸不同期性:相间≤5 ms;三相合闸不同期性:相间≤10 ms。

发电机断路器除了这些通用技术参数外,还有一些关键的技术要求。发电机回路电气设备工作的特点是:额定电流大、短路电流大、直流分量含量高、失步开断等。涉及的参数有额定开断电流(对称值)、额定开断电流(非对称值)、失步开断、暂态恢复电压等。

复 习 题

1. 低压开关柜分几类?主要特点是什么?
2. 简述固定式低压开关柜与抽屉式开关柜的结构特点。
3. 各类中压开关柜是如何进行分类的?
4. 简述中置式金属铠装开关柜的结构特点。
5. 中置式金属铠装开关柜的防止误操作闭锁有哪些?
6. 简述中压接触器—熔断器组合电器特点及适用场合。
7. 简述GIS封闭组合电器的优缺点。
8. 简述GIS封闭电器的结构。
9. 为什么GIS封闭电器中隔离单元气体是互相不通的?
10. 发电机断路器使用有哪些优越性?
11. 发电机断路器是如何分类的?
12. 简述发电机断路器的基本参数。

第 4 章　核电厂的直流与 UPS 系统

4.1　直流系统概述

4.1.1　直流系统的作用

直流系统是核电厂厂用电中最重要的一部分，必须保证在任何事故情况下，甚至在交流电源全部停电的情况下，都能不间断地向负荷提供可靠的供电电源，保证用电设备可靠而连续的工作。主要应用在以下几个方面：

(1) 直流系统在电力系统正常运行或故障时，为继电保护、自动装置、断路器的操作回路等提供控制电源。

(2) 直流系统作为事故照明电源，要求在正常电源故障甚至厂用电事故的情况下能够提供可靠的照明电源。

(3) 直流系统在厂用电事故的情况下为直流油泵提供动力电源以保证汽轮发电机在事故情况下安全停机。

(4) 直流系统为交流不间断电源系统的逆变装置提供电源，以保证在交流电源故障的情况下负荷可靠、不间断供电。

(5) 直流系统为专用仪表控制系统和柴油机启动系统提供可靠电源。

(6) 直流系统为其他重要设备提供可靠电源。

4.1.2　直流系统的电压等级划分

直流系统的电压一般分为 220 V、110 V、48 V 和 24 V，根据用电设备的类型、额定容量、适用性等确定具体使用的额定电压，额定电压一般按以下原则确定：

(1) 电动机、阀门操作机构、逆变装置等大容量负载一般选用 220 V 直流电压；

(2) 配电装置的断路器的控制电源一般选用 220 V 或 110 V 直流电压；

(3) 专用仪表控制系统和柴油机启动系统一般选用 48 V 和 24 V 直流电压。

4.1.3　直流系统的组成和接线方式

直流系统的基本组成：整流器、蓄电池和直流配电装置。

直流系统的基本接线方式为：

(1) 一台整流器、一组蓄电池和一段直流母线，接线图如图 4-1 所示。

这种接线方式特点是接线简单、清晰、可靠、经济。但蓄电池组进行容量试验时，蓄电池组需要脱离直流母线，期间如果整流器上游交流电源故障，将造成直流母线及其负荷失电。另外，此接线方式，整流器的维修工作时间长短也受直流负荷电流大小的限制，直流负荷电流大则应尽量缩短整流器的维修时间，以防止蓄电池组在大负荷电流放电的情况下，直流母线电压降低，影响直流负荷的可靠供电。

(2) 两台整流器、一组蓄电池和一段直流母线,接线图如图 4-2 所示。

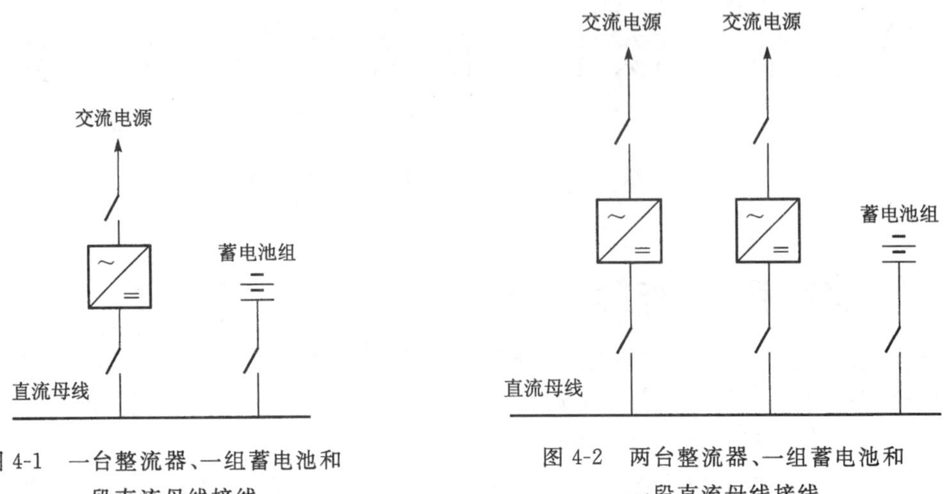

图 4-1 一台整流器、一组蓄电池和一段直流母线接线

图 4-2 两台整流器、一组蓄电池和一段直流母线接线

这种接线方式特点是接线简单、清晰,可靠性高于一台整流器接线。由于蓄电池组进行容量试验时,蓄电池组仍需要脱离直流母线,期间,负荷供电的可靠性降低。采用此接线方式的直流系统在正常运行时,两台整流器中一台整流器工作,另一台整流器备用。整流器的维修工作时间长短不再受直流负荷电流大小的限制,当一台整流器进行定期维护或故障排除时,另一台整流器投入运行,维修工作的时间安排更加灵活。

(3) 两台整流器、一组蓄电池,单母线分段,接线图如图 4-3 所示。

这种接线方式和接线方式(2)相比,增加了分段开关。分段开关设保护元件,限制了故障范围,提高了负荷供电的可靠性。

(4) 两台整流器、两组蓄电池,单母线分段,接线图如图 4-4 所示。

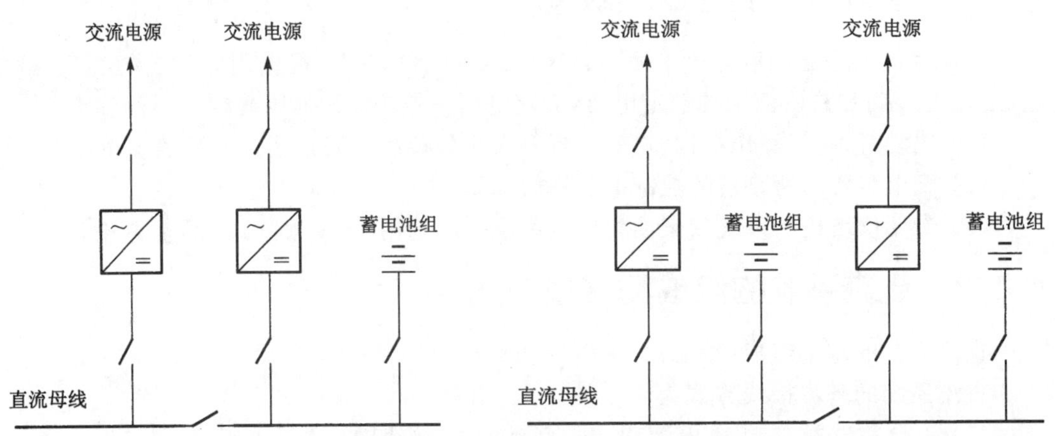

图 4-3 两台整流器、一组蓄电池,单母线分段接线

图 4-4 两台整流器、两组蓄电池,单母线分段接线

这种接线方式,整个系统由 2 套图 4-1 接线方式的直流系统组成。正常运行时,两套电源系统各自独立运行,安全可靠性高。与一组蓄电池配置相比,蓄电池组放电期间不影响负荷供电的可靠性。整流器的维修工作时间长短也不受直流负荷电流大小的限制,运行方式

更加灵活，供电更加可靠。

以上四种直流系统接线方式为基本接线方式，在此基础上，已衍生出配置 2 组蓄电池和 3 套整流器的多种接线方式，接线趋于复杂，运行方式更趋灵活性。但在核电厂，特别是在核岛和常规岛的直流系统设计中，考虑到系统的独立性而采用上述的基本接线方式作为直流系统的主要接线方式，其中前三种直流系统接线方式的实际应用更多一些。

4.2　蓄电池

在交流电源异常的情况下，蓄电池作为独立的电源，能够为负荷供电，提高供电的可靠性。作为后备电源，广泛应用于电力、化工、冶炼、地铁、造船、金融、通讯等各个领域。目前广泛使用的工业蓄电池主要分为酸性蓄电池和碱性蓄电池，酸性蓄电池主要指铅酸蓄电池。碱性蓄电池主要分为镉镍蓄电池、铁镍蓄电池、锌镍蓄电池、镉银蓄电池，其中应用较多的是镉镍蓄电池。下面对铅酸蓄电池和镉镍蓄电池的优缺点进行对比：

(1) 镉镍蓄电池的使用寿命相对较长(据资料介绍，镉镍蓄电池的使用寿命一般 10～20 年，而早期的铅酸蓄电池的使用寿命只有 10 年左右)，但造价较高，一般同容量的镉镍蓄电池的价格是铅酸蓄电池价格的 2～3 倍。随着蓄电池制造技术的发展，目前铅酸蓄电池的使用寿命也得到了延长，可以达到 10～15 年。

(2) 镉镍蓄电池的低温性能好，－20 ℃时仍不影响断路器的跳闸使用，可以释放 70% 的额定容量，－40 ℃可以释放 50% 的额定容量。铅酸蓄电池一般在－5 ℃只能释放 75% 的额定容量。

(3) 由于镉镍蓄电池的单节电池的标称电压为 1.2 V，而铅酸蓄电池的标称电压为 2 V。对于同容量、同电压等级的蓄电池组，两种单体电池的体积相差不大，镉镍蓄电池组比铅酸蓄电池组的单体电池的节数要多得多，也就是说同容量、同电压等级镉镍蓄电池组占地面积要比铅酸蓄电池组大。

目前核电厂广泛使用铅酸蓄电池，主要是基于以下原因：

(1) 使用铅酸蓄电池较为经济，前期资金投入相对较少。铅酸蓄电池的使用寿命也有所提高。

(2) 核电厂的厂房内均设计了空调系统，房间温度一般控制在 20～25 ℃，此温度范围是碱性蓄电池和铅酸蓄电池的最佳运行温度。碱性蓄电池的低温放电优势在核电厂得不到具体体现。

(3) 核电厂的厂房设计一般较为紧凑，对于同容量、同电压等级的铅酸蓄电池组和碱性蓄电池组来说，碱性蓄电池组的占地面积较大，不适宜碱性蓄电池组的安装使用。

在核电厂，普遍使用的铅酸蓄电池分为两种，一种是密封阀控式铅酸蓄电池，另一种是富液式铅酸蓄电池。密封阀控式铅酸蓄电池一般容量较小，使用寿命为 8～12 年，在一些非核安全用电系统应用较多。富液式铅酸蓄电池一般容量相对较大，使用寿命较长，一般可以达到 10～15 年，有的甚至可以达到 15 年以上，与核安全或工业安全相关的系统应用较多。

4.2.1 富液式铅酸蓄电池

4.2.1.1 富液式铅酸蓄电池的基本结构

富液式铅酸蓄电池主要由正极板、负极板、微孔隔板、容器和可流动的电解液等组成。

在富液式铅酸蓄电池中，负极板一般为涂膏式极板，极板的活性物质是铅，由孔隙均匀的活性物质(铅)压入铅板栅形成。

正极板的活性物质是二氧化铅，依极板形状不同，一般分为大面积极板和管状极板两种：

(1) 大面积极板，活性物质(二氧化铅)与负极板上的活性物质(铅)处理方法略有不同，二氧化铅不是简单的压入铅板栅，而是通过氧化反应形成。极板本身是由高纯铅组成，通过极板的多次氧化形成活性物质(二氧化铅)，因为是在铅板的表面进行的氧化反应，故在正极板表面上的活性物质非常薄，一般只有 0.11～0.15 mm，利用活性物质的大面积薄片结构，使载流子在短时间内可提供大电流。

(2) 管状极板，顾名思义正极板为管状，其铅板栅上铸有许多根栅筋，栅筋上套上玻璃丝纤维编成的套管，在套管中填充多孔状活性物质二氧化铅，在玻璃丝套管的末端采用耐腐蚀材料进行封堵，玻璃丝套管可以有效防止活性物质的脱落，同时可以保证大电流放电时的电荷移动。

铅板栅一般为铅锑合金。合金元素一锑在铅板栅中扮演着重要角色，因为锑的存在增强了铅板栅的强度、硬度，增强耐腐蚀性。同时，锑的存在也带有一定的副作用，一旦锑溶解出来并在负极上沉积，就会造成负极的严重自放电，增加水的损耗和减少蓄电池的寿命。为此，采用折中的方法，把锑的含量降到合理的数值，既保证了极板栅的强度、硬度以及增强耐腐蚀性又使蓄电池的使用寿命得以延长。

微孔隔板放置在正、负极板之间，采用带有微孔的电绝缘材料，隔板的内阻非常小，能很好地渗透酸离子，并可防止正负极板之间短路。

容器是由高强度、绝缘性能好、耐腐蚀、半透明的塑性材料制成。可观察到蓄电池内部各零件及电解液的变化情况，容器的上部用盖子密闭，盖子和容器是用高强度黏结剂黏结在一起。

电解液为稀硫酸溶液。稀硫酸溶液具有腐蚀性，随着硫酸浓度的增加，腐蚀进一步加剧。据资料介绍，酸密度在 1.18～1.24 g/cm^3 之间时，酸的腐蚀性相对稳定，低于 1.18 g/cm^3 特别是在小于 1.15 g/cm^3 时，会引起腐蚀的进一步加剧。对于核电厂使用的富液式铅酸蓄电池来说，硫酸密度一般为 1.22～1.24 g/cm^3。

蓄电池的正极或负极是由若干块极板并联组成正或负极群，正、负极板的极耳与汇流排焊接在一起，汇流排外接(焊接或铸造)蓄电池正、负极接线端子。极群中具体的极板数量依容量而定，正、负极板交错排列，最外层两侧均为负极，也就是说负极板的数量比正极板多一块。正极板的数量与单个正极板的容量之积为该蓄电池的设计容量。正、负极板间以微孔隔板隔开以防止正、负极板间短路。极板下边缘与容器应留有一定距离，防止极板脱落物引起正、负极板间短路。

4.2.1.2 蓄电池的化学反应基本原理

充电时，蓄电池将电能以化学能的形式存储起来。放电时，蓄电池将存储的化学能转化成电能提供给负载使用。蓄电池在充放电过程中发生的电化学反应为：

$$Pb + PbO_2 + 2H_2SO_4 \underset{充电}{\overset{放电}{\rightleftharpoons}} 2PbSO_4 + 2H_2O \tag{4-1}$$

从式(4-1)看出，在放电过程中，负极的铅以及正极的二氧化铅与硫酸发生反应生成硫酸铅和水。因为在反应过程中消耗了硫酸并生成水，所以在这个反应过程中硫酸被稀释了，这就是硫酸的密度在放电的后期降低的原因。

在放电过程中，应用大电流放电时，极板上的活性物质与周围的硫酸迅速反应，使活性物质细孔中的硫酸被很快的消耗掉，生成较大的硫酸铅晶体，容易导致极板的细孔堵塞，外部的酸液不能很快地进入活性物质孔隙中。另外，同刚刚在孔隙中生成的水相比，外部硫酸也具有一定的黏度，减缓了酸的流动和扩散的速度。因此，细孔深处的硫酸浓度相对外部的硫酸浓度更低一些，活性物质参加化学反应的机会减少，导致部分活性物质反应不充分。同时，放电过程中电解液电阻增大，电压下降很快，蓄电池释放出的能量减少，所以，电池的容量也就相应地减少了。在小电流长时间的放电过程中，硫酸铅形成较慢，生成的晶体也小，硫酸容易扩散到细孔深处，细孔深处的更多的活性物质能顺利的参加化学反应，所以，电池小电流放电时释放的容量更大一些。

还可从式(4-1)当蓄电池在放电后再充电的过程中，硫酸铅被还原成铅和二氧化铅同时生成硫酸。浓硫酸在活性物质的细孔中生成，要通过扩散与外部的稀硫酸混合。但浓硫酸相对来说更重一些，在脱离活性物质后，会沉落到电池底部，使电池底部的硫酸的浓度增高。电池内部的硫酸出现分层现象，底部的浓硫酸会对极板造成腐蚀。上部的稀硫酸密度很低(放电后期接近于水)，铅在这样的稀硫酸中容易发生溶解。因此蓄电池电解液上下层的混合很重要。在充电后期过充的电能使水分解产生了氢气和氧气，产生的气体在电解液中起到搅拌混合作用。蓄电池的外部表现是蓄电池在充电过程中，在蓄电池内部产生气泡之前，电解液的密度上升缓慢，在蓄电池内部产生气泡之后电解液的密度上升相对较快。

蓄电池的充放电过程是一个极其复杂的电化学过程，主要具有以下特点：

(1) 多变量，影响充放电效果的因素很多，诸如电解液的密度，极板活性物质的浓度，环境温度等变量的不同，都会使充电效果产生很大的不同。

(2) 非线性，一般来说，蓄电池的可接受充电电流随着时间成指数规律下降。

(3) 离散性，随着放电状态、蓄电池使用和保存历史的不同，即使是两块相同工艺的蓄电池，也具有不同的充电的充电特性。

4.2.1.3　影响蓄电池的外部因素

1. 温度

(1) 温度对电解液密度的影响

电解液在温度变化时，同样会表现出热胀冷缩的物理特性，低温时密度上升。相反，温度较高时电解液密度降低。富液式铅酸蓄电池酸密度的基准温度国内外略有差别，国内标准的基准温度为 25 ℃，欧洲标准的基准温度为 20 ℃。在实际应用中，应以厂家说明书规定的基准温度为标准，进行实际的电解液密度比对。如果环境温度与厂家说明书的基准温度有偏差，应依据厂家说明书的温度校准系数对电解液密度进行校正。

(2) 温度对蓄电池容量的影响

电解液温度升高，电解液的密度降低，电解液的扩散能力就会增强，活性物质外部的硫酸扩散到细孔中就会变得容易，化学反应能力增强。因此随着温度的增加，容量增加。电解液温度下降，扩散能力减弱，活性物质外部的硫酸扩散到活性物质细孔中变得困难，化学反应能力减缓，蓄电池的容量减小。这里，实际使用蓄电池的基准温度值得注意，因蓄电池厂家不同使用的基准温度可能不同，例如：蓄电池 A 和蓄电池 B 设计容量均为 500 Ah，但蓄电池 A 的设计基准温度为 20 ℃，蓄电池 B 的设计基准温度为 25 ℃，两种蓄电池同在 20 ℃放电，蓄电池 A 可以放出 500 Ah 容量，蓄电池 B 只能放出 480 Ah 的容量，这时不能认为蓄电池 B 达不到额定容量，而要应用式(4-2)对数据进行温度校准。

$$C=\frac{C_n}{1+Z(t-T)} \tag{4-2}$$

式中：

C——基准温度时的容量；

C_n——实测的容量；

t——放电时实际的平均温度；

T——基准温度；

Z——温度系数，一般取值为 0.008。

为更好理解容量与电解液温度的关系，现以 HOPPECKE 铅酸蓄电池为例，以图解形式说明容量与电解液温度的关系，见图 4-5。从图中可以看出：当电解液温度为 20 ℃时，蓄电池的实际容量为 100％额定容量。当电解液温度低于 20 ℃时，蓄电池的实际容量低于额定容量，例如在 10 ℃时，蓄电池的实际容量为 90％额定容量。当电解液温度高于 20 ℃时，蓄电池的实际容量高于额定容量，例如在 35 ℃时，蓄电池的实际容量为 110％额定容量。

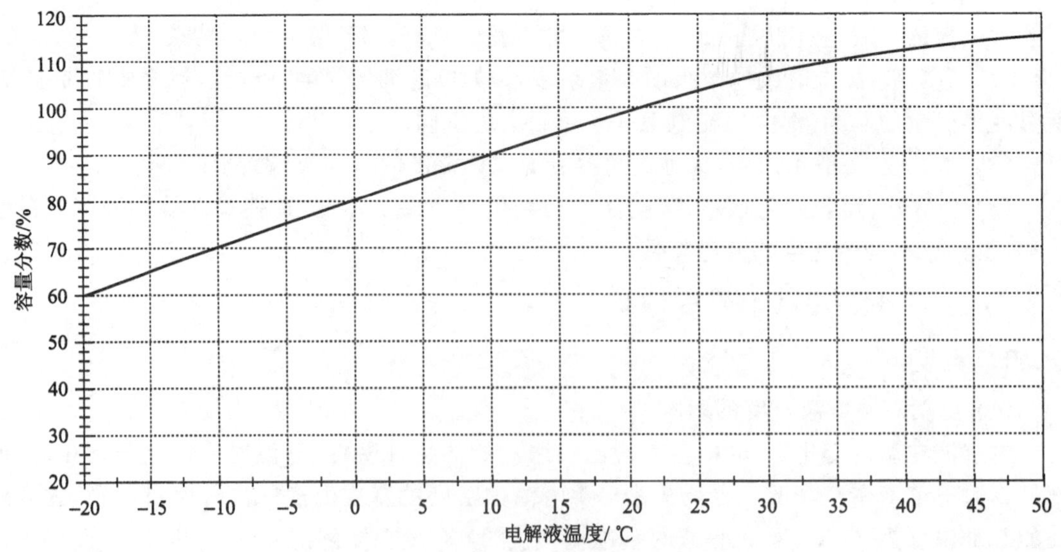

图 4-5　容量与电解液温度的关系

注：图示固定型铅酸蓄电池基准温度为 20 ℃，额定容量为 100％。

(3) 温度对蓄电池寿命的影响

资料显示，年平均温度超过参考值 10 ℃，电化学过程(包括自放电、腐蚀以及浮充电流)反应速度增加一倍，进而导致使用寿命减少一半。

在低温下使用寿命相应地增加，值得注意的是低温会导致容量降低。

2. 浮充电压

浮充电压过高，将导致浮充电流过大，增加水的分解，同时增加正极上氧气的不必要的逸出。蓄电池内部腐蚀加剧，同时，由于浮充电压的增加，水分解后产生的气泡可能破坏活性物质，使正极的活性物质脱落，蓄电池的使用寿命减少。反之，浮充电压过低，将导致充电电流过小，使蓄电池欠充电，造成负极板的活性物质脱落，以及负极板硫化，同时还会降低蓄电池的容量，进而减少蓄电池的使用寿命。

3. 杂质

富液式铅酸蓄电池在正常浮充运行时，少量水会被电解，生成氢气和氧气。长时间运行后蓄电池液面会降低，当液面接近最低液面时需对蓄电池进行补水。如果补加的水质没有达到厂家的要求，或者杂质通过其他途径进入电解液，均会导致浮充电流的增加，增加水的分解，加速腐蚀，蓄电池的使用寿命将减少。

4.2.1.4　蓄电池的自放电

自放电是电池时刻都在进行的化学反应过程，即使没有任何负载的情况下，自放电也同样在进行。蓄电池自放电的主要原因是电解液和极板中含有杂质。电解液中的杂质，可形成内部漏电导，引起自放电。极板中的杂质，在极板上可形成局部的小电池，小电池的两极又形成短路回路，引起蓄电池的自放电。在前面富液式铅酸蓄电池的基本结构中提到的锑，由于锑的存在也增加了蓄电池的自放电率。由于蓄电池长期处于浮充电运行，蓄电池内部的电解液会形成分层，上部电解液密度高，下部电解液密度低，极板上下电动势不等，因而在极板上下之间形成均压电流，均压电流也会引起蓄电池自放电。

4.2.1.5　蓄电池的维护

浮充电的作用主要就是为了补偿自放电，维持蓄电池在满充状态。

核电厂用的富液式铅酸蓄电池，正常运行一直处于浮充电运行方式，依靠整流/充电装置对蓄电池进行浮充电，浮充电压一般为 2.23 V/节，蓄电池在浮充电的同时为并列连接的负载提供尖峰电流。这种运行方式从表面上来说，浮充电可以对瞬时放电后的蓄电池进行再充电，同时也可补偿蓄电池的自放电，但实际上蓄电池的这种长期的浮充电运行方式，容易引起电池内部单体电池电压、酸密度的不平衡。蓄电池定期检查维护的主要目的就是发现蓄电池单体电压、酸密度出现偏差后应及时进行均衡充电，使蓄电池保持最佳运行状态。另外，蓄电池的维护还有两个主要目的，一个目的是对蓄电池的荷电状态信息的监测，另一个目的是对蓄电池故障的防控。

蓄电池维护工作一般包括季度维护和年度维护。维护项目一般包括测量电解液密度、电解液温度、单体电压、电池组电压、蓄电池组的浮充电流、环境温度、蓄电池连接片(线)的腐蚀情况检查以及蓄电池组的容量试验等。正常浮充运行情况下，电解液密度和单体电压的数值综合反映蓄电池是否在满充状态；电解液温度可以反映蓄电池内部是否存在短路情况；浮充电流可以反映蓄电池老化程度；电池组电压可以反映充电整流装置输出是否正常；

环境温度的高、低直接影响蓄电池的参数:电解液密度、单体电池电压以及浮充电流,同时还将影响蓄电池的使用寿命;蓄电池连接片(线)的腐蚀情况检查可确保蓄电池组的电气回路处于完好状态。

在核电厂,蓄电池的定期容量试验一般包括性能试验和运行试验。此外如果设计负载需要短时大电流,则应进行更改的性能试验,更改的性能试验可以替代运行试验。

性能试验是蓄电池投入运行后,为探测蓄电池容量的任何变化,在蓄电池上进行的容量试验。为了与上一次的试验结果进行比较,性能试验的放电参数与蓄电池上一次试验的放电参数应相同。性能试验不仅可以反映蓄电池的初始容量或基准容量,也可以反映维护的实际水平以及性能的变化趋势。

运行试验是特殊的蓄电池容量试验,检验蓄电池能否满足其负载周期的实际能力试验。运行试验采用的放电率和试验时间应尽量与实际的蓄电池负载周期一致。运行试验应在实际工作条件下进行,试验结果不进行温度修正。成功的蓄电池组的运行试验可证明蓄电池组具有满足设计负载的能力,确保蓄电池组容量满足事故放电的要求。

更改的性能试验是验证蓄电池组以短时间、高放电率(通常是负载周期中的最高放电率)向负载供电的容量和能力试验。试验采用分段式放电,模拟负载周期,以两种放电率进行放电,首先以规定的蓄电池放电率或负载周期内最大负载电流放电 1 min,然后采用性能试验的放电率继续进行放电。这种试验除了能确定蓄电池组短时高放电率占额定容量的百分比外,还可以验证蓄电池组满足负载周期的严酷期要求的能力。

4.2.1.6 蓄电池的更换

蓄电池更换的时限取决于所采用的蓄电池容量选择准则和相对于有效负载的容量裕度。蓄电池的容量一般按老化因子为 1.25 进行选择。当某节蓄电池容量低于制造厂额定值的 80%,应该更换该蓄电池。

在老电池中更换一个或多个蓄电池后,新的单体电池的浮充电压通常比较高,随着时间的推移新旧电池浮充电压的不同将会趋于平衡。由于大部分电池是老电池,新电池上存在较高的浮充电压,但这并不影响蓄电池的电气性能,只是在一定程度上导致新单体电池人为的老化,电压会逐渐调整到老电池的水平。

无论怎样,都要尽量少用新电池,因为它们的影响会随着更多的新电池的使用而逐次增大,主要表现在两方面:

(1) 当更换新单体后,由于充电整流装置输出的电压是一定的,因此一个单体电池电压的升高必然限制一个或更多的蓄电池的电压。

(2) 新电池限制了浮充电流。

如果一个旧电池组的大部分被新单体电池取代,那么新单体电池将限制其他电池的电压比较容易理解。对于新单体电池限制浮充电流这个问题,有人可能会误解,因为新单体蓄电池的内阻小,而旧蓄电池内阻大,根据欧姆定律:$I=U/R$,新单体电池更换后蓄电池总的内阻变小了,浮充电流应该变大。这种想法显然走入了一个误区。首先明确,浮充电流并不是与蓄电池的总的内阻呈线性关系的。在富液式铅酸蓄电池中,浮充电流主要是用于补偿自放电维持蓄电池的满充状态,还有一小部分用于分解水。用于分解水的电流对于新、旧电池都是相同的。但旧电池极板因长期运行存在着硫化,自放电率高,需要较高的电流用于补偿自放电。当用新电池代替旧电池时,新电池需要的用于补偿自放电的电流较低,即新电池需要的浮充电流较低。而新、旧电池是串联的,这样新电池就限制了浮充电流。然而当通过旧电池的电流低于所需要补偿自放电的电流时,将逐渐导致旧电池硫酸盐化。

4.2.2　密封阀控式铅酸蓄电池

在正常运行期间,密封阀控式铅酸蓄电池无法在日常维护中通过检测电解液密度来监测蓄电池的荷电状态。因此,在核电厂,密封阀控式铅酸蓄电池一般应用在非核安全用电系统。密封阀控式铅酸蓄电池的维护工作量较小,在蓄电池的整个使用寿命期间不需要添加水,一般也称作免维护蓄电池。

4.2.2.1　密封阀控式铅酸蓄电池的分类

密封阀控式铅酸蓄电池的电化学反应原理与富液式铅酸蓄电池是相同的,但密封阀控式铅酸蓄电池的电解液是不流动的。依据电解液的存在形式,密封阀控式铅酸蓄电池一般分为胶体电池和吸附式电池两种类型。电解液与 SiO_2 微粒的胶状物混合形成胶状电解质,使用胶状电解质的电池称作胶体电池。电解液吸收在玻璃纤维膜中的电池称作吸附式电池。

4.2.2.2　压力释放阀

在充电末期,正极产生氧气,氧气离开电解液后通过胶体或玻璃纤维膜以及蓄电池内部空间扩散到达负极表面进行复合反应,从而避免了水的损失。由于电池电化学反应过程中,氧气的复合效率不能达到 100%,一般只能达到 99.9%以上。在充足电的情况下,由于电池的自放电,蓄电池内部会集聚过量的气体。如果蓄电池内部气体压力太高,将影响蓄电池的安全使用。为此,在电池盖上安装了一种单向控制阀也称作压力释放阀。压力释放阀具有自动开启和闭合功能,开阀压力一般在 10～19 kPa 之间,闭阀压力一般在 1～10 kPa 之间。蓄电池在正常运行期间,正极产生的氧气扩散到负极,与负极产生的氢气复合成水。蓄电池内外部的压力平衡,压力释放阀处于关闭状态,外界气体不能进入到电池内部。当蓄电池内部产生过量气体时,过量气体来不及复合成水,蓄电池内部压力升高,达到开阀压力,压力释放阀自动开启排出气体,因蓄电池内部压力很高,外界气体也不能进行蓄电池。当蓄电池内部压力达到闭阀压力,压力释放阀自动关闭。从而保证了蓄电池的安全使用。

4.2.2.3　密封阀控式铅酸蓄电池的失效方式

1. 干涸失效方式

蓄电池排出氢气、氧气、水蒸气、酸雾是电池失水的方式和干涸的原因。干涸造成电池失效是密封阀控式铅酸蓄电池所特有的。失水的原因主要有:

(1) 不适宜的循环条件,诸如连续大电流放电、深放电以及充电开始时的电流过小等;

(2) 小电流放电时蓄电池内部的活性物质利用率高、电解液液位过高、极板过薄等;

(3) 活性物质密度过低,装配压力过低。

2. 热失控的失效方式

电池使用维护不当,致使电池运行期间出现一种临界状态。此时电池的充电电流与温度会发生一种积累性的相互增强的作用。电池散热不佳,电池内阻下降,充电电流会升高。反过来电流的升高又使电池内部温度再升高,内阻进一步下降。如此反复形成恶性循环,直到热失控使电池壳体严重变形胀裂。

造成热失控的原因很多：

(1) 电池内部发生气体复合反应使电池温度升高，进而使浮充电流增加，析气量增加，复合反应加剧；

(2) 充电电压过高；

(3) 电池环境温度过高，电池内阻下降，浮充电流增加，电池温度进一步升高；

为杜绝热失控的发生，要采取相应的措施：

(1) 充电设备应有温度补偿功能或限流功能；

(2) 蓄电池要放置在通风良好的房间，排列不可过于紧密。

4.3 整流器

整流器又称整流电源，是将交流电变换为直流电的一种换流设备。依据整流技术原理不同一般分为线性稳压整流电源、相控整流电源和高频整流电源。在核电厂，目前实际应用最多的是相控整流电源和高频整流电源。

4.3.1 相控型整流电源

通过控制晶闸管触发角 α 的大小，也就是控制触发脉冲起始相位来控制整流电路输出电压大小的整流电源称作相控型整流电源。在核电厂，相控型整流电源一般采用三相全控桥式整流电路，主要由输入变压器、三相整流桥、输出滤波电路、整流器控制单元和报警单元等部分组成。

在实用电路中，三相桥式全控整流电路大多用于阻感性负载的供电。三相桥式全控整流电路如图 4-6 所示。

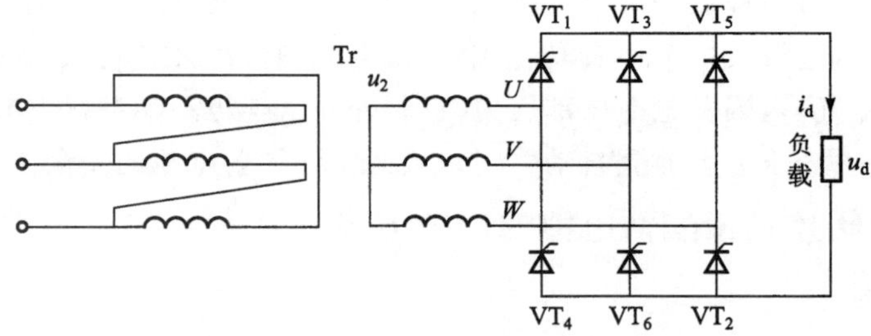

图 4-6 三相桥式全控整流电路图

如图 4-6 所示，VT_1、VT_2、VT_3为共阴极接线，VT_2、VT_4、VT_6为共阳极接线。Tr 为输入变压器，采用△/Y 接线方式。

交流电源经输入变压器变压、隔离，经过晶闸管组成的整流桥转换成直流脉动电压，再经过输出滤波电路滤波，将输出电压转换成稳定的直流输出电压。

三相全控整流桥的 6 只晶闸管中，3 只属于共阳极组，3 只属于共阴极组，在任何时候共阴极组和共阳极组各有一只晶闸管同时导通形成电流通路。共阴极组晶闸管 VT_1、VT_3、VT_5按相序依次触发导通，相位相差 120°，共阳极组晶闸管 VT_2、VT_4、VT_6按相序依次触发导通，相位相差 120°，同一相的晶闸管相位相差 180°，带阻感性负载时，每个晶闸管导通角为 90°。在一个周期内，晶闸管的导通顺序为 $VT_1 \rightarrow VT_2 \rightarrow VT_3 \rightarrow VT_4 \rightarrow VT_5 \rightarrow VT_6$。

整流桥开始工作时以及电流中断后，为保证同时导通的两个晶闸管均有脉冲，常用的脉冲触发有两种：一种是宽脉冲触发，要求触发脉冲的宽度大于 60°（一般为 80°～100°）；另一种是双窄脉冲触发，即触发一个晶闸管时，向前一序号的晶闸管补发脉冲；宽脉冲触发要求触发功率大，易使脉冲变压器饱和，一般多采用双窄脉冲触发。

相控型整流电源的稳压原理是通过采样得到的输出电压变化量，经过与基准电压值在误差放大器中比较放大之后，输出脉冲信号控制晶闸管的导通角。当输出电压下降，晶闸管的导通角增大，晶闸管的导通时间增加，输出电压上升。当输出电压上升，晶闸管的导通角减小，晶闸管的导通时间减小，输出电压下降。

4.3.2　高频开关整流电源

采用功率半导体器件作为开关元件，工作频率一般为数十 kHz 到数百 kHz。通过周期性通断开关元件调整输出电压的整流电源称为高频开关整流电源。

高频开关整流电源一般由交流滤波整流电路、DC/DC 变换和滤波输出电路、控制电路、检测电路和辅助电源等部分组成。

高频开关整流电源的基本构成如图 4-7 所示。

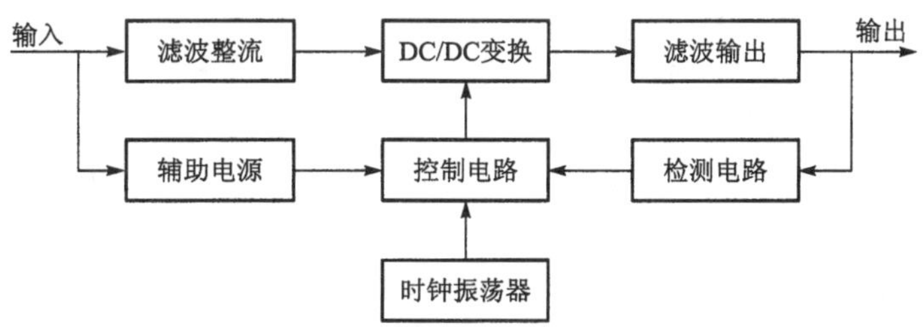

图 4-7　高频开关整流电源基本构成框图

输入滤波，电路包括低通滤波、浪涌电压抑制等，该电路滤除电网内的杂波，并阻碍本机产生的杂波反馈到输入电网。该电路是高频整流模块与交流电网的界面，也就是输入端口。

整流滤波，将滤波后的交流电源直接整流为较为平滑的直流电压，为 DC/DC 变换回路提供电源。

DC/DC 变换，该部分电路由功率变换和高频整流两部分组成。将交流电预整流后的直流电压变换为平滑的直流电压，它是高频开关电源的核心部分。

滤波输出，将 DC/DC 变换后的直流电压，经二次滤波获得满足负荷要求的更为平滑的直流电压。该电路是高频整流模块和负载的界面，也就是输出端口。

控制电路，通过检测回路从输出端取样、经与设定电路进行比较、放大并控制直流变换器，进而调节脉冲宽度或频率达到输出电压稳定的作用。同时根据检测数据，经保护电路鉴别，反馈给控制电路，由控制电路处理并对主电路实施保护作用。

检测电路，从输出电路采样，得到反映电源运行工况的信息数据，进而反馈给控制电路和保护电路，实施对主电路的控制或调节功能。

辅助电源，为开关电源提供可靠工作电源。

时钟振荡器,产生恒定频率的脉冲,作为时间比较的基准。

高频开关电源的输入电路是将工频电网交流电源直接引入,经低通滤波整流电路获得一个高纹波直流电源。低通滤波不仅可防止工频电网高频干扰进入整流电源,也起到限制高频电源本身产生的高频干扰信号,反窜进入工频电网,减少整流电源对交流电网的污染。同时电源装置为了提高和改善提高功率因数,一般在高频开关电源的主回路中,在预整流部件之后、DC/DC 变换器之前增设功率因数校正回路。功率因数校正电路可以减少 3、5、7 次电压、电流中的谐波,提高输出电压的稳压、稳流精度,降低纹波电压,进一步提供输出电压的质量。

4.3.3 运行方式

在核电厂,整流器一般分为初充电、均衡充电、浮充电三种运行方式。

初充电,一般指蓄电池注完电解液后的首次充电,充电电压设置较高,正常运行期间一般不再采用。

均衡充电,也称升压充电,是确保所有单体内的活性物质完全转换的进一步的充电。在蓄电池放电后进行均衡充电可以使蓄电池放电过程中产生的硫酸铅及时还原,蓄电池容量可以得到迅速恢复。在蓄电池正常运行期间进行均衡充电,能够减小蓄电池组中单体电池间的电压差距,起到拉平单体电池电压的作用,同时还原在浮充电期间产生的少量硫酸铅。一般 3 个月进行一次均衡充电。

浮充电,是整流器在正常运行时主要的运行方式。浮充电的作用主要就是为了补偿蓄电池自放电,维持蓄电池在满充状态。

不同的整流器厂家对充电方式设计有所不同,一般常用以下三种充电方式:恒流充电、恒压充电、恒压限流充电,下面对这三种充电方式逐一进行阐述。

4.3.3.1 恒流充电

恒流充电,一般在蓄电池初充电或深度放电后采用的充电方式。蓄电池以恒定的电流进行连续充电,充电初期,两极板上立即有硫酸析出,使极板微孔内的硫酸浓度增加很快,且来不及向外扩散,蓄电池的电势随之很快上升。为维持充电电流不变,蓄电池的外加电压迅速升高。充电中期,极板微孔内和外边的电解液,由于扩散渐趋平衡,电势增加缓慢。同时随着极板有效物质的恢复和硫酸浓度的增加,内阻逐渐减小,充电电压缓慢升高。

充电末期,正、负极板上的硫酸铅绝大部分都恢复成有效物质,参与还原反应的电流开始减少,减少的电流用于水的分解。水被电解后,正极板上析出氧气,负极板上析出氢气。氧气与氢气以气泡形式吸附在极板上,会使蓄电池内阻大大增加。此时充电电压继续升高。

如再继续充电,因极板上有效物质已全部还原,能量将全部用于水解。析出大量的氧气、氢气,电解液会出现沸腾现象,电压一般稳定在 2.6～2.7 V。当继续充电 1～3 h,蓄电池电压不再升高,判定此时充电完成。

蓄电池充电所需时间的长短与充电电流的大小有密切关系,充电电流大,所需充电时间短,充电电流小则所需时间长。充电的快慢叫做充电率。充电率可用充电电流的大小或充电的长短表示。铅酸蓄电池一般常用的充电率为 10 h 充电率。

通常蓄电池充电电流不宜过大,应小于或等于制造厂规定的最大允许充电电流值。如果充电电流过大,有效物质还未全部还原,电解液就开始沸腾。这不仅消耗大量电能而且易导致极板弯曲，有效物质脱落，影响蓄电池的使用寿命。同时，充电不彻底的蓄电池不仅达不到应有的容量，而且极板易于硫化。

恒流充电方式的不足是，开始充电阶段电流过小，在充电后期充电电流又过大。整个充电时间长，蓄电池析出气体多，对极板冲击大，能耗高。为了避免充电后期电流过大的缺点，一般恒流充电方式采用分段恒流充电，在充电后期把充电电流减小，使蓄电池的充电得以充分进行。

4.3.3.2　恒压充电

恒压充电是蓄电池组浮充运行时常用的充电方法，也是蓄电池在均衡充电使用的充电方法。在充电初期电流很大，随着充电进行，电流逐渐减小，在充电末期只有很小的电流通过，这样充电方式在充电过程中不必调整电流，方法比较简单。因为充电电流自动减小，所以充电过程中析气量小，充电时间短，能耗低。对于富液式铅酸蓄电池来说，恒压充电的充电电压一般按单体电压为 2.30～2.40 V 进行设定。

恒压充电的缺点是：

(1) 在充电初期，如果蓄电池放电深度过深，充电电流会很大，电池可能会因充电电流过大而受到损伤；

(2) 如果充电电压选择过低，后期充电电流又过小，充电时间过长；

(3) 蓄电池端电压的变化很难补偿，充电过程中对落后电池的完全充电也很难完成。恒压充电一般应用在电池组电压较低的场合。

4.3.3.3　恒压限流充电

恒压限流充电也常叫做限压限流充电或 IU 曲线充电，充电特性见图 4-8，是广泛采用的一种充电方法。在充电初期限制了充电电流，随着充电时间的推移，充电电压逐渐升高。升高到限定值时，充电电压保持恒定充电，充电电流逐渐减小。蓄电池的初充电、浮充电、均衡充电均适用恒压限流充电方式。对于蓄电池来说，使用更多频次是浮充电和均衡充电。特别是在蓄电池的容量试验后，要对蓄电池进行复充电。因蓄电池的容量试验为深度放电，放电后采用限压限流充电方式可限制充电初期的充电电流，防止过大的充电电流冲击极板使极板造成弯曲变形。在充电中、末期限制充电电压，可防止充电电压过高、析气过多使蓄电池内部电解液沸腾。除初充电外，一般不希望电解液出现沸腾现象。电解液沸腾可使极板上的活性物质脱落，对极板造成永久性损伤，进而影响蓄电池的使用寿命。

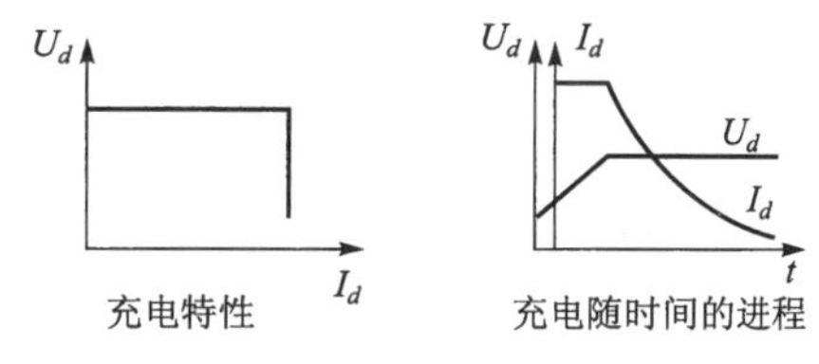

图 4-8　IU 充电特性图

U_d—充电电压限值；I_d—充电电流限值

限压限流充电一般采用两种方法：

(1) 在充电装置与蓄电池组之间串连一电阻，称为限流电阻。当电流大时，其上的压降也大，从而减小了充电电压。当电流小时，电阻上的压降也小，充电电压升高。这样就自动调整了充电电流，使之不超过某个限度，充电初期的电流得到控制。此方法充电，限压值和限流值的误差较大。

(2) 限压回路，通过设定基准值设定最大输出电压。限流回路，蓄电池的充电电缆穿过一个 CT，称为限流 CT。当蓄电池充电时，CT 检测电缆流过的电流，通过检测回路传输到控制板，数据在控制板与设定基准值比较，通过变化量调整充电装置的输出电压。此方法充电，限压值和限流值的精度较高。

4.4 直流系统的绝缘监测装置

直流母线通常采用两线制、不接地系统的接线方式。直流负荷主要为控制回路、保护回路、信号回路以及阀门动力电源等，因负荷涉及面广，易发生绝缘破坏而造成直流系统接地。当直流系统发生一点接地时，由于没有短路电流流过，不会造成任何危害，系统仍可以继续运行。如果在未排除一点接地故障之前直流负荷中又发生另一极接地故障，出现两点接地故障。两点接地可能造成直流负荷开关跳闸、熔断器熔断、烧坏继电器触点、保护拒动或保护误动进而导致故障范围扩大。

为保证直流系统的完好性，避免上述故障情况的发生，直流系统中通常装设绝缘监测装置。在直流母线发生一点接地后发送报警信号，以便维修人员及时查找接地点，尽快消除故障。

直流母线的绝缘监测按用途划分一般分为两部分：母线绝缘监测和支路监测。

4.4.1 母线绝缘监测

母线绝缘监测一般采用三种方法：平衡电桥检测法、不平衡电桥检测法和低频交流检测法。

1. 平衡电桥检测法

平衡电桥法在绝缘监测装置内部预置 2 个阻值相同的对地分压电阻 R_1、R_2，通过它们测得母线对地电压 V_1、V_2，原理见图 4-9。

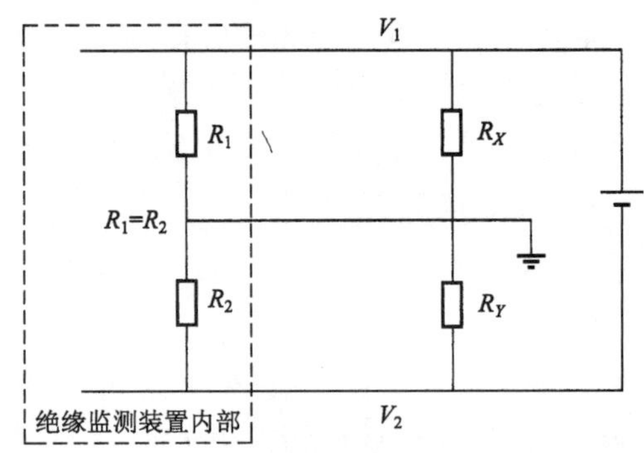

图 4-9 平衡电桥检测原理框图

当系统无接地时，当 $R_X = R_Y = \infty$。此时，$V_1 = V_2$。

当系统单端接地时，假设负极接地，则 $R_Y = 0$，则方程(4-3)成立：

$$\frac{V_1}{R_1//R_X} = \frac{V_2}{R_2} \tag{4-3}$$

求解此方程式可得单端接地电阻 R_X。

采用同样方法可以求解单端接地电阻 R_Y。

当系统出现双端接地时，方程(4-4)成立：

$$\frac{V_1}{R_1//R_X} = \frac{V_2}{R_2//R_Y} \tag{4-4}$$

此方程不能直接求解，处理方法是将 R_X、R_Y 中较大的一个视为无穷大，按单端接地的情况求解，所求得的接地电阻值大于实际值。R_X、R_Y 的实际值越接近，则测量误差越大，达到 $R_X = R_Y$ 时，测量误差∞。

特点：平衡电桥法的优点是平衡电桥法属于静态测量，直流母线对地电容的大小不影响测量精度。由于不受接地电容的影响，检测速度快。缺点是双端接地时，测量误差大，不能检测平衡接地。

2. 不平衡电桥检测法

不平衡电桥检测法是绝缘监测装置内部两个阻值相等的对地电阻经电子开关 K_1、K_2 按照一定的合、断顺序接地，计算接地电阻值，原理见图 4-10。

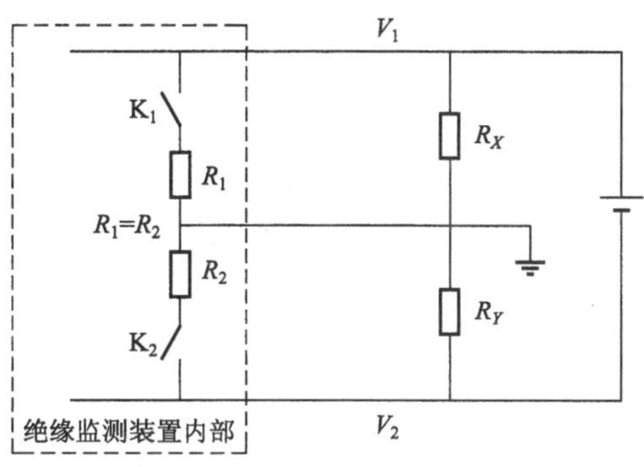

图 4-10　不平衡电桥检测原理图

计算方法如下：K_1 闭合，K_2 断开，测得 V_1、V_2，此时得方程(4-5)

$$\frac{V_1}{R_1//R_X}=\frac{V_2}{R_Y} \tag{4-5}$$

K_1 断开，K_2 闭合，再次测得 V_1、V_2，此时得方程(4-6)

$$\frac{V_1}{R_X}=\frac{V_2}{R_2//R_Y} \tag{4-6}$$

解联立方程就可求得 R_X、R_Y，即为正负母线接地电阻。

特点：不平衡电桥法的优点是任何接地方式都能准确检测。缺点是在测量过程中，需要正、负母线分别对地投电阻，因此母线对接地电压是变化的。为了获得准确的测量结果，每次投入电阻后需要延时，待母线对地电压稳定后，再测量，因此检测速度比平衡电桥法慢。另外，接地电容也影响不平衡电桥法的测量精度。

3. 低频交流检测法

低频交流检测法是通过装置向直流母线注入低频交流信号，装置内部检测低频电流或电压大小，来判别直流母线的接地电阻，原理见图 4-11。

正常工作时，交流电经装置的整流/稳压输出为低频信号。低频信号叠加在直流母线负极上，如果某路直流负荷发生单相接地，低频信号对地形成通路。回路中流过低频电流，装置内部的检测电阻 R 上产生一低频电压，通过装置内部电路转换为直流母线的接地电阻。

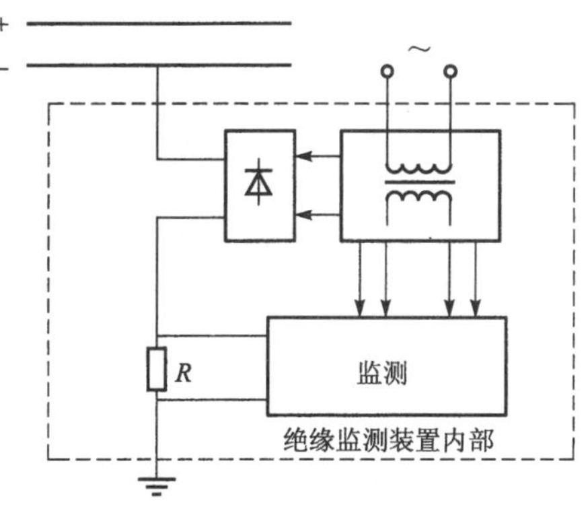

图 4-11　低频交流检测原理图

特点：低频交流检测法的优点是与支路监测装置配套使用，整体造价较低。缺点是接地电容影响测量精度。另外，低频交流检测法不能识别接地母线的极性。当双端接地时，测量值误差大。

4.4.2　支路监测

支路监测一般采用两种方法，一种方法是低频交流检测，另一种方法是直流漏电流检测。

1. 低频交流检测

一般支路监测装置与母线绝缘监测装置配套使用。母线绝缘监测装置在检测母线绝缘的同时，也作为支路绝缘检测的低频源，低频源侧设有一个接地点，每个负荷支路的正负两根线同时穿过低频交流检测 CT。当支路绝缘完好时，低频信号无通路，低频交流检测 CT 中无低频电流流过。当某支路发生接地时，低频源通过支路接地点到低频源接地点构成通路，该支路的低频交流检测 CT 便可检测到低频不平衡电流即漏电流，然后再通过数据传输线将检测信号送至主机做响应处理。图 4-12 为交流法支路检测原理图。

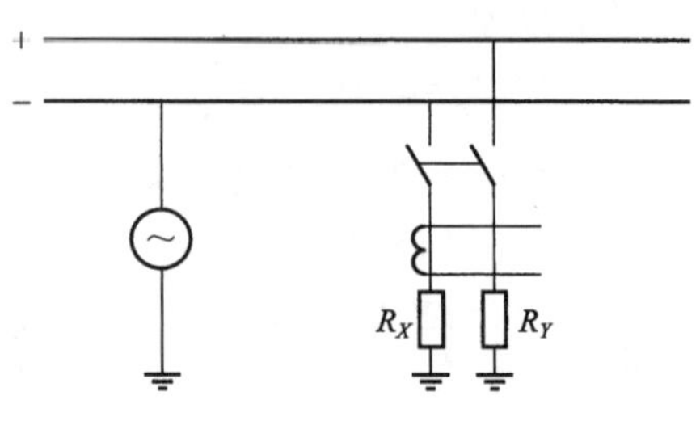

图 4-12　交流法支路检测原理图

该方式，CT 结构简单、成本较低。同低频交流检测法的母线绝缘监测装置一样，检测精度受接地电容影响，不能识别母线接地极性，双端接地情况时误差较大。

2. 直流漏电流检测

无须向母线注入信号，支路漏电流检测采用直流有源 CT，每个负荷支路的正负两根线同时穿过直流 CT，直流 CT 内含 CPU，能将被检信号直接在 CT 内部转换为数字信号。当支路绝缘完好时，流过直流 CT 的直流负荷电流大小相等、方向相反，直流 CT 检测的直流电流为 0。当某支路发生接地时，直流电流通过支路接地点到平衡桥或不平衡的接地点构成通路。此时流过该直流 CT 的直流电流除负荷电流外，还有接地故障产生的不平衡电流即漏电流。直流 CT 将直流漏电流变换为 0～5 V 或 4～20 mA 的电信号，由直流 CT 内置 CPU 发送至绝缘监测仪主机报警该支路故障。

该方式，直流 CT 成本较高，环境温度和工作电压的波动影响测量精度。但支路检测抗干扰能力强，受接地电容的影响小，能识别接地母线的极性，能测量双端接地。

4.5 交流不停电电源系统

现代仪器仪表和控制系统易受到交流电源系统扰动的影响，使它们经常受到停机、失效或敏感设备损坏的威胁。使用电压调节装置和隔离变压器只能部分的解决电源扰动问题，对于要求采用不间断供电的使用场合，这些装置是不起作用的。

由于核电厂安全运行的重要性，重要仪表、重要阀门和控制负荷都由 UPS 系统供电，UPS 系统能连续稳定供电，并使电源扰动和变化的影响降到最低限度。在交流电源出现扰动或断电情况下，UPS 系统通过带有蓄电池的直流电源给重要负荷连续供电。

4.5.1 UPS 规格的确定

UPS 系统必须为核电厂的重要负荷提供经过稳压和滤波、可靠的不间断电源。为此目的，UPS 系统设计成能在交流电源故障期间继续供电，并且在供电电压和频率变化超过负荷的允许范围时进行调节。正确选定的 UPS 系统应能在供电系统遇到最严重的扰动时给负荷连续供电。确定 UPS 系统规格应考虑下列负荷数据：

总的稳态电流、负荷功率因数、持续的或短期的负荷、负荷的启动冲击电流的要求、负荷为单相负荷还是三相负荷以及负荷的线性度等等。因为非线性负荷的谐波含量可引起逆变装置输出电压波形的失真，所以在选择时应考虑这种负荷的影响。

通常，根据负荷来确定 UPS 系统的规格(一般指给定功率因数情况下的额定千伏安)。

确定 UPS 系统规格时需要考虑的一个重要因素是系统将要承受的启动电流。因为 UPS 的过载能力小，通常情况下，要求 UPS 能提供启动冲击电流或短路电流并据此确定它的规格是不现实也是不经济的。运用转换开关(一般也称静态开关)将瞬时负荷转换到旁路电源可以对不具有大电流冲击能力的 UPS 进行补偿。UPS 系统还应考虑选用故障消除装置来补偿，将负荷分成若干支路，每个支路采用快速保护装置进行保护，从而使排除故障所用的时间最短，系统的扰动降到最低程度。

4.5.2　UPS 系统的典型配置方式

1. 整流与充电兼用装置的单一式 UPS

整流与充电兼用装置的单一式 UPS 是最简单的配置方式，其中包括一个整流/充电装置、一个逆变装置和一个蓄电池组。如图 4-13 所示。

逆变装置既可以由交流电源通过整流/充电装置供电，也可以由蓄电池组供电。当交流电源故障时，蓄电池组放电，为逆变装置供电，以保持负荷的连续供电。蓄电池组的容量决定了该 UPS 系统在交流电源输入故障的情况下的最长运行时间。

这种 UPS 配置方式，主要优点是结构简单，价格较低。只要 UPS 在其技术规范规定范围内连续运行，就能向负荷提供连续供电，交流电源的扰动不会对负荷供电产生影响。主要缺点是逆变装置故障将导致重要负荷断电。

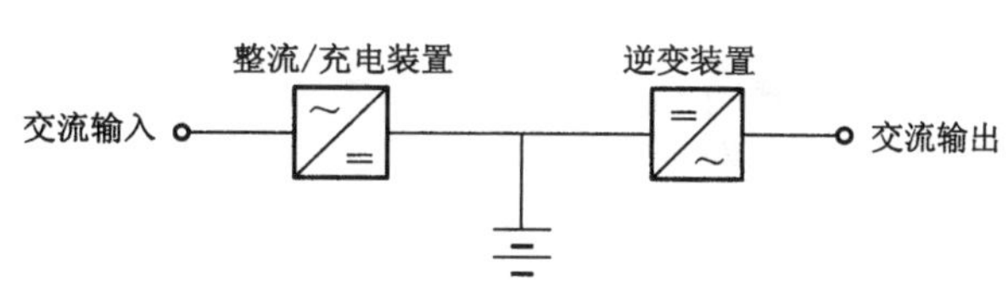

图 4-13　整流与充电兼用装置的单一式 UPS

2. 整流与充电装置分开的单一式 UPS

整流与充电装置分开的单一式 UPS 采用独立的整流装置和蓄电池充电装置。如图 4-14 所示。

正常运行情况下，整流装置为逆变装置提供供电，充电装置为蓄电池浮充电并使蓄电池保持在满充电状态。为了防止整流装置给蓄电池充电，整流装置输出与蓄电池之间接一个阻塞二极管。当整流装置或其交流电源故障情况下，充电装置及蓄电池或蓄电池组(充电装置或其交流电源故障情况下)通过阻塞二极管向逆变装置供电，以保证 UPS 负荷的不间断供电。

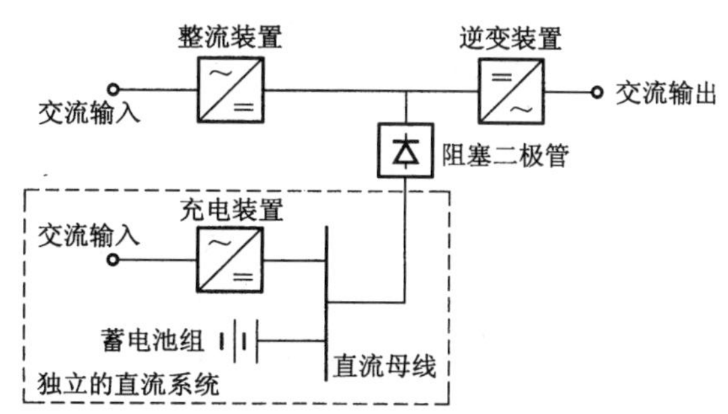

图 4-14　整流与充电装置分开的单一式 UPS

这种 UPS 配置方式，为逆变装置供电的直流电源更加可靠，要求备用直流电源的蓄电池组有足够的设计容量，可以同时满足逆变装置和其他直流负荷在设计事故工况下放电要求。UPS 退出运行对其他直流负荷无影响。主要缺点是逆变装置故障将导致重要负荷断电。

3. 有替代电源和静止式转换开关(静态开关)的单一式 UPS

为保证负荷的连续供电,UPS 回路设置一个替代电源和一个静态开关。如图 4-15 所示。替代电源一般采用可靠电源,以满足 UPS 负荷的连续可靠供电。

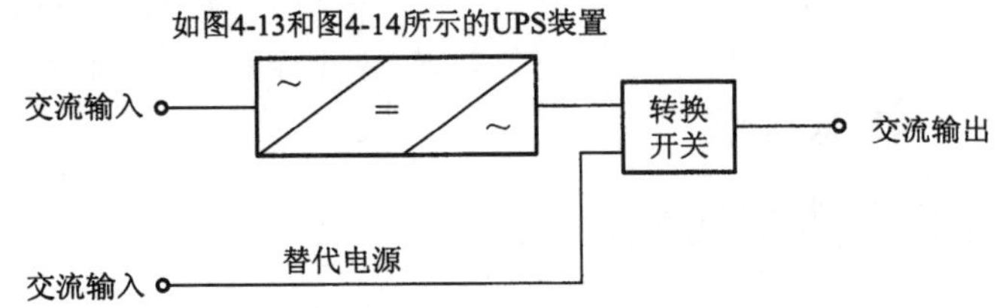

图 4-15 有替代电源和静止式转换开关(静态开关)的单一式 UPS

这种 UPS 配置方式,可以采用两种方式运行:

(1) 连续运行,在连续运行方式中,UPS 通过静态开关直接为负荷供电。在 UPS 故障或出现瞬态负荷电流(如启动冲击电流或故障电流)情况下,负荷通过静态开关自动转换到替代电源供电,当瞬态负荷电流消失,负荷再通过静态开关自动转至 UPS 供电。

(2) 备用运行,在备用运行方式中,替代电源通过静态开关向负荷供电。由于配置了替代可靠电源,提高了 UPS 系统抗启动电流冲击的能力。另外,这种 UPS 配置为负荷供电方式也更加灵活,即使 UPS 故障,负荷仍可以连续供电,增加了负荷供电的可靠性。

4. 冗余备用式 UPS

冗余备用式配置方式采用两套单一式 UPS 和一个静态开关,两台 UPS 一般分为主路 UPS 和旁路 UPS,正常运行时由主路 UPS 通过静态开关为负荷供电,当主路 UPS 故障时,由旁路 UPS 通过静态开关为负荷连续供电。如图 4-16 所示。

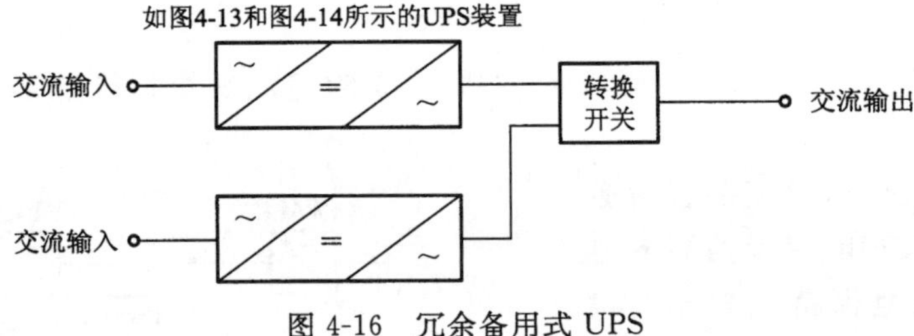

图 4-16 冗余备用式 UPS

这种 UPS 的配置方式具有单一式 UPS 的运行能力,增加了负荷供电的可靠性。但抗瞬态冲击电流的能力较差,一般设计负荷为重要控制电源和重要仪表电源。

5. 带旁路(维修)电源的 UPS

这种 UPS 配置方式适用于需要进行定期维护和试验的 UPS 系统。当需要将正常的逆变装置带负荷运行方式转换到旁路电源带负荷时,首先通过静态开关将 UPS 系统转换至旁路运行,再通过转换开关(一般是手动的)转换到旁路电源带负荷。通常,UPS 所带负荷是不允许停电的,该转换开关选用先合后断型,这样,UPS 在定期维护和试验期间不会对负荷供电产生影响。如图 4-17 所示。

UPS 作为电子元件组成设备,为保证 UPS 的不间断供电,进行定期检查维护和试验是必要的,配置静态开关和先合后断的转换开关既可避免在 UPS 和旁路电源的切换期间负荷

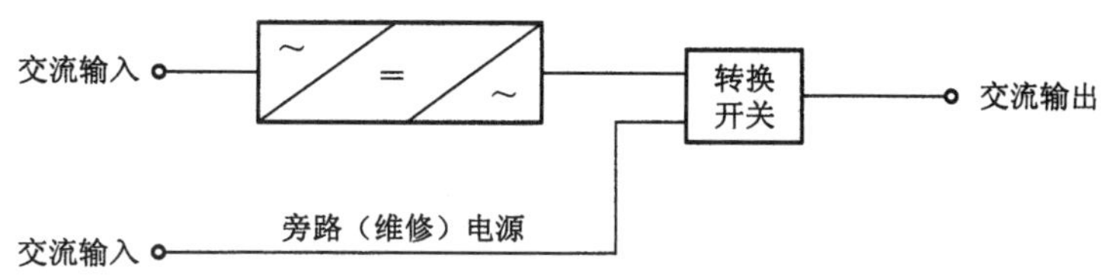

图 4-17　有旁路(维修)电源和转换开关的 UPS

供电不间断，又可以使 UPS 在负荷不停电的情况下确保 UPS 停机后进行无电检修工作。

6. 无独立整流装置的 UPS

这种 UPS 配置一般以逆变装置的形式存在，设置替代或维修旁路电源，考虑到维修和试验方便一般配有静态开关和转换开关。无独立整流装置，无独立的蓄电池组，直流电源取自直流母线，直流母线上配置充电装置和蓄电池，直流母线为逆变装置和其他直流负荷提供直流电源。如图 4-18 所示。

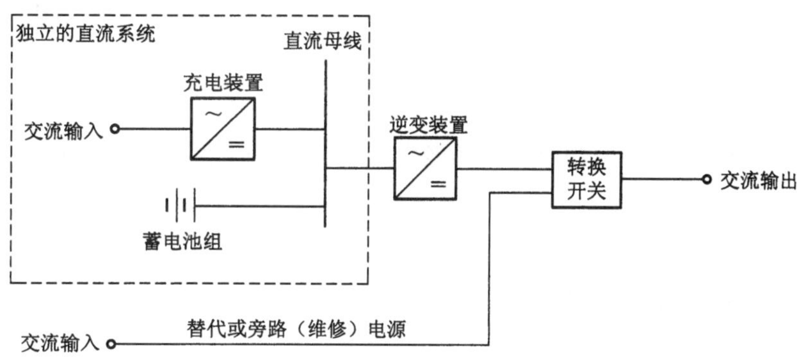

图 4-18　无独立整流装置的 UPS

由于与直流母线共用整流/充电装置和蓄电池组，这种 UPS 的配置方式投资较少，但整流/充电装置和蓄电池组的性能直接影响逆变装置和其他直流负荷供电的可靠性。

4.5.3　UPS 的输出要求

UPS 应该在其额定值范围内满足任意加载而正常输出的要求，并不损害其使用寿命，对 UPS 或其部件也无任何有害影响。

1. 容量

对所有正常稳态负荷，UPS 输出的有功功率和无功功率的额定值应不小于其总需求量的 125%。对于某一负荷，可能出现最大的有功功率需求。而对于另一种不同负荷，可能出现最大的无功功率需求。UPS 的容量中留有的 25% 裕度是为了在最大负荷计算中留有余量。

2. 电压

当交流和直流输入电压在规定的范围内，在所有的正常稳态负荷情况下，UPS 输出电压的波动值应保持在其额定值的 2% 范围以内。

对于带平衡负荷的三相 UPS，电压不平衡系数不超过 ±2% 范围，对于 100% 的不平衡负荷，电压不平衡系数不应超过±5%。

3. 频率

当交流和直流输入电压在正常范围内，UPS 的输出的频率应保持在 50±1%Hz 以内。当与替代(或旁路)电源同步时，频率变化率(转换速率)不应大于 1 Hz/s。

4. 接地

UPS 系统的外壳接地，UPS 输出的中性线接地。

5. 输出电压波形

UPS 的输出电压为正弦波，其单个谐波分量不大于输入电压的 3%(均方根值)，总的谐波失真不大于基频分量幅值的 5%。

6. 瞬态

在总负荷不超过 UPS 的额定功率和综合功率因数为 0.8(滞后)的情况下，从零到满负荷范围内任意增量分批加载或卸载，输出电压应保持在容许的电压偏差范围内。

7. 短路

当交流和直流电源输入正常情况下，UPS 输出的负荷回路发生短路时，逆变装置至少应具有在 10 s 内承受 150%的额定电流的能力，以便 UPS 输出到交流配电盘上的保护装置动作。

8. 运行和中断时间

UPS 应具有连续运行的能力，且保持负荷供电不间断。在 UPS 配置静态开关的情况下，当逆变装置正常运行时发生故障或过载时，静态开关应将负荷从该逆变装置转换至替代(或旁路)交流电源，中断时间不超过 5 ms。

9. 过载性能

在额定交流和直流输入电压情况下，逆变装置在 125%的额定电流的情况下应能运行 1 h，输出电压调整率为±5%。

10. 同步

在有替代或维修旁路电源的系统中，只要这些电源是在±1%频带宽度内，逆变装置应可以和该电源的频率保持同步进行。

4.5.4 逆变装置

在 UPS 系统中，逆变装置是核心部件，实现直流—交流的转换。在逆变电路中，开关器件在承受正电压时关断。最初的逆变电路以晶闸管作为开关器件，由于晶闸管触发导通后，门极失去控制作用。此时必须强迫换流以关断晶闸管：一般采用在阳极—阴极间施加一定的反向电压。但强迫换流回路增加了控制电路的复杂性，使逆变装置体积庞大。现在，逆变装置已很少使用晶闸管作为开关器件。一般采用全控型自关断电力电子器件，如 GTO、BJT、IGBT、MOSFET 等等。

目前，在逆变装置中，脉宽调制(Pulse Width Modulation，PWM)控制技术应用最为广泛，使用开关器件一般是 IGBT(绝缘栅双极晶体管)。脉宽调制就是靠改变触发脉冲宽度来控制输出电压。触发脉冲的宽度按正弦规律变化，输出电压波形也按正弦规律变化，叫做正弦脉宽调制(Sinusoidal Pulse Width Modulation，SPWM)。正弦脉宽调制的控制方式是对逆变装置开关器件的通、断进行控制，使输出端得到一系列幅值相等而宽度不等地脉冲，用这些脉冲来替代正弦波所需要的波形。目前普遍采用调制法得到触发脉冲，即把正弦波作为调制信号，把接受调制的信号作为载波，通过对载波的调制得到所期望的 PWM 波形。通常用等腰三角波作为载波，因为等腰三角波上下宽度与高度成线形关系，且左右对称，当它与任何一个平缓变化的调制信号波相交时，在交点时刻控制电路中开关器件的通、断，就可以得到宽度正比于信号波幅值的脉冲，逆变装置输出电压波形也按正弦规律变化。按一定的规则对各脉冲的宽度进行调制，可改变逆变装置输出电压的大小。

复习题

1. 简述直流系统在核电厂中的作用。
2. 直流系统一般分为几种电压等级？确定用电设备额定电压的一般原则是什么？
3. 直流系统一般由哪几部分组成？
4. 富液式铅酸蓄电池的基本结构是什么？
5. 简述铅酸蓄电池的化学反应原理。
6. 蓄电池在运行期间，影响其寿命的因素有哪些？
7. 简述造成密封阀控铅酸蓄电池热失控的原因。
8. 什么叫相控型整流电源？其主要组成有哪些？什么叫高频整流电源？其主要组成有哪些？
9. 简述整流器的基本运行方式。
10. 蓄电池充电一般采用恒压限流的充电方式，请简述恒压限流充电方式的特点。
11. 直流系统接地有什么危害？
12. 为什么核电厂的重要设备采用 UPS 系统供电？

第 5 章　变压器

煤炭、石油、风能、天然气和核能等一次能源转换成电力后，需要输送到用电负荷中心。一般情况下，能源基地和用电负荷中心会有一定的距离，为了经济地实现远距离输电，必须将发电机电压提高到输送电压。而在电力用户处，又需将输送电压降低到用户使用的电压，完成升高和降低电压的设备是变压器。它是电力系统中最关键的设备之一。油浸变压器作为核电厂常规岛主设备之一，被列为重大关键设备，其运行性能直接影响电厂的安全运行和经济指标。

5.1　变压器的工作原理

变压器是将电能转换为磁能，再将磁能转换成电能，根据电磁感应原理制造出来的电气设备，因此，变压器应有能高效利用电磁感应的铁芯和绕组。变压器的主要部分是铁芯、绕组、绝缘、外壳和必要的组件等。由于容量和电压的不同，变压器的部件结构形式可以是不一样的。变压器铁芯内的磁通随时间的不断变化，因此也变换不同的电压，在不同匝数的绕组内感应出不同的电压，也可以在一个绕组内通过引出抽头而得到不同的匝数。

5.1.1　理想变压器

针对理想化的变压器，首先假定变压器一次、二次绕组的阻抗为零，铁芯无损耗，铁芯磁导率很高。理想变压器的工作原理按空载和负荷两种状态分别介绍。

图 5-1 为变压器的工作原理图，在空载状态下，一次绕组接通电源，在交流电压 $\dot{U}_1$ 的作用下，一次绕组产生励磁电流 i_μ，励磁磁动势 $i_\mu N_1$，该磁动势在铁芯中建立了交变磁通 Φ_0 和磁通密度 B_0（$B_0=\Phi_0/S_C$，S_C 是铁芯的有效截面积）。根据电磁感应原理，铁芯中的交变磁通 Φ_0 在一次绕组两端产生自感电动势 $\dot{E}_1$，在二次绕组两端产生互感电动势 $\dot{E}_2$。

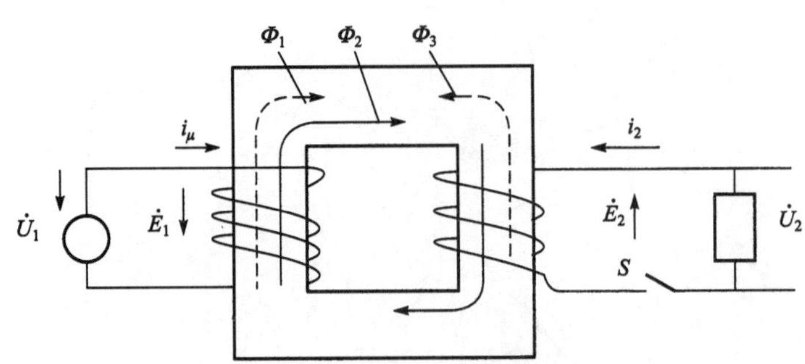

图 5-1　变压器的工作原理图

$$E_1=4.44fN_1B_0S_C \tag{5-1}$$

$$E_2=4.44fN_2B_0S_C \tag{5-2}$$

式中：

f——频率；

N_1——变压器一次绕组的匝数；

N_2——变压器二次绕组的匝数；

B_0——铁芯的磁通密度；

S_C——铁芯的有效截面积。

在理想变压器中，一次、二次绕组的阻抗为零，有

$$U_1=E_1;U_2=E_2$$

得到：

$$U_1/U_2=N_1/N_2 \tag{5-3}$$

从式(5-3)可见，改变一次绕组与二次绕组的匝数比，可以改变一次侧与二次侧的电压比，这就是变压器的工作原理。

假设将图 5-1 中的开关接通，变压器开始向二次负载供电，二次回路产生负载电流 I_2，反磁动势 N_2I_2，反磁通 Φ_2，此时，一次回路同时产生一个新的电流 I_{1L}，新的磁动势 N_1I_{1L}，新的磁通 Φ_1，与 N_2I_2、Φ_2 相平衡。此时有：

$$\Phi_1+\Phi_2=0;\ N_1I_{1L}+N_2I_2=0$$

由此得到：

$$I_{1L}=-N_2I_2/N_1 \tag{5-4}$$

5.1.2　实际变压器

实际工作的变压器，一次、二次绕组有电阻和漏抗，铁芯有损耗，漏磁通不与一次和二次绕组全部铰链。假设一次、二次绕组的阻抗为 Z_1、Z_2，则相应的阻抗压降为：

$$\Delta\dot{U}_1=i_1Z_1 \qquad \Delta\dot{U}_2=i_2Z_2$$

$\Delta\dot{U}_1$ 使一次绕组感应电压降低，$\dot{E}_1=\dot{U}_1-\Delta\dot{U}_1=\dot{U}_1-i_1Z_1$；$\Delta\dot{U}_2$ 使二次绕组负载电压降低，$\dot{U}_2=\dot{E}_2-\Delta\dot{U}_2=\dot{E}_2-i_2Z_2$；导致匝数比不等于一次侧与二次侧的电压比，而等于感应电动势比：

$$E_1/E_2=N_1/N_2=K \tag{5-5}$$

式中：

K——变压器的电压比。

变压器正常工作时铁芯要产生空载损耗 P_0，铁芯损耗的能量由电源侧供给，其影响相当于在理想变压器的一次侧并联一个铁芯损耗等效电阻 r_m，在一次回路中引入一个铁损电流 i_{Fe}和励磁电流 i_μ 合成为空载电流 i_0。空载电流 i_0 与一次电流负载分量 i_{1L}合成为一次电流 i_1。

实际变压器一次、二次绕组所产生的磁通，并没有全部通过主磁路铁芯，也没有全部与一次和二次绕组铰链，这部分磁通经过非铁磁物质闭合，称为漏磁通 Φ_δ，漏磁链与产生该漏磁通的电流 I 之比称为漏感 L_δ。

$$L_\delta = N\Phi_\delta / I \tag{5-6}$$

因此，漏磁通的影响相当于在理想变压器的一次、二次回路中引入漏电感 $L_{\delta 1}$、$L_{\delta 2}$，乘以角频率 $\omega = 2\pi f$ 后得到相应的漏电抗 $X_{\delta 1}$、$X_{\delta 2}$。

将电压、电流和阻抗均用复数表示时，变压器在负载条件下的一次、二次电动势平衡方程可以写为：

$$\dot{U}_1 = -\dot{E}_1 + i_1 Z_1 \tag{5-7}$$

$$\dot{U}_2 = \dot{E}_2 - i_2 Z_2 \tag{5-8}$$

式中：

Z_1——变压器一次侧的漏阻抗 $Z_1 = r_1 + j\,X_{\delta 1}$；

Z_2——变压器二次侧的漏阻抗 $Z_2 = r_2 + j\,X_{\delta 2}$。

5.1.3 变压器的阻抗参数

假定变压器空载试验测得了变压器的一次电压 U_1、空载电流 I_0 和空载损耗 P_0，则由于变压器一次侧的漏阻抗与铁芯的励磁阻抗相比小到可以忽略不计，因此，变压器励磁阻抗可以用下式计算：

$$Z_m = \frac{U_1}{I_0};\ r_m = \frac{P_0}{I_0^2}$$

$$X_m = \sqrt{Z_m^2 - r_m^2} \tag{5-9}$$

假定变压器短路试验测得了变压器的一次电压 U_1、短路电流 I_K 和短路损耗 P_K，则变压器的短路阻抗可以用下式计算：

$$Z_k = \frac{U_1}{I_K};\quad r_k = \frac{P_K}{I_K^2}$$

$$X_k = \sqrt{Z_K^2 - r_K^2} \tag{5-10}$$

式中，$r_k = r_1 + r_2$，$X_k = X_{\delta 1} + X_{\delta 2}$，且

变压器短路阻抗 u_k 有如下公式：

$$u_k = \frac{I_{1N\Phi} Z_{K75\,℃}}{U_{1N\Phi}} \times 100(\%);$$

$$u_{kr} = \frac{I_{1N\Phi} r_{K75\,℃}}{U_{1N\Phi}} \times 100(\%)\ ;\qquad u_{kx} = \frac{I_{1N\Phi} x_K}{U_{1N\Phi}} \times 100(\%);$$

$$u_k = \sqrt{u_{k\gamma}^2 + u_{kx}^2}(\%) \tag{5-11}$$

式中：

$I_{1N\Phi}$——变压器一次侧额定相电流；

$U_{1N\Phi}$——变压器一次侧额定相电压；

u_{kr}——变压器短路阻抗的电阻分量；

u_{kx}——变压器短路阻抗的电抗分量。

5.1.4 变压器的效率

在变压器将一种电压的电能转变为另一种电压的电能的转换过程中，产生了损耗，致使输出功率小于输入功率。输出功率与输入功率之比，称为效率，定义式如下：

$$\eta=\frac{P_2}{P_1}\times100\% \tag{5-12}$$

式中：

P_1——变压器的输入功率；

P_2——变压器的输出功率。

P_1 与 P_2 之间有如下关系：

$$P_1=P_2+P_{Fe}+P_{Cu} \tag{5-13}$$

式中：

P_{Fe}、P_{Cu}——变压器的总铁损和总铜损。

在式(5-13)中，$P_2=\sqrt{3}U_2I_2\cos\phi_2$，因此，变压器的效率与负载情况(负载阻抗 Z_L、功率因数 $\cos\phi_2$)有关，也与变压器本身的损耗有关。由于变压器铁损与变压器铁芯材料品质及铁芯饱和程度有关，而与负载情况关系不大，因此，近似认为变压器工作电压不变时，铁损也不变；变压器的铜损与负载电流密切相关，与负载率的二次方成正比。因此，变压器的效率是随负载情况变化的量。

为了使总的经济效益良好，变压器平均效益较高，通常变压器的最大效率发生在负载率为 50%～60%，变压器的铜损与铁损比在 3～4 的情况下。变压器的风机和油泵等也要产生损耗，但是变压器效率的公式中未包含此因素。通常将风机和油泵的损耗与变压器效率分开表述。

5.2　变压器的结构

5.2.1　结构部件的名称和作用

电力变压器是指具有两个或多个绕组的静止设备，为了传输电能，在同一频率下，通过电磁感应将一个系统的交流电压和电流转换成另一个系统的交流电压和电流。通常这些电压和电流的值是不同的。电力变压器的主要结构部件是由铁芯、绕组、绝缘、外壳和附件等组成。三相油浸式电力变压器外形结构，如图 5-2 所示。

5.2.1.1　铁芯

铁芯是由硅钢片叠加并由硅钢带绕制而成。它有两个作用：一是在原边线圈交流电流的作用下形成工频交变磁通 Φ；二是通过铁芯中的交变磁通感生出副边线圈中的电动势，形成低压电源。铁芯是完成电能—磁能—电能转换的主体，硅钢片具有高的磁导率，它的最主要性能是单位质量的损耗和材料的磁导率。冷轧晶粒取向磁性硅钢片的损耗较之过去的热轧磁性硅钢片的损耗有很大的降低，因此，目前在变压器制造企业，在生产电力变压器时使用不同牌号的晶粒取向硅钢片作为铁芯材料。只有在配电变压器生产中，为了降低空载损耗，使用非晶合金作为铁芯的导磁材料。

5.2.1.2　绕组(线圈)

绕组是变压器变换电压的基本部件，绕组由不同的匝数组成，由于不同绕组的每匝电压是一样的，因此，需要使绕组有不同的匝数，来得到不同的电压。绕组一般用绝缘扁铜线或圆铜线在绕线模上绕制而成。包含一次、二次两组。一次绕组是将原边电能引进变压器中

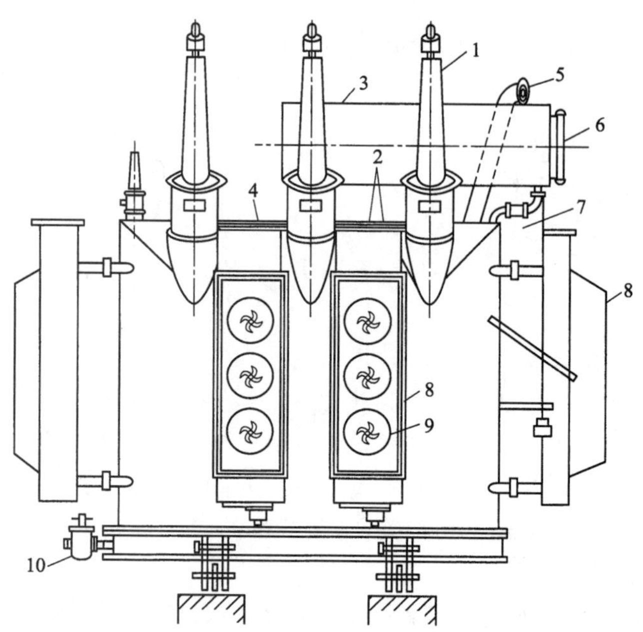

图 5-2 三相油浸式电力变压器外形结构图

1—高压出线；2—低压出线；3—油枕；4—油箱；5—防爆筒；6—油位指示器；7—瓦斯继电器；8—散热器；9—风扇；10—放油阀

一部分完成励磁过程，另一部分填补二次绕组中的电能，二次绕组是将磁能转换成电能并传送出去。绕组通常是依照一定的电气回路连接方法（D—角接或 Y—星接）连接成的。

5.2.1.3 绝缘

变压器器身绝缘及引线绝缘主要包括：绝缘材料（液体绝缘变压器油、气体绝缘 SF_6 气体、固体绝缘纸和纸板等）及绝缘特性；变压器绝缘水平（绕组和引出线的绝缘水平，套管对地和套管之间的空气间隙）；变压器内外的典型电场和典型绝缘结构（变压器内部油、纸、纸板和纸板层压件等复合绝缘结构）；变压器的主绝缘（绕组之间、绕组对油箱、绕组对铁芯柱和异相绕组之间的绝缘结构）；变压器的纵绝缘（工频电压、雷电冲击电压、操作冲击电压在变压器绕组上的分布）；变压器的局部放电（变压器和其他高压电器内部绝缘，由于各种原因造成在一定的外施电压下，器身内部发生局部的和重复的击穿和熄灭现象的短时绝缘强度）；变压器工频感应和外施耐压试验时的绝缘特性；变压器中其他典型结构的电场（变压器的端绝缘、引线绝缘）；变压器绝缘表面的沿面放电及快速瞬态过电压对变压器绝缘的影响。变压器的绝缘设计是以满足变压器能够长期安全稳定运行为主要目标。

5.2.1.4 外壳（油箱）

油浸式变压器的油箱是保护变压器器身的外壳和盛油的容器，又是装配变压器外部结构件的骨架，同时通过变压器油将器身损耗所产生的热量以对流和辐射方式散至大气中。油箱装有绝缘和冷却用的变压器油，用钢板加工制成，要求机械强度高，变形小，焊接处无渗漏。要求油箱，一是承受变压器器身和油的重量以及总体的起吊重量；二是承载变压器所有附件（如套管、油枕、散热器或冷却器等）；三是在运输中承受冲击加速度的作用和运行条件下地震力或风力载荷的作用；四是针对大型变压器器身在油箱内要真空注油，或在安装现场修理时，要利用油箱对器身进行干燥处理，都要求油箱能承受抽真空时大气压力的作用；五是除承受内部油压的作用外，还要保证在变压器内部事故时油箱不得爆裂。

5.2.1.5 附件

（1）套管和引线

一次、二次绕组与外部线路的连接部件。既可固定引线，又起引线对地的绝缘作用。

（2）分接开关

连接和切断变压器绕组分接头，实现调压的装置。分为无载分接开关和有载分接开关。无载分接开关是在变压器不施加电压的条件下，变换变压器的分接头，用来改变变压器的电压比。无载分接开关按相数，可以分为单相和三相两类；按调压部位，可以分为中性点调压、中部调压和线端调压三种。有载分接开关能在变压器励磁或负荷状态下进行操作，用来调换绕组的分接位置的一种电压调节装置，通常它由一个带过渡阻抗的切换开关和一个能带或不带转换选择器的分接选择器所组成，整个开关是通过驱动机构来操作的。

（3）压力释放阀

当变压器内部压力达到一定值时，压力释放阀动作，可排除油箱内的过压。内部压力经释放后，释放阀自动关闭。

（4）气体继电器

气体继电器是变压器重要的保护组件。当变压器内部发生故障，油中产生气体或油气流动时，则气体继电器动作，发出信号或切断电源，以保护变压器，另外，发生故障后，可以通过气体继电器的视窗观察气体颜色，以及取气体进行分析，从而对故障的性质做出判断。

（5）冷却器

变压器用冷却器根据冷却介质分为风冷却器和水冷却器两类。国内大型变压器绝大多数采用风冷却器。它由带翅片的冷却管簇、风扇、潜油泵、油流继电器和控制箱等构成。冷却器单台冷却容量确定以后，冷却器选用组数取决于变压器的空载损耗和短路损耗。

（6）速动油压继电器

速动油压继电器是一种新型的变压器压力保护装置。当变压器内部有严重故障产生电弧时，油分解产生大量的气体，压力迅速升高，速动油压继电器测量油箱内动态压力增长。油压增长率越高，油压继电器动作越迅速。速动油压继电器能在变压器发生事故时，防止油箱爆炸，避免故障扩大。

（7）变压器用温度表

变压器用温度表用来测量变压器油顶层温度和变压器绕组温度。因为变压器的安全运行和使用寿命是和运行温度密切相关的，在变压器的标准中规定了变压器运行时油顶层的温度和绕组的平均温度，监视变压器运行温度来确定变压器允许的负荷。变压器用温度表按照测量用途可分为：测量顶层变压器油的温度表、测量绕组平均温度的绕组温度表、测量绕组热点温度的绕组热点温度表和测量干式变压器温度的温度表。

（8）套管电流互感器

大容量变压器都需要和测量及保护设备共同使用，电流互感器是供给测量和保护设备的电流源。套管电流互感器是配合高压瓷套管使用的一种特殊的电流互感器。根据使用要求，电流互感器分为测量用的电流互感器和保护用的电流互感器。

(9) 变压器储油柜(油枕)

油枕是满足变压器油体积变化,减少或防止水分和空气进入变压器,延缓变压器油和绝缘老化的保护装置。油枕分为敞开式油枕、密封式油枕(隔膜式和胶囊式)、叠形波纹式油枕和波纹膨胀式油枕。

(10) 排油—注氮式变压器灭火装置

油浸式变压器内充有变压器油,作为绝缘和冷却的介质。排油—注氮式变压器灭火装置,不需要水源和水管路,对环境几乎没有污染。

(11) 变压器油中溶解气体在线分析仪

用于变压器油中气体在线监测的仪器,它能分析变压器油中溶解的气体,能尽早发现变压器内部是否存在故障。

5.2.2 变压器磁路系统

5.2.2.1 变压器铁芯

铁芯作为磁路系统的构件,是由铁芯叠片、绝缘件和铁芯结构件等组成。铁芯本体是由磁导率很高的磁性钢带组成,为使不同绕组能感应出和匝数成正比的电压,需要两个绕组链合的磁通量相等,这就需要绕组内有磁导率很高的材料制造的铁芯,尽量使全部磁通在铁芯内和两个绕组链合,为减少励磁电流,铁芯做成一个封闭磁路,铁芯又是安装绕组的骨架,是影响变压器的电磁性能、机械强度和变压器噪声的极为重要的部件。

铁芯叠片由电工磁性钢带叠积或卷绕而成,铁芯结构件主要由夹件、垫脚、撑板、拉带、拉螺杆和压钉等组成。结构件保证叠片的充分夹紧,形成完整和牢固的铁芯结构。叠片和夹件、垫脚、撑板、拉带和拉板之间均有绝缘件。铁芯叠片引出接地引线接到夹件或通过油箱到外部可靠接地,铁芯不允许存在多点接地情况,大型变压器铁芯下夹件利用油箱的定位钉定位,铁芯上部有撑板上的定位件与油箱配合定位。

为降低变压器的空载损耗和空载电流,铁芯除采用具有高导磁晶粒取向冷轧电工磁性钢带制造外,在结构上也相应地采取一系列措施,采用斜接缝无孔绑扎铁芯,以适应冷轧取向磁性钢片的方向性和采用磁路对称的铁芯结构。铁芯被绕组遮盖住的部分称为铁芯柱,其他未被绕组围住构成磁通闭合路径的部分称为铁轭。

变压器铁芯分为两大类,即壳式铁芯和心式铁芯。铁芯分为双框和多框结构,如单相双框和三相四框结构。按变压器的相数分,单相变压器的铁芯称为单相铁芯,三相变压器的铁芯称为三相铁芯。

变压器铁芯材料主要是铁芯本体的磁性材料。铁芯材料要求有高的磁导率,冷轧取向磁性钢片逐渐取代了热轧磁性钢片,目前大多数采用的高导磁的磁性钢片(Hi-B),其单位损耗和励磁安匝均比普通晶粒取向磁性钢片要小。20 世纪 80 年代开发出的磁畴细化(通过激光照射或机械压痕方法)的更低损耗的磁性钢片和非晶合金的铁芯损耗要比取向磁性钢片小,磁导率也更高,由于非晶合金制造的铁芯饱和磁通密度低、厚度薄、加工困难、价格昂贵,尽管在变压器制造中有很好的表现,目前在大容量变压器制造中仍未采用。

磁性钢片按照用途有各种不同的特性要求,基本要求如下:铁芯损耗、磁通密度特性;磁性钢片的方向性;加工和力学性能;磁力时效和温度特性;形状和尺寸精度。

心式变压器铁芯的特点是铁芯是垂直的,绝大多数情况下铁芯柱由多级铁芯片组成,内接于圆，在圆形面积内有可能大的铁芯截面积，绕组是圆形的，套装在铁芯柱上。当三相变压器运输有困难时采用单相变压器。单相变压器铁芯结构有双柱铁芯（一般用于小型变压器）；三柱双框铁芯（用于超高压有载调压变压器）；四柱铁芯有两个旁轭（特大容量单相变压器）；四柱三框铁芯（因框间有冷却油道，铁芯冷却效果好，适用于特大容量单相变压器）。三相变压器铁芯结构有三相三柱式（应用最多的铁芯结构，叠装工艺简单，单位重量的损耗小，三相磁路的长度不相等，三相的空载损耗不相等，三相的空载电流也不对称，因相对于变压器容量是很小的，对电网和运行没有影响）；三相五柱铁芯（由于运输高度的限制，三相三柱铁芯不能满足运输要求，不得不降低铁轭高度，将铁芯作成三相五柱式）。

壳式变压器铁芯分为单相壳式铁芯和三相壳式铁芯。单相壳式变压器铁芯叠片的特点是铁芯叠片只有一种片宽，加工比较方便，铁芯截面为矩形。三相壳式变压器铁芯叠片分为两种结构：一种是普通三相，类似于心式变压器的三相三柱式铁芯，另一种是三相五柱式铁芯。前者适用于容量比较小的壳式变压器，后者用于容量特别大的壳式变压器。

5.2.2.2　铁芯性能参数

变压器的空载性能是变压器的主要性能指标，空载性能包括空载损耗、空载电流、二次侧无负荷一次侧接入电源时的励磁涌流和磁致噪声。

空载损耗主要由铁芯片中的磁滞损耗、涡流损耗和空载电流引起的损耗组成。空载损耗中绝大部分是铁芯片中的损耗，空载电流在绕组中的损耗很小可以忽略不计。铁芯磁通密度是影响变压器铁芯空载损耗和空载电流的重要参数，因此，要降低空载损耗，必须使铁芯各个部分的磁通密度分布均匀。

空载电流主要指对变压器一次绕组施加额定频率的额定电压，其余绕组开路，流经绕组线路端子的电流。空载电流由有功分量和无功分量组成，仅占额定电流的百分之几（大容量变压器小于 1%），空载电流的主要成分是无功分量。

5.2.2.3　联结组别与铁芯空载性能

三相变压器绕组的联结方式对空载损耗和空载电流有一些影响。运行中变压器的三相电压是否对称，电压谐波分量和电流谐波分量取决于三相变压器的联结方式。如果三相变压器一次绕组是中性点不接地，星形联结，二次侧是三角形联结，一次侧不能得到 3 及 3 的倍数的电流谐波，在三角形绕组中流通。若三相变压器绕组是星形联结，中性点与三相供电电网的中性点连接，零序电流仅在一次侧流动，变压器处于自由励磁状态。对中性点不接地的星形联结的绕组来说，由于 3 及 3 的倍数的电流谐波不能通过，磁通中将有 3 及 3 的倍数次奇次谐波存在。它将在每相中感应出电压谐波，这些高次谐波磁通分量因相位相同会离开铁芯进入周围的金属结构件中，导致附加损耗增大，引起局部过热。在非对称负荷情况下，星形/星形绕组一次侧中性点没有引出时，一次绕组不能得到需要与二次侧零序励磁保持平衡的零序电流。合成的零序励磁将在铁芯中产生零序磁通。如果一次绕组是三角形联结，3 及 3 的倍数次电流谐波出现在各绕组中，只有铁芯不对称时才会有谐波分量。如果变压器没有三角形联结绕组，三次谐波磁通便会离开铁芯引起附加损耗。因此，若要消除 3 及 3 的倍数次谐波磁通造成的影响，变压器应至少有一个绕组要以三角形联结的结构。

5.2.3　绕组的连接方式和连接组

不同结构型式的变压器，其绕组的型式是不一样的，如环氧浇注干式变压器的低压绕组一般采用箔式绕组，壳式变压器采用矩形线饼组成的绕组，国内变压器大多数采用心式结构。

5.2.3.1　绕组的分类、结构和适用范围

变压器绕组的绕向决定着变压器一次和二次绕组的相位关系，变压器绕组中导线的缠绕方向称为绕向，绕组的绕向是按导线的起绕头来定义的，分为左、右两种。从起绕头开始导线沿左螺旋前进（如层式、螺旋式绕组）或面对起绕端观察时，导线由起绕头开始按逆时针方向旋转（如饼式绕组中的连续式、纠结式绕组）则定义为左绕向；从起绕头开始导线沿右螺旋前进（如层式、螺旋式绕组）或面对起绕端观察时，导线由起绕头开始按顺时针方向旋转（如饼式绕组中的连续式、纠结式绕组）则定义为右绕向。

变压器绕组结构一般分成两大类：层式和饼式结构。层式结构有圆筒式（适用于内绕组、高压绕组）和箔式，饼式结构有连续式（适用于高压、中压和低压绕组）、螺旋式（适用于低压绕组）和纠结式（适用于高压、中压绕组）。

5.2.3.2　绕组的连接图和联结组

变压器的高中低压绕组按不同的联结组别的要求连接起来，这样才能使变压器正常工作。

（1）绕组出线不同的连接图，如图 5-3a、图 5-3b 所示。

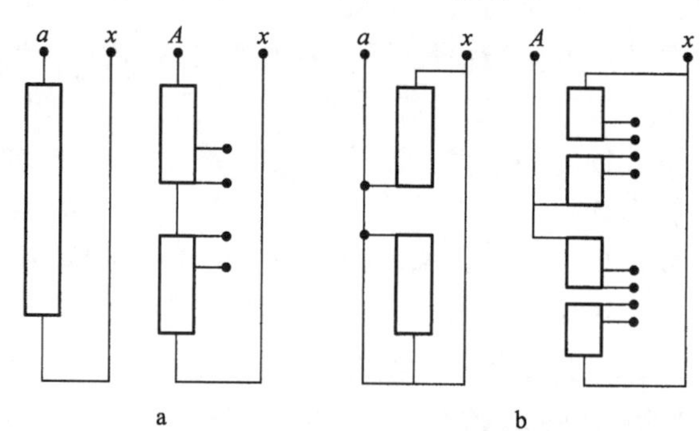

图 5-3　变压器绕组出线不同的连接图

a. 端部出线；b. 中部出线

（2）三相变压器星形连接图和联结组别，如图 5-4a、图 5-4b 所示。

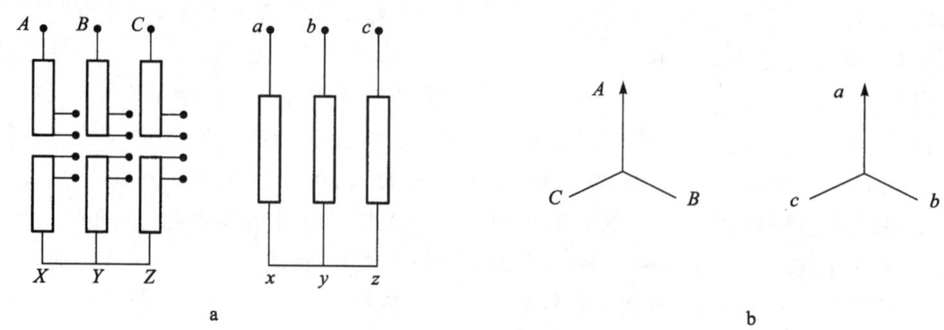

图 5-4　三相变压器星形连接图和联结组别

a. 高、低压绕组星形连接图；b. 联接组别标号 $Yy0$

（3）三相变压器绕组的 D 连接图和联结组别，如图 5-5a、图 5-5b 所示。

（4）常用三相双绕组、自耦和单相变压器连接图和联结组别，如图 5-6a～图 5-6f 所示。

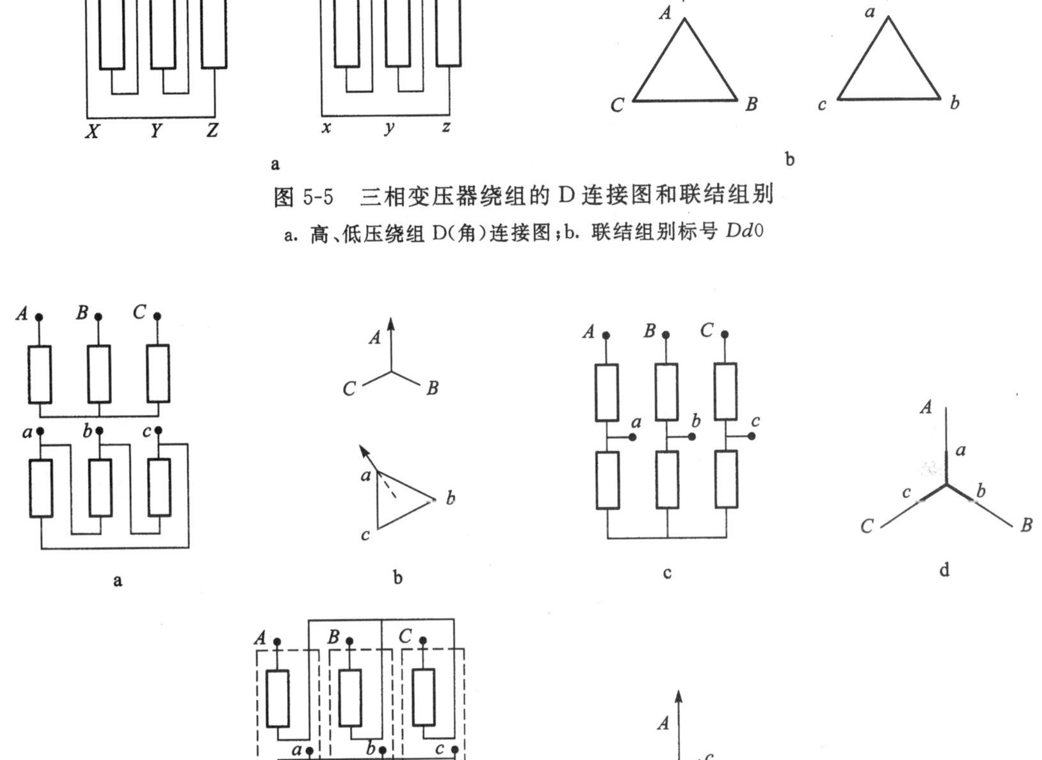

图 5-5　三相变压器绕组的 D 连接图和联结组别

a. 高、低压绕组 D(角)连接图；b. 联结组别标号 *Dd*0

图 5-6　常用三相双绕组、自耦和单相变压器连接图和联结组别

a. 三相双绕组(星/角)变压器连接图；b. 联结组别标号 *Y*0*d*11；c. 三相自耦变压器连接图；d. 联结组别标号 *Ya*；e. 单相变压器连接图；f. 联结组别标号 *Yd*5

5.2.4　变压器器身绝缘典型结构

变压器器身绝缘结构与布置和电压等级有关，和绕组结构、绕组个数、出线方式、压紧方式及调压方式有关。下面简要介绍各种电压等级的器身绝缘典型结构。

高压为 40 kV 及以下电压等级变压器的器身绝缘结构都是双绕组变压器，单同心式排列，低压绕组在内，高压绕组在外。这种布置符合绝缘逐步递增的要求，可以减少绝缘距离。器身绝缘结构分为拉杆压紧和压板压紧两种，均为全绝缘，上下对称。

高压为 66 kV 级变压器器身绝缘结构均为压板压紧结构，也称为全绝缘，上下结构对称。

高压为 110 kV 级的器身绝缘的变压器有全绝缘和分级绝缘之分，其调压方式有有载和无载两种，有端部出线和中部出线，双绕组和三绕组的区分，这些都和器身的绝缘结构密切相关。

高压为 220 kV 级的变压器绝缘多数是中部出线结构，它和 110 kV 级变压器一样，有双绕组和三绕组、有载和无载调压区分，与 110 kV 级相比，除了绝缘尺寸、油隙纸筒个数不同以外，基本结构相似，但要增加围屏和接地屏。

5.3 变压器的分类与铭牌

5.3.1 变压器的分类

变压器有不同的使用条件、安装环境、电压等级、容量级别、结构形式和冷却方式，所以应按不同原则进行分类。变压器依据分类方式进行分类，见表 5-1。

表 5-1 变压器的分类

分类方式	名　称	备　注
按容量	中小型变压器	35 kV 及以下，容量 630～6 300 kVA
	大型变压器	110 kV 及以下，容量 8 000～63 000 kVA
	特大型变压器	220 kV 及以上，容量 3 150 kVA 及以上
按用途	电力变压器	升压、降压、配电、联络、专用变压器
	仪用变压器	电压、电流互感器
	电炉变压器	冶炼厂电炉变压器
	试验变压器	高压试验专用变压器
	整流变压器	交流电转换成直流电变压器
	调压变压器	试验时进行调压用的变压器
	矿用变压器	矿山开采用的变压器
	其他变压器	
按相数分为	三相	三相一体式变压器
	单相	单相分体式变压器
按铁芯结构	心式变压器	绕组是圆形的变压器
	壳式变压器	绕组是扁平矩形的变压器
按调压方式	无载调压	停电进行调压的变压器
	有载调压	带电进行调压的变压器
按铁芯形式	叠片式	铁芯片叠加成的铁芯
	卷铁芯	绕制成圆形的铁芯
按冷却方式	油浸自冷	油浸自然风冷却的变压器
	油浸风冷	油浸吹风冷却的变压器
	油浸水冷	油浸用水冷却的变压器
	干式空气自冷	
	干式空气风冷	
	干式浇注绝缘	绕组用环氧树脂浇注的变压器
按绕组数量	双绕组	有高压、低压绕组的变压器
	三绕组	有高压、中压和低压绕组的变压器
按绕组耦合方式	普通变	
	自耦变	有公共绕组的变压器

5.3.2　变压器的型号表示方法

电力变压器的执行标准是 GB 1094 等同于 IEC 60076 标准，电力变压器的型号组成按标准 JB/T3837—1996《变压器类产品型号编制方法》的规定。电力变压器型号组成和表示方法如图 5-7 和图 5-8 所示。

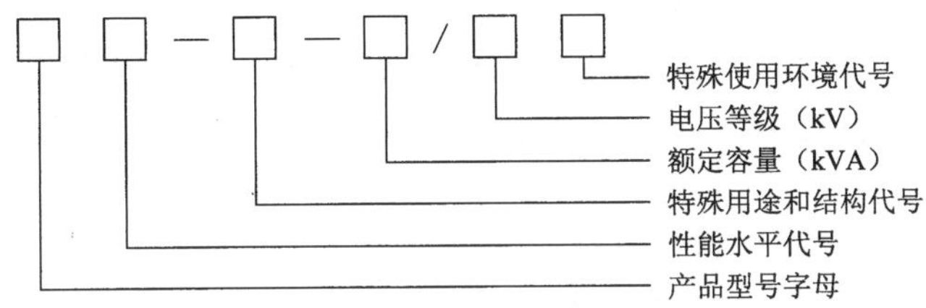

图 5-7　电力变压器型号组成

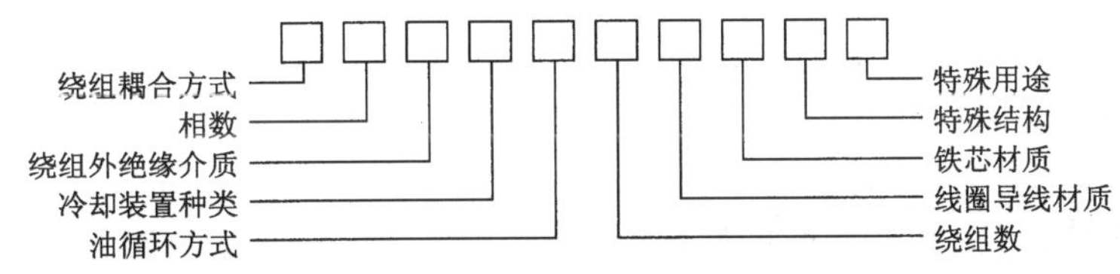

图 5-8　电力变压器型号表示方法

说明：

绕组耦合方式：独立(—)、自耦(O)；

相数：单相(D)、三相(S)；

绕组外绝缘介质：变压器油(—)、空气/干式(G)、气体(Q)、成型固体/浇注式(C)；

冷却装置种类：自然循环冷却装置(—)、风冷却器(F)、水冷却器(S)；

油循环方式：自然循环(—)、强迫油循环(P)；

绕组数：双绕组(—)、三绕组(S)、双分裂绕组(F)；

调压方式：无励磁调压(—)、有载调压(Z)；

线圈导线材质：铜(—)、铝(L)；

铁芯材质：电工钢片(—)、非晶合金(H)；

特殊用途或特殊结构：密封式(M)、启动用(Q)、厂用变压器(CY)、全绝缘(J)。

例如：变压器型号是 SFPZ9-360000/220，含义分别如下：

第 1 个表示绕组耦合方式，这是一台独立绕组变压器，无表示字母；第 2 个字母是相数，三相用 S 表示；第 3 个字母表示绕组外绝缘介质，是变压器油冷却器，无字母表示；第 4 个是冷却装置种类，使用风却器，用字母 F 表示；第 5 个字母表示油循环方式，P 表示强迫油循环；第 6 个字母表示绕组数，双绕组无表示；第 7 个字母表示调压方式，用 Z 表示有载调压；以下铜导线、电工钢片铁芯等，均无字母表示；数字 9 表示变压器性能水平符合 GB/T 6451 中 9 型产品要求；容量为 360 000 kVA；高压电压为 220 kV。

5.3.3 变压器铭牌

变压器铭牌的内容包括型号、容量、额定电压、额定电流、空载损耗、空载电流、负荷损耗、阻抗电压、相数和频率、温升与冷却方式、绝缘水平、联结组标号、适用标准、结构布置简图、接地方式、出厂编号、出厂日期和制造厂家等信息。

额定容量(kVA):额定电压、额定电流下连续运行时,能输送的容量。

额定电压(kV):变压器长时间运行时所能承受的工作电压,为适应电网电压变化的需要,变压器高压侧都有分接抽头,通过调整高压绕组匝数来调节低压侧输出电压。

额定电流(A):变压器在额定容量下,允许长期通过的电流。

空载损耗(kW):当以额定频率的额定电压施加在一个绕组的端子上,其余绕组开路时所吸取的有功功率,与铁芯硅钢片性能及制造工艺和施加的电压有关。

空载电流(%):当变压器在额定电压下二次侧空载时,一次绕组中通过的电流。一般以额定电流的百分数表示。

负载损耗(kW):把变压器的二次绕组短路,在一次绕组额定分接位置上通入额定电流,此时变压器所消耗的功率。

阻抗电压(%):把变压器的二次绕组短路,在一次绕组慢慢升高电压,当二次绕组的短路电流等于额定值时,此时一次侧所施加的电压,一般以额定电压的百分数表示。

相数和频率:三相开头以 S 表示,单相开头以 D 表示。中国国家标准频率 f 为 50 Hz。国外有 60 Hz 的国家(例如美国等)。

温升与冷却:变压器绕组或上层油温与变压器周围环境的温度之差,称为绕组或上层油面的温升,油浸式变压器绕组温升限值为 65 K、油面温升为 55 K、油箱壁温升为 80 K。

冷却方式:油浸自冷、强迫风冷,水冷,管式、片式等。如:OFAF。

绝缘水平:有绝缘等级标准。绝缘水平的表示方法举例如下:高压额定电压为 35 kV 级,低压额定电压为 10 kV 级的变压器绝缘水平表示为 LI200AC85/LI75AC35,其中 LI200 表示该变压器高压雷电冲击耐受电压为 200 kV,工频耐受电压为 85 kV,低压雷电冲击耐受电压为 75 kV,工频耐受电压为 35 kV。

联结组标号:根据变压器一次、二次绕组的相位关系,把变压器绕组连接成各种不同的组合,称为绕组的联结组。为了区别不同的联结组,常采用时钟表示法,即把高压侧线电压的相量作为时钟的长针,固定在 12 上,低压侧线电压的相量作为时钟的短针,看短针指在哪一个数字上,就作为该联结组的标号。如 Dyn11 表示一次绕组是(三角形)联结,二次绕组是带有中心点的(星形)联结,组号为(11)点。

调压方式:有载调压或无载调压。

重量:器身重量、油箱重量、油重量、运输重量和总重量等。

5.4 变压器的空载运行和负载运行

当电压施加在变压器一个绕组的端子上,其余绕组开路时的变压器运行方式,称作空载运行。空载电流和空载损耗是变压器运行的重要参数。通过对空载电流和空载损耗的测量和试验来验证是否达到国家标准或技术协议要求,还可以发现产品磁路中的局部缺陷或整体缺陷。

5.4.1　变压器的空载运行

1. 空载运行时的物理情况

如图5-12所示，变压器原绕组接到电源上，副绕组开路即变压器空载运行。设原绕组接上正弦电压 u_1，原绕组中即有交变电流 i_0（称空载电流或励磁电流）通过，i_0 产生空载磁势 $F_0=-I_0\times N_1$，F_0 产生磁通，所以 F_0 又叫励磁磁势。励磁磁势产生的磁通分为两部分，一部分磁通 Φ 以铁芯为路径流通而闭合，它同时匝链了原绕组 N_1 和副绕组 N_2，在这两个绕组中感应出电势 e_1 和 e_2，是变压器传递能量的主要媒介，属于工作磁通，称为主磁通。另一部分磁通 $\Phi_{1\sigma}$，它仅与原绕组相匝链而不与副绕组相匝链，通过变压器油或空气而形成闭路，属于非工作磁通，为原绕组的漏磁通。变压器的铁芯由高导磁材料硅钢片制成，它的导磁系数 μ 约为空气的导磁系数的2 000倍以上，所以大部分磁通都在铁芯中流动，主磁通约占总磁通的99%以上，而漏磁通占总磁通的1%以下。

主磁通与漏磁通的区别，总结如下：

性质上：Φ_0 与 i_0 呈非线性关系；$\Phi_{1\sigma}$与 i_0 呈线性关系；

数量上：Φ_0 占99%以上，$\Phi_{1\sigma}$仅占1%以下；

作用上：Φ_0 起传递能量的作用，$\Phi_{1\sigma}$起漏抗压降作用。

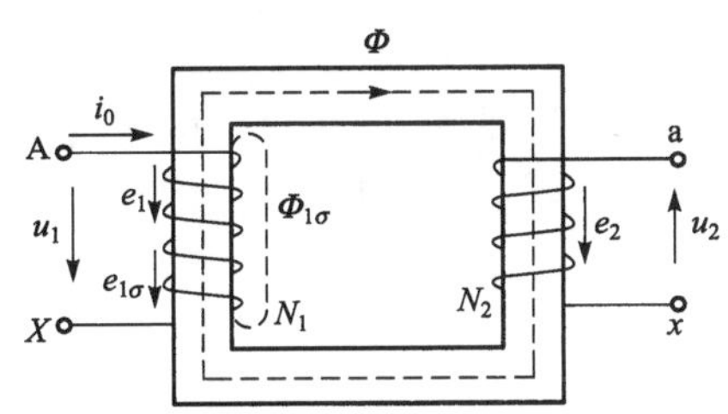

图5-9　变压器空载运行工作原理图

从图5-9看出，电压、电流电势符号都是用瞬时值符号，电压、电流、电势、磁通都是交变的，那么图中各物理量的方向规定如下：

电压 u_1 与电流 i_0 同方向，磁通正方向与电流正方向符合右手螺旋定则，e_1 的正方向与电流同方向。这样 $e_1=-N_1\mathrm{d}\Phi/\mathrm{d}t$ 才成立。各物理量的方向判定，一次侧遵循电动机惯例，即磁通与产生它的电流之间符合右手螺旋定则；二次侧遵循发电机惯例，电动势与感应它的磁通之间符合右手螺旋定则。

2. 空载运行时的空载电流和空载损耗

变压器空载运行时空载电流包含两个分量，一个是励磁分量，作用是建立磁场，产生主磁通——无功分量 i_{0w}；另一个是供变压器铁芯损耗的分量——有功分量 i_{0y}。

由于空载电流的无功分量远大于有功分量，所以空载电流主要是感性无功性质——也称励磁电流；其大小与电源电压和频率、线圈匝数、磁路材质及几何尺寸有关，用空载电流百分数 I_0%来表示：

变压器空载时，一次侧从电源吸收少量的有功功率 P_0，用来供给铁损 P_{Fe}和绕组的铜损 $I_0^2R_1$。由于 I_0 和 R_1 均很小，所以 $P_0\approx P_{\mathrm{Fe}}$，即空载损耗近似等于铁损。

$$I_0\%=\frac{I_0}{I_N}\times 100\% \tag{5-14}$$

对于已制成的变压器，铁损与磁通密度幅值的平方成正比，与电流频率的1.3次方成反比，即 $P_{\mathrm{Fe}}\propto B_m^2 f^{1.3}$，空载损耗约占额定容量的0.2%～1%，而且随着变压器容量的增大而比例下降，为了减少空载损耗，主要采用优质铁磁材料。

3. 空载运行时的磁通、电势、电压的关系公式推导

设原绕组接上正弦交流电 u_1,则在铁芯上产生正弦变化的主磁通:$\Phi=\Phi_m \sin\omega t$

主磁通在原绕组产生主磁通感应电动势:

$$e_1=E_{1m}\sin(\omega t-90°) \tag{5-15}$$

式中,$E_{1m}=N_1\Phi_m\omega$ 为电势最大值,Φ_m 为磁通最大值。

电势有效值为:

$$E_1=E_{1m}/1.414=2\pi fN_1\Phi_m/1.414=4.44fN_1\Phi_m \tag{5-16}$$

式中,N_1 为原绕组匝数,f 为磁通变化的频率。这是一个非常重要的公式。

可见,当主磁通按正弦规律变化时,所产生的一次主电动势也按正弦规律变化,时间相位上滞后主磁通 90°。主电动势的大小与电源频率、绕组匝数及主磁通的最大值成正比。同理,二次主电动势也有同样的结论。推导出 e_2 瞬时值公式、最大值及有效值公式如下:

$$e_2=E_{2m}\sin(\omega t-90°)$$

$$E_{2m}=N_2\Phi_m\omega$$

$$E_2=4.44f_1N_2\Phi_m \tag{5-17}$$

同理,漏磁通电势被求出,写成向量形式或电抗压降的形式如下:

$$e_{1\sigma}=-ji_0X_1 \tag{5-18}$$

式中,X_1 为对应于漏磁通 $\Phi_{1\sigma}$的漏电抗。

由于漏磁通与电流有线性关系,故漏磁通电势 $e_{1\sigma}$可以用漏电抗表示。由于漏磁通 $\Phi_{1\sigma}$主要通过非磁性磁路形成流通回路,磁路不饱和,故其磁路磁阻很大且为常数,所以漏电抗很小且为常数,它不随电源电压负载情况而变。

4. 空载运行时的等效电路

空载时的一次侧电动势平衡方程:

$$\dot{U}_1=-\dot{E}_1-\dot{E}_{1\sigma}+I_0R_1=-\dot{E}_1+I_0Z_1 \tag{5-19}$$

空载时的二次侧电动势平衡方程:$\dot{U}_2=\dot{E}_2$

用一个支路 R_m+jX_m 的压降来表示主磁通对变压器的作用,再将原绕组的电阻 R_1 和漏电抗 X_1 的压降在电路图上表示出来,即得到空载时变压器的等效电路,如图 5-10 所示。

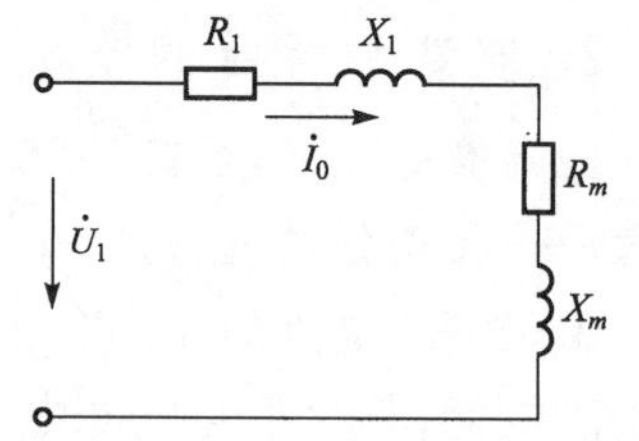

图 5-10 变压器的空载等效电路

R_1 与 $\Phi_{1\sigma}$引起的电抗 X_1 基本上是不变的量,或者说,R_1 和 X_1 不受饱和程度的影响。但是,由于磁路具有饱和特性,R_m 和 X_m 都是随着饱和程度的增加而减少的,是个变量,在实际中应当注意到这点。

5.4.2 变压器的负载运行

当电压施加变压器在一个绕组的端子上,其余绕组接通电路时,并有能量传递的变压器运行方式,称作负载运行。短路阻抗和负载损耗是变压器运行的重要参数,通过测量验证这两个参数是否满足有关标准及技术协议要求,并从中发现产品设计或制造中绕组及载流回路中是否存在缺陷。

1. 负载运行时的物理情况

如图 5-11 所示，变压器原绕组接电源 U_1，副绕组接负载阻抗 Z_L，此时副绕组流过电流 I_2，原绕组电流不再是 I_0，而是变为 I_1，这即是变压器的负载运行。

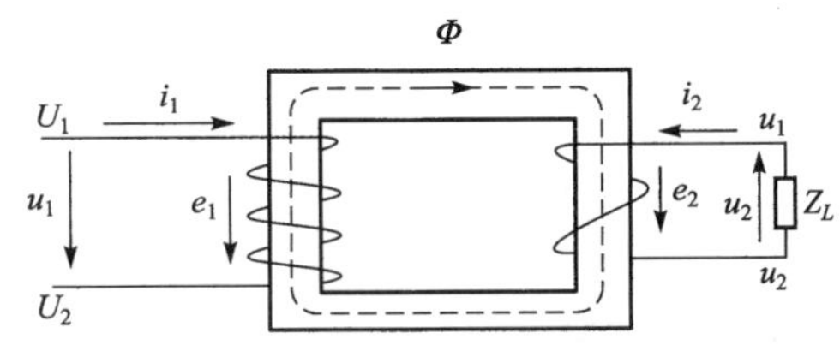

图 5-11　变压器的负载运行工作原理图

变压器中电流、电压，磁通的正方向是这样规定的：电流与电压同方向，磁通正方向与电流正方向符合右手螺旋关系，电势正方向与电流正方向相同，这样规定后 $e_1=-N_1\mathrm{d}\Phi/\mathrm{d}t$，$e_2=-N_2\mathrm{d}\Phi/\mathrm{d}t$ 才成立，也就是说正方向的规定符合楞次定律。副边电流电压、电势正方向也是按上述原则规定的。依据楞次定律，感应电势如能产生电流，该电流产生的磁通阻止原来铁芯中的磁通变化。负载后，副绕组流过电流，该电流产生磁势 $F_2=I_2N_2$，该磁势也要产生磁通，也就是说 F_2 将改变铁芯中的磁通，而铁芯中的磁通是由电源电压决定的，Φ_m 基本不变，那么原绕组中的电流不再是 I_0 而变成了 I_1，原绕组产生磁势为 $F_1=I_1N_1$，F_1 与 F_2 共同作用产生 Φ_m，F_1+F_2 的作用相当于空载磁势 F_0。

2. 负载运行时的等效电路

负载运行时，变压器的磁势平衡方程式为：

$$\dot{F}_1+\dot{F}_2=\dot{F}_0\text{，即 }\dot{I}_1N_1+\dot{I}_2N_2=\dot{I}_0N_1 \tag{5-20}$$

得
$$\dot{I}_1=\dot{I}_0-\dot{I}_2(N_2/N_1)=\dot{I}_0+(-\dot{I}_2/k)=\dot{I}_0+\dot{I}_{1L}$$

可以看出变压器负载后，原绕组中的电流由两个分量组成，一个是负载分量 I_{1L}，另一个是产生磁通的励磁分量 I_0，负载分量 I_{1L} 产生的磁势与副绕组电流产生的磁势大小相等，方向相反，互相抵消，电磁关系将一次、二次联系起来，二次电流的增加或减少，必然引起一次电流的增加或减少。

在满载时，I_0 只占 I_{1L} 的 2%～8%，有时可将 I_0 忽略，则有 $I_1/I_2=-1/k$，这就是变压器的变流作用，只有在较大负载时才基本成立，用此原理可以设计出电流互感器。

负载运行时，变压器的电势平衡方程式为：

$$\dot{U}_1=-\dot{E}_1+\dot{I}_1R_1+j\dot{I}_1X_1=-\dot{E}_1+\dot{I}_1(R_1+jX_1)=-\dot{E}_1+\dot{I}_1Z_1$$

$$\dot{U}_2=\dot{E}_2-\dot{I}_2R_2+\dot{E}_2=\dot{E}_2-\dot{I}_2(R_2+jX_2)=\dot{E}_2-\dot{I}_2Z_2=\dot{I}_2Z_L \tag{5-21}$$

式中：

Z_1——原绕组漏阻抗；

Z_2——副绕组漏阻抗；

R_1，R_2——原副绕组电阻；

X_1，X_2——原副绕组漏电抗。

为了用一个等效的电路代替实际的变压器，需将变压器的二次（也可一次）绕组用另一个绕组来等效，同时对该绕组的电磁量作相应的变换，以保持两侧的电磁关系不变，将变压器的副边绕组折算到原边，就是用一个与原绕组匝数相同的绕组，去代替匝数为 N_2 的副绕组，在代替的过程中，保持副边绕组的电磁关系及功率关系不变，即折算应符合以下原则：

1）保持二次侧磁动势不变；

2）保持二次侧各功率或损耗不变。

下面，我们将二次侧折算到一次侧，有：

$$I_2'=\frac{I_2}{k} \qquad E_2'=kE_2=E_1 \qquad U_2'=kU_2$$
$$R_2=k^2R_2 \qquad X_2'=k^2X_2 \qquad Z_2'=k^2Z_2 \tag{5-22}$$

参数折算前后的量见表 5-2。

表 5-2 折算前后参数的表示

折算前	原边	$N_1\ U_1\ I_1\ E_1\ R_1\ X_1$
	副边	$N_2\ U_2\ I_2\ E_2\ R_2\ X_2\ R_L\ X_L$
折算后	原边	$N_1\ U_1\ I_1\ E_1\ R_1\ X_1$
	副边	$N_2'\ U_2'\ I_2'\ E_2'\ R_2'\ X_2'\ R_L'\ X_L'$

变压器副绕组折算到原边后其匝数为 N_1，折算后的副边各量加“′”以区别折算前的各量。折算后，电势平衡方程式为：

$$\dot{U}_1=-\dot{E}_1+\dot{I}_1(R_1+jX_1)=-\dot{E}_1+\dot{I}_1Z_1$$
$$\dot{U}_2'=\dot{E}_2'-\dot{I}_2'(R_2'+jX_2')=\dot{E}_2'-\dot{I}_2'Z_2'=\dot{I}_2'Z_L'$$
$$\dot{I}_1+\dot{I}_2'=\dot{I}_m\approx\dot{I}_0$$
$$-\dot{E}_1=-\dot{E}_2'=\dot{I}_0(R_m+jX_m)=\dot{I}_0Z_m \tag{5-23}$$

折算后电压平衡方程式，磁势平衡方程式及励磁回路等效电路如式(5-23)4 个式子所示，这些式子为变压器的基本方程式。它们代表变压器。可用一个等效电路代替这 4 个式子。那就是图 5-12。在这个等效电路内，回路Ⅰ代表原边绕组电压平衡方程式回路Ⅱ代表副边电压平衡方程式，可见本图与上述 4 式一一对应，完全可以代表一台变压器。

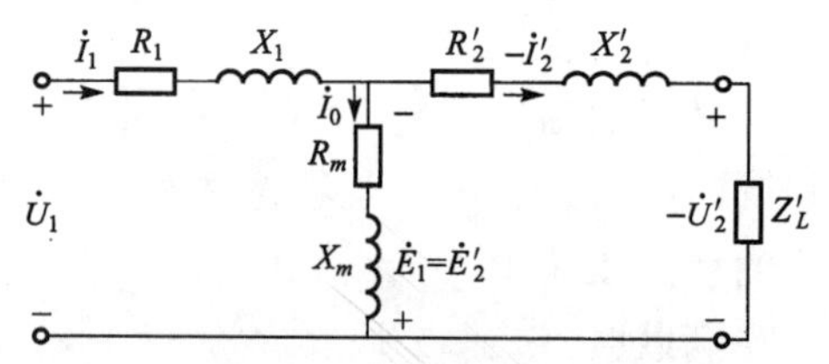

图 5-12 T 形等效电路图

如果变压器等效电路中各阻抗参数、负载阻抗已知，电源电压 U_1 已知，则可计算出各支路电流 I_1、I_2'、I_m、U_2'，进一步可计算出副边实际的电流 $I_2=kI_2'$，及变压器各部分损耗、效率等。

变压器 T 形等效电路中，由于励磁阻抗很大，因而 I_m 很小，有时就将该支路断开，就形成了所谓简化等效电路，如图 5-13 所示。

其中，R_S 为短路电阻，X_S 为短路电抗，Z_L'为折算到变压器原边的负载阻抗。$R_S=R_1+R_2'$，$X_S=X_1+X_2'$，$Z_S=R_S+jX_S$，变压器的简化等效电路中，$Z_S=R_S+jX_S$ 是变压器的漏阻抗，也叫短路阻抗，顾名思义，即变压器的副边短路时呈现的阻抗，由简化等效电路可知，短路阻抗起限制短路电流的作用，由于短路阻抗值很小，所以变压器的短路电流值较

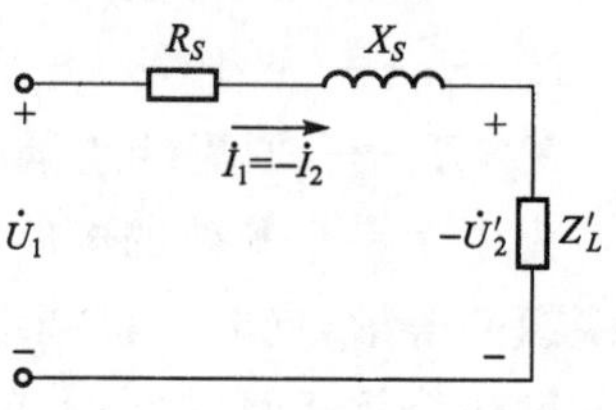

图 5-13 简化等效电路图

大，一般可达额定电流的 10～20 倍。用简化等效电路后，计算结果的准确度完全满足工程上的要求。

5.5　变压器的运行性能

5.5.1　变压器的外特性

在电源电压 U_1 和负载功率因数都一定时，二次电压 U_2 随负载电流 I_2 变化的规律，即 $U_2=f(I_2)$ 曲线，称为变压器的外特性，其特性如图 5-14 所示。

在图 5-14 中，画出了几条功率因数不同的外特性曲线。

当原绕组加额定电压 U_{1N} 且负载电流 $I_2=0$ 时，副绕组端电压 $U_{20}=U_{2N}$ 即变压器副绕组空载电压 U_{20}，即为副绕组额定电压。

(1) 当负载为纯电阻时 $\cos\phi=1$，随着负载电流 I_2 的增大，变压器副绕组边的输出电压逐渐降低，即变压器输出电压具有下降的外特性，但下降的并不多。

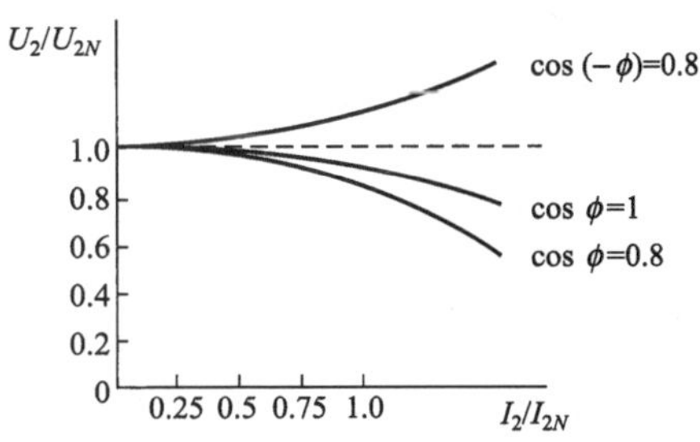

图 5-14　变压器的外特性曲线

(2) 当负载为电感性时，$\cos\phi<1$，随着负载电流 I_2 的增大，变压器副绕组边的输出电压下降较快。这是因为无功电流滞后，对变压器磁路中主磁通的去磁作用较强，使副绕组的 E_2 下降所致。

(3) 当负载为电容性时，$\cos\phi<1$，且 ϕ 为负值。超前的无功电流有助磁作用，主磁通会有所增加，E_2 也随之增加，使 U_2 会随 I_2 的增加而增加。

以上说明，功率因数对变压器外特性的影响是很大的，负载的功率因数确定之后，变压器的外特性曲线也就随之确定了。

5.5.2　变压器的电压变化率

变压器有负载时，二次电压变化的程度还可以用电压变化率 ΔU 来表示。所谓电压变化率是指：变压器一次侧接在额定频率和额定电压的电网上，空载时二次电压 U_{20} 与在给定负载功率因数下二次侧为额定电流时的二次电压 U_2 的算术差，用二次额定电压的百分数表示的数值，即

$$\Delta U=\frac{U_{20}-U_2}{U_{20}}\times 100\%$$

式中：

U_{20}——变压器二次空载电压（实际上即为二次额定电压）；

U_2——在额定负载 I_{2N} 时的二次端电压。

电压变化率是变压器主要性能指标之一，对于电力变压器，由于其一次、二次绕组的电阻和漏抗都很小，额定负载时电压变化率约为 2%～5%。

5.5.3 变压器运行条件

(1) 变压器的运行电压通常不应高于运行分接位置额定电压的105%。对特殊的使用情况下允许在不超过110%的额定电压下运行。

(2) 对于无载调压变压器在额定电压±5%范围内改变分接头位置运行时,其额定容量不变。例如:在-7.5%和-10%分接时,其容量按照制造厂的规定;如果没有制造厂规定,则容量要相应降低2.5%和5%。有载调压变压器各分接头位置的容量,按照制造厂的规定执行。

(3) 油浸式变压器顶层油温通常不应超过表5-3的规定(制造厂有规定的按照制造厂规定)。当冷却介质温度较低时,顶层油温也相应降低。自然循环冷却变压器的顶层油温一般不宜经常超过85 ℃。变压器经过改造结构或改变冷却方式,要通过温升试验确定其负荷能力和温升限值。

表5-3 油浸式变压器顶层油温一般限值

冷却方式	冷却介质最高温度/℃	最高顶层油温/℃
自然循环自冷、风冷	40	95
强迫油循环风冷	40	85
强迫油循环水冷	30	70

(4) 干式变压器的温度限值应按制造厂的规定执行。

(5) 在变压器三相负荷不平衡情况下,应重点监视最大一相的电流变化趋势。

(6) 接线方式为YN,yn0的大、中型变压器允许流经中性线的电流,按照制造厂设计及有关规定执行和控制。

(7) 接线方式为Y,yn0(或YN,yn0)和Y,zn11(或YN,zn11)的配电变压器,流经中性线电流的允许值分别为额定电流的25%和40%,或按照制造厂规定执行。

强迫冷却变压器的运行条件:

(1) 强油循环冷却变压器运行时,必须投入冷却器。空载和轻载时不应投入过多的冷却器(空载状态下允许短时不投)。在各种负荷情况下投入冷却器的相应台数,应按照制造厂的规定要求执行。按照温度和(或)负荷投切冷却器的自动装置应保持功能良好状态。

(2) 油浸(自然循环)风冷和干式风冷变压器,风扇停止工作时,允许的负荷和运行时间,应按照制造厂的规定要求执行。油浸风冷变压器当冷却系统故障风扇电机停止运行后,顶层油温不允许超过65 ℃时,才允许带额定负荷运行。

(3) 强迫油循环风冷和强迫油循环水冷变压器,当冷却系统发生故障后切除全部冷却器时,允许带额定负荷运行20 min。如果20 min后顶层油温没有达到75 ℃,则允许上升到75 ℃,但在这种状态下运行的最长时间不允许超过1 h。

5.5.4 变压器并列运行条件

两台电压比不相同的变压器并列运行将产生环流,影响变压器的输出功率;如果是百分阻抗不相等,各变压器所带的负荷就不能按与变压器容量成比例来进行分配,阻抗小的变压器带的负荷大,阻抗大的变压器带的负荷小;两台接线组别不相同的变压器并列运行,则会引起短路故障。变压器并列运行条件如下：

(1) 联结组标号相同(相位关系要相同，即时钟序数要相同)；

(2) 电压比相同(电压和变压比要相同，允许偏差也相同，尽量满足变压比在允许偏差范围内，调压范围与每级电压要相同)；

(3) 阻抗电压值相等(尽量控制在允许偏差范围±10%以内，并应注意极限正分接位置短路阻抗与极限负分接位置短路阻抗要分别相同)；

(4) 容量比在0.5～2。

5.5.5　变压器的热性能

油浸变压器使用的绝缘材料属于A级绝缘，其绕组长期平均工作温度应不超过105 ℃。变压器的长期工作温度在标准GB 1094.1—1996《电力变压器 第1部分 总则》中规定，对油浸式变压器的正常使用条件：

海拔：小于1 000 m；

环境温度(最高气温)：+40 ℃；

最热月平均温度：+30 ℃；

最高年平均温度：+20 ℃；

最低气温：−25 ℃(适用于户外变压器)；

最低气温：−5 ℃ (适用于户内变压器)；

水冷却器入口处的冷却水最高温度：+25 ℃。

标准GB 1094.1—1996《电力变压器 第2部分 温升》中对油浸式变压器的温升规定：

油不与大气直接接触的变压器：60 k；

油与大气直接接触的变压器：55 k；

绕组平均温升(用电阻法测量)：65 k。

对于铁芯、绕组外部的电气连接线或油箱中的结构件，不规定温升限值，但要求温升不能过高，通常不超过80 k，以免使与其相邻的部件受到热损坏或使油过度老化。

标准GB/T15164−1994《油浸式电力变压器负荷导则》对绕组平均温升和绕组热点温升分别假定为65 k和77 k，即绕组热点温升比绕组平均温升高12 k。变压器绝缘的寿命是按绕组的热点温度决定的。如果环境温度为+40 ℃，绕组平均温升为65 k，则绕组平均温度为(40+65) ℃=105 ℃，这个数值是变压器长期允许温度(A级绝缘)。而此时绕组的热点温度是(40+65+12) ℃=117 ℃将大于105 ℃。变压器油浸绝缘的预期寿命和温度的关系是，温度变化6 ℃，绝缘寿命变化一倍，即温度升高6 ℃，绝缘寿命降低到原来的1/2；反之温度降低6 ℃，绝缘寿命提高到原来的2倍。

5.5.6　变压器耐受短路的能力

变压器在工作中不可避免地要承受电网短路所引起的过电流冲击，会在变压器中产生很大的机械作用力。变压器应能承受外部短路的热、动稳定效应而无损伤。变压器在外部短路时，绕组、引线、铁芯、套管及油箱均承受很大的由电动力引起的机械力，电动力产生在变压器绕组和引线，作用在变压器的各组部件，特别是大型变压器因其绕组安匝数很高，短路时漏磁通密度是正常运行时的数倍，电动力正比于电流的二次方，因此电动力很大，绕组和引线易发生变形或短路。

变压器耐受短路热稳定能力的持续时间是 2 s，在短路持续时间结束后，绕组的最高允许平均温度为：油浸变压器 105 ℃/A 级，最大值 250 ℃（铜绕组）或 200 ℃（铝绕组）；干式变压器 155 ℃/F 级，最大值 350 ℃（铜绕组）或 200 ℃（铝绕组）。

变压器耐受短路动稳定能力受辐向压缩短路力作用的绕组，即有辐向失稳的问题，又有受轴向力而存在的轴向失稳问题。而受辐向拉伸短路力作用的绕组，只存在轴向失稳，而没有辐向失稳的现象。耐受短路动稳定能力可以有试验、计算和设计两种方法。短路试验次数，对于Ⅰ类（容量小于 2 500 kVA）和Ⅱ类（容量大于 2 500 kVA，小于 100 000 kVA）单相变压器，短路次数为 3 次，三相变压器为 9 次。耐受短路判断，对于Ⅰ类、Ⅱ类和Ⅲ类变压器，除非另有规定，应将变压器吊心或吊罩，检查铁芯和绕组，并与试验前的状态相比较，以便发现可能出现的表面缺陷，如引线位置的移动、松脱等，尽管这些变化不会妨碍变压器通过例行试验，但有可能会危及变压器的安全运行。短路试验合格应满足下列条件：短路试验过程和结果没有发现任何故障迹象；重复绝缘试验和其他例行试验合格；吊心或吊罩检查没有发现位移、铁芯片移动、绕组、连接线和支撑结构变形等缺陷；没有发现放电痕迹；电抗值与原始值之差不大于规定标准。

5.5.7 变压器的励磁涌流

变压器是通过直接合闸与电源电压连接来励磁的，这种直接合闸有时会造成有电流冲击现象，其冲击电流的峰值接近于或大于变压器的额定电流，导致差动保护动作。在变压器合闸过程发生的电流冲击称为励磁涌流。施加电压绕组的电阻上的电压绝对值很低，但从涌流现象来看它很重要，因为涌流的衰减是由这一电阻和变压器铁芯损耗和绕组的自感来决定的。

图 5-15 是励磁涌流示波图，可以看出，在零点几秒后，涌流就衰减到最初值的几分之一，需几秒后它才会完全衰减。在最不利的瞬间接通变压器时，会出现预期的最大涌流，这是变压器空载特性的一个重要特点。

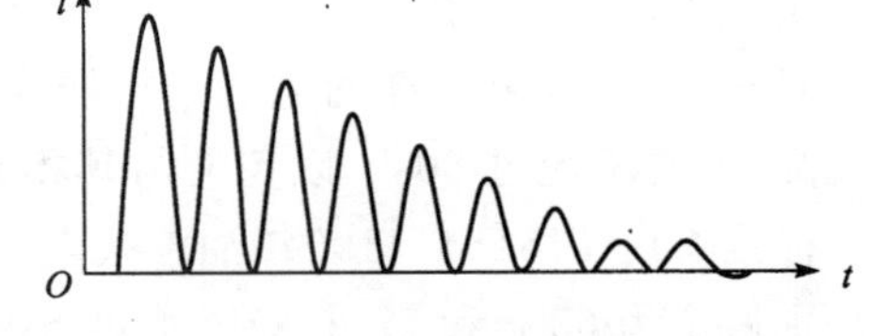

图 5-15 励磁涌流的瞬变过程

在图 5-16 示出了单相变压器稳态运行时的电压、磁通和励磁电流。在大型变压器中，绕组和铁芯的阻尼效应很小，磁通最大峰值 Φ_m 出现在电压过零时，从涌流现象来看，不利的条件出现在电压过零时合闸，因为此时稳态磁通是 Φ_m，铁芯交变磁通是从零开始的，有一过渡过程，磁通非周期分量也是 Φ_m，并与稳态分量符号相反，此时瞬态磁通峰值可达 $2\Phi_m$。最不利的情况是此时有最大剩磁，剩磁的符号和大小是不受变压器合闸影响的，因为它们是由合闸前断开变压器时的条件所决定的。

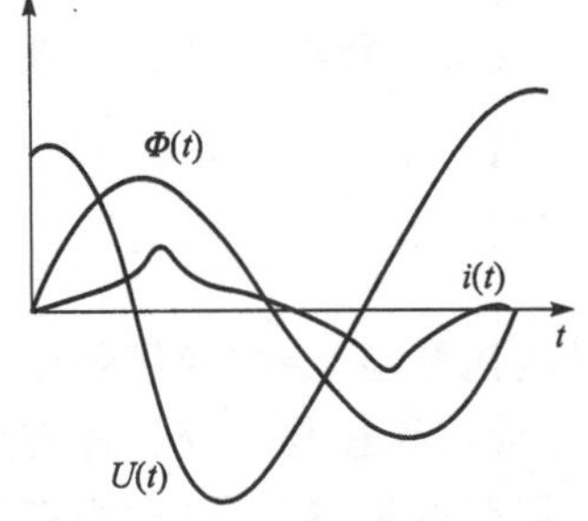

图 5-16 电压在最大值时合闸的最有利情况

在图 5-17 中示出了最不利的情况。磁通从剩磁开始，使它对时间的微分和施加的电源电压时间函数一样变化。这只有在合闸后的第一个半周期中磁通和它的励磁电流增大可能。一般变压器设计采用的磁通密度 Φ_m 在(1.5～1.7)T 范围内,与这一磁通密度相对应的剩磁为(1.3～1.5)T,而晶粒取向磁性钢片的饱和磁通密度为 2.03T。磁通的最大可能值 Φ_e 是稳态条件下的磁通变化 $2\Phi_m$ 和剩磁 Φ_r 之和,即 $\Phi_e = 2\Phi_m + \Phi_r$,根据公式可以看出,$\Phi_e$ 远远超过铁芯片饱和磁通密度。

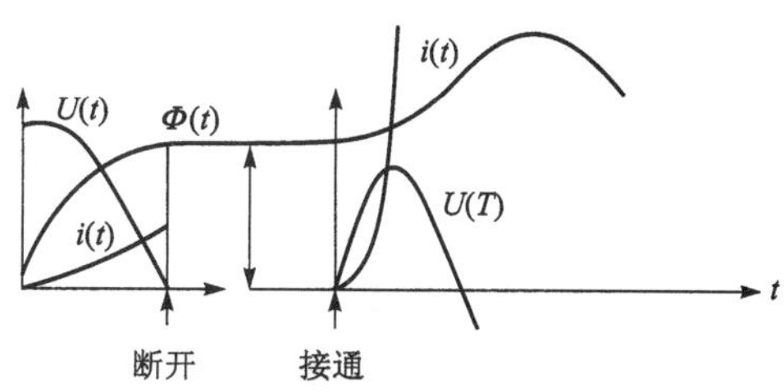

图 5-17　电压在过零时合闸的最不利情况

有关涌流现象的几个结论:

(1) 励磁涌流的最大值受铁芯磁通密度 B_m 的影响,铁芯磁通密度 B_m 小的变压器的励磁涌流相对小一些,反之,铁芯磁通密度 B_m 大的变压器的励磁涌流相对大一些。通常小容量变压器的铁芯磁通密度 B_m 小,励磁涌流的最大值相对小一些,而大容量变压器的铁芯磁通密度 B_m 大,励磁涌流的最大值相对大一些。

(2) 降低励磁涌流的方法是增加合闸电路的电阻,在涌流现象衰减后把接入的电阻短路。

(3) 励磁涌流的峰值可能比绕组的额定电流大,并可能在变压器内引起相当大的电动应力,可能引起变压器保护跳闸。后者可能危害变压器绝缘,因为断开如此大的励磁电流可能引起过电压,其值可能超过一般电网中出现的操作冲击过电压。

(4) 由于励磁涌流的峰值可能比绕组的额定电流大,且电流波形中许多高次谐波,在变压器合闸时可能有比较大的振动,噪声比较大,只有在过渡过程结束后,变压器才能进入正常运行状态。

5.5.8　变压器的噪声

变压器产生噪声的主要原因是铁芯片的磁致伸缩引起的,其次引起变压器噪声的是冷却风扇和油泵。噪声的原因是磁性钢片在反复磁化时,钢片的线性尺寸发生变化,引起铁芯振动而发生噪声。变压器本体噪声的大小与变压器的额定容量、硅钢片的性能及额定空载时铁芯的磁通密度等因素有关。本体噪声的主要来源有:

(1) 硅钢片的磁致伸缩引起的铁芯振动;

(2) 硅钢片接缝处和叠片间因磁通穿过片间而产生的电磁力引起的铁芯振动;

(3) 负荷电流通过绕组时,因漏磁通在绕组导体间产生电磁力引起绕组振动;

(4) 漏磁通引起油箱壁(包括磁屏蔽等)的振动。

冷却装置的噪声主要是潜油泵和冷却风扇电机运行时产生的。对于采用强迫油循环吹风冷却方式的变压器,风扇噪声是很高的,能使变压器合成噪声比本体噪声提高 4～6 分贝。变压器是一个由各种部件组成的弹性振动系统,有许多固有振动频率。

当变压器的铁芯、绕组、油箱及其他结构件机械振动的固有频率接近或等于硅钢片磁致伸缩振动基频(2 倍的电源频率)及其整数倍(对于 50 Hz 电源,指 100 Hz、200 Hz、300 Hz 和 400 Hz 等)时,将会产生谐振,使变压器噪声显著增加。

5.5.9　变压器油中溶解气体分析

变压器在正常运行时,油浸变压器在热和电的作用下,变压器内的变压器油和绝缘材料会逐步老化和分解，产生烃类（C_2H_2、CH_4、C_2H_4 和 C_2H_6）气体，CO、CO_2 和 H_2，这些气体大部分溶解在变压器油中。

当变压器有比较严重的故障时，分解出来的气体以气泡的形式出现，在油中经对流和扩散，不断地溶解在油中。当产气速率大于溶解速率时，会有一部分气体进入到气体继电器中。产生气体的组分和数量与故障的性质和严重程度有关。

因此，变压器运行时定期取样分析跟踪变压器油的溶解气体，就能尽早地发现变压器内部是否存在异常和故障，可以分析故障的性质和发展情况（突发性故障除外）。不同故障类型产生的气体组分如表 5-4 所示。

表 5-4 不同故障类型产生的气体组分

故障类型	主要气体组分	次要气体组分
油过热	CH_4、C_2H_4	H_2、C_2H_6
油和纸过热	CH_4、C_2H_4、CO、CO_2	H_2、C_2H_6
油纸绝缘中局部放电	H_2、CH_4、C_2H_2、CO	C_2H_6、CO_2
油中火花放电	C_2H_2、H_2	
油中电弧	H_2、C_2H_2	CH_4、C_2H_4、C_2H_6
油和纸中电弧	H_2、C_2H_2、CO、CO_2	CH_4、C_2H_4、C_2H_6
进水受潮或油中气泡	H_2	

正常运行老化过程产生的气体主要是一氧化碳（CO）和二氧化碳（CO_2），在油纸绝缘中存在局部放电时，油裂解产生的气体主要是氢和甲烷，在故障温度高于正常温度不多时，产生的气体主要是甲烷，随着故障温度升高，乙烯和乙烷成为主要特征，在温度高于 1 000 ℃时，油裂解产生的气体中含有较多的乙炔，如果故障涉及固体绝缘时，会产生较多的一氧化碳和二氧化碳。有时设备正常，油中也可能出现溶解气体，如有载分接开关的切换油室漏油，分接选择器电位悬浮、变压器油箱带油补焊或冷却设备产生的气体进入变压器油箱等。

运行中的设备内部油中气体含量超过表 5-5 中的数值时，应引起注意。

表 5-5 油中溶解气体含量的注意值

设　备	气体组分	含量/ppm
变压器	总烃	150
	乙炔	5*
	氢	150

注：500 kV 变压器的乙炔注意值是 1 ppm。①

气体含量达到注意值时，应进行追踪分析，查明原因。注意值不是划分设备有无故障的唯一标准。出厂和新投运的变压器油中不应有乙炔，其他各组分也应很低。

① 1 ppm=1×10^{6}

5.6　特殊变压器

5.6.1　自耦变压器

只有一个绕组，原、副绕组有共同部分的变压器称为自耦变压器，如图 5-18 所示。

自耦变压器绕组原边与副边是一个相连的绕组，两个绕组不但有电的联系还有磁的联系，因此自耦变压器用来联系两种不同电压的网络时，一部分传输功率可以用电磁联系，另一部分可以用电联系。电磁传输功率的大小决定变压器的尺寸、重量、铁芯截面和损耗，所以与相同容量和电压等级的普通变压器相比，自耦变压器具有“省铜线，重量轻，损耗小，效率高”的优点。

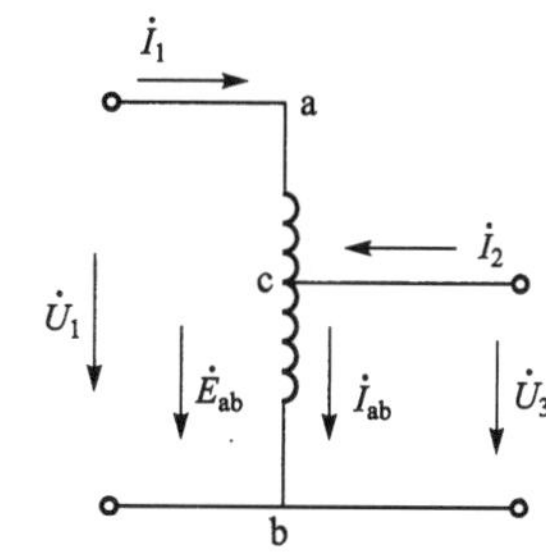

图 5-18　自耦变压器原理图

自耦变压器由于其构造上的特殊性，具有如下缺点：

(1) 由于一次、二次绕组之间的电联系，致使较高电压易于传递到低压回路。

(2) 由于一次、二次绕组之间的电联系，每相绕组之间有一部分是共有的，所以绕组间漏磁场较小，电抗较小，短路电流和效应比普通双绕组变压器大。

(3) 一次、二次侧连接方式必须相同，即只能两侧都是星接或两侧都是角接。

(4) 由于运行方式的多样化，继电保护整定比较困难。

(5) 在有分接头调压的情况下，很难取得绕组间的电磁平衡。

(6) 自耦变压器运行时中性点必须接地。

5.6.2　电压互感器

电压互感器可分为油浸式、干式、浇注式、充 SF_6 气体绝缘式、电容分压式。油浸式主要是 35 kV 以上的电压互感器，但由于工艺落后已经开始逐步停用，干式多用于低压，浇注式用于 3～35 kV。随着 GIS 越来越广泛的使用，以及充 SF_6 气体电压互感器的优异性能，充 SF_6 气体电压互感器在核电厂被广泛的使用。

[1] [2] [3] [4] — [5]

上式中字母代表的含义：第 1 位字母 J—电压互感器；第 2 位字母 D—单相，S—双相，C—串激式；第 3 位字母 J—油浸式，C—瓷箱式，Z—浇注式，G—干式，R—电容分压式，F—SF_6 气体绝缘式。第 4 位字母 B—三相带补偿式，J—接地保护式，W—三绕组三相三柱旁轭式铁芯结构。第 5 位数字表示电压等级(kV)。

5.6.2.1　电磁感应式电压互感器

电磁感应式电压互感器其工作原理与变压器相同，基本结构也是铁芯和原、副绕组。特点是容量很小且比较恒定，正常运行时接近于空载状态。电压互感器本身的阻抗很小，一旦副边发生短路，电流将急剧增长而烧毁线圈。为此，电压互感器的原边接有熔断器，副边可靠接地，以免原、副边绝缘损毁时，副边出现对地高电位而造成人身和设备事故。

测量用电压互感器一般都做成单相双线圈结构,其原边电压为被测电压(如电力系统的线电压),可以单相使用,也可以用两台接成 V—V 形作三相使用。供保护接地用电压互感器带有一个第三线圈,称三线圈电压互感器。三相的第三线圈接成开口三角形,开口三角形的两引出端与接地保护继电器的电压线圈连接。

正常运行时,电力系统的三相电压对称,第三线圈上的三相感应电动势之和为零。一旦发生单相接地时,中性点出现位移,开口三角的端子间就会出现零序电压使继电器动作,从而对电力系统起保护作用。线圈出现零序电压则相应的铁芯中就会出现零序磁通。为此,这种三相电压互感器采用旁轭式铁芯(10 kV 及以下时)或采用三台单相电压互感器。对于这种互感器,第三线圈的准确度要求不高,但要求有一定的过励磁特性(当原边电压增加时,铁芯中的磁通密度也增加相应倍数而不会损坏)。

5.6.2.2 电容式电压互感器

电容式电压互感器主要由电容分压器和中压变压器组成。是由串联电容器抽取电压,再经变压器变压送给表计、继电保护等装置实现测量和保护功能的电压互感器,电容式电压互感器还可以将载波频率耦合到输电线用于长途通信、远方测量、选择性的线路高频保护、遥控等。因此和常规的电磁式电压互感器相比,电容式电压互感器除可防止因电压互感器铁芯饱和引起铁磁谐振外,在经济和安全上还有很多优越之处。

电容分压器由瓷套和装在其中的若干串联电容器组成,瓷套内充满绝缘油,并用钢制波纹管平衡不同环境以保持油压,电容分压可用作耦合电容器连接载波装置。中压变压器由装在密封油箱内的变压器,补偿电抗器和阻尼装置组成,一次绕组分为主绕组和微调绕组,一次侧和一次绕组间串联一个低损耗电抗器。

由于电容式电压互感器的非线性阻抗和固有的电容有时会在电容式电压互感器内引起铁磁谐振,因而用阻尼装置抑制谐振,阻尼装置由电阻和电抗器组成,跨接在二次绕组上,正常情况下阻尼装置有很高的阻抗,当铁磁谐振引起过电压,在中压变压器受到影响前,电抗器已经饱和了只剩电阻负载,使振荡能量很快被降低。

5.6.2.3 电压互感器使用注意事项

1) 电压互感器在投入运行前要按照规程规定的项目进行试验检查。例如,测极性、连接组别、摇绝缘、核相序等。

2) 电压互感器的接线应保证其正确性,一次绕组和被测电路并联,二次绕组应和所接的测量仪表、继电保护装置或自动装置的电压线圈并联,同时要注意极性的正确性。

3) 接在电压互感器二次侧负荷的容量应合适,接在电压互感器二次侧的负荷不应超过其额定容量,否则,会使互感器的误差增大,难以达到测量的正确性。

4) 电压互感器二次侧不允许短路。由于电压互感器内阻抗很小,若二次回路短路时会出现很大的电流,将损坏二次设备甚至危及人身安全。电压互感器可以在二次侧装设熔断器以保护其自身不因二次侧短路而损坏。在可能的情况下,一次侧也应装设熔断器以保护高压电网不因互感器高压绕组或引线故障危及一次系统的安全。

5) 为了确保人在接触测量仪表和继电器时的安全,电压互感器二次绕组必须有一点接地。因为接地后,当一次和二次绕组间的绝缘损坏时,可以防止仪表和继电器出现高电压危及人身安全。

5.6.2.4　电压互感器的技术参数

1. 变比

电压互感器变比是指一次与二次的电压之比值，相当于变压器的变比，也是一次绕线匝数与二次绕线匝数的比值。通常用一次和二次的额定电压比值表示。电压互感器通常副绕组的额定电压设计为 100 V。

2. 误差

电压互感器的测量误差分为两种：一种是变比误差，一种是角误差。

变比误差是以电压互感器测出的电压值和实际电压值之差对实际电压值的百分数表示。

角误差是指电压互感器一次电压与反向二次电压之间的夹角，角误差的单位为分。当二次电压相量超过一次电压相量时，规定为正角差，二次电压相量滞后一次电压相量时，规定为负角差。正常运行时角误差是很小的，最大不超过 4°，一般都在 1°以下。

3. 容量

电压互感器的容量是指二次绕组允许接入的负荷功率，分为额定容量和最大容量两种，以 VA 表示。由于电压互感器的误差是随二次负载功率的大小而变化的，容量增大，准确度降低，所以铭牌上每一个给定容量对应一个准确级次，通常所说的额定容量，是指对应于最高准确级次的容量。

5.6.2.5　电压互感器的接线方式

电压互感器的接线方式较多，有下列几种：

1. 只有一台单相电压互感器的接线

如图 5-19 所示，用在只需测量任意两相之间电压的电路。电压互感器额定电压为 380 V 时，一次绕组与被测电路之间经熔断器连接，熔断器既是一次绕组的保护元件，又是控制电压互感器接入电路的控制元件。二次绕组侧熔断器为二次侧保护元件，为安全起见，二次绕组有一端（通常取 X 端）接地。

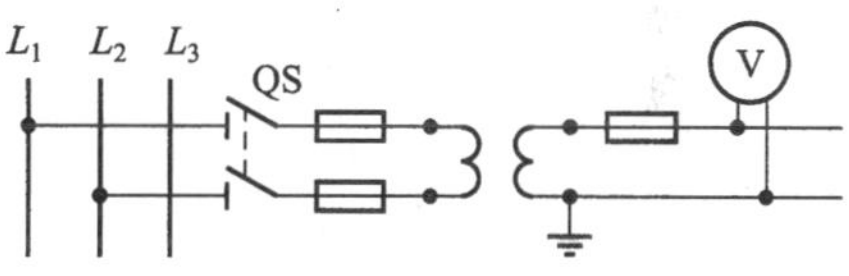

图 5-19　单相电压互感器接线图

2. 两台单相电压互感器接成不完全三角形（V/V）接线

如图 5-20 所示，用于测量中性点不接地系统或经消弧线圈接地系统的三个线电压的电路。它的优点是接线简单、经济，由于一次线圈没有接地点，减少系统中的对地励磁电流，避免产生内过电压。但由于这种接线只能得到线电压或相对于中性点的相电压，因此，它不能用于绝缘监察和做接地保护，为了安全起见，通常将二次绕组的 V 点接地。

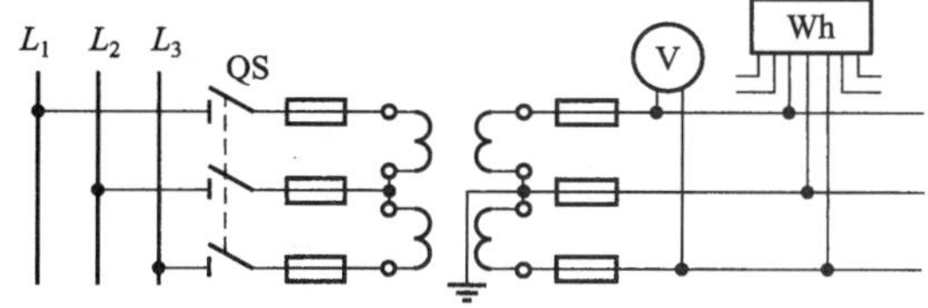

图 5-20　两个单相电压互感器 V/V 接线图

3. 三只单相电压互感器的星形接线

110 kV 及以上的采用三只单相电压互感器的星形接线，而且一次绕组中性点接地，如图 5-21 所示。这种接线可以直接测量系统的相间电压和各相对地电压。在一次绕组中性点接地的情况下，也可装用于绝缘监察的电压表。

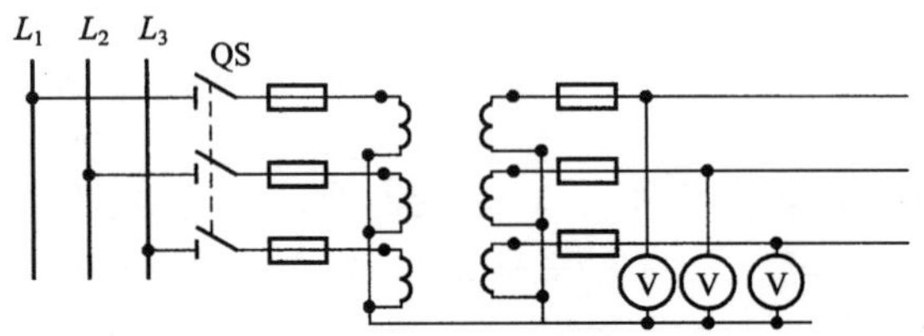

图 5-21 三只单相电压互感器的星形接线图

4. 三相三柱式或三相五柱式电压互感器接成星形接线

三相三柱式或三相五柱式电压互感器接成星形接线用于测量系统相间电压。应该特别指出，三相三柱式电压互感器的一次绕组中性点绝对不允许接地。如果将三相三柱式电压互感器一次绕组中性点接地，当系统中发生一相金属性接地时，互感器的三相一次绕组会有零序电压出现。这时零序电压所对应的零序磁通需要经过很长的空气隙而构成回路。由于零序磁通的磁阻很大，必然引起零序激磁电流的剧增（有时可达正常激磁电流的 60 倍以上），这将会造成电压互感器烧毁。为避免使用中造成这种错误接线，在制造三相三柱式电压互感器时，只将其一次绕组接为星形的三个首端接线引出，而中性点的接线不引出。三相五柱式电压互感器的一次绕组接成星形，一次、二次绕组的中性点均接地；第二个二次绕组为开口三角形也接地。这种接线的电压互感器的可直接测量系统的相间电压、各相对地电压以及零序电压，较广泛地应用于 3～15 kV 的系统中。图 5-22 为三相五柱式电压互感器的铁芯结构示意图。

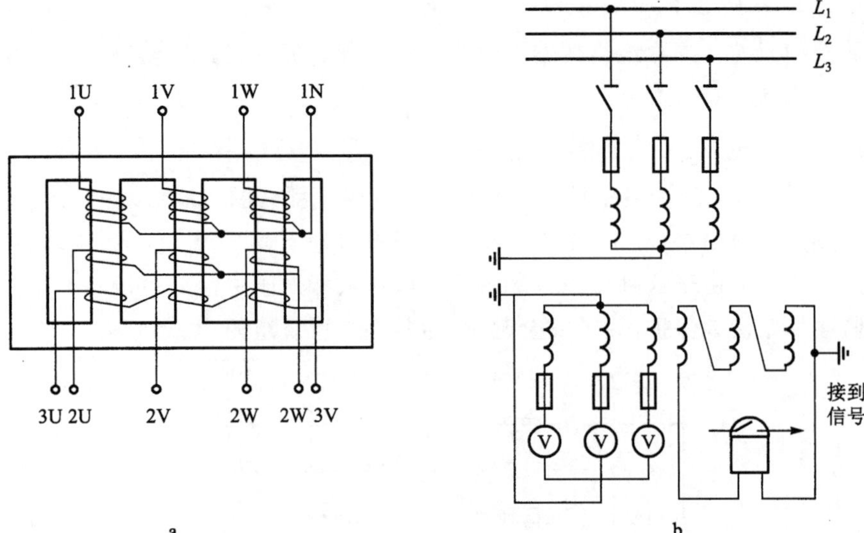

图 5-22 三相五柱式电压互感器结构示意图

5.6.3 电流互感器

电流互感器是测量大电流时将大电流变换为小电流用的变流器，它的原绕组匝数较少，串联在需要测量电流的电路上，副绕组匝数较多，接上一电流表。因电流表的阻抗很小，因此电流互感器的运行情况与变压器短路运行相似。

5.6.3.1 电流互感器的分类

电流互感器有很多种类，一般按用途、绝缘介质、电流变换原理、安装方式进行分类。

1. 按用途分

测量用电流互感器：在正常工作电流范围内，向测量、计量等装置提供电气设备的电流信息。

保护用电流互感器：在电气故障状态下，向继电保护等装置提供设备的故障电流信息。

2. 按绝缘介质分

干式电流互感器：由普通绝缘材料经浸漆处理作为绝缘。

浇注式电流互感器：用环氧树脂或其他树脂混合材料浇注成型的电流互感器。

油浸式电流互感器：由绝缘纸和绝缘油作为绝缘，一般为户外型。目前我国在各种电压等级均为常用。

气体绝缘电流互感器：主绝缘由气体构成，一般用于 GIS。

3. 按电流变换原理分

电磁式电流互感器：根据电磁感应原理实现电流变换的电流互感器。

光电式电流互感器：通过光电变换原理以实现电流变换的电流互感器。

4. 按安装方式分

贯穿式电流互感器：用来穿过屏板或墙壁的电流互感器。

支柱式电流互感器：安装在平面或支柱上，兼做一次电路导体支柱用的电流互感器。

套管式电流互感器：没有一次导体和一次绝缘，直接套装在绝缘的套管上的一种电流互感器。

母线式电流互感器：没有一次导体但有一次绝缘，直接套装在母线上使用的一种电流互感器。

5.6.3.2 电流互感器使用注意事项

1）极性连接要正确。电流互感器一般按减极性标注，如果极性连接不正确，就会影响计量，甚至在同一线路有多台电流互感器并联时，全造成短路事故。

2）二次回路应设保护性接地点，并可靠连接。为防止一次、二次绕组之间绝缘击穿后高电压窜入低压侧危及人身和仪表安全，电流互感器二次侧应设保护性接地点，接地点只允许接一个，一般将靠近电流互感器的箱体端子接地。

3）运行中二次绕组不允许开路。否则会导致二次侧出现高电压，危及人身和仪表安全；出现过热，可能烧坏绕组；增大计量误差。

4）用于电能计量的电流互感器二次回路，不应再接继电保护装置和自动装置等，以防互相影响。

5.6.3.3 电流互感器的技术参数

1. 变比

电流互感器变比是指一次与二次的电流之比值，也是二次绕线匝数与一次绕线匝数的比值。通常用一次和二次的额定电流比值表示。一般二次额定电流为1 A或5 A。

2. 误差

电流互感器的误差分为电流误差(变比误差)和相角误差。电流误差是以电流互感器测出的电流值和实际电流值之差对实际电流值的百分数表示。相角误差是电流互感器的一次电流相量与二次电流相量之间的夹角。

当一次电流比额定值小得多时，或一次电流比额定值大得多时，则误差较大，增大二次回路的负载阻抗，也将增大电流互感器的误差。因此，接到电流互感器上的测量仪表，只有在二次阻抗或二次的视在功率在某一范围内，才有足够准确的读数。

3. 容量

电流互感器的容量定义为 $S_2 = I_2^2 R_2$(VA)。

二次容量与负载阻抗成正比，因而二次负载亦可用负载阻抗的欧姆数表示，电流互感器的负载阻抗包括：仪表和继电器的线圈阻抗及二次导线和连接处的电阻。

电流互感器的二次负载不同，其准确级也不同，即电流互感器可以在各种准确级下工作，而对每一准确级有与其相对应的额定二次负载阻抗或额定容量(VA)。

复习题

1. 简述变压器的基本原理。
2. 变压器由哪些部件构成？这些部件的作用是什么？
3. 什么是变压器的励磁涌流？有哪些危害？
4. 变压器按用途分类有哪些？
5. 简述什么是变压器空载运行和负载运行。
6. 为何电压互感器副边不允许短路？为何电流互感器副边不允许开路？
7. 变压器铭牌包含的内容有哪些？
8. 变压器绕组、油面和箱壁的温升限值是多少？
9. 变压器的冷却方式有哪些？
10. 变压器的调压方式有哪两种？
11. 油浸变压器使用何种绝缘材料？预期寿命和温度的关系是怎样的？
12. 什么是变压器空载电流？什么是变压器阻抗电压？
13. 简述变压器在不同负载状态下的运行方式。
14. 简述强迫油循环变压器的运行条件。
15. 变压器的并列运行条件有哪些？

第 6 章　交直流电动机

6.1　异步电动机的结构及应用

异步电动机是一种交流旋转电动机，它的转速除与电网频率有关外，还随负载而变。异步电动机的应用广泛，在核电厂中主要用于如水泵、油泵、风机等设备的拖动。

6.1.1　异步电动机的结构

异步电动机分为鼠笼式和绕线式两种，异步电动机通常由定子、转子两大部分组成，典型的鼠笼式异步电动机的结构如图 6-1 所示。

1. 定子

定子包括定子铁芯、定子绕组和机座。

定子铁芯用于构成电动机磁路和安放定子绕组。一般它是由 0.5 mm 厚的低硅钢片叠成，两端用压圈和扣片紧固，且固定在机座内。

定子铁芯内圆冲有嵌放定子线圈的槽。中、小型异步电动机常采用半闭口槽。其优点是槽口小，可减小气隙磁阻，以降低电动机的空载电流和减小附加损耗。

定子绕组是电动机的电路部分，由漆包圆铜线绕成，在绕组中通过电流从而产生磁场，以实现机电能量的转换。小容量电动机都采用由高强度漆包圆铜线绕成的单层绕组。线圈与铁芯之间垫有带聚酯薄膜的间隔纸制成的槽绝缘（E 级）。三相绕组的首、尾都引到出线盒内的接线板上。

机座的作用是固定定子铁芯，同时机座也是散热部件，其外表面有散热片。中、小型电动机的机座由铸铁铸成。

图 6-1　鼠笼式异步电动机

2. 鼠笼式转子

鼠笼式转子的关键部分是“鼠笼”，就是转子绕组。鼠笼由铜条或铝条——转子导体和两端的短路环构成，鼠笼的转子导体均匀地分布在沿转子铁芯外圆的槽里。转子的铁芯是一个圆柱体，也是用 0.5 mm 厚的硅钢片叠成，硅钢片的外圆开有沟槽，用于镶嵌转子导体，转子的叠片一般利用定子硅钢片内圆里边的部分来制作。转子铁芯套在转轴上，一般在轴的两端装有风扇。许多小型电动机的转子绕组采用铸铝绕组，在制造时把转子叠好后放在模子内铸铝，将整个“鼠笼”以及风扇一次铸成。这种转子如图 6-2 所示。为了减少噪声和易启动，有时转子槽常制成斜槽。

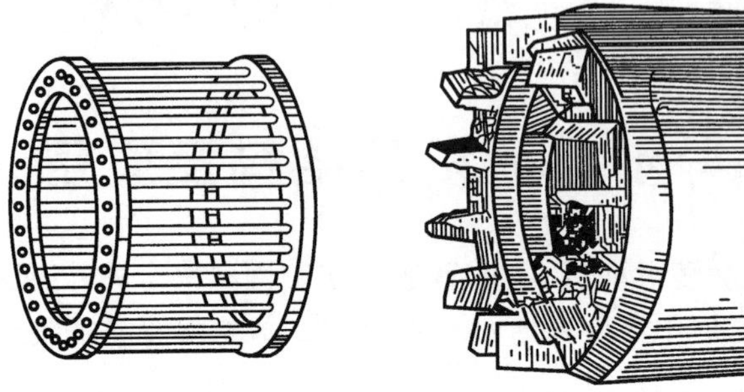

图 6-2 鼠笼式绕组

定子与转子间留有间隙，一般小型电动机的定转子间隙约为 0.35～0.5 mm，大型电动机的定转子间隙约 1～1.5 mm，该间隙的大小必须适当，间隙太小容易发生转子与定子摩擦，间隙太大则漏磁增加，电动机的磁阻增大，电动机的空载电流变大，增加电动机的损耗。

电动机除上述的定子、转子等部件外，还有端盖、轴承等。

3. 冷却

小型的异步电动机一般利用装在转轴上的自带风扇进行通风冷却，电动机定子和转子磁路硅钢片用隔板分成几组，隔板之间有许多通风道和通风孔。定子和转子的通风道相对，转轴附近有通路，以便空气进入转子通风道并在向心力作用下流动，空气从转子内流出后进入定子的通风道，然后经电动机机座出风口排出，定子的机座上铸出很多散热筋，以增强散热效果。

全封闭式电动机，电动机外壳形成一个密封体，以防止电动机内空气受到污染。转、定子间流过空气受热后送入热交换器，以便冷却后重新为电动机通风。

对于绕线型异步电动机的构造，除基本的定子和转子外，还有一个启动和调速用的滑环装置，将转子绕组引出，绕线式异步电动机的结构如图 6-3 所示。

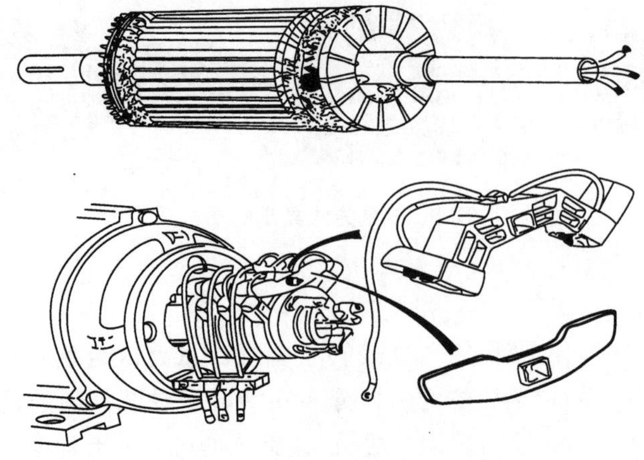

图 6-3 绕线式异步电动机

6.1.2　异步电动机的铭牌

1. 型号

这是电动机的品种代号，由产品代号、规格代号和特殊环境代号三部分组成。

例如：Y 112S－6

该型号代表Y—为产品代号，代表异步电动机；

112—为规格代号，代表异步电动机中心高 112 mm；

S—短机座；

6—极数 6 极。

2. 额定电压

额定电压指电动机在额定情况下运行，定子绕组所应接的线电压，单位：V 或 kV。

3. 额定电流

额定电流指电动机在额定电压、额定频率下轴端输出额定功率的运行情况下，定子绕组所通过的线电流，单位：A。

4. 额定功率因数 $\cos\phi_N$

ϕ_N 表示在额定运行情况下，定子相电流与相电压之间的相位差。

5. 额定功率

额定功率指电动机在额定运行情况下，转轴输出的机械功率，单位：kW。

$$P_N=\frac{\sqrt{3}U_N I_N \cos\phi_N}{1\ 000}\eta_N \tag{6-1}$$

6. 接线方式

表示电动机在额定运行情况下，三相定子绕组应采用的连接方式，有接成三角形和星形两种。

有些电动机铭牌上有两个电压数值，如 220/380 V，接线组别也有两种——三角形和星形，这表示电网电压为 220 V 时定子绕组应接成三角形，电网电压为 380 V 时，定子绕组应接成星形。

7. 额定转速

额定转速指电动机在额定运行状态下运行时的转速，单位：r/min。

8. 额定频率

额定频率指电动机在额定运行状态下的交流频率。

9. 绝缘等级

在绝缘材料老化的过程中，起主要作用的是长期高温，即所谓热老化。因此，提高绝缘材料和结构的耐热性，是改善电机性能，延长使用寿命和提高运行可靠性的重要措施。不同的绝缘材料有不同的耐热性能，电动机的绝缘耐热等级规定见表 6-1。

表 6-1 绝缘耐热等级

耐热等级	Y	A	E	B	F	H	C
允许最高温度/℃	90	105	120	130	155	180	180以上
绕组温升限值/K	—	60	75	80	100	125	—
性能参考温度/℃	—	80	95	100	120	145	—

10. 工作制

表示电动机运行的持续时间。我国分“连续”、“短时”、“断续”三种。

11. 防护等级

表示防护等级的代号由表征字母“IP”(表示国际防护)及附加在后的两个表征数字组成,例如IP44。

第一位数字表示第一种防护,即防止人体触及或接近壳内带电部分和触及壳内转动部件,以及防止固体异物进入电机(表6-2)。

第二位数字表示第二种防护,即防止由于电机进水而引起有害影响(表6-3)。这两位数字越大,防护能力越强。

表 6-2 电动机防护等级第一位数字含义

第一位表征数字	简 述	详 细 定 义
0	无防护电机	无专门防护
1	防护大于50 mm固体的电机	防止大于50 mm的固体物侵入,防止人体(如手掌)因意外而接触到壳内带电或运动部分(不能防止故意接触)
2	防护大于12 mm固体的电机	防止大于12 mm的固体异物侵入壳内
3	防护大于2.5 mm固体的电机	防止大于2.5 mm的固体异物侵入壳内,防止直径或厚度大于2.5 mm的工具、电线、片条或类似的细节小外物侵入而接触到壳内带电或转动部件
4	防护大于1 mm固体的电机	防止大于1.0 mm的固体异物侵入壳内,防止直径或厚度大于1.0 mm的工具、电线、片条或类似的细节小外物侵入而接触到壳内带电或转动部件
5	防尘电机	完全防止外物侵入,虽不能完全防止灰尘进入,但侵入的灰尘量并不会影响电机的正常工作

注:当只需用一个表征数字表示某一防护等级时,被省略的数字应以字母“X”代替,例如IPX5。当防护的内容有所增加,可用补充字母表示,补充字母放在数字之后或紧跟“IP”之后。第一位表征数字为1至4的电机所能防止的固体异物。系包括形状规则或不规则的物体。第五级防尘是一般的防尘。

表 6-3　电动机防护等级第二位数字含义

第二位表征数字	简　述	详　细　定　义
0	无防护电机	没有防护
1	防滴电机	垂直滴下的水滴(如凝结水)不会造成有害影响
2	215°防滴电机	当电机正常位置向任何方向倾斜至15°以内任一角度时,垂直滴水,都应无有害影响
3	防淋水电机	与垂直线成60°角范围内淋水应无有害影响
4	防溅水电机	承受任何方向溅水应无有害影响
5	防喷水电机	承受任何方向喷水应无有害影响
6	海浪电机	承受猛烈的海浪冲击或强烈喷水时,电机的进水量应不达到有害的程度
7	防浸水电机	当电机浸入规定压力的水中,经过规定时间后,电机的进水量应不达到有害的程度
8	潜水电机电机	在制造厂规定的条件下能长期潜水。一般为水密型,对某些类型电机也可允许水进入,但应不达到有害程度

6.1.3　异步电动机的特点及分类

交流电动机按照其转速和电源频率的关系可分同步电动机和异步电动机。同步电动机的转速 n 和电源频率 f 存在下列固定关系:$n=n_1=60f/p$,其中 n_1—同步转速,p—电动机极对数。异步电动机由于其工作原理关系,其转速不可能等于同步转速,且随着负荷大小而变化,故称异步电动机,又称为感应电动机。

6.1.3.1　异步电动机的特点

电厂中的绝大部分电动机是异步电动机,用它来拖动旋转机械设备,如:水泵、风机等。其主要的特点如下:

(1) 异步电动机的转子绕组不需要与其他电源相连接,定子电流可直接取自电网,因此,与同步电动机相比,供电方式简单,而且还具有结构简单、维护方便、运行可靠、价格较低等优点。

(2) 异步电动机的最大转矩和供电电压平方成正比,因此,其最大转矩易受电网电压变化的影响,在低电压下运行,最大转矩将显著降低。

(3) 由于异步电动机转子电流是依靠定子磁场感应产生,因而定、转子之间的空气隙应尽可能小,空气隙大了会增加磁阻,从而使空载电流增大,功率因数降低,但气隙过小,装配时易造成气隙不均匀,甚至定、转子铁芯相擦。

由于异步电动机具有结构简单、运行可靠、维护方便、效率较高、价格便宜等优点,所以应用广泛;利用鼠笼式异步电动机无滑环滑动接触产生火花的特点,可用作防爆电动机;由于绕线型异步电动机在转子绕组中串入电阻后即能调速,因此往往应用于电梯、起重机、调速风机和水泵等的驱动。

但异步电动机也有明显的缺点:如不能在较广的范围内经济、平滑地调速,且会使所接电网的功率因数降低。所以,在一些要求调速范围较宽的场合,就应采用调速特性更好的直流电动机,而在单机容量较大,需要保持恒定速度的场合,常采用功率因数可调节的同步电动机。

6.1.3.2 异步电动机的分类

异步电动机的品种繁多,按不同特征可作以下分类。

按照电源分三相和单相。

按照转子结构分为鼠笼型和绕线型;鼠笼型又可分为单笼型、双笼型和深槽型。

按照电动机外壳的不同防护形式可分为开启式、防护式、封闭式和全封闭式。

按照通风方式可分为自扇冷式、他扇冷式和管道通风式等。

按照定子铁芯外圆尺寸的大小可分为小型电动机(外圆从 120～500 mm)、中型电动机(外圆从 500～990 mm)、大型电动机(外圆大于从 1 000 mm)。

6.2 异步电动机的工作原理

6.2.1 异步电动机的转动原理

三相交流电通入异步电动机的定子绕组,产生旋转磁场,旋转磁场的磁力线切割转子导条,使导条两端出现感应电动势,闭合的导条中便有感应电流流过。在感应电流与旋转磁场相互作用下,转子导条受到电磁力并形成电磁转矩,从而使转子转动。

6.2.1.1 旋转磁场的产生

三相异步电动机定子绕组接成星形,如图 6-4a 所示。定子绕组中通入三相对称交流电流,其波形图如图 6-4b 所示。三相对称交流电流的表达式如下:

$$
\begin{aligned}
i_U &= I_m \sin\omega t \\
i_V &= I_m \sin(\omega t - 120°) \\
i_W &= I_m \sin(\omega t - 240°)
\end{aligned}
\tag{6-2}
$$

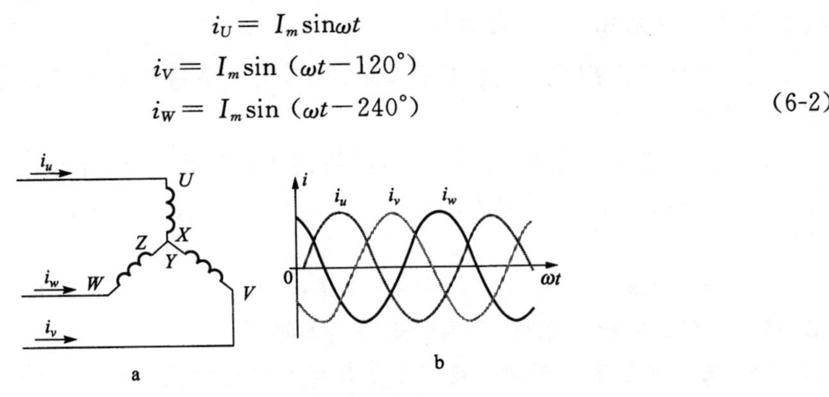

图 6-4 三相绕组通入对称电流

a. 三相绕组;b. 三相对称交流电流波形图

从图 6-4b 可以看出,三相对称交流电流的相序(电流出现正幅值的顺序)为 $U \to V \to W$。不同时刻三相对称交流电流正负方向如表 6-4 所示。

表 6-4　不同时刻电流正负方向

ωt	I_U	I_V	I_W
0°	0	−	+
60°	+	−	0
90°	+	−	−

由表 6-4 知，不同时刻，三相电流正负不同，也就是三相电流的实际方向不同。在某一时刻，将每相电流所产生的磁场相加，便得出三相电流的合成磁场。不同时刻合成磁场的方向也不同，如图 6-5 所示。

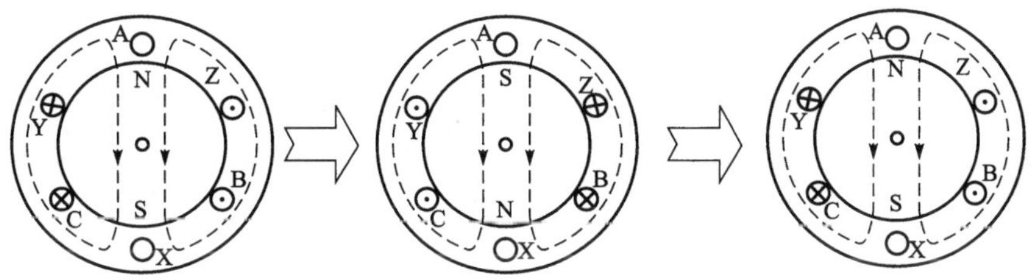

图 6-5　三相电流产生的旋转磁场（$p=1$）

从图 6-5 可以看出，通入定子的三相交流电产生了旋转的两极磁场。在旋转磁场的作用下，异步电动机的转动原理可由图 6-6 说明，转子中只表示出分别靠近 N 极和 S 极的两根导条（铜或铝）。当旋转磁场向顺时针方向旋转时，其磁力线切割转子导条，导条中就感应出电动势。在电动势的作用下，闭合的导条中就有感应电流。感应电流的方向可以根据右手定则来判断，判断的结果如图 6-6 所示。

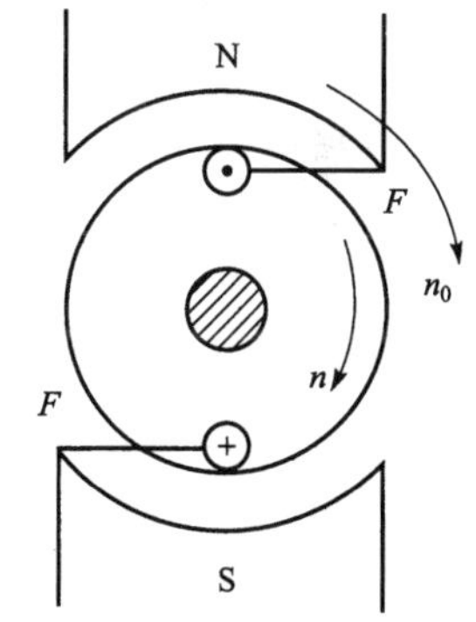

图 6-6　转子转动原理示意图

在这里应用右手定则时，可假设磁极不动，而转子导条向逆时针方向旋转切割磁力线，这与实际上磁极顺时针方向旋转时磁力线切割转子导条是相当的。导条中的感应电流与旋转磁场相互作用，使转子导条受到电磁力 F。电磁力的方向可以由左手定则确定。靠近 N 极和 S 极的两根导条产生的电磁力形成电磁转矩，使转子转动起来。

综上所述，三相异步电动机旋转的基本原理是：三相异步电动机的定子绕组线圈在空间上沿定子圆周成 120°电角度分布，这样，三相线圈在通入三相交流电后，便形成了一个旋转的磁场；在旋转磁场的作用下，在转子绕组中感应出电动势，形成转子电流，与旋转磁场相互作用，使转子受到电磁力，使转子转动起来。

6.2.1.2　旋转磁场的转速

旋转磁场的旋转速度称为同步转速，一般用 n_1 表示，如电动机的极对数为 p，电网电源频率为 f，则 p 对极电动机的旋转磁场的转速为：

$$n_1=\frac{60f}{p} \tag{6-3}$$

国内规定的电源频率标准是 $f=50$ Hz，则旋转磁场的转速由电动机的极对数 p 决定，对应不同极对数 p 的旋转磁场转速见表 6-5。

表 6-5 旋转磁场的转速

极对数	1	2	3	4	5	6	7	8
转速/(r/min)	3 000	1 500	1 000	750	600	500	428	375

6.2.1.3 旋转磁场的旋转方向

转子的转动方向与定子的旋转磁场的方向相同。旋转磁场的方向与定子绕组各线圈中电流到达最大值的先后顺序，即电流的相序一致。如果要改变电动机的转动方向，只要对调电动机三相交流电电源进线的任意两相接线，这样就改变了电流的相序，即改变了旋转磁场的方向，则电动机的转动方向也相应改变。

6.2.2 转差率

异步电动机的转速永远小于同步转速，因为如果转子达到同步转速，则它和旋转磁场间没有相对运动，转子导条就不被磁力线切割，转子中就不会感应出电动势，也就没有转子电流，也就不能产生推动转子旋转的电磁转矩了。所以，转子的转速总与旋转磁场之间存在着差异，“异步”之名也因此而来。

异步电动机的一个重要的运行物理量就是转差率，它是转子转速与同步转速的差值对同步转速的比值。

$$s=\frac{n_1-n}{n_1} \tag{6-4}$$

式中：

n_1——同步转速(定子旋转磁场的转速)；

n——转子的转速；

s——转差率。

转差率反映了转子转速和定子旋转磁场转速的相对运动速度。转子转速越接近旋转磁场转速，则转差率越小。由于三相异步电动机的额定转速与同步转速相近，所以它的转差率很小。一般的，异步电动机在额定负荷运行时，其转差率在 0.01～0.06 范围内。

当 $n=0$ 时(启动初始瞬间)，$s=1$，这时转差率最大。

6.2.3 异步电动机的物理状况分析

异步电动机的定子绕组、转子绕组彼此之间通过旋转磁场联系起来，它们之间的联系，可以通过定子绕组、转子绕组的电势平衡和磁势平衡来表达。下面我们具体分析电动机的物理状况。

6.2.3.1 定子绕组的电势平衡方程

定子绕组接到交流电源上，与电源电压相平衡的电势(压降)包括：

主电势(感应电势)

定子绕组通入三相对称交流电流时，将会产生旋转的主磁通，同时被定子绕组和转子绕组切割，并在其中产生感应电势。

定子绕组感应电势的有效值：

$$E_1 = 4.44 f_1 N_1 \Phi_1 K_{W1} \tag{6-5}$$

式中，f_1 为电源频率，N_1 为线圈的匝数，Φ_1为旋转磁场每极的磁通，K_{W1}为小于 1 的常数，称为定子的绕组系数。

漏磁电势（漏抗压降）

定子漏磁通：仅与定子绕组相匝链。

漏抗压降：

$$\dot{E}_{1\sigma} = -j\dot{I}_1 X_{1\sigma} \tag{6-6}$$

电阻压降：

$$R_1 \dot{I}_1 \tag{6-7}$$

式中，$X_{1\sigma}$为定子绕组的漏电抗，R_1 为定子绕组的电阻，I_1 为定子电流。根据基尔霍夫第二定律，我们得到定子电势平衡方程式：

$$\dot{U}_1 = -\dot{E}_1 + (R_1 + jX_1)\dot{I}_1 = -\dot{E}_1 + Z_{1\sigma}\dot{I}_1 \tag{6-8}$$

式中，$U_{1\sigma}$为定子绕组的电压降，$Z_{1\sigma}$为定子绕组的阻抗，I_1 为定子电流。

6.2.3.2　转子绕组的电势平衡方程

与定子绕组一样，旋转的主磁通被转子绕组切割，并在其中产生感应电势，转子感应电势的有效值公式：

$$E_{2s} = 4.44 f_2 N_2 \Phi_1 k_{W2} = 4.44 s f_1 N_2 \Phi_1 k_{W2} = s(4.44 f_1 N_2 \Phi_1 k_{W2}) = sE_2 \tag{6-9}$$

式中，f_2 为转子感应电动势的频率，N_2 为转子线圈的匝数，Φ_1为旋转磁场每极的磁通，k_{W2}为小于 1 的常数，称为转子的绕组系数，s 为转差率。可以看出，转子的感应电势与转差率成正比。

对绕线式异步电机，转子绕组每相串联匝数，相数计算方法同定子绕组的计算。

对笼型转子来说，由于每个导条中电流相位均不一样，所以，每个导条即为一相，可见相数等于导条数即转子槽数；每相串联匝数为半匝即 1/2。

转子绕组的阻抗

由于转子绕组是闭合的，所以有转子电流流过。同样会产生漏磁电抗压降。

漏抗公式：

$$X_{2\sigma s} = 2\pi f_2 L_{2\sigma} = 2\pi s f_1 L_{2\sigma} = sX_{2\sigma} \tag{6-10}$$

漏抗也与转差率正比。转速越高，漏抗越小。

考虑到转子绕组的相电阻后：

$$Z_{2\sigma s} = R_2 + jsX_{2\sigma} \tag{6-11}$$

式中，$X_{2\sigma}$为转子绕组的漏电抗，R_2 为转子绕组的电阻。

转子绕组是短路绕组，转子电压为 0，感应电势全部加在转子阻抗上，则转子回路方程：

$$\dot{E}_{2s} = j\dot{I}_2 Z_{2\sigma s} \tag{6-12}$$

转子电流：

$$\dot{I}_2=\frac{\dot{E}_{2s}}{Z_{2\sigma s}}=\frac{s\dot{E}_2}{R_2+jsX_{2\sigma}},I_2=\frac{sE_2}{\sqrt{R_2^2+(sX_{2\sigma})^2}} \tag{6-13}$$

我们讨论一下转子频率随 s 的变化。主磁通以同步速度 n_1 旋转，转子以转速 n 旋转，则转子绕组导体切割主磁通的相对转速为$(n_1-n)=sn_1$，转子绕组中感应电势的频率公式：

$$f_2=\frac{p(n_1-n)}{60}=\frac{n_1-n}{n_1}\frac{pn_1}{60}=sf_1 \tag{6-14}$$

结论：由于 s 很小，所以转子感应电势频率很低，一般为 0.5～3 Hz。

例如：一台三相异步电动机，在额定转速下运行，转速 n=1 470 r/min，电源频率 f_1=50 Hz，试求 1）转子电流频率 f_2；2）定子电流产生的旋转磁动势以什么速度切割定子？又以什么速度切割转子？转子电流产生的旋转磁动势以什么速度切割定子？又以什么速度切割转子？

解：1）$f_2=sf_1$

$=(n_1-n)/n_1\cdot f_1$

$=(1\,500-1\,470)/1\,500\cdot 50$

$=1$ Hz

2）定子电流产生的旋转磁动势以同步速度 n_1=1 500 r/min 切割定子；定子电流产生的定子磁动势转速相对于转子的速度 $\Delta n=n_1-n$=1 500−1 470=30 r/min，即定子电流产生的定子磁动势以 30 r/min 的速度切割转子。

3）转子电流产生的旋转磁动势相对于定子的速度为 $\Delta n=n+n_2$=1 470+30=1 500 r/min，即转子电流产生的旋转磁动势以 1 500 r/min 的速度切割定子；转子电流产生的旋转磁动势相对于转子的速度为 30 r/min，即转子电流产生的旋转磁动势以 30 r/min 的速度切割转子。

转子不动是电动机运行的特殊情况，电动机在接通电源还没有启动的瞬间，以及由于负载过重而使电动机堵转的停机都属于这种情况。

当转子不动时，即 $n=0$，$s=1$，根据 $f_2=sf_1$，则有 $f_2=f_1$，根据式(6-13)得出。

此时 I_2 最大。

结论：电动机在启动时，转子电流最大。

6.2.4 电磁转矩

转矩：力的大小与力臂（转轴到力的作用线之间的垂直距离）的乘积，用 T 表示。

作用在异步电动机转子上的转矩有两类转矩：一类是转动转矩（又称为驱动转矩），它是由转子电流和气隙合成磁场相互作用而产生的电磁转矩；另一类是阻转矩，它是由转子轴上所带的机械负荷和机械损耗所产生的。

经数学分析，驱动电磁转矩为

$$T=K_T\phi I_2\cos\phi_2 \tag{6-15}$$

式中：

K_T——与电动机结构有关的常数；

ϕ——气隙合成旋转磁场的每极磁通；

$\cos\phi_2$——转子每相电路的功率因数；

I_2——转子每相电流。

由式(6-15)可见，转矩 T 除与每极磁通 ϕ 成正比外，还与 $I_2\cos\phi_2$ 成正比。由于转子电流 I_2 和功率因数 $\cos\phi_2$ 与转差率 s 有关，所以转矩 T 也与转差率 s 有关。

转矩的另一个表示式为：

$$T=K\frac{sR_2}{R_2^2+(SX_{20})^2}U_1^2 \tag{6-16}$$

式中：

K——与电动机结构有关的常数；

R_2——转子电阻；

X_{20}——转子电抗；

U_1——定子每相电压。

由式(6-16)还可看出，转矩 T 还与定子每相电压 U_1 的平方成比例，所以当电源电压有所变动时，对转矩的影响很大。此外，转矩还受转子电阻 R_2 的影响。

6.2.5　机械特性曲线

在一定的电源电压 U_1 和转子电阻 R_2 之下，转矩 T 与转差率 s 的关系曲线 $T=f(s)$，如图 6-7 所示；或转速 n 与转矩 T 的关系曲线 $n=f(T)$，如图 6-8 所示，称为电动机的机械特性曲线。研究机械特性的目的是为了分析电动机的运行性能。在机械特性曲线上，我们讨论三个转矩。

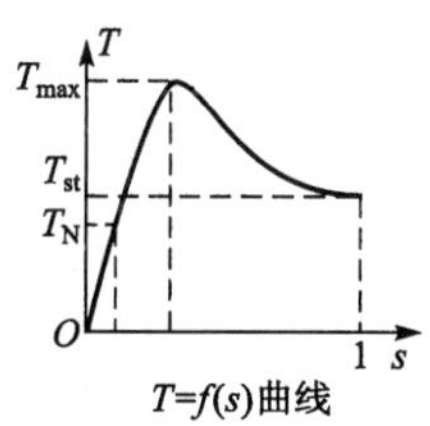

图 6-7　三相异步电动机的 $T=f(s)$ 曲线图

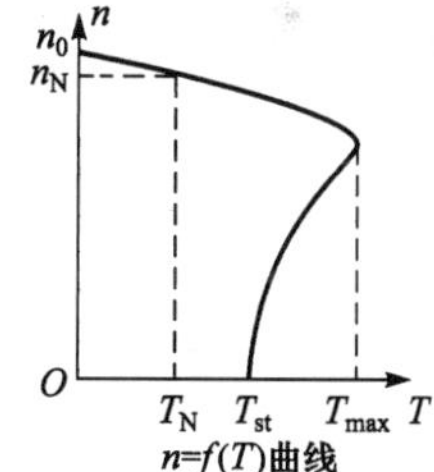

图 6-8　三相异步电动机的 $n=f(T)$ 曲线图

6.2.5.1　额定转矩 T_N

电动机在额定电压下，以额定转速运行，输出额定功率时，电动机转轴上输出的转矩。

$$T_N=\frac{P_N}{\frac{2\pi n_N}{60}}=9\ 550\ \frac{P_N(\mathrm{kW})}{n_N(\mathrm{r/min})} \tag{6-17}$$

6.2.5.2　启动转矩 T_{st}

T_{st}是电动机启动时的转矩。

启动时 $n\to 0(s=1)\to I_2\uparrow\to I_1\uparrow$，故电动机启动时，电流会较大。

式中：

I_2——转子电流；

I_1——定子电流。

$$T_{st}=K\frac{sR_2}{R_2^2+(SX_{20})^2}U_1^2 \tag{6-18}$$

注意：

1）三相异步电动机的启动转矩 T_{st} 与电压的平方成正比，所以对电压的波动很敏感，使用时要注意电压的变化。

2）启动转矩 T_{st} 大于负载转矩时，电动机将启动，转子变转动起来，转速上升，电动机的电磁转矩沿着曲线逐渐增大，经过最大转矩后又逐渐减小，最后达到转动转矩和负载转矩相平衡为止。

3）启动转矩 T_{st} 小于负载转矩时，电动机将不能启动，电动机发生堵转，致使 $n\to 0(s=1)\to I_2\uparrow\to I_1\uparrow\to$ 电动机严重过热。

4）启动转矩 T_{st} 体现了电动机带载启动的能力。

6.2.5.3 最大转矩 T_{max}

根据公式 6-16，当 $s=\frac{R_2}{X_{20}}$ 时，得到电动机的最大转矩 $T_{max}=KU_1^2\ \frac{1}{2X_{20}}$

电动机的最大转矩与额定转矩的比值过载系数 $\lambda=T_{max}/\ T_N$，其代表了电动机的过载能力，三相异步电动机的过载系数一般为 1.8～2.2。

注意：

1）三相异步电动机的最大转矩 T_{max} 的大小与转子电阻 R_2 无关。

2）达到最大转矩时，所对应的临界转差率 s 与转子电阻 R_2 成正比，即当 X_{20} 一定时，转子电阻 R_2 愈大，则临界转差率 s 愈大。

6.3 异步电动机的启动

6.3.1 异步电动机的启动转矩平衡

启动时，启动转矩 T_{st} 必须大于阻转矩 T_j 和惯性转矩 T_i（动态转矩）之和。

6.3.1.1 阻转矩

阻转矩由下述两转矩之和构成。

1）有效转矩，相当于驱动机械的转矩。

2）摩擦转矩，由于启动时轴和轴瓦间尚未形成良好的油膜，摩擦力较大，因而转矩也大。

6.3.1.2 惯性转矩

假如电动机带动一圆柱体，圆柱体不传输任何有效转矩。然而，为使圆柱有一定转速，电动机必须向它传输一个转矩。圆柱体转速增加越快，该转矩也越大。这一转矩是由于物体惯性造成的转矩称“惯性转矩”。

速度恒定时该转矩为零。可由式(6-19)表示。

$$T_i=J\ \frac{\mathrm{d}\Omega}{\mathrm{d}t} \tag{6-19}$$

式中：

J——电动机及拖动机械负载的转动惯量；

Ω——机械角速度。

任何机械启动时，电动机都必须供给一惯性转矩 T_i，它取决于：

- 启动时间；
- 被驱动体的转动惯量。

所以启动方式一旦确定，启动时电动机应供给转矩为：

$$T_{st}=T_j+T_i \tag{6-20}$$

当转速恒定时，$T_i=0$，转动转矩等于 T_j。

选择异步电动机时，最根本一条是知道它应提供的启动转矩的大小，该转矩取决于被驱动机械和启动方式。

6.3.2 异步电动机的启动性能

异步电动机刚启动时，转子转速为 0，转差率 $s=1$，旋转磁场相对静止的转子有很大相对转速，这时转子感应电动势 E_{20} 很大。

由于转子电抗 X_{20} 也很大，转子启动电流 I_{2st} 一般约为转子额定电流 I_{2N}，而定子电流 I_{st} 将达到额定电流 I_N 的 4～7 倍。

通常将启动电流 I_{st} 与额定电流的比值 I_{st}/I_N 作为电动机的启动性能的重要指标。

启动电流 I_{st} 太大的影响：

(1) 影响电网电压，可能使电网上其他电气设备不能正常工作，并造成正在启动的电动机启动转矩下降。

(2) 使电动机绕组发热，缩短电动机寿命。

(3) 使用频繁启动、转动惯量大的电动机，会因大电流产生电磁力作用，引起转子绕组故障。

(4) 影响电动机保护的整定值。

启动时，虽然启动电流是额定电流的 4～7 倍，但启动转矩并不很高，一般启动转矩与额定转矩的比值 $T_{st}/T_N=0.95\sim2.0$。原因是刚启动时，转子电流频率高 $f_2=f_1$，转子漏抗也很大，因此转子电路回路的功率因数 $\cos\phi_2$ 很低；并且由于定子绕组漏阻抗压降很大，使 Φ 下降。由公式 $T=K_T\phi I_2\cos\phi_2$ 可知，启动转矩并不大。

6.3.3 异步电动机的启动方式

在实际应用中，电动机接通电源后，从开始启动到匀速运行的过程称为启动过程。在应用中，对启动性能的要求有两点：一是启动电流要小，二是启动转矩要大。由于启动时，电动机的大的启动电流的影响，电动机的温升有显著的变化，对电动机的绝缘性能是一个考验，因此交流异步电动机带负荷的启动次数应符合厂家技术条件的要求，当产品无技术要求时，可符合下列规定：

1) 在冷态时，可以启动 2 次。每次间隔不得小于 5 min。

2) 在热态时，可以启动 1 次。处理事故及电动机启动不超过 2～3 h，可再启动 1 次。

6.3.3.1 直接启动

这是最简单的启动方法，即全压启动，启动时用刀闸或断路器等开关设备把电动机直接接到电网上。

直接启动因启动电流大，对电网电压影响较大，它的应用主要受到电网容量的限制。核电厂的电动机一般均采取直接启动的方式，这就要求核电厂配电装置的容量较大，一般电动机的容量不大于配电变压器容量的 20%时，都可以直接启动。

一般规定

直接启动造成的电压下降允许值，对直接与电动机连接的情况取 15%U_N；对经变压器与电网连接的情况取 10%U_N。

普通的鼠笼式电动机启动性能较差，启动电流大，启动转矩小，因而只有容量不大的这类电动机可以直接(全压)启动，一般如电动机的容量不大于变压器容量的 20%，都可以直接启动。总结：1)直接启动具有设备简单，操作方便的优点；2)直接启动具有启动电流大，并要求有足够大电源的缺。

为了改善大容量的鼠笼式电动机的启动性能，使得几百千瓦、几千千瓦的异步电动机也能全压启动，一般采用启动性能好的双鼠笼式或深槽式异步电动机。深槽式、双鼠笼式异步电动机能改善启动性能的原理如下。

1. 深槽式异步电动机

深槽式异步电动机的定子与普通鼠笼异步电动机一样，但转子的槽形窄而深。

原理

启动时转子电流频率高，集肤效应显著，利用集肤效应，使转子绕组电流不均匀分布，增大了转子绕组有效电阻，使 $\cos\phi_2$ 增大，启动转矩增大，启动电流减小。深槽式转子绕组中漏磁通和电流在启动时的分布如图 6-9 所示，随着转速的上升电流分布逐渐处于均匀。

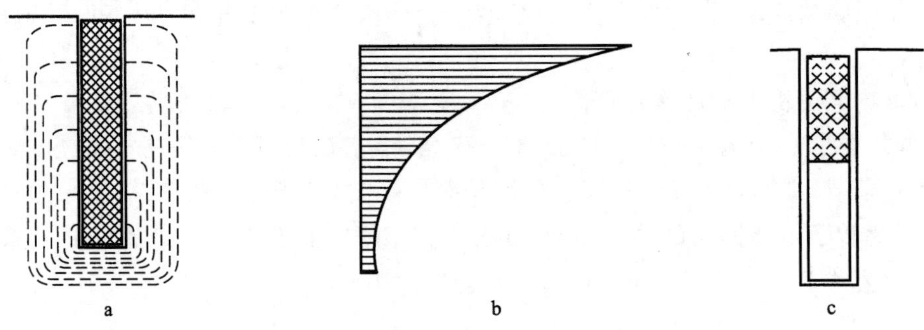

图 6-9 深槽式转子绕组中漏磁通和电流在启动时的分布

a. 漏磁通分布；b. 电流分布；c. 启动时的有效导体截面

在正常运行时，转子导体频率很低(仅 1～3 Hz)，集肤效应基本消失，电流近于均匀分布，转子电阻自动变小。深槽式异步电动机转矩特性如图 6-10 曲线 4 所示。

2. 双鼠笼式异步电动机

双鼠笼式异步电动机转子有两套鼠笼绕组，上层鼠笼绕组导体截面小，电阻系数大(用黄铜或青铜制作)，电阻较大，称启动绕组，下层鼠笼导体绕组导体截面大，电阻系数小(用紫铜制作)，电阻较小，称工作绕组。

启动时，$s=1$，转子感应电动势和电流的频率 f_2 大，集肤效应大，电流主要流过上层笼，使有效电阻增大，启动电流减小，启动转矩增大。

正常运行时，转子感应电动势和电流的频率 f_2 小，集肤效应基本消失，电流大部分流过下层笼。双鼠笼式电动机转矩可看成上、下两个鼠笼并联运行产生，如图 6-10 曲线 1、2、3。启动时双鼠笼转子绕组中漏磁通分布如图 6-11。

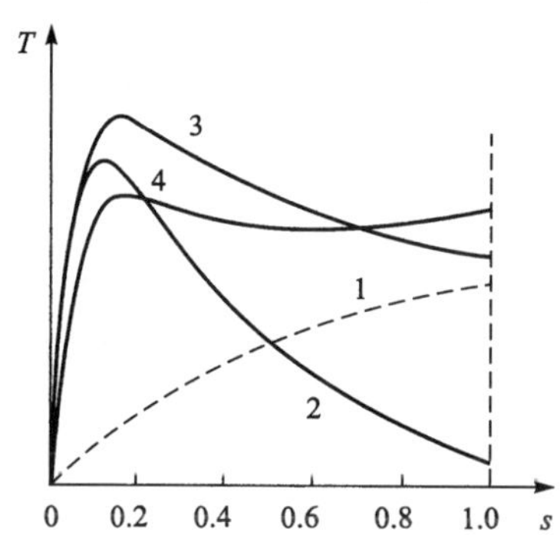

图 6-10　双鼠笼电动机的转矩曲线

1—外鼠笼的转矩特性；2—内鼠笼的转矩特性；
3—双鼠笼电动机的转矩特性；4—深槽式电动机转矩特性

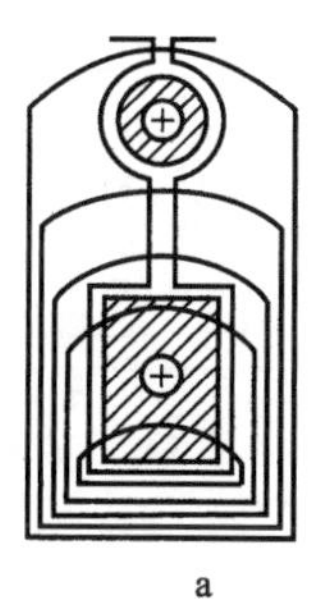

图 6-11　双鼠笼电动机转子中的转矩漏磁通的分布和铸铝转子

a. 漏磁通分布；b. 铸铝转子断面

双鼠笼式和深槽式电动机与同容量普通鼠笼式电动机比较具有较大的启动转矩和较小的启动电流，但是由于转子漏抗稍大，使正常运行时 $\cos\phi_2$、T_{max}、K_T 均有所下降，即有功率因数低，以及过载能力较差的缺点。一般的，容量大于 1 000 kW 的鼠笼式电动机都作成双鼠笼式或深槽式。

6.3.3.2　降压启动

我们知道，启动时转子电流为 $I_{20}=E_{20}/Z_{20}$，因此，减小启动电流的途径一是增大转子阻抗 Z_{20}，另一个就是减小 E_{20}。由于鼠笼式转子的阻抗无法改变，因而只能减小 E_{20}，由于 E_{20} 与电源电压成正比。因此，要减小启动电流就必须降低电源电压。

1. 星形—三角形启动

凡正常运行时转子绕组作三角接线的电动机，均可采用 Y/△法降压启动，接线如图 6-12所示。启动时，定子绕组接成星形，定子每一相绕组电压为 $\frac{1}{\sqrt{3}}U_e$(U_e 为电网额定线电压)。启动完毕改接成三角形，定子每相绕组便承受额定电压 U_e。

仅适用于正常接法为三角形接法的电动机，Y/△启动，I_{st} 降低同时 T_{st} 也降低(T_{st} 正比于 U^2)，所以降压启动适合于空载或轻载启动的场合。用这种方法启动与三角接线直接启动相比，启动电流和启动转矩有如下关系：$I_{stY}/\ I_{st\Delta}=1/3$

由于 T_{st} 正比于 U^2，所以有，$T_{stY}/\ T_{st\Delta}=1/3$

2. 应用自耦变压器降压启动

如图 6-13 所示，自耦降压启动是利用三相自耦变压器将电动机在启动过程中的端电压

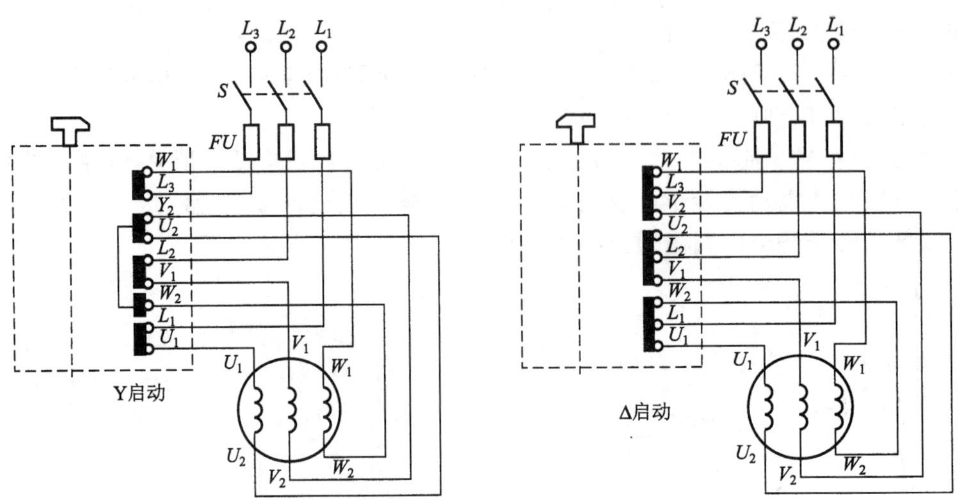

图 6-12 星形—三角形降压启动原理接线图

降低。启动时，先把开关 Q_2 扳到“启动”位置。当转速接近额定值时，将 Q_2 扳到“工作”位置，切除自耦变压器。

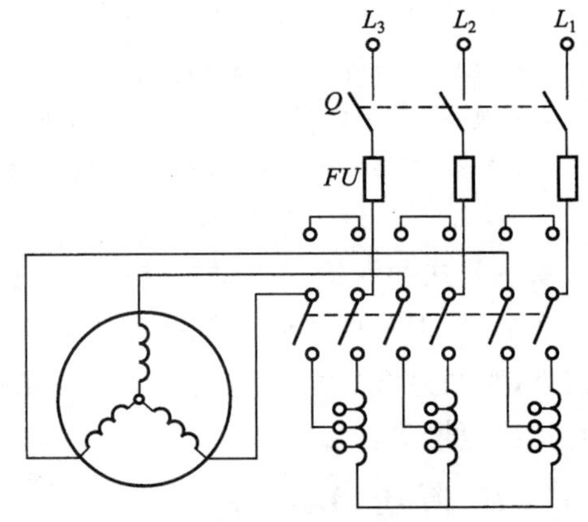

图 6-13 自耦变压器降压启动原理接线图

自耦变压器备有抽头，以便得到不同的电压(例如为电源电压的 73%、64%、55%)，根据对启动转矩的要求而选用。

自耦降压启动适用于容量较大的或正常运行时联成星形不能采用星形—三角启动器的鼠笼式异步电动机。

由电网供给电动机的启动电流降为全压启动的 $1/k_2^2$(k_2 为自耦变压器的变比)，即

$$I_{st}/I_{st}=1/k_2^2 \qquad (6\text{-}21)$$

启动转矩与电压平方成正比，启动转矩降为降压启动的 $1/k_2^2$ 倍，即

$$T_{st}/T_{st}=1/k_2^2 \qquad (6\text{-}22)$$

6.3.4 绕线式异步电动机的启动

绕线式异步电动机的转子绕组一般均接成 Y 形，正常三相绕组通过滑环短接，若转子绕组直接在短接情况下启动，则与鼠笼型电机一样。绕线式异步电动机一般应用于吊车等经常调速的设备中，启动主要以下方式。

6.3.4.1 在转子回路串启动变阻器启动

绕线式异步电动机在转子回路串启动变阻器启动的原理是通过增大转子绕组电路中的电阻，来降低启动电流的，见图 6-14。

在转子回路中串入多级对称电阻，在启动过程中，随着转速的提高，逐级将启动电阻切除，一般取最大加速转矩为 0.7～0.85 T_m，切换转矩为 1.1～1.2 T_N。

转子电路接入电阻后，一方面使转子电流减小，使定子启动电流也减小；另一方面使 $\cos\phi_2$ 增大，因而启动转矩有所增加。适用于电机在重载情况下的启动场合。

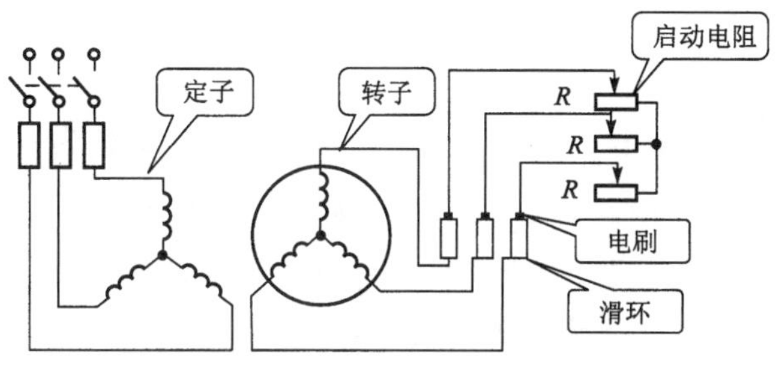

图 6-14　转子回路串启动变阻器启动

6.3.4.2　在转子回路串频敏变阻器启动

在转子回路串频敏变阻器启动也是利用增大转子绕组电路中的电阻降低启动电流的原理。频敏变阻器是一种铁损耗很大的三相电抗器，在启动的过程中，能自动、无级的减小电阻，保持转矩近似不变，使启动过程平稳、迅速。具有结构简单，运行可靠，维护方便的优点，因此，应用较广泛。

6.3.5　各种启动方式的比较

异步电动机各种启动方式的特点，见表 6-6。

表 6-6　异步电动机各种启动方式的特点

三相异步电动机种类	启动方法	特　点
20 kW 以下小型鼠笼式电动机	直接启动	I_{st}较大，将使线路电压下降
正常运行时采用△接法的鼠笼式电动机	星形一三角形（Y—△）变换启动	启动时，定子电压降低为 $1/\sqrt{3}$，I_{st}减小为 1/3，同时 T_{st}减小为 1/3，只适合空载或轻载启动
容量较大或正常运行时联成 Y 形，不能采用△启动器的鼠笼式电动机	自耦降压启动	使 I_{st}减小，同时 T_{st}减小
绕线式电动机	转子串电阻	减小 I_{st}，同时 T_{st}增大，适用于要求启动转矩较大的电动机负载

6.4　异步电动机的调速

调速就是在同一负载下能得到不同的转速，以满足生产过程的要求。由式：

$$s=\frac{n_1-n}{n_1} \tag{6-23}$$

可写为：

$$n=(1-s)n_1=(1-s)\frac{60f_1}{p} \tag{6-24}$$

式(6-24)表明,改变电动机的转速有三种可能,即改变电源频率 f、极对数 p 和转差率 s。前两者是鼠笼式电动机的调速方法,后者是绕线式电动机的调速方法。

6.4.1 变极调速

由式 $n_0=\frac{60f_1}{p}$ 可知,如果极对数 p 减小一半,则旋转磁场的转速 n_0 便提高一倍,转子转速 n 差不多也提高一倍。因此改变 p 可以得到不同的转速。这种电动机的调速是有级的。变极调速可以采用双绕组法,但为了提高材料的利用率,一般采用单绕组变极,即通过改变一套绕组的连接方式而得到不同的极对数,以实现变极调速。

如图 6-15 为采用反向变极法的双速电动机改变定子绕组接法的示意图,通过改变定子绕组的接线方式,将每相绕组中的一半绕组的电流反向,达到改变极对数 p 的目的,从而改变电动机转速。

变极调速的方法简单、运行可靠、机械特性较硬,但只能实现有极调速,并且单绕组三速电机的绕组接法已相当复杂,故变极调速不适宜超过三种速度。

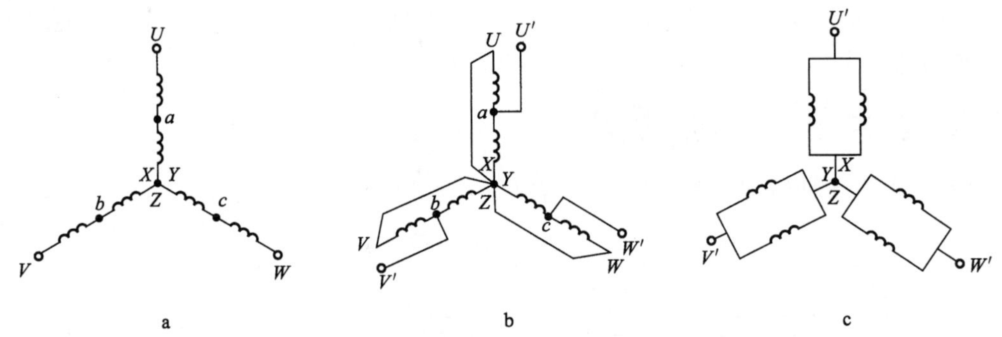

图 6-15 双速电动机中改变定子绕组接法的示意图

a. 线圈串联;b. 线圈变串联为并联;c. 线圈并联

6.4.2 变频调速

由于异步电动机的转速 n 与电源频率 f 成正比,因此,只要有平滑调频的设备,就可以对电动机进行平滑调速,其调速范围很大,频率改变后,电动机的机械特性的硬度基本不变,这种调速方法必须有专用的变频电源。

如图 6-16 所示的变频装置,它由可控硅整流器和可控硅逆变器组成。整流器先将 50 Hz 的交流电变换为直流电,再由逆变器变换为频率可调,电压有效值也可调的三相交流电,供给鼠笼式异步电动机。由此可得到电动机的无级调速。

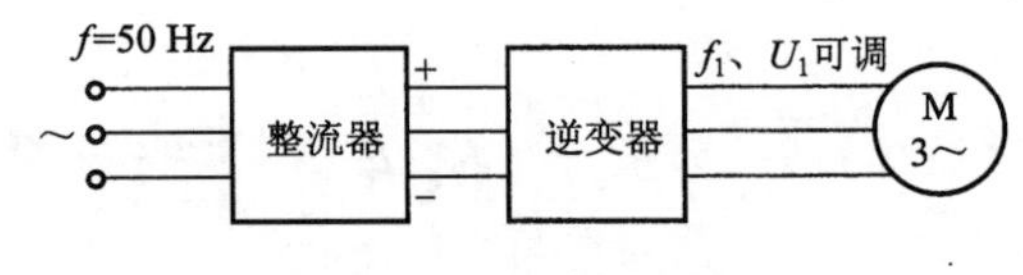

图 6-16 变频调速装置

6.4.3 变转差率调速

只要在绕线式电动机的转子电路中接入一个调速电阻,改变电阻的大小,就可得到平滑调速。譬如增大调速电阻时，转差率 s 上升，而转速 n 下降。这种调速方法的优点是设备简单、投资少；但能量损耗较大。

这种调速方法使得机械特性变软，稳定性差，调速运行时效率低，但由于其方法简便，广泛应用于起重设备中。

6.5　异步电动机的运行

6.5.1　异步电动机的运行维护

为保证异步电动机能够长期运行，使其运行在规定的工作条件下和高质量的维护是最重要的，在运行的过程中，应注意维护保养，认真巡检，并在巡检过程中重点关注检查电动机的清洁状况、运行声音、轴承振动和轴承的温升等，并应定期加油和清扫。

6.5.2　异步电动机的简单故障分析

异步电动机的故障现象很多，原因也各不相同，但大体可归纳为电磁和机械两方面。另外电动机是从电源吸收电能在轴上输出机械能，所以电动机故障的原因有时也与电源和负载有关，在分析故障时，必须认真、详细调查了解故障的现象，研究分析故障的原因，异步电动机常见的故障和可能的原因，见表 6-7，在实际工作中可以参照分析故障，解决实际问题。

表 6-7　异步电动机常见故障和可能的原因

故障现象	可能原因
不能启动	1. 电源未接通 2. 定子绕组断路、相间短路、接地、接线错误 3. 负载过大或传动机器被卡住
电动机带负载运行时转速低于额定值	1. 电源电压过低 2. 鼠笼转子断条
电动机运转声音不正常	1. 定子、转子相擦 2. 电动机缺相运行，有嗡嗡声 3. 转自风叶碰壳 4. 转子擦绝缘纸 5. 轴承严重缺油 6. 轴承损坏
电动机振动	1. 转子不平衡 2. 对中不好 3. 基础固定问题 4. 轴头弯曲

续表

故障现象	可能原因
轴承过热	1. 轴承损坏 2. 轴承与轴配合过松或过紧 3. 润滑油过多、过少或油质不好 4. 联轴器装配不好 5. 电动机两侧端盖未装平
电动机温升过高或冒烟	1. 负载过大 2. 电动机两相运行 3. 电动机风道阻塞 4. 环境温度增高 5. 定子绕组相间或匝间短路 6. 定子绕组接地 7. 电源电压过低或过高

6.6 直流电动机的基本原理及结构

6.6.1 直流电动机的工作原理

直流电动机是将电能转变成机械能的旋转机械。直流电动机的基本结构和直流发电机的一样，图 6-17 是其工作原理图。A、B 电刷接在直流电源上。电机的轴上连着被拖动的机械负载。

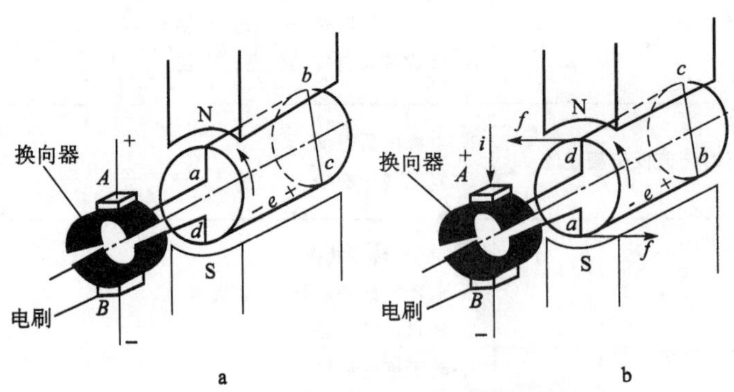

图 6-17 直流电动机的工作原理图

当直流电流从电刷 A 流入，经换向片、线圈 $abcd$、换向片、电刷 B 流出时，载流导体在磁场里受到电磁力的作用，据左手定则，ab 边受到的力向左，dc 受到的力向右，使线圈沿逆时针方向转动，见图 6.17a。当电枢转过半周时，dc 处于 N 极下。此时，电流仍从电刷 A 流入，经换向片、线圈 $abcd$、换向片，由电刷 B 流出，据左手定则，dc 边受到的力向左，ba 受到的力向右，其合成的力矩仍使线圈沿逆时针方向转动，见图 6.17b。

在电刷 AB 之间加上一个直流电压 U，电枢线圈中的电流流向为：N 极下的有效边中的电流总是一个方向，而 S 极下的有效边中的电流总是另一个方向。这样两个有效边中受到的电磁力的方向一致，电枢开始转动。通过换向器可以实现线圈的有效边从一个磁极如 N 极转到另一个磁极下如 S 极时，电流的方向同时发生改变，从而电磁力或电磁转距的方向不发生改变。电磁转距是一个驱动转距，其大小为：$T_{em}=C_T\Phi I_a$，电枢沿一个方向继续转动。电动机的电磁转距 T_{em} 必须与机械负载转距 T_2 及空载损耗转距 T_0 相平衡。即 $T_{em}=T_2+T_0$。

另外当电枢绕组在磁场中转动时，线圈中也要产生感应电动势 E，这个电动势的方向与电流或外加电压的方向相反，称为反电动势。其大小为：$E=C_e\Phi_n$ 方向与 I_a 相反。Φ 是一个磁极的磁通，单位是韦伯(Wb)，n 是电枢转速，单位是转每分(r/min)；C_e 是与电动机结构有关的常数；E 的单位是伏特(V)。

6.6.2　直流电动机的结构

一台直流机，既可作电动机运行，也可作电动机运行，即所谓可逆机。直流电动机的结构与直流发电机的结构是相同的。只不过在设计时，考虑两者运行的特点有一些差别。比如，如果作发电机用，因为是电源，同一个电压等级的额定电压值就应稍高一些。

为加深印象，下面再次简要介绍一下直流电动机的三个主要组成部件：磁极、电枢和换向器，见图 6-18a。

6.6.2.1　磁极

磁极是用硅钢片叠成，固定在机座上，由极芯和极靴两部分组成，结构见图 6-18a。极芯上放置励磁绕组在电机中产生磁场，极靴的作用是使电机的空气隙中的磁感应强度的分布最为合适，并且挡住励磁绕组不至于掉下来。磁极和机座都是磁路的一部分，见图 6-18b。

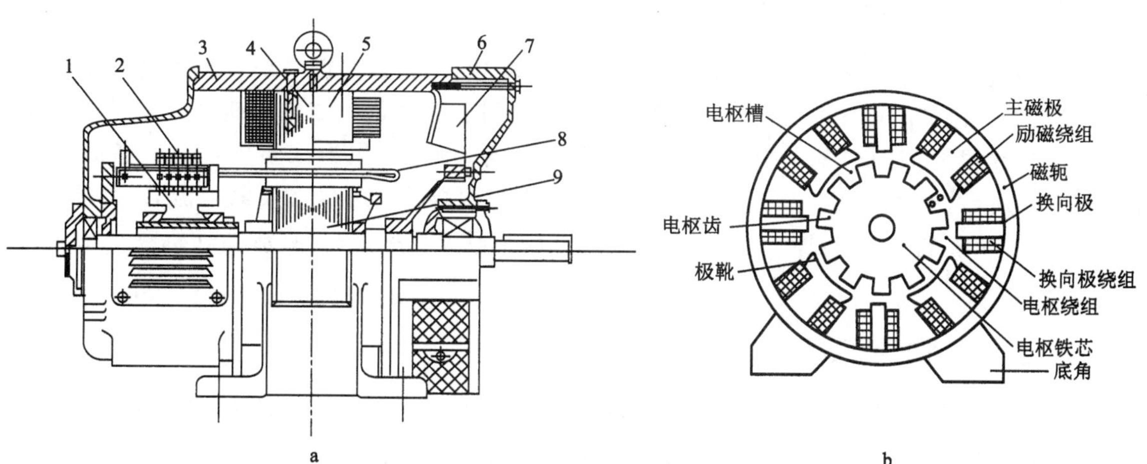

图 6-18　直流电动机的结构

a. 直流电动机的主要部分；b. 直流电动机的磁极及磁路

1—换向器；2—电刷装置；3—机座；4—主磁极；

5—换向极；6—端盖；7—风扇；8—电枢绕组；9—电枢铁芯

6.6.2.2 电枢

电枢结构见图 6-19，电枢铁芯是由硅钢片叠成的圆柱体，表面沿轴线冲有槽；槽中放电枢绕组，用来感应电动势。直流电动机的电枢是旋转的。

6.6.2.3 换向器

换向器结构见图 6-20 所示，换向器装在转轴上，电枢绕组的导线按一定规则焊接在换向片的凸出部分，在换向器的表面用弹簧压着固定的电刷，直流电动机的换向器是一个机械式的逆变器。

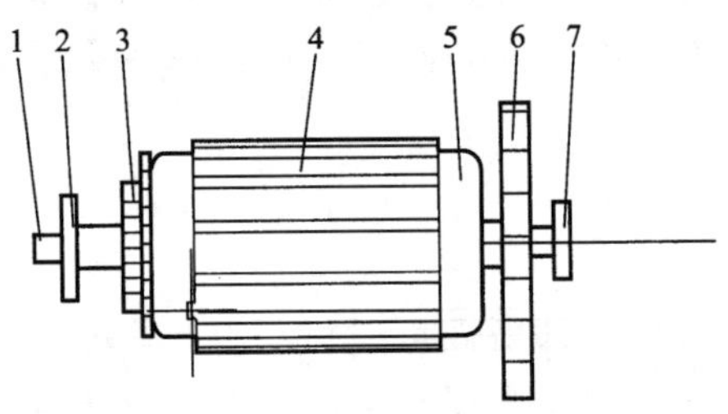

图 6-19 直流电动机的电枢结构图
1—转轴；2—轴承；3—换向器；4—电枢铁芯；
5—电枢绕组；6—风扇；7—轴承

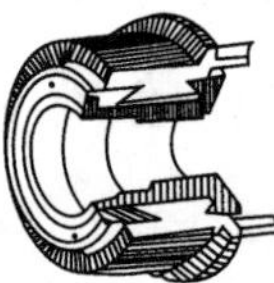

图 6-20 换向器

6.7 直流电动机的励磁方式

直流电动机按照其供给励磁绕组电流的方式，即励磁方式的不同分为他励和自励两大类，自励方式又分并励、串励和复励三种方式。

6.7.1 他励直流电动机

他励直流电动机的励磁电流由外加直流电源单独供给，通过调节串在励磁绕组中的电阻可得到大范围的可变电压，所以他励电动机常被用于那些负载变化大而且又要求电压变动小，且在很大范围内基本保持恒电压特性的场合。例如，作为试验电源。其接线如图 6-21(a)所示，他励直流电动机的励磁电流 I_f 与电枢两端的电压 U 和负载电流 I_a 无关。电枢电流和负载电流相同，即 $I=I_a$。一般他励电动机励磁功率，约为直流电动机额定功率的 1%～3%。

6.7.2 并励直流电动机

并励直流电动机的励磁绕组与电枢绕组并联，满足 $I_a=I+I_f$，如图 6-21b 所示。I_f 等于电枢电流的 3%～4%。特点：I_f 随 U 变化而变化。

6.7.3 串励直流电动机

串励直流电动机的励磁绕组与电枢绕组串联，满足满足 $I_a= I_f=I$，如图 6-21c 所示。I_f 等于电枢电流 I_a。特点：励磁电流 I_f 随负载电流 I_{f2} 变化而变化，电机端电压随 I_{f2} 变化急剧变化，极少采用这类电动机。

6.7.4　复励直流电动机

复励直流电动机的励磁绕组是并励和串励两种励磁方式的结合。电机有两个励磁绕组，一个与电枢绕组串联，一个与电枢绕组并联，如图 6-21d 所示。同时具有并励和串励电动机的特点。

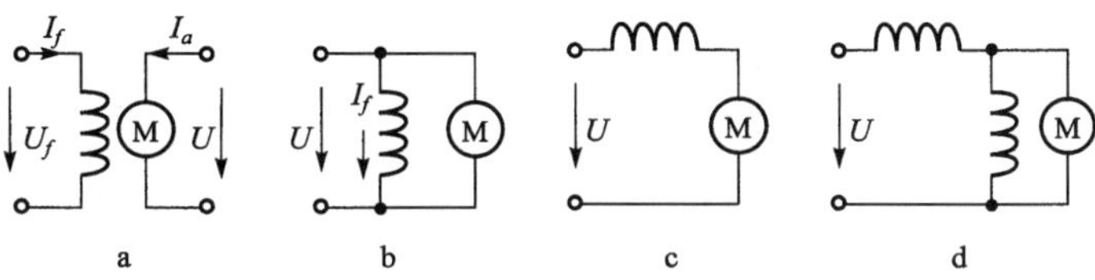

图 6-21　直流电动机的四种励磁电路图

a. 他励；b. 并励；c. 串励；d. 复励

6.8　直流电动机的运行

6.8.1　直流电动机的基本方程

规定直流电动机的物理量的正方向，见图 6-22。可写出电动机的基本方程式为：

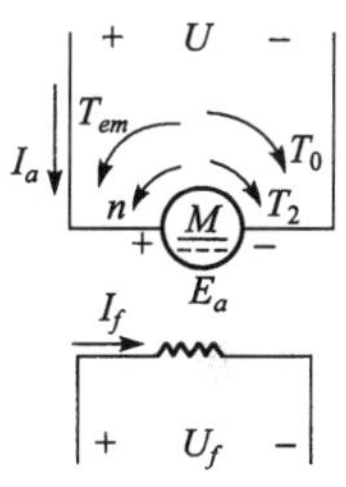

图 6-22　直流电动机图例

电势　　$E=C_e n\Phi$　　(6-25)

电磁转矩　　$T_{em}=C_m\Phi I_a$(可推导出)　　(6-26)

式中：

C_e——电机结构有关的常数；

Φ——电动机每个磁极的气隙磁通。

总负载转矩　　$T=T_2+T_0$

式中：

T_0——空载转矩；

T_2——产生机械的转矩。

励磁电流　　$I_f=\dfrac{U_f}{R_f}$

6.8.2　直流电动机的机械特性

当 $U=U_N=$常数，$I_f=$常数时，$n=f(T)$的关系曲线，称为机械特性。

6.8.2.1　他励直流电动机

由推导，可得式

$$\begin{aligned} n &= \frac{U}{C_e\Phi}-\frac{R}{C_e C_T\Phi^2}T_{em} \\ &= n_0-\beta T_{em} \end{aligned}$$

式中：

n_0——理想空载转速；

β——机械特性的斜率。

上式表示了他励电动机转速 n 和电磁转矩 T 之间的关系，这就是他励直流电动机的机械特性方程，由公式可绘制出机械特性曲线见图 6-23。

曲线与坐标交点，表示理想空载转速 n'_0。由于实际上存在空载损耗，所以实际空载转速 n_0 要小于 n'_0。

曲线斜率等于 α，α 越大，机械特性向下倾斜越厉害。通常将 α 小的机械特性叫硬特性；α 大的叫软特性，究竟哪种特性好，要看生产机械的要求。例如机床、轧钢机要求电动机有硬特性，而电力机车具有软特性。

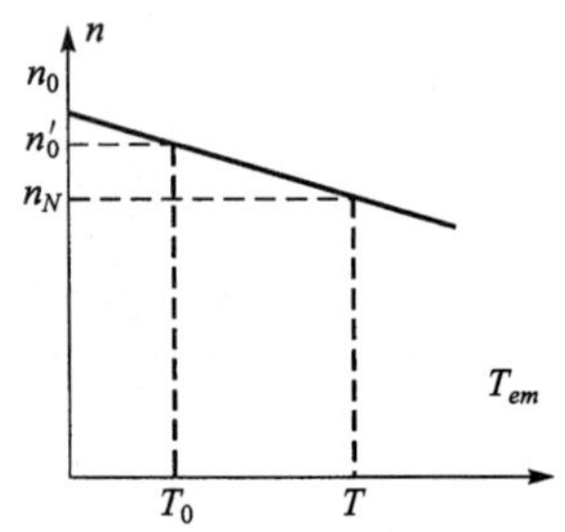

图 6-23 他励直流电动机的机械特性

他励直流电动机，由于 R_a 很小，C_e、C_T 是常数，Φ 基本不变，所以 α 很小，转速调整率$\left(\Delta n=\dfrac{n_0-N}{PN}\times100\%\right)$约 2%～8%，则他励直流电动机的机械特性为硬特性。考虑电枢反应去磁效应，使气隙主磁通减小，随 T 增大，n 还可能升高。这种特性对电机运行不利，可在电机主极上补偿绕组（或称稳定绕组）来补偿电枢反应影响。

6.8.2.2 并励直流电动机

并励直流电动机属于他励直流电动机的一个特例，机械特性与他励直流电动机相似，也是硬特性。

6.8.2.3 串励直流电动机

串励直流电动机同样有如下关系

$$n=\frac{U-I_aR_a}{C_e\Phi} \tag{6-27}$$

但此外由 $I_f=I_a$，当电机磁路不饱和时，串励电动机的电磁转矩为

$$T=C_m\Phi I_a=C_mKI_a^2 \tag{6-28}$$

即 $I_a=\dfrac{\sqrt{T}}{\sqrt{S_mK}}$代入有 $n=\dfrac{\sqrt{C_m}}{C_e\sqrt{K}}\dfrac{U}{\sqrt{T}}-\dfrac{R_a}{C_eK}$

图 6-24 画出了这种情况机械特性曲线，当电磁转矩 T 较大时，实际上磁路会饱和，机械特性见图 6-24 中实线所示。

可见，串励电动机机械特性是软特性，随 T 的增大，转速下降很快。T 为零时，理想空载转速为无穷大，因此，串励直流电动机不允许空载运行。实际工作中，也不允许以平皮带传动方式带动负载，以防止皮带脱落时产生过速。

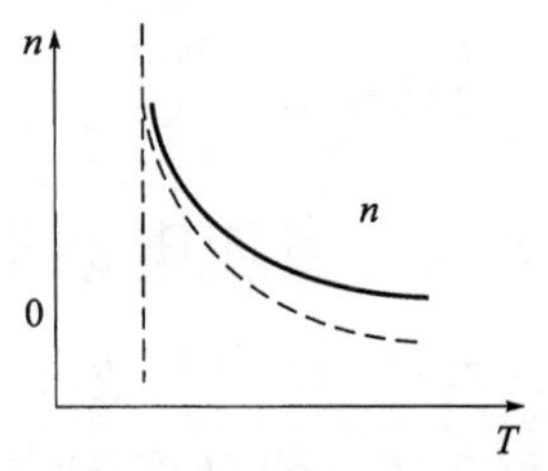

图 6-24 串励直流电动机的机械特性

6.8.2.4 复励直流电动机

复励直流电动机则兼有并励和串励的某些优点，接线见图 6-21(d)。如串励绕组的磁势与并励绕组磁势相同，叫积复励直流电动机，方向相反的，叫差复励直流电动机。后者使用时转速不稳定，通常不用。

复励直流电动机的机械特性曲线处于并励与串励曲线之中，见图 6-25。

6.8.3 对直流电动机启动特性的要求

1）启动转矩大，启动快。对频繁启动的生产机械能提高生产效率；

2）启动电流小，不致对电源和电动机本身产生有害的影响；

3）启动过程能量消耗量小；

4）启动设备简单便于控制。

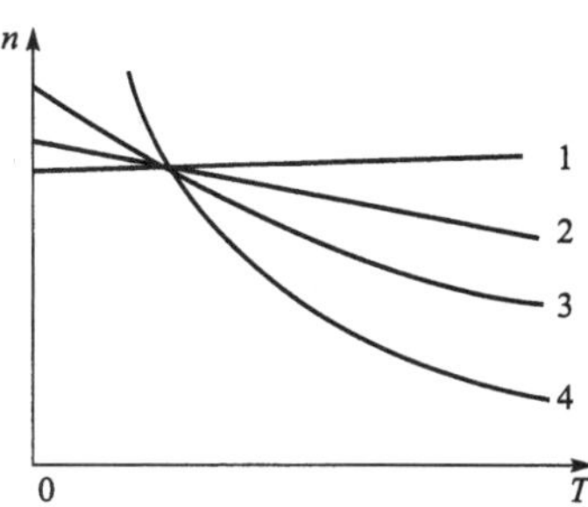

图 6-25　不同接线方式直流电动机的机械

1—电枢反应较强的他励直流电动机；

2—加稳定绕组后的他励直流电动机；

3—以串励为主、并励为辅的复励直流电动机；

4—纯串励直流电动机

6.8.4 直流电动机的启动方法

6.8.4.1 直接启动

因为 $I_a=\frac{U-E}{R_a}$，$E=C_e\Phi n$。在启动瞬间 $n=0$，E 约等于零。所以启动电流 $I_q=\frac{U}{R_a}$，而 R_a 很小（R_a 为电枢回路电阻），则启动电流 I_q 很大，一般达额定电流的 10～20 倍。这样大的启动电流将会在电刷与换向器的接触处产生强烈火花，造成烧损，同时对电机绕组的绝缘材料也有害的。另外大的启动电流将产生大的启动转矩（10～20 倍 T_N），使电动机轴上所带的工作机械受到很大机械冲击，对传动机构也不利。

所以，一般直流电动机都不采用直接启动。只有很小容量的直流电动机，由于它的电枢回路电阻较大，且转动惯性量很小，再加上其他方面的余度才可以用直接启动。

6.8.4.2 电枢串电阻启动

为了防止出现大的启动电流，启动时，在直流电动机的电枢回路串入启动电阻 R'_s，把启动电流限制在一个适当的值，此时 $I_q=\frac{U}{R_s+R'_s}$，从而限制了启动电流。

一般直流电动机，最初启动电流 I_q 限制在 2～2.5 倍额定电流范围内。随着电动机转速上升，感应电势 E 增大，I_a 减小，转子加速缓慢下来。所以将分几级切除启动电阻，使电枢电流增大，电磁转矩增大，转速进一步升高，直至 $R_s=0$，$n=n_N$，启动完毕。

6.8.4.3 降压启动

当电动机容量大而启动频繁时，且直流电源电压可调时，可采用降压电源电压方法启动。例如用专用电动机或可控硅整流装置作为电源，来减少启动电流。启动时，以较低的电源电压启动电动机，启动电流随电源电压的降低而正比减小。随着电动机转速的上升，反电动势逐渐增大，再逐渐提高电源电压，使启动电流和启动转矩保持在一定的数值上，保证按需要的加速度升速，通常用这种方法启动的电动机，与降压调速一起考虑。

降压启动需专用电源，设备投资较大，但它启动平稳，启动过程能量损耗小，因此得到广泛应用。

6.8.5 直流电动机的制动

动能制动是将电动机储存的能量以电能的形式消耗掉，达到制动的目的。电动机动能制动的电路见图 6-26。

停车时，开关合到 2 位置，励磁回路仍接在直流电源上，I_f 大小与方向不变。电动机依靠机械惯性继续转动，切割磁场与停车前相同方向的 E_a，向负荷输出电流（变成他励发电机），I_a 方向与停车前相反，产生制动电磁转矩，使电动机很快停车。

除此之外还有反接制动，机械制动（电磁抱闸）等方法，不在此讨论。

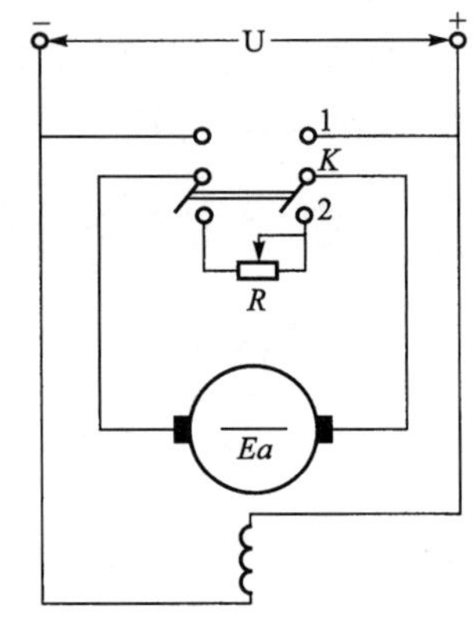

图 6-26 直流电动机的能耗制动

6.8.6 直流电动机的反转

直流电动机的电枢电流在气隙磁场中受到电磁力的作用而使电枢旋转，电枢电流方向与磁场的方向决定了电动机的转向。因此要想改变电动机的旋转方向，可以改变电枢电流的方向，但使励磁绕组中电流方向保持不变（即主磁场方向不变），也可以改变励磁绕组中的电流方向（即改变主磁场方向），而保持电枢绕组中电流的方向不变。要是同时改变电枢电流和励磁电流方向，电动机的旋转方向就不会改变了。

实际应用中，一般较少采用改变励磁电流的方向改变直流电动机转向，因为励磁线圈电感大，将励磁绕组从电源断开时，可能在开关的刀闸处产生巨大火花，并有击穿励磁线圈绝缘的危险。

6.8.7 直流电动机的运行检查

核电厂采用的直流电动机不多，一般仅电动机润滑油系统采用直流润滑油泵电动机，直流润滑油泵电动机由直流母线供电，在机组正常工况下，该泵不投入运行，在系统中两台交流电动油泵都不能工作或润滑油系统的油压下降时，自动投入该泵。

直流润滑油泵电动机在启动前，应做如下检查：

(1) 所有的碳刷齐全，压紧弹簧压在碳刷上，碳刷在刷握中易于滑动；

(2) 保护装置，例如热继电器，功能正确；

(3) 绝缘电阻正常；

(4) 供电电缆接线正确且紧固；

(5) 冷却空气进气应通畅。

启动后，应注意：

(1) 是否有异常声音；

(2) 是否有可见的变化，如换向器变色、火花、磨损；

(3) 是否有异常的振动或温度。

6.9 直流电动机的调速

在机械负荷不变的条件下改变电动机的转速叫调速。

6.9.1　他(并)励直流电动机的调速

由他(并)励直流电动机的机械特性 $n=\frac{R_a}{C_e C_m \Phi^2}T$ 可见，当 T 不变(也就是负载不变)时，影响电动机转速高低的是电枢回路电阻 R_a、气隙主磁通 Φ、电源电压 U 三个因素，所以调速方法有三种。

1. 改变电枢回路电阻调速

电枢回路串联电阻 R_T 后，机械特性方程式变为

$$n=\frac{U}{C_e\Phi}-\frac{R_a R_T}{C_e C_m \Phi^2}T=n_0-a'T \tag{6-29}$$

R_T 越大，a' 越大，机械特性曲线越向下倾斜，T_n 对应的转速越小，从而达到调速目的。

电枢回路串联调节电阻调速的特点：

(1) 转速只能从自然机械特性曲线对应的转速向下调速；

(2) 能量损耗大；

(3) 机械特性变软。

这种调速方法主要优点是简单，容易实现。但电阻增大，效率降低，除在要求极短时间内实现调速控制和小功率电动机的调速控制外，此方案不宜采用。

2. 改变励磁回路中的调节电阻调速(改变 Φ)

他(并)励直流电动机通过调节励磁绕组回路中的串联电阻，使励磁电流和气隙主磁场 Φ 减小，理想空载转速 $n_0=\frac{U}{C_e\Phi}$ 要上升，斜率 $\alpha=\frac{R_a}{C_e C_m \Phi^2}$ 要增大。改变励磁回路电阻时的机械特性，在负载转矩不变时，随励磁回路电阻增大，Φ 减小，转速要升高。

特点：

(1) 调速平滑，可做到无级调速；

(2) 由于 I_f 小，所以功率损失不大；

(3) 机械特性较硬；

(4) 调速范围大；

(5) 只能使转速升高，不能得到低于自然机械特性的转速。

这种方法比较简单、经济，被广泛使用。但是，减少励磁磁通则电枢反应的影响加剧，磁场畸变增大，换向性能变差，严重时可能使电枢电流一转速特性接近不稳定区，另由于磁通不能突变，所以无法实现快速调速。

3. 改变电压调速

改变电动机端电压，只会使理想空载转速 $n_0=\frac{U}{C_e\Phi}$ 发生变化，斜率 $\alpha=\frac{R_a}{C_e C_m \Phi^2}$ 不变，因而机械特性曲线随电压变化而上、下平移，电压越高，转速越高。

由于电动机端电压不能超过额定值，因而改变端电压只能在低于额定电压对应的转速下进行调速。不过可与改变励磁电流相配合，得到宽广的调速范围。

6.9.2 串励直流电动机调速

为了调速，在串励直流电动机里，让励磁电流 I_f 与电枢电流 I_a 不相等，它们之间的关系为 $I_f=\beta I_a$（β 为常数）则这时的机械特性为：

$$n=\frac{\sqrt{C_m}}{C_e}\frac{U}{\sqrt{K\beta}\sqrt{T}}-\frac{R_a}{C_eK\beta} \tag{6-30}$$

可见，串励直流电动机的调速方法有三种：

(1) 电枢回路电阻 R_a；

(2) 改变端电压 U；

(3) 改变 I_f 和 I_a 的比值 β。

前两种调速方法的措施和利弊与他励直流电动机中相同，不再赘述。

改变比值 β 的方法又可分为两类。

(1) 电枢分流

在电枢两端并联电阻 R_{ash}，见图 6-27，K_2 打开，K_1 闭合，$I_f>I_a$，$\beta>1$，机械特性见图 6-28 中曲线 2、3，曲线 1 为自然机械特性曲线，R_{ash}越小，β 越大，n 越低。

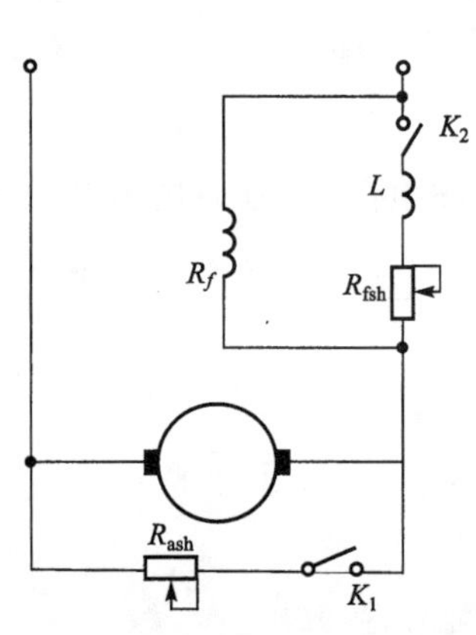

图 6-27 串励直流电动机的电枢或励磁绕组分流法调速

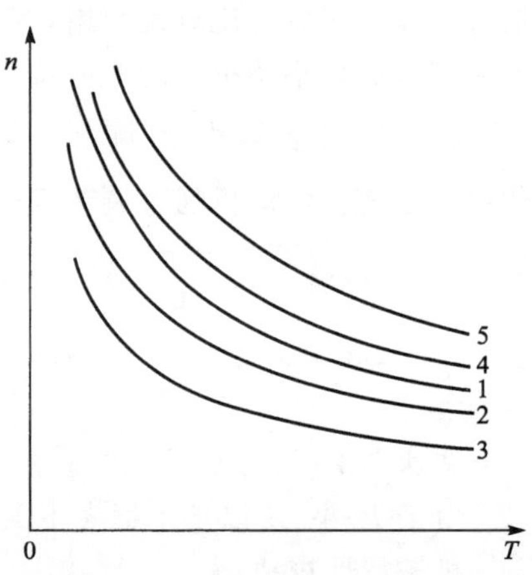

图 6-28 串励直流电动机的电枢或励磁绕组分流的机械特性及调速

由于 R_{ash}中功率消耗大，R_{ash}体积笨重，很少应用。

(2) 串励绕组分流

合上 K_2，打开 K_1，$I_f<I_a$，$\beta>1$。机械特性见图 6-28 中曲线 4、5，即转速可以提高。

6.10 厂用电动机的选择与自启动

6.10.1 厂用电动机的选择

厂用电动机的选择一般由辅机制造厂配套供应，其选择原则一般由设计或制造厂考虑，但作为电厂方应审查其配套的合理性，厂用电动机的配套一般按以下几方面考虑：

(1) 电动机的额定电压应该与厂用电系统配套；

(2) 电动机的额定转速应该符合被拖动设备的技术要求；

(3) 电动机的额定功率必须足够拖动满载工作的厂用机械，并留有适当的备用；

(4) 电动机的机械特性必须适应厂用机械的要求，电动机的初始转矩必须大于被拖动机械的起始阻转矩，并且在启动过程中，任一转矩都应大于机械阻力矩；

(5) 电动机的形式应与周围环境条件相适应，以避免环境因素对电动机绝缘强度产生影响，以及电动机故障时波及周围的易燃物。在一般干燥环境，多数采用开启式或防护式电机；在潮湿而有可能被水滴侵入的环境采用防滴式或封闭式电动机；在多尘或特别潮湿的环境采用封闭式电动机；在有爆炸危险的环境应采用防爆式电动机。

6.10.2　电动机自启动校验

厂用系统中正常运行的电动机，当其供电母线突然消失或显著降低时，若经过短时间(一般在 0.5～1.5 s)在其转速尚未下降很多或停转前，厂用电母线电压又恢复正常(如重合闸或备用电源投入)，电动机就会自行加速，恢复到正常运行，这一过程称为电动机的自启动。

在核电厂为了保障反应堆与工艺系统的安全，在发生厂用电源母线电源切换或重合闸故障时，许多重要负荷的电动机都要参与自启动，在调试阶段也会进行相关的切换试验来验证重要负荷的电动机自启动是否满足设计准则要求。由于很多电动机会参与自启动，很大的启动电流会对厂用母线产生较大的压降。可能会导致母线电压过低而造成一些电动机的电磁转矩小于机械阻力转矩而启动失败，或者由于低电压保护而切除负荷。还有可能因为启动时间过长而引起电动机过热，而危及电动机的安全和寿命以及厂用电系统的稳定运行。为了保障电动机自启动成功或保障厂用电系统的安全，有必要对电动机的自启动情况给予验证。

异步电动机的转矩与电压平方成正比。对于一般电动机，在额定电压下运行时，它的最大转矩约为额定转矩的 2 倍，当电压降至 70%额定电压时，电动机的最大转矩相应降至$(0.7)^2\times2<1$。如果电动机已经带有额定阻力力矩 T_j=定值，如图6-29 此时阻力转矩大于驱动转矩，电动机就会减速，直至转矩最高点 $0.49\times2<1$ 仍不能平衡，因而会继续减速导致电动机停转。

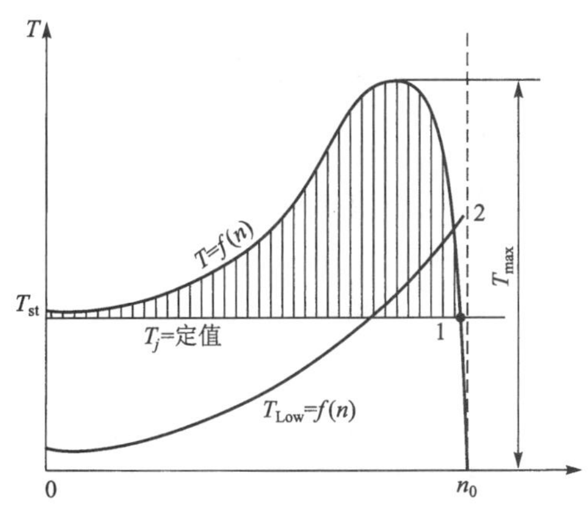

图 6-29　异步电动机的转矩

异步电动机的最大转矩与形式和种类有关，约为额定转矩的 1.8～2.4 倍，相应地当额定电压的 64%～75%时，电动机的转速就可能下降到不稳定运行区，最终可能停止运转。为了使厂用电系统稳定运行，规定电动机正常启动时，厂用母线电压最低允许值为额定电压的 80%。但是，自启动是运行的电动机在短时失电或电压降低后，电压又很快恢复时的启动，考虑到电动机具有惯性，短时失电或电压降低后，电动机的转速尚未有很大降低，比电动机静止启动有利。为了保证核电厂 I 类负荷的自启动，一般规定厂用母线电压在电动机自启动时应不低于表 6-8 的数值。

表 6-8 电动机自启动要求的厂用母线最低电压

名称	类别	自启动/%
高压厂用母线	中压电厂	60～65
低压厂用母线	低压母线单独自启动	60
	低压母线与高压母线串接自启动	55

电动机自启动时厂用母线上的电压不仅与变压器的容量有关，而且与总启动电流和参加自启动电动机的总容量有关。当电动机额定启动电流倍数大、变压器的短路电抗百分值大或母线允许最低电压要求高，都会使允许自启动的功率小；当变压器的电源电压高、厂用变压器容量大、电动机效率和功率因数均高，那么允许自启动的功率就大。

当同时自启动的电动机容量超过允许值时，自启动便不能顺利进行，因此应采取适当措施来保证重要厂用机械电动机的自启动。

(1) 限制参加自启动的电动机，对不重要设备的电动机采用保护方式延时断开，不参加自启动。

(2) 阻力转矩为定值的重要设备的电动机，因为只能在接近额定电压下启动，也不能参加自启动。采用低电压保护装置在母线低电压时断开，不参加自启动。

(3) 对重要的机械设备，应选用具有高启动转矩和允许过载倍数较大的电动机。

复习题

1. 异步电动机由几部分组成？各起什么作用？
2. 为什么三相绕组产生的磁势是旋转磁势？怎样才能改变旋转磁场的转向？
3. 为什么异步电动机的转速一定低于同步转速？何为异步电动机转差率？
4. 异步电动机转子转动时，转子的电流频率与电源的频率存在什么关系？
5. 三相异步电动机在满载和空载下启动时，启动电流和启动转矩是否一样？
6. 一般三相异步电动机的启动常采取哪些启动方法？
7. 直流电动机的工作原理是什么？
8. 直流电动机按励磁方式可分为哪几种？
9. 什么叫直流电动机的机械特性？比较并励电动机与串励电动机机械特性的区别。
10. 直流电动机有哪几种启动方式？
11. 直流电动机有哪几种调速方法？

第7章　同步发电机

7.1　同步发电机工作原理

汽轮发电机是将汽轮机的机械能转换成电能的设备。一般来说，发电机与汽轮机同轴连接，当汽轮机转动时拖动发电机转子一起旋转，若在发电机转子上通入直流电，在汽轮机的带动下，就会产生一个旋转磁场，根据电磁感应定律，在发电机定子上就会产生感应电势来。定子绕组按照一定的方式连接，就会在定子上发出三相交流电。

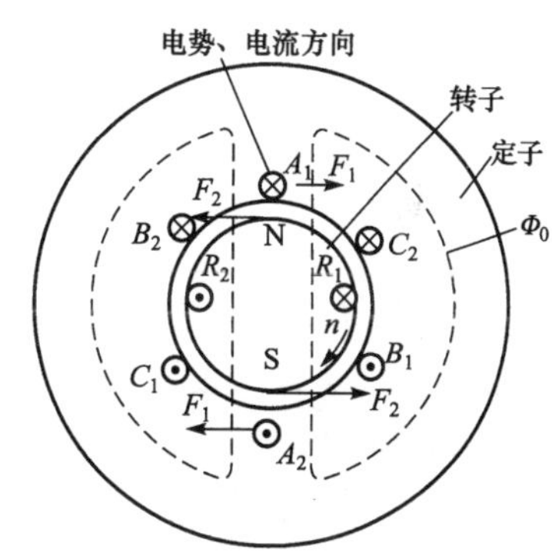

图7-1　发电机原理示意图

图7-1是同步发电机的示意图，以A_1-A_2，B_1-B_2，C_1-C_2代表定子的A，B，C三相绕组。三相绕组沿定子铁芯内圆各相隔120°电角度（电角度是机械角度乘以极对数）安放。R_1-R_2代表转子绕组（励磁绕组）。当直流电通入转子绕组后，由转子电流激起磁场，其极性如图7-1所示，在汽轮机带动旋转之后，这个磁场是旋转的，其转向如箭头n所示，则定子绕组切割磁通就会感应出电势。

$$E_0 = 4.44\, f N\phi K \tag{7-1}$$

式中：

f——频率，工频为50 Hz；

N——每相绕组总的串联匝数；

ϕ——每相磁通；

K——电枢绕组系数；

E_0是由励磁绕组产生的磁通Φ在定子绕组中感应而得，称为励磁电势。也称主电势、空载电势、转子电势。电势的大小与转子的转速以及磁通密度的大小有关，由于在设计和制造发电机时有意安排尽量使磁通密度的大小沿磁极极面的周向分布接近正弦波形，所以每根导体中感应出来的电势的大小，也随着时间按正弦规律变化。转子不停地旋转，磁场的磁力线被三相定子绕组切割，于是就在三相绕组中感应出三相交流电来。

$$i_A = I_m \sin\omega t$$
$$i_B = I_m \sin(\omega t - 120°)$$
$$i_C = I_m \sin(\omega t - 240°) \tag{7-2}$$

如图7-2所示，三相感应电势达到最大值的先后顺序是$A-B-C$，称为相序。三个相的电势到达最大值在时间上的先后差别就是三相交流电流的相位差。

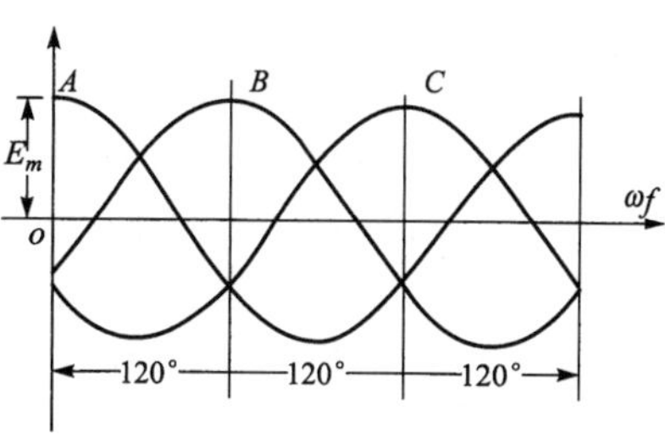

图7-2　三相电势波形

根据右手定则可确定出感应电势的方向是自 A_1 进去从 A_2 出来，此时若在外部加纯有功负载，则电流方向与电势方向相同。这个电流在转子磁场里要受到力的作用，力的方向用左手定则来确定，对 A_1 来讲是向右，对 A_2 来讲是向左，这样就形成一个力矩，将使定子按顺时针方向旋转，但是定子是不能转动的，于是根据作用与反作用的原理，相当于转子被加上一个反力矩，如图 7-1 中 F_2所示。这个反力矩将使转子作反时针方向转动，因此发电机正常运行时原动机的主力矩克服阻力矩处于平衡状态而保持转速不变，把机械能转化为电能。

当有功电流流过定子绕组后，定子绕组也产生一个磁场。所以发电机运行时，在气隙里有两个磁场，一个是转子绕组流过励磁电流产生的转子磁场，一个是定子三相绕组流过对称的三相交流电流时合成产生的定子磁场，它们都是旋转的，所以都叫旋转磁场。当定子磁场和转子以相同的方向、相同的速度旋转时就叫同步。定子旋转磁场的转速和发出来的交流电的频率保持严格不变的关系，可以用下面的式子来表示：

$$n=\frac{60f}{p} \qquad (n\text{—转速},f\text{—频率},p\text{—极对数})$$

式中，60 为频率(Hz)与转速(r/min)的单位换算值。我国交流电的频率是 50 Hz(工频)，对于只有一对磁极的汽轮发电机来说转速应该是 3 000 r/min。

如果把发电机定子三相绕组和负载连接成回路，如图 7-3 所示，则三相交流电流在回路中的流动情况是时刻都在变化的，如图 7-4 所示。若假定发电机的电流离开其中性点 O 时为负，指向中性点 O 时为正，那么在 t_1 瞬时发电机的电流方向便如图中所标的箭头所示，即 B 相为负向外流，A 相和 C 相都为正向里流。

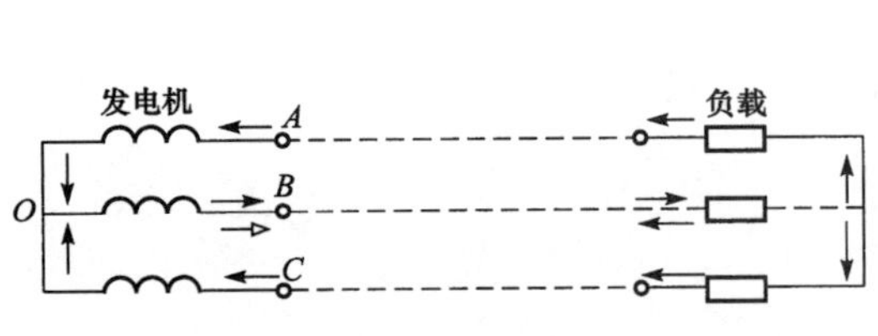

图 7-3 t_1 瞬间发电机的电流分布

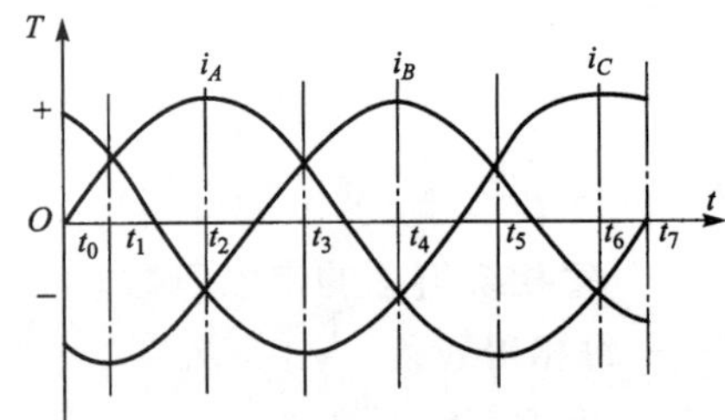

图 7-4 三相交流电流随时间变化的波形

7.2 汽轮发电机的结构

同步发电机必须在原动机的带动下运行，不同形式的原动机要求不同形式的同步发电机与之配套。在核电厂中，发电机是由汽轮机带动的，称作汽轮发电机。汽轮发电机与水轮发电机在结构、形式和性能上却有较大的差异。同步电机汽轮发电机和水轮发电机的转子代表了同步电机的两种基本转子结构型式，即隐极式和凸极式。

凸极式转子上有明显凸出的成对磁极和励磁线圈，如图 7-5a 所示。

隐极式转子上没有凸出的磁极，如图 7-5b 所示。沿着转子本体圆周表面上，开有许多槽，这些槽中嵌放着励磁绕组。在转子表面约 1/3 部分没有开槽，构成所谓大齿，是磁极的中心区。励磁绕组通入励磁电流后，沿转子圆周也会出现 N 极和 S 极。在大容量高转速

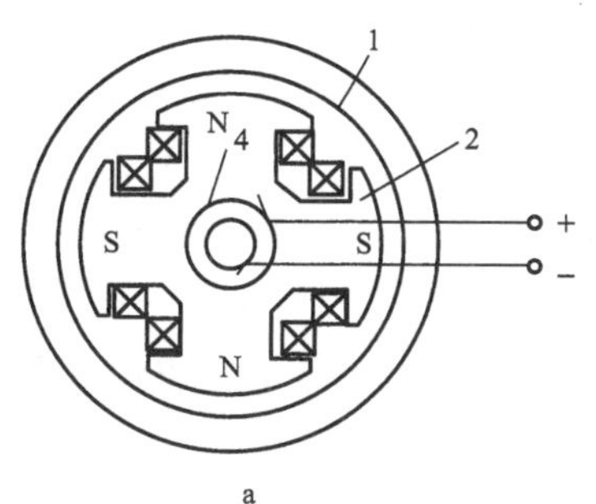

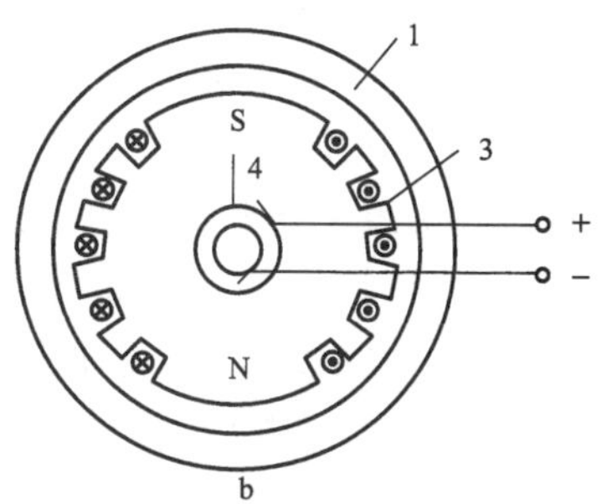

图 7-5　同步电机基本形式

1—定子；2—凸极式转子；3—隐极式转子；4—滑环

a. 凸极式电机；b. 隐极式电机

汽轮发电机中，转子圆周线速度极高，最大可达 170 m/s。为了减小转子本体及转子上的各部件所承受的巨大离心力，大型汽轮发电机都做成细长的隐极式圆柱体转子。考虑到转子冷却和强度方面的要求，隐极式转子的结构与加工工艺较为复杂。

核电厂大多采用隐极式汽轮发电机。下面我们主要介绍常见的水一氢一氢冷却汽轮发电机的结构特点。水一氢一氢冷却，即发电机定子绕组采用水内冷，发电机转子绕组采用氢内冷，发电机定子铁芯及端部结构件采用氢表面冷却。

7.2.1　发电机定子结构

发电机定子部分主要包括定子机座和隔振结构、定子铁芯、定子绕组、端盖、端罩、定子引出线和氢气冷却器等。定子的端部由发电机外壳封闭。定子通过支撑支架安置在底座上，在运输过程中支架可以取下来。在发电机安装到底座上之前，定子放置于焊接在定子外壳底部的支架上。

1. 定子机座

发电机定子机座由三部分组成，即一个中间部分和两个端罩。定子机座是一个焊接钢板结构的外壳，其作用在于放置并支撑定子铁芯、绕组，另外能够为冷却氢气贯穿发电机提供多个导引路径。中间部分包括定子铁芯和绕组，是不可拆分的。并且有横向的加固环和隔间，以确保壳体内稳定的冷却气流方向。如图 7-6 所示。末端部分安装有定子末端绕组，连接母线线棒，引线端，发电机外壳，电加热器、氢气冷却器。为了能够在不拆卸发电机端盖的情况下进入定子壳体内部，在定子壳体的底部设有人孔。

图 7-6　定子中间部分

2. 定子铁芯

发电机定子铁芯由 0.5 mm 厚的硅钢叠片压制构成，在轴线方向上，各组硅钢片间有隔离块，硅钢片间的间隙形成沿径向的通风通道，每周由 14 组扇形硅钢片围成。定子叠片的表面覆盖着绝缘漆，定子绕组的狭槽是矩形的。

定子铁芯的弹性定位拉筋通过角钢焊接在定子外壳的横向加固环上，沿轴向一共布置有24根定位拉筋。为了减小定子铁芯的振动，在定子铁芯的固定装置上采取了两种办法，一是在定位拉筋内开有狭槽，以确保铁芯的弹性悬挂；二是在定子壳体的横向加固环与弹性定位拉筋的配合处采用了两种连接方式，一是通过三角形角钢与弹性定位拉筋直接焊接在一起，另一种则没有角钢焊接，而是在加固环和弹性定位拉筋之间留有一道间隙，保持弹性悬挂，以减少转子振动的传递。为了将铁芯与弹性定位拉筋固定，弹性定位拉筋轴向全长设有"燕尾"凸肩，且末端带有螺纹，定子铁芯叠片的外轮廓上有"燕尾"形凹槽，二者相互配合。定子铁芯在轴线方向以非磁性钢压紧环和非磁性钢压紧销加以固定。

为了减少泄漏磁通量，补偿压紧环上的磁场损失，在非磁性钢压紧环下部安装有铜网和由两束短齿电工钢叠片组成的电磁分路器。电磁分路器组件和铁芯末端组件在装配之前，要进行初步粘合和烘赔。分路器末端齿和铁芯末端组件有径向狭缝，狭缝内充满环氧油灰泥，通过灰泥的粘合使铁芯保持统一的整体。

3. 定子绕组

定子绕组是一个三相的含有两个并联支路，双层，短距，线棒类型的绕组。绕组的末端是篮状的。相位连接是双星型。

绕组线棒如图7-7所示，是由实心和空心的铜线装配而成，绕组在狭槽部分和末端部分分别有540°和180°换位交叉（称作Roebel换位）。蒸馏水在空心的绕组内循环，起到冷却定子绕组的作用。

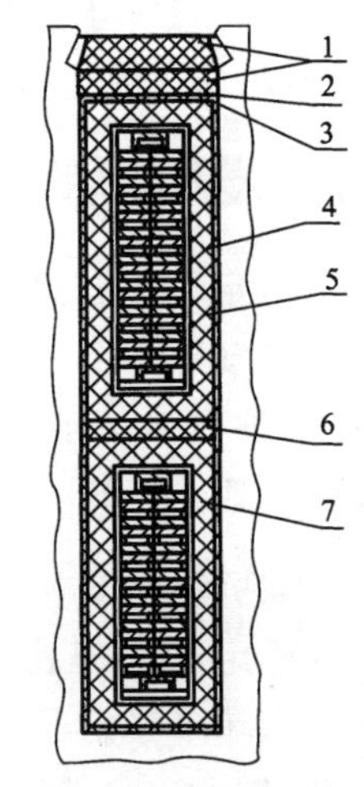

图7-7 定子横槽截面
1—槽楔块；2—垫片；3—弹性填料；4—顶部线棒；5—侧面填料（起皱半导体玻璃纤维板）；6—玻璃纤维填料

所有的绕组（空心和实心的）在其玻璃纤维和隔热漆的外部都有自己的绝缘层。各行绕组之间都通过几层玻璃纱布的绝缘衬垫分隔开。绕线的弯头连接也有衬垫隔离。主绝缘体采用的是的是一种纸粘合云母和玻璃布底涂层的混合物的热硬化性绝缘。这些材料使用的粘合剂是人造的热硬化性树脂，这种树脂能够以特定温度聚合而成，并且不会在二次加热时软化。

为平衡绕组内电场强度，绕组线棒外覆盖有一层半导体带。为了防止产生电晕或者在线棒绝缘表面产生放电现象，在线棒绝缘外表面也有半导体涂层。

为了让冷却水可以进入空心绕组，在线棒末端焊有铜银合金的铜尖端，这个铜尖端同时也起到电接头的作用，用来导电。绕组线棒的电气连接头是通过铜焊夹块和进一步焊接的楔形块制作而成的。沿狭槽部分的绕组线棒为双层结构，线棒是通过与狭槽外形相匹配的槽楔块以及槽楔块下面和线棒绕组侧面的缓冲填料来固定。槽楔块的斜板型内置结构，可以更好使绕组线棒在狭槽内压合且不会损坏狭槽表面，这也大大降低了运行过程中线棒松动的概率。线棒侧面的皱褶缓冲填料是由半导电的玻璃布压制品制成，它不仅能抑制绕组线棒在狭槽内的移动，而且能排除狭槽放电产生及它们对绕组线棒绝缘的影响。

定子末端绕组放置在圆锥形的大量玻璃纤维加固的塑料紧固锥环的内环和外环之间。

该结构的全视图见图7-8，末端绕组与外环的锥形下表面结合。外环则通过平板钛弹簧和楔形装置配合固定在非磁性刚压紧环的圆柱形凸肩上。平板钛簧可以阻止整个末端绕组沿径向和切线方向的振动，而不阻止其在热力变形时轴线方向的运动。

末端绕组是和紧固锥环固定在一起，在它们之间填有冷固化的环氧油灰泥。绕组的表面覆盖有平平的一层，整个末端绕组通过橡胶压合，在玻璃纤维加固塑料环内环上使用了压紧螺栓，止动块和压缩弹簧，这些部件在外环和内环的圆锥形表面之间持续压紧末端绕组，但不会阻止绕组相对于铁芯末端和压紧环的轴向移动。绕组线棒连接头(转向节)在径向和直角方向上也是通过楔形块支撑的。所有末端绕组的固定器都是由强绝缘材料制成，以加强定子绕组的绝缘度和机械强度。

定子绕组线棒、电气连接总线、输出电线棒以及引线端子都是通过蒸馏水冷却。因此所有的母线线棒和引线端子都是空心的，在蒸馏水的入口和出口母线和引线端内都有专门的连接接管。定子冷却蒸馏水是通过固定在励磁机侧的环状供水集管来提供给绕组线棒，母线，和引线端子。冷却绕组后的热蒸馏水则流回到固定在汽轮机侧的集水管中。所有得到冷却水管线都是平行的。

供水集管与绕组线棒的末端以及母线和引线端都是通过氟塑料软管来连接的，这种软管能保证冷却水必要的流量，并提供形成定子导电部分和接地部分的绝缘距离。

为了检查供水集管中是否正确的注入蒸馏水，以及为了从中释放氢或空气，在供水集管的最上端安装有排气接管，并将排气接管经由气体检查井引出定子外壳进入排水系统。在发电机工作过程中，排气接管应该一直保持开放，以使渗透入绕组的空气或氢气释放出去。利用热阻温度计对定子绕组线棒冷却水通道中的冷却水温度进行检测。

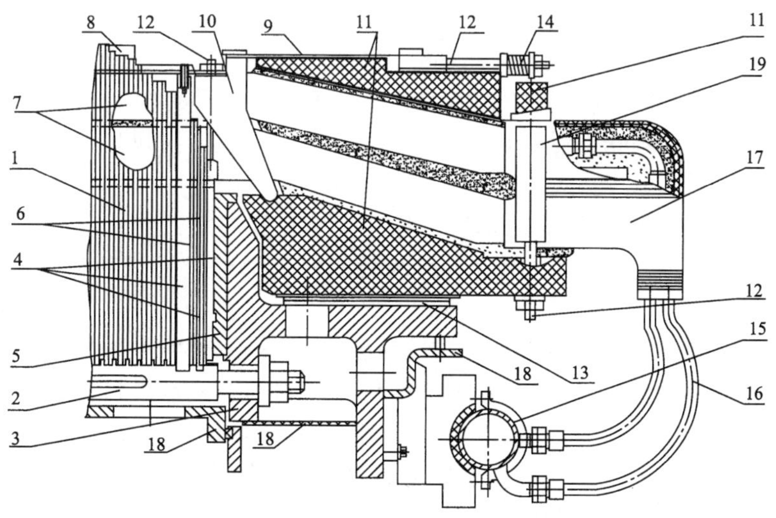

图7-8　定子绕组端部结构

1—定子铁芯；2—弹性定位拉筋；3—非磁性钢压紧环；4—非磁性钢压紧销；5—磁性铜网；6—电磁分路器叠层；7—定子绕组线棒；8—槽楔块；9—自收缩玻璃纤维绳；10—止动块；11—紧固锥环；12—紧固螺栓；13—平板钛簧；14—压缩弹簧；15—供水集管；16—供水软管；17—绝缘盒；18—通风隔板；19—楔形隔片

4. 中性点引线端

发电机定子绕组的始端和终端都是通过出线端子引出的。发电机有A、B、C三相,三相出线端子C4、C5和C6固定在定子外壳励磁机侧末端部分的底部,六个中性出线端子1C1、1C2、1C3、2C1、2C2和2C3则固定在定子外壳励磁机侧末端部分的顶部,如图7-9所示。

定子绕组引出线通过软连接和出线端分相封闭母线相连接。出线端子包括导电线棒和瓷制的绝缘体。导电线棒由空心铜管组成,直接通过水冷却,冷却水由内环进入出线端子,沿内环全长流动,再沿端部处小孔流入外环,返回到冷却水出口。铜管端部焊有导电尖端。为了向导电棒供应和导出冷却水,在与铜棒的结合处接有氟塑料短软管,以连续提供冷却水给定子绕组出线连接线和出线端子。

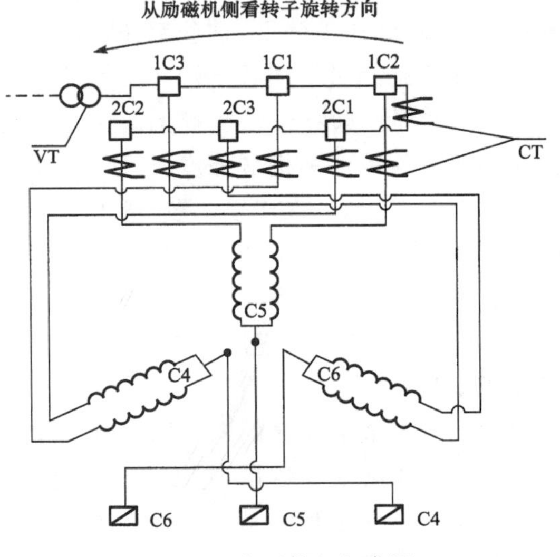

图 7-9 定子绕组相序图

中性点引出端还安装有电流互感器和电压互感器。电流互感器用来测量和进行防止内部、外部故障的保护。电压互感器用于定子绕组接地短路保护。在互感器上覆盖有非磁性钢或者玻璃布底压制而成的外壳,用于防止机械性损伤。

7.2.2 发电机转子结构

转子是汽轮发电机承受机械负荷的部件,它主要由转轴和励磁绕组组成。励磁绕组位于狭槽内,绕组末端部分由无磁的抗腐蚀的护环覆盖。在转子的汽轮机侧有一个半联轴器,以实现与汽轮机转子的连接。轴的两端均设有离心风机,包括主风扇和附加风扇。转子总图如图7-10所示。

转轴是由特殊钢材单件锻造而成,可以保证发电机在各种工作状态下转子及其部件所需的机械强度。为验证转子的机械强度,组装后的转子都经过了以额定转速的120%的高速旋转测试。

在转子轴的内部铣有两组梯形的狭槽以放置励磁绕组线圈,励磁绕组由条状铜构成,结合处焊有银,以提高励磁绕组在工作温度下的机械稳定性。绕组线圈的每一匝都由四个导体组成,线圈绕组按照沿轴向的同心圆方向绕制,线圈和轴本身通过绝缘层进行隔离,绝缘物是由浸有耐热环氧漆的玻璃布压制和烘焙而成。转子绕组是通过用硬铝合金制成的楔形块固定在狭槽内,转子通过环氧粘接剂制成的玻璃布压制品与槽楔块绝缘。而在转子轴末端的绕组则是通过护环进行固定,并通过玻璃布压制品隔片和护环绝缘。

在两组励磁绕组的狭槽之间还有铣磨成的平衡槽用来放置阻尼绕组线圈。在励磁机侧的轴端钻有轴向中心孔和径向孔,轴向中心孔内放置了导电组件,径向孔内放置了导电螺钉,考虑到励磁电流较大,从而采用了三根导电螺钉。转子支撑轴承及其部件和密封放置在轴的末端。

在转子狭槽的线圈内部有两排通风管道,这两排通风风道沿45°方向从下至上和从上

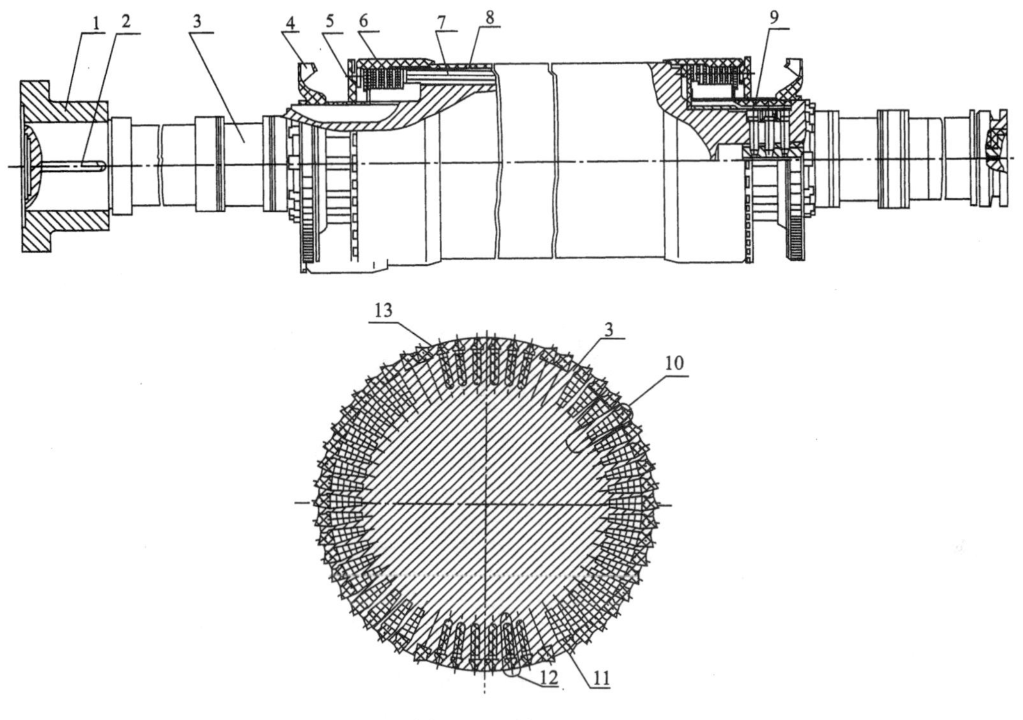

图 7-10　转子总图

1—半联轴器；2—锁紧楔键；3—转轴；4—主风机；5—附加风机；6—护环；7—励磁绕组；8—绕组阻尼槽楔块；9—导电螺钉组件；10—励磁绕组槽；11—缓冲槽；12—平衡槽；13—槽楔块下绝缘层

至下排列，并通过底部线圈的一根风道相互连接。这两排管道分别交替汇集在冷却气体进入和排出的区域，冷却气体通过绕组定位槽楔块进入狭槽，因而根据冷却气体的进入和排出的方向，槽楔块具有与入口和出口相对应的开口方向，且开口角度与线圈内部的风道角度一致，其中冷却气体入口处槽楔块的开口方向朝向转子的旋转方向，而冷却气体出口处槽楔块的开口方向则与转子旋转方向相反。转子绕组狭槽内通风道截面图如图 7-11 所示。

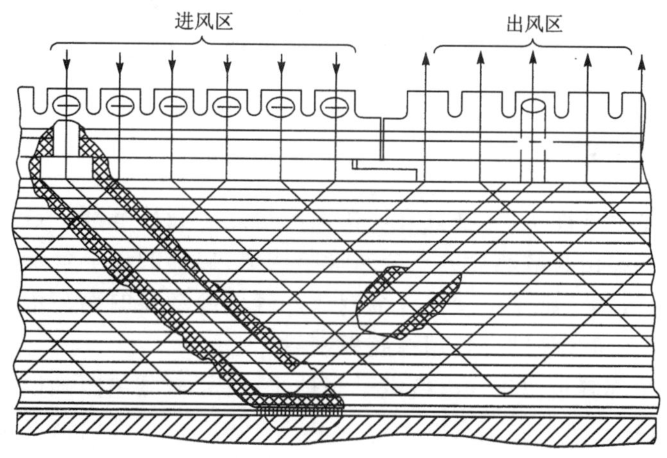

图 7-11　转子绕组通风道

护环装置为单座式,悬臂型结构,用来固定末端绕组。护环是由特殊的非磁性抗腐蚀钢材制成,护环通过热胀冷缩的作用安装在转子体上。护环上有一个环销,以避免护环的轴向移动。护环以及中心环都是通过玻璃布压制品隔片和环来和绕组绝缘的,所有的转子上使用的绝缘材料都是由玻璃布压制品制作成的。如图 7-12 所示。

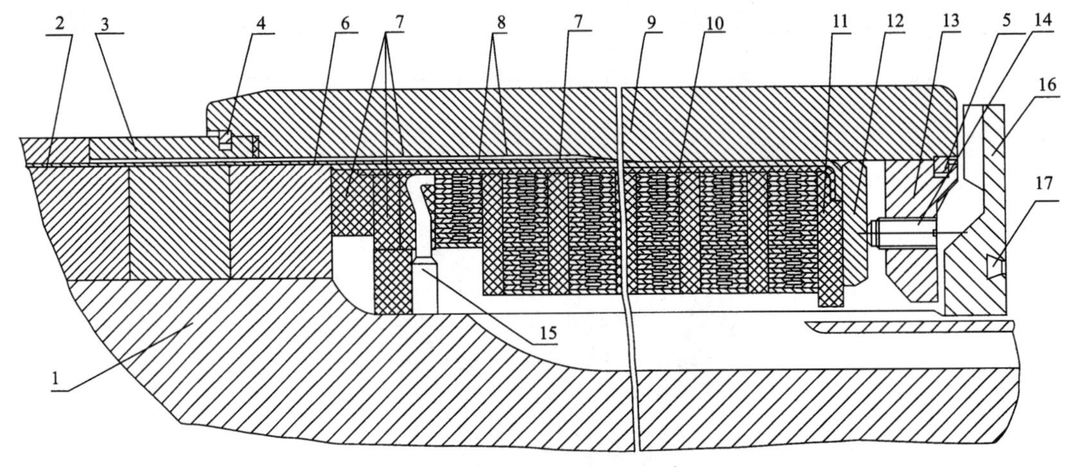

图 7-12 转子护环组件

1—转子轴;2—阻尼母线;3—平衡槽槽楔块;4—环销;5—环销;6—平衡片;
7—绝缘层;8—转子绕组线圈;9—护环;10—护环绝缘层;11—绝缘环;12—压力环;
13—中心环;14—压紧螺钉;15—导电母线;16—附加风机;17—平衡配重块

为了提高转子末端表面的热稳定性,避免不均匀状态下的负序电流以及定子回路中的不平衡短路的影响,在转子护环的下面放置了由两层铜片组成的罩环,这两层铜片重叠放置在末端励磁绕组的绝缘上。提供给励磁绕组的电流,如图 7-13 所示,是通过绝缘的载流铜母线完成的,载流母线连接励磁绕组线圈和导电线棒,导电线棒安装在轴的中心孔内,并通过轴端径向孔内放置的绝缘导电螺栓与绝缘铜母线连接。发电机载流母线是通过铜楔块和励磁机载流母线相连,该楔块在转子高速转动产生离心力作用的状况下提供可靠的电连接。为了保证转子静止时的可靠电连接,还设置了盘状弹簧和压紧螺钉。所有的供电元件通过玻璃纱布和环氧清漆基制成的材料和部件与转子轴绝缘,载导电线棒外还套有一个绝缘套管。

7.2.3 氢气冷却器

发电机共有四个氢气冷却器,垂直安装在发电机定子壳体端部。氢气冷却器主要用来冷却氢气。氢气冷却器由带散热片的双金属管子构成,内部的扁平管子是防腐蚀的镍银合金制成,外部的翼状散热片则是由硬铝合金制成。气体冷却器的冷却水管分别延伸到顶部管板和底部管板,并在与管板结合处用橡胶板密封。

氢气冷却器的顶部管板位于发电机定子壳体上,并用橡胶垫圈加以密封。位于顶部的水箱是可移动的,这样就可以在不影响发电机定子壳体气密封性的情况下对氢气冷却器的冷却水管道进行清扫和检修。顶部水箱上部设有排气管道,且与底部水箱排气管道相连,且在连接出设有阀门,当进行水箱充水时,通过排气管道进行排气。在发电机的运行过程中,

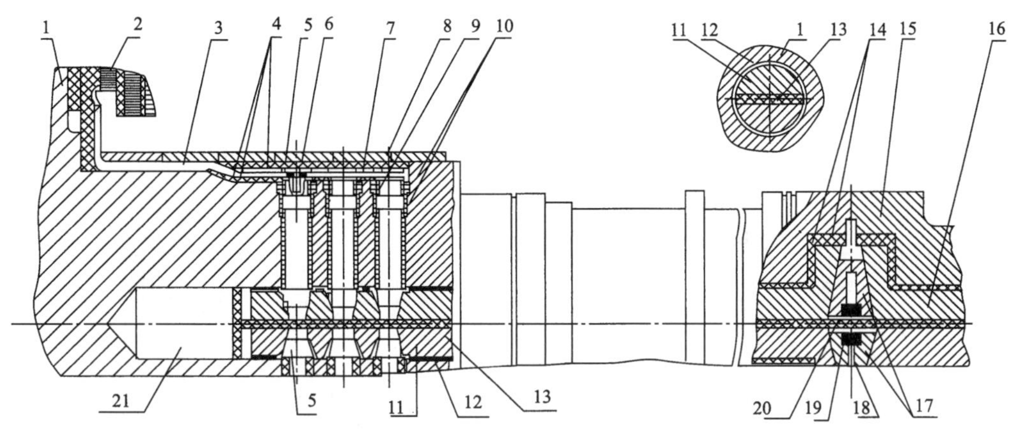

图 7-13　转子导电接头

1—转子轴；2—转子绕组线圈；3—载流母线；4—绝缘层；5—导电螺钉；6—压紧螺钉；7—螺母；8—垫片；9—密封环；10—绝缘衬套；11—转子导电线棒；12—绝缘套管；13—绝缘层；14—绝缘附件；15—励磁机转子轴；16—励磁机转子导电线棒；17—连接楔块；18—止动螺钉；19—盘状弹簧；20—绝缘块；21—转子中心孔

排气阀门持续打开进行排气和疏水。

氢气冷却器的底部不与定子壳体紧密连接，而是通过一个填料函来进行与定子壳体的中心定位和密封。当发生温度波动时，这样的连接结构就允许氢气冷却器沿长度方向的自由热膨胀。底部水箱设有冷却水进出口法兰。

7.2.4　支撑轴承

发电机支撑轴承安装在励磁机侧，其结构如图 7-14 所示。支撑轴承的轴承座带有自动对心的球形轴衬。为减少摩擦并避免轴颈的损伤，轴衬的内表面覆盖有一层抗摩擦的材料——巴氏合金。轴承巴氏合金的温度由电阻温度计测量。

轴承的润滑油来自汽轮机的润滑油管道，润滑油油压大于大气压，润滑油进入位于轴承盖上的应急润滑油箱，从而进入轴衬润滑轴承。正常运行工况下，应急润滑油箱内注满润滑油(抗燃油)，当所有润滑油泵真空破坏停运，造成汽轮发电机组紧急停机时，应急油箱内润滑油紧急润滑轴承，以缓解事故后果。润滑油排油的温度也是油电子温度计测量，且在排油管线上开有可视窗口。

为了方便发电机转子的启动，以及在发电机停机、巴氏合金磨损和盘车时减少转子的摩擦，发电机转子配有专门的顶轴装置，即顶轴油供应系统，顶轴油的控制和调节与汽轮机顶轴油系统的控制和调节一致。

发电机轴承和底座之间采用双层玻璃布基绝缘垫进行绝缘，绝缘垫安装在轴承座下部，为监测这种下置式绝缘，在双层绝缘垫之间夹有一层金属薄片。轴承与各管道之间通过插入的套管进行绝缘，套管的法兰连接处用氟塑料和玻璃布制成的垫片，垫圈和套管绝缘。

7.2.5　轴密封

为防止氢气沿转子轴泄漏到发电机定子壳体外，在发电机轴两端的发电机外壳上安装

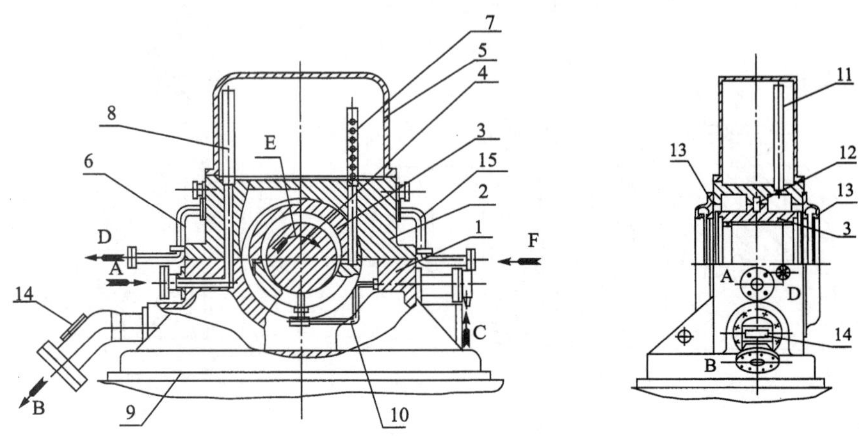

图 7-14　发电机轴承

1—轴承座；2—轴承盖；3—轴衬；4—转子轴颈；5—应急润滑油箱；6—乏汽抽汽管；7—加油管；8—润滑油进口管；9—绝缘垫圈；10—高压油管；11—补偿油管；12—锁紧螺钉；13—曲径式集油器；14—油流动观测孔；15—惰性气体供应管道；A—油入口；B—油出口；C—高压油入口；D—乏汽出口；E—转子旋转方向；F—惰性气体入口

有O形油密封环。如图 7-15 所示，密封腔与发电机外壳配合，和端盖组成一个带压的密封腔室，密封腔内放置有O形油密封环，密封环上有密封齿隙与发电机转子轴配合。为减小密封环和转子之间的摩擦，在密封环的表面镀有一层耐磨巴氏合金。密封环和转子轴为自由配合，为防止密封环转动，设有水平止动螺钉；而通过与密封腔的配合，可以放置密封环的轴向移动。转子的轴向位移不影响密封的功能。

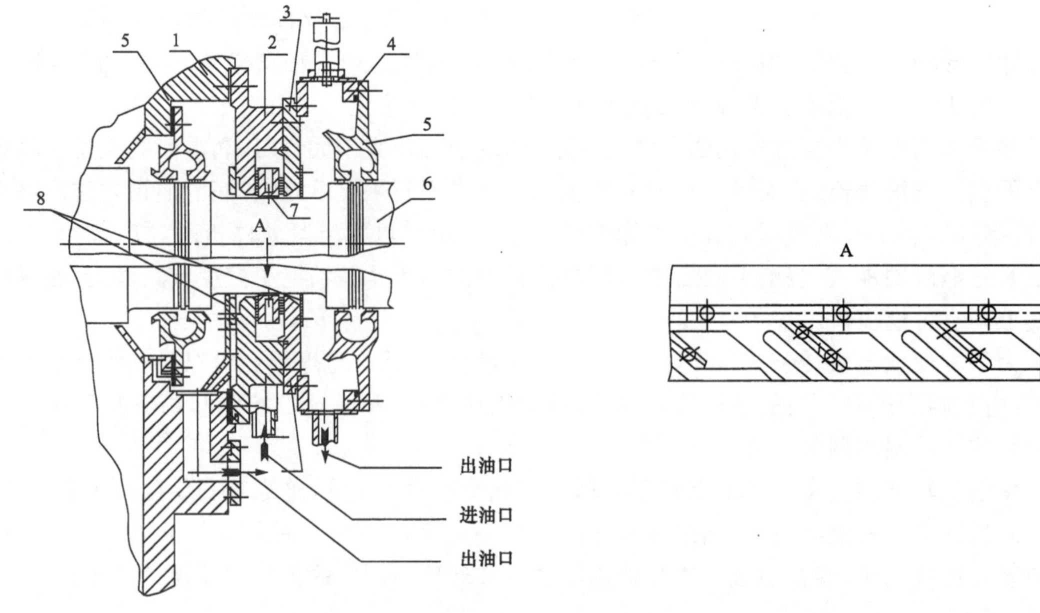

图 7-15　轴密封

1—发电机外壳；2—密封腔；3—封盖；4—出口集箱；5—迷宫集油器；6—转子轴；7—密封环；8—导油器

发电机密封油系统保证密封油油压比氢压高，密封油进入密封腔后，沿密封环上径向小孔进入到环形沟槽，密封油从环形沟槽沿转子轴扩散至环形齿隙中，流向发电机定子侧的密封油可以防止沿轴泄漏到发电机外，而流向空气侧的密封油则可以带走密封环上的热量，并提供密封环和轴的定位校正。为有效地从密封环带走热量，在靠近空气侧的密封内开有斜槽，附加孔和楔形区，一部分密封油流经这些区域时，带走一部分热量，并完成密封环与轴的自动校正。

为减少作用在密封环上的轴向力，在发电机外壳和密封腔之间还设有一个环形缓冲腔。发电机外壳密封腔、密封环之间的法兰连接处以及排油支管之间均采用耐油的橡胶圈进行密封。为防止产生轴电流，密封腔和集油器则采用绝缘材料制成的垫片，垫圈等进行绝缘。

为控制巴氏合金的温度和密封油在空气侧的温度，在密封内设置有热阻温度探测器。另外，发电机密封油系统的油管线上设置有观油口。

7.2.6　发电机的冷却方式

发电机在运行过程中，由于存在各种损耗而发热，使温度升高，但温升过高，直接影响到绝缘材料的使用寿命、电机出力，甚至造成绝缘击穿，危及发电机安全运行。

大中型汽轮发电机，因为它的转子直径小、轴向长、中部热量不易散发出来，采用氢气(H_2)或纯水(H_2O)冷却，远比空气冷却效果显著。因为空气的比重比氢气大13.5倍，氢气的导热率较空气大7.4倍，所以，氢冷发电机的风阻损耗大为减小，仅为空气冷却的1/7左右。当把发电机的绕组导体做成空心扁管式，把纯水通入空心管状绕组中，直接冷却绕组内部，则称为水内冷。若向转子、定子绕组均注水，则称为双水内冷。由于水的比热容和导热系数比氢气更大，所以水内冷较之空冷和氢冷具有更好的效果，当然制造工艺与水处理系统要求亦更严。目前我国大型汽轮发电机组的冷却系统，采用以下几种形式的组合：

(1) 水一氢一氢冷却：定子绕组用水冷却，转子绕组用氢气冷却，铁芯采用氢气冷却；

(2) 水一水一空冷却：定子绕组、转子绕组都采用水内冷，而铁芯采用空气冷却；

(3) 水一水一氢冷却：定子绕组、转子绕组都采用水冷却，而铁芯采用氢气冷却。

采用水一氢一氢冷却发电机总的通风回路如图7-16所示。根据图示，定子被纵向隔板分为四个相同的隔间，冷却气体在安装在转子轴两端的风扇的作用下，流经定子壳体和发电机外壳之间的空间，进入竖直成对安装在定子末端每一侧的四个氢气冷却器。经冷却器冷却后的气体，沿着与轴平行的扇形分区II区和IV区进入发电机定子中间部分的横向隔间，沿径向通过定子铁芯之间的空隙冷却定子铁芯，进入转子和定子之间的气隙。进入气隙的冷却气体一部分直接进入定子铁芯垂直部分扇形分区，即I区和III区后，回到冷却器内。另一部分冷却气体则随着转子的转动，沿转子绕组通风风道冷却转子绕组，冷却转子绕组后的气体又回到气隙，流经扇形分区I区和III区，回到发电机风扇和氢气冷却器内。

如前所述，转子中心部分绕组和狭槽是通过19组通风风道进行冷却，而转子末端部分绕组的冷却气体则来自于氢气冷却器的另一部分气流，这一部分气流从氢气冷却器出来后，沿位于定子壳体端部、发电机外壳和转子轴上的专门的风道，并流经铣在转子末端绕组内部的风道冷却转子末端绕组。冷却转子末端绕组后的气体，通过转子末端护环和附加风扇之间的气隙流出，在附加风扇的作用下返回到转子和定子之间的气隙。为了阻止气体的旋转，并且提高转子的冷却效率，沿着定子狭槽部分全部长度的间隙安装有两块纵向的隔板，而在与转子绕组对应的轴向上布置有两组 90°的扇形隔板,隔板深入到转子和定子间的气隙。

另外,从氢气冷却器出来,还有一股气流用来冷却发电机定子铁芯末端和定子绕组末端的压紧环。冷却后的气体同样在主风扇的作用下返回到氢气冷却器中完成冷却循环。

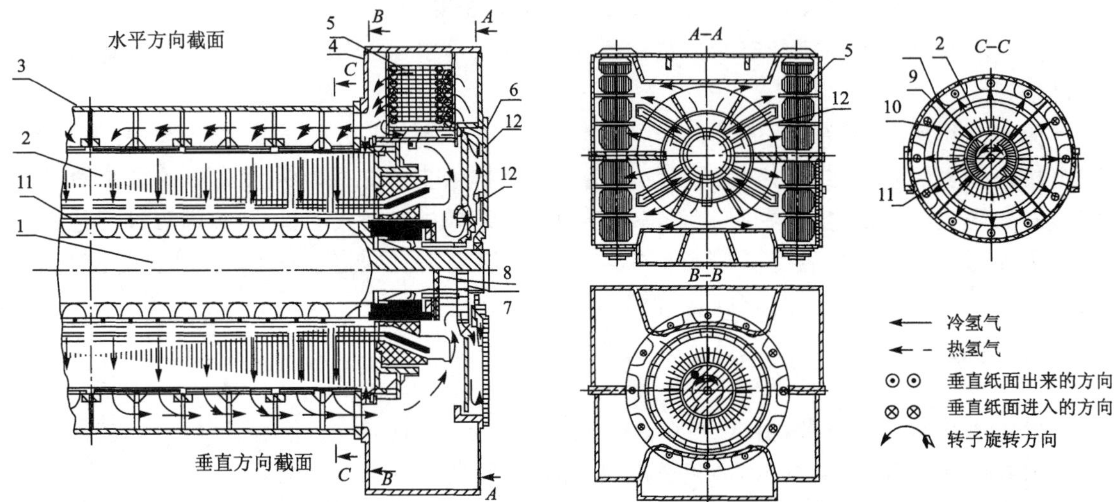

图 7-16　发电机通风回路

1—转子;2—定子铁芯及定子绕组;3—定子壳体中间部分;4—定子壳体端部部分;5—氢气冷却器;6—发电机端盖;7—主风扇;8—附加风扇;9—定子壳体纵向分区;10—气隙纵向分区;11—气隙扇形分区;12—护环下冷却气体通道

7.3 发电机励磁系统

同步发电机的转子绕组建立磁场,需要由直流电源供给电流,通常把这个用来产生磁场的直流电流称作励磁电流。凡是与发电机转子回路电压的建立、调整及其控制的有关元件和设备,统称为励磁系统,包括发电机励磁绕组、励磁电源、自动调压器和手动控制等部分,此外,还有强行励磁、强行减磁、励磁保护、灭磁等部件。

励磁系统的主要作用是:提供足够的、可靠的、连续可调的直流电流,维持发电机(或发电厂高压侧母线)电压在给定水平;当电力系统发生短路故障使系统电压严重下降时,对发电机进行强励以提高电力系统稳定性;当发电机突然甩负荷时,实行强行减磁以限制发电机端电压过度增高;当发电机出现内部短路故障时快速灭磁以减少故障损坏程度;能使并联运行发电机的无功功率得到合理分配。

7.3.1 励磁系统分类

励磁系统种类很多,常见的诸如以下几种。

1. 直流励磁机励磁系统

励磁机直接与发电机的轴相连接,采用有换向器和电刷的直流发电机作为主励磁机(备用励磁机则由电动机拖动)。其主要优点是结构简单、运行可靠,励磁机的工作不受系统影响等。主要缺点是整流子集电环电刷的维护工作较大、励磁机的体积较大且容量受制造的限制只能适应于中小型同步发电机励磁的需要。因现代同步发电机的励磁容量约占发电机容量的 0.2%～0.6%，励磁机的额定电压一般不超过 400～500 V。尤其是汽轮发电机，转速高（n=3 000 r/min），机械整流复杂、不可靠、炭刷磨损大、容易冒火花等，所以汽轮发电机的直流励磁机的极限容量一般不超过 350～450 kW。也就是说最多只能满足 10 万 kW 机组的励磁。至于水轮发电机，虽然转速较低，机械整流无大困难，但极限容量受到它本身尺寸和体积限制，在经济上也显得不合理。所以目前 150 MW 以上的汽轮发电机和水轮发电机，几乎都采用半导体励磁系统。

直流励磁机励磁系统有自励式和他励式之分。自励式采用并激直流发电机作为励磁机，利用剩磁自励。他励式除主励磁机外还有副励磁机，副励磁机为自激直流发电机亦与主励磁机同轴并向主励磁机供给励磁电流。如图 7-17 所示。

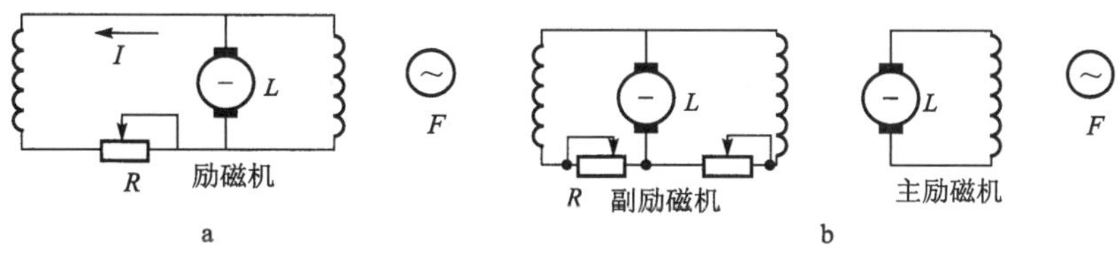

图 7-17　直流励磁机励磁系统接线图

a. 自励式；b. 他励式

2. 静止整流器励磁系统

如图 7-18 所示，同一轴上有三台交流发电机，即主发电机、交流主励磁机和交流副励磁机。副励磁机的励磁电流开始时由外部直流电源提供，待电压建立起来后再转为自励（有时采用永磁发电机）。副励磁机的输出电流经过静止晶闸管整流器整流后供给主励磁机，而主励磁机的交流输出电流经过静止的三相桥式硅整流器整流后供给主发电机的励磁绕组。

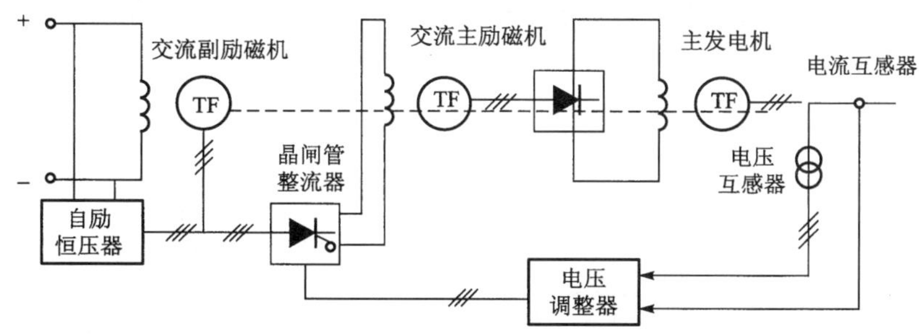

图 7-18　静止整流器励磁系统

3. 旋转整流器励磁系统

静止整流器的直流输出必须经过电刷和集电环才能输送到旋转的励磁绕组，对于大容量的同步发电机，其励磁电流达到数千安培，使得集电环严重过热。因此，在大容量的同步发电机中，常采用不需要电刷和集电环的旋转整流器励磁系统，如图 7-19 所示。主励磁机是旋转电枢式三相同步发电机，旋转电枢的交流电流经与主轴一起旋转的硅整流器整流后，直接送到主发电机的转子励磁绕组。交流主励磁机的励磁电流由同轴的交流副励磁机经静止的晶闸管整流器整流后供给。由于这种励磁系统取消了集电环和电刷装置，故又称为无刷励磁系统。

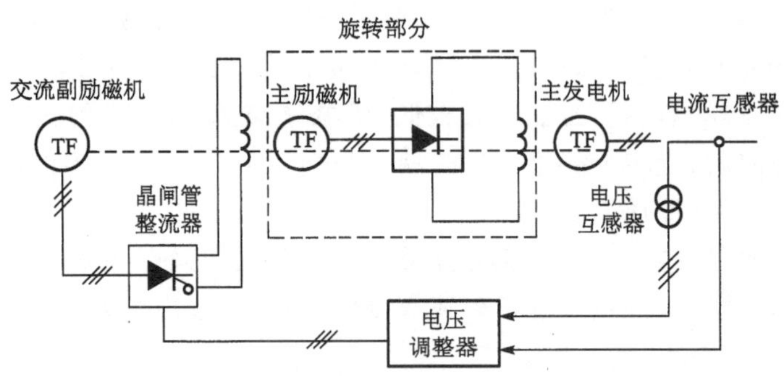

图 7-19　旋转整流器励磁系统

7.3.2　无刷励磁机

励磁机一般与发电机转子同轴连接，由汽轮机驱动旋转。励磁机主要作用是给发电机转子供给可靠的励磁电流。有的励磁机由主励磁机和副励磁机组成，有的只有主励磁机。下面我们以某核电厂旋转整流器无刷励磁系统励磁机为例，简要介绍励磁机的结构特点。

无刷励磁机主要由以下部件组成：装有旋转整流器和汇流环的转子电枢、定子部分、轴承、基座、炭刷架、内外屏蔽及外壳、电加热器板。励磁机整体结构如图 7-20 所示。励磁机转子轴通过法兰与发电机轴连接。励磁机由一台同步发电机和两个旋转整流器组成。由于励磁机本身结构是定子为磁极，转子布置有三相绕组，两个旋转整流器布置在励磁机电枢的端面上，其直流输出端直接接发电机的转子励磁绕组。其输入和输出均没通过炭刷和滑环，所以该励磁机叫无刷励磁机。又因为励磁机输出是由转子三相绕组通过安装在转子上的二极管整流桥直接与发电机转子励磁绕组连接，而不是用传统的炭刷加滑环引入，因此该励磁系统是旋转整流器无刷励磁系统。

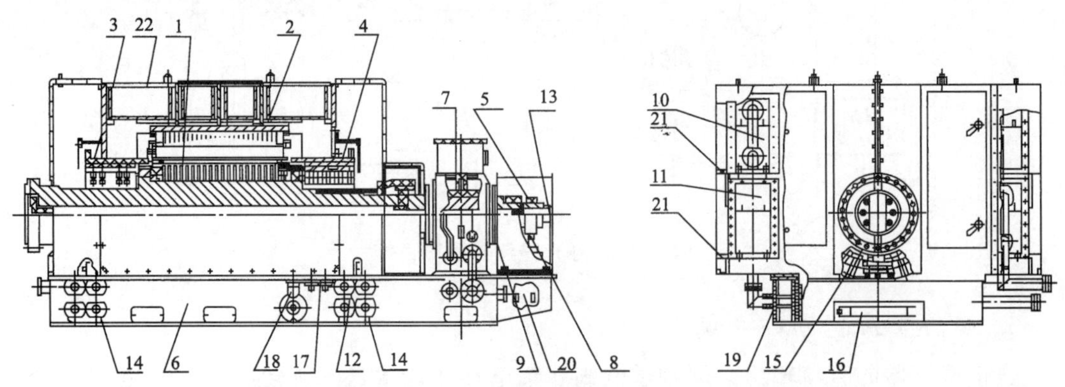

图 7-20　励磁机结构

1—转子；2—定子磁系统；3—旋转整流器；4—旋转整流器；5—滑环；6—基座；7—轴承；8—炭刷架；9—电刷板；10—上部空气冷却器；11—下部空气冷却器；12—分流变送器；13—初始读数变送器；14—温度湿度变送器；15—极间线圈；16—带电加热器的接线板；17—疏水集水器；18—液位探测器；19—励磁绕组接线板；20—电刷架接线板；21—集水浅槽；22—防振盒

1. 励磁机定子

励磁机的定子由磁极绕组和铁芯组成，定子安装有十个磁极，磁系统磁轭和磁极铁芯都是用 0.5 mm 厚的硅钢片叠合而成，通过螺钉和 V 形环将铁轭固定在剖分式焊接壳体中。磁极铁芯通过钢铆钉连接，磁靴中安装有圆形黄铜棒作为阻尼绕组，铜棒末端通过导电母线连接，磁轭与磁极完成装配后，各铜棒之间也相互连接，由此形成短路环，以避免不均匀状态下的负序电流以及定子回路中的不平衡短路的影响。

定子磁极绕组由弯成肋条的铜条制作成磁极线圈，磁极线圈为串联连接，励磁绕组终端连接在绝缘板上，从汽轮发电机侧看过去，绝缘板位于磁系统窗口左侧。

励磁机基座上装有两条母线，母线的一端通过一块平板与磁系统的绝缘板连接，两块板间通过螺钉配合。输出母线的另一端制作成矩形平板，平板上钻有小孔，通过电缆与励磁设备的电缆连接。在励磁机定子磁系统壳体上部装有 4 个盒子，在发生振动的情况下，盒子内需装入金属，以减小励磁机的振动。

2. 空气冷却器

在磁系统壳体内部安装有 4 台水平的空气冷却器，空气冷却器位于磁系统外围，其中上部有两台，下部有两台，上部空气冷却器和下部空气冷却器用螺钉固定在两侧，但其带水平凸肩的角铁的长度不同。角铁焊接在水箱上，作为空气冷却器的导轨和支撑件。角铁下部有支架，支架与磁系统壳体的垂直端板焊接在一起，这样的结构有利于安装，并且可以避免上部空冷器和下部空冷器的安装错误。

空气冷却器的冷却水管由带散热片的双金属管子构成，冷却水在管内流动，吸收管外冷却空气的热量。励磁机运行过程中，分别用温度传感器和湿度传感器监测转子和旋转整流器两端冷却空气入口处空气的湿度。湿度传感器安装在内屏蔽上，并与内屏蔽的插销相连接。当冷却水管的密封性被破坏，且任意一台空气冷却器发生泄漏时，可以通过与疏水集水器相连的液位探测器发现是否有泄漏发生，定子磁系统壳体两端均装有液位探测器。

如果空气冷却器发生泄漏，则温度传感器和湿度传感器会产生冷却空气湿度增加的信号，同时，在疏水集水器孔和液位探测器也会有收集到水的信号产生。在液位探测器接收到泄漏信号后，为进一步确认泄漏信号，必须从与信号对应的一侧取下排水器法兰上孔的堵塞，目视检查该孔是否发生泄漏。

3. 励磁机转子

转子由转子铁芯和三相绕组组成，见图 7-21。转子铁芯为 0.5 mm 厚的钢片叠层，叠层间形成径向通风风道。转子铁芯安装在两个非磁性钢 V 形环之间，V 形环是通过热膨胀作用套装在转子上的，非磁性钢 V 形护环通过绝缘隔离片固定在绕组的外伸部分，所以 V 形环同时也是外伸绕组的支撑。转子铁芯安装在转子轴上，轴上留有轴向通风风道，与径向通风风道相通。

转子电枢槽内放有两个同相的三相绕组，转子绕组共有 90 槽，绕组连接成两个星型，放置在绕组狭槽内。每相绕组由 5 条平行支路组成，转子绕组分段，在绕组狭槽内，绕组各段有 360°的导体换位。转子绕组通过用玻璃布基层支撑的槽楔块固定在铁芯狭槽内。放在支撑环突出部分下部的铜环实现转子绕组与双星型接线的电连接。支撑环则安装在轴凸缘上，支撑环上放置有绝缘环，各相的平行输出端穿过支撑环上的小孔，并连接至旋转整流

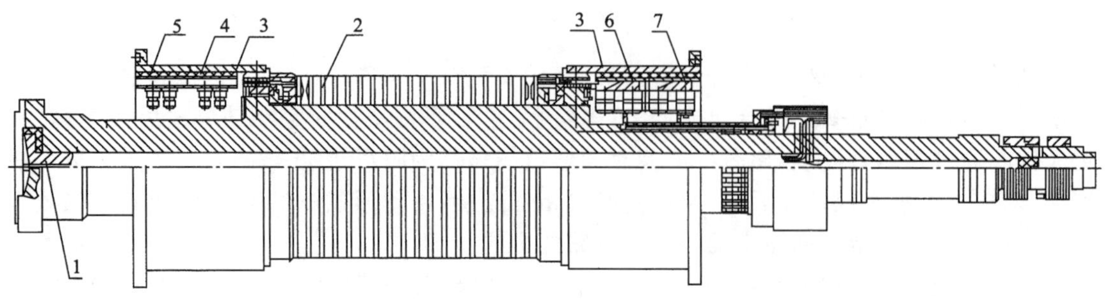

图 7-21　电枢结构

1—励磁机导电线棒；2—转子(电枢)绕组；3—V 形环；4,5,6,7—整流器组

器组。

4. 旋转整流器

旋转整流器的主要作用是将励磁机旋转产生的 250 Hz 的交流电转换为直流电。旋转整流器共有两组，布置在励磁机转子绕组端部，旋转整流器由 60 个“整流器组”组成，每个整流器组由散热器、晶体二极管、熔断器和两个阻容保护器构成。

旋转整流器的所有部件都安装在两个绝缘环内，在每个绝缘环内布置了 15 个正向整流组和 15 个反向整流组，且整流组与绝缘环之间绝缘。每个整流器组都通过两个螺钉固定在扇形钢座上，钢座安装在绝缘环上，每个钢座与绝缘环通过四个螺钉连接，绝缘环通过凸块安装在绝缘外环的内表面。而安装在扇形钢片上的整流器单元之间通过扁平母线相互连接。

每个整流器组有一个散热器，散热器通过螺纹柱拧装在扇形钢座上，主要用来导出二极管的辐射散热的热量。

每个整流器组有两个晶体二极管，晶体二极管通过模压边框和螺栓安装在散热器上。二极管是整流元件，接成三相桥式整流器。

每个整流器组有两个熔断器，熔断器通过嵌入螺栓固定在绝缘块上，绝缘块与散热器之间也是通过螺栓固定。熔断器是短路保护元件，当旋转整流器输出的直流回路发生短路时，熔断器熔断，保护二极管不被短路电流损坏。

每个整流器组有两个阻容保护器，两个熔断器把总线和电阻电容组件连接起来。阻容保护器是电阻和电容的串联组合，电阻放置在散热器的狭槽内，电容则位于熔断器与绝缘块之间，且在电阻和电容上都涂有环氧树脂。阻容保护器是过电压 *RC* 保护元件，接在二极管的阴极和阳极上，防止二极管被突变的过电压击穿损坏。

5、转子电流引线

转子电流引线端包括交流侧引线端子，直流侧(整流电流)引线端子，汇流环、汇流母线和转子轴中心孔内导电线棒。每个转子绕组的交流引线从转子的两侧穿过支撑环的孔，用套管绝缘，绝缘管上套有箍环，以与整流器连接。在整流器组的散热器处有一根共用母线，共用母线与电枢绕组输出端进行电连接。

直流侧(整流电流)引线为 30 对绝缘铜母线，铜母线放置在转子轴的 30 个轴向槽中，并用绝缘槽楔块紧固。与旋转整流器相连接的在两个相邻槽中的引线分别位于转子(电枢)绕组的两侧:在汽轮机侧通过 15 根长电流引线与整流器连接,在自由端则是通过 15 根短电流引线与整流器连接。在每个轴向狭槽中,铜母线分别与整流器单元的正极和负极相连,其中,位于狭槽底部的铜母线为正极,位于槽楔块下部的铜母线为负极。直流端正极和负极引线并通过集电环在直流侧并行连接,再通过位于转子轴的 4 个径向孔内的汇流母线与励磁机转子导电线棒的正负极相连接。

电流引线的每根母线在轴承侧都有一个扁平端头,并通过导电螺钉与集电环进行连接。集电环安装在护环内,用于将整流后的电流从旋转整流器传输到轴中心孔中的导电线棒。集电环的所有螺钉连接处都用垫圈锁定,在运行过程中不需要进行维修。

6. 基座

励磁机基座为焊接结构,基座用于安装定子磁系统、轴承、外屏蔽和炭刷架。在基座的下部留有加工孔,用于安装螺栓和螺柱,通过螺栓和螺柱将励磁机基座紧固在预埋的钢板上。螺栓安装在圆孔中,为可拆卸的部件,螺柱则安装在轴向槽中,焊接在预埋钢板上。

为了提供进入基座固定位置的出入口,在基座上开有带堵塞的窗口,窗口主要起两种作用,一是用于安装励磁绕组接线板和引线端子,二是用于安装疏水管和连接液位探测器。

基座上装有空气冷却器的供水、疏水,轴承供油的旁通管道,用于放置从控制仪表到线路接头电线的管道。励磁绕组引线端,控制仪表接线端,和炭刷架引线端都位于基座左侧(从汽轮机侧看)。

7. 轴承

励磁机的轴承为强制润滑径向轴承,用于支承励磁机转子。轴承采用汽轮机润滑油系统的油进行润滑。润滑油首先进入应急润滑油箱,润滑油箱位于轴承盖上,然后通过轴承盖和轴瓦上的油孔进入油间隙,环绕流经轴和轴瓦表面并进行冷却,轴承端部设有挡油板和迷宫式密封环,可以防止润滑油从轴承箱和轴表面溢出。在励磁机运行期间,焊接的轴承座保证对转子轴的刚性支承,轴承座与励磁机基座、润滑油管间绝缘,轴承座的绝缘层共有两层,层间设有金属垫片。

8. 炭刷架和滑环

励磁机的末端轴上装有三个滑环和三个炭刷架,主要用于汽轮发电机转子的超压保护。

三个滑环中,有两个滑环与轴绝缘,引出的是发电机转子的激磁电压,引出电缆去励磁系统的转子过电压保护柜,用作发电机转子的过电压保护输入。还有一个滑环直接与轴连通,引出电缆同样接入转子过电压保护柜的转子绝缘监视装置。

炭刷架位于励磁机基座的支架上,主要由底座和两个不同极性的集电部件组成,底座和集电部件之间用绝缘螺柱连接,并将电刷架手柄和母线固定在上面。输出母线的扁平端头固定在输出接线板上,上面钻有电缆连接孔。在绝缘垫片上放有由特种钢制成的触环。炭刷架外设有护罩保护,护罩上开有观察孔。

9. 励磁机的通风

励磁机和旋转整流器有共用的自通风系统。冷却空气在压差作用下在励磁机转子的径向风道和支撑环的径向风道内流动,转子旋转时,冷却空气在十极十支路的励磁机内进行循环。

冷空气进入通风环内部,并分成两路,其中一路冷空气进入整流器组散热器的轴向风道中，带走二极管的辐射热量，然后流经支撑环的风道，返回空气冷却器。另一路冷空气则进入转子轴纵向狭槽的间隙，然后流经转子绕组径向风道，转子大齿，转子表面和磁极，流入空气冷却器前的空间。在同第一路热空气汇合后，回到空气冷却器。

转子绕组的伸出部分也是用空气冷却，冷却空气是流经转子绕组支架和中间环之间的径向风道来冷却转子绕组伸出部分的。

7.3.3 自动励磁调节装置

自动励磁调节装置的作用不仅在于正常运行时，随负荷的变化，自动调节发电机励磁电流，保证维持电压为一恒定值。而且在事故状态下通过自动励磁调节装置来提高电力系统运行的稳定性，相应提高发电、供电的可靠性。

自动励磁调节装置形式很多，诸如常用的经典励磁调节系统（包括有强行励磁装置、复式励磁装置、电压校正器以及强行减磁和自动灭磁装置等）；可控硅励磁调节系统；“比例一微分一积分”（PID）调节加电力系统稳定器（PSS）的励磁调节控制系统；励磁最佳控制系统等。

强行励磁的任务是当系统发生事故引起发电机电压急剧降低时，由它迅速地使发电机的励磁电流加大到最大数值，以改善系统在事故情况下并联运行的稳定性并提高输电线的传输能力。

在事故情况下，强行励磁倍数愈高，励磁电流上升速度愈快，则强行励磁的效果愈好。通常汽轮发电机的励磁顶值，即最大励磁电压不小于额定励磁电压的 2 倍，而水轮发电机则不小于额定励磁电压的 1.8 倍。

近年来，发电机广泛采用可控硅励磁调节，这是由于它具有反应灵敏、调整迅速、制造维护方便、励磁容量大、体积小、重量轻及有色金属消耗量小等优点。可控硅励磁调节装置是利用电子元件，测量发电机电压与给定值的偏差，然后将此偏差信号去控制给发电机励磁绕组或励磁机绕组提供励磁电流的可控硅的导通角，从而实现对发电机电压或无功功率的调节，发电机励磁绕组由交流电源经可控硅整流桥整流供电，此交流电源可以由被调发电机本身供给，也可由与其同轴的交流励磁机供给。

自动灭磁装置的任务是：在发电机内部或其出口与断路器之间的引线上发生短路时，断开断路器仍不能切除故障，唯一的办法是迅速切断发电机励磁回路，使发电机电压降到接近于零。但是，由于发电机转子绕组有很大的电感，切断其电路会出现过电压及电弧，将导致开关和转子绕组的损坏。为此，必须采取措施消除转子回路原来储藏的磁场能量，这就是所谓灭磁。灭磁的方法常见的有：

(1) 在断开转子回路前先行在转子回路中投入灭磁电阻。利用灭磁开关结构上的特点，先将灭磁电阻并入转子回路，然后切断转子电路。

(2) 在励磁机励磁回路中加电阻，此系统是在电路不中断的情况下加入电阻，故不会产生过电压，但灭磁较为缓慢。

在大容量发电机上，往往采用上述两种灭磁系统联合工作的灭磁系统，称为复合灭磁系统。

7.3.4 励磁系统的控制方式

1. 机端电压控制方式（自动）

机端电压控制方式，其控制对象为发电机机端电压。在发电机空载及并网运行时，能够保证发电机机端电压稳定在给定的电压定值。在需要时，运行人员可以对该给定电压定值进行调整。给定值调整后，励磁调节器将自动维持机端电压为新定值。

此种运行方式，对机组运行和电网系统的稳定是最佳的，是励磁调节器的正常工作方式。在自动控制方式下，励磁调节器的低励限制、过励限制、V/Hz 限制都能够正常投入工作。

2. 恒功率因数(cosΦ)控制方式

此种控制方式，是在自动控制方式上叠加的一种附加控制方式。恒功率因数控制方式的控制对象是功率因数。机组将保持给定的功率因数运行。

发电机并网运行时，根据需要，按照操作员的指令，可以从自动方式切换到 cosΦ 调节方式。大型发电机组，该方式一般情况下并不使用。

3. 恒无功控制方式

此种控制方式，也是在自动控制方式上叠加的一种附加控制方式。恒无功功率控制方式的控制对象是无功功率。在运行中，恒无功功率控制方式，能够保证发电机的无功功率不变。

大型发电机组，该方式一般情况下并不使用。

4. 励磁电流控制方式(手动)

该控制方式的控制对象为励磁电流。当 2 个自动通道均发生故障，自动方式均退出运行时，手动方式作为短时备用。此时励磁调节器自动维持发电机励磁电流为给定的定值。由于不是按照机端电压恒定方式进行控制，机端电压波动较大，需要运行人员随时监视和调整。

在手动控制方式下，励磁调节器的低励限制、过励限制、V/Hz 限制只有部分功能可以投入工作。PSS 的功能将自动退出。在系统扰动时，容易造成机组运行的不稳定，危害机组和电网的安全运行。

5. 定角度控制方式(试验模式)

属于试验模式，仅仅用于发电机空载、短路试验和励磁系统试验时使用。

这时励磁调节器接收增减磁信号，直接改变晶闸管的触发角度，来控制发电机转子电流，从而改变发电机定子电压或定子电流。

7.3.5　励磁系统的辅助功能

1. 低励限制

当电网电压水平升高时，调节器将降低转子电流，直到发电机进入吸收无功功率状态(欠励工况)。发电机可吸收的无功功率值取决于其有功功率和电压以及相关特性曲线。调节器根据这些特性曲线将发电机的无功功率限制在给定范围内。

2. 过励限制

当电网的电压水平降低时，可能会出现发电机转子或定子电流长时间超过允许限制值的状态。因此，在这种工况下调节器通过额定值来限制转子(或定子)电流，其延时取决于过载倍数。

3. V/Hz 限制

当电压水平不变，发电机频率降低时，感应增大和磁化电流上升会导致主变压器及发电机过热。为防止这一现象，则自动降低调节器电压最大整定值，使其与频率降低成正比。

4. 最大励磁限制

发电机转子最大允许电流等于两倍的额定电流值。调节器确保限制转子两倍电流。

5. 电力系统稳定器 PSS

当采用长距离输电线路输送电力时，有时会导致电力系统中呈现本地和区域的功角和有功以 0.2～3 Hz 的低频振荡。采用有功功率、发电机电压频率或者频率导数和转子电流导数，共同合成一个调节信号，可以提高静态和动态稳定性范围和改善事故后对功率振荡的阻尼作用，实现稳定作用。

7.4 同步发电机的运行

7.4.1 发电机电枢反应

当发电机接有负载时，电枢绕组（定子绕组）中通有三相电流，产生旋转磁场，其转速为：

$$n_0=\frac{60f}{p}$$

且与转子转速 n 相同：$n=n_0$，即转子的转速与电枢旋转磁场的转速相等，此即“同步”名称的由来。磁极（转子）磁场与电枢磁场（其每极磁通为 Φ_a）既然转速相等，同时旋转方向相同，所以两者是相对静止的。因此有负载时，同步电机中的旋转磁场实际上可认为是由它们合成而得。合成磁场的轴线及其每极磁通 Φ 的大小，与磁极磁场相比，有所不同。这种电枢磁场对磁极磁场的影响，称为电枢反应。电枢反应与发电机所接负载的性质有关，下面先讨论三种极限情况，而后再讨论在一般负载运行时的电枢反应。

1. I 与 E_0 同相的情况

在图 7-22 中，i 是电枢电流，e_0 是磁极磁通 Φ_0 通过电枢绕组所产生的电动势，即空载电动势。图中虽然只画出一相（A 相）绕组，但根据三相对称电流所产生的旋转磁场的轴线与电流达到最大值的绕组的轴线是重合的。在图 7-22 中，设 A 相绕组中的电流 i 达到正的（从末端 X 流向始端 A）最大值，此时电枢旋转磁通 Φ_a 的轴线方向是从左向右。

当磁极转到图 7-22a 的位置时，A 相绕组中的电流 i 和电动势 e_0 都达到正的最大值，所以 I 与 E_0 同相。由图可见，磁极磁通 Φ_0 的轴线方向与电枢磁通 Φ_a 的轴线方向在空间是正交的，这种称为交轴（或称横轴）电枢反应。在磁极的前半边，Φ_0 与 Φ_a 的方向相反，磁场被削弱了；在磁极的后半边，两者方向相同，磁场被加强了。

交轴电枢反应把磁场扭斜了，合成磁场的轴线从磁极磁场的轴线往转动方向的后方偏斜了一个角度 θ。

2. I 较 E_0 滞后 90°的情况

当磁极转到图 7-22b 的位置时，A 相绕组中的电流 i 才达到正的最大值，而这时其中电动势 e_0 已经过最大值而变为零，此即 I 较 E_0 滞后 90°的情况。由图可见，Φ_0 与 Φ_a 两轴线方向相反，结果使合成磁通，Φ 大为减小。这种情况称为直轴（或称纵轴）去磁电枢反应。

3. I 较 E_0 越前 90°的情况

在图 7-22c 中，A 相绕组中的电流 I 达到正的最大值而电动势 e_0 为零，当磁极再转过

90°时 e_0 才达到正的最大值，此即 I 较 E_0 越前 90°的情况。由图可见，Φ_0 与 Φ_a 两轴线方向相同，结果使合成磁通 Φ 大为增大。这种情况称为直轴（或称纵轴）增磁电枢反应。

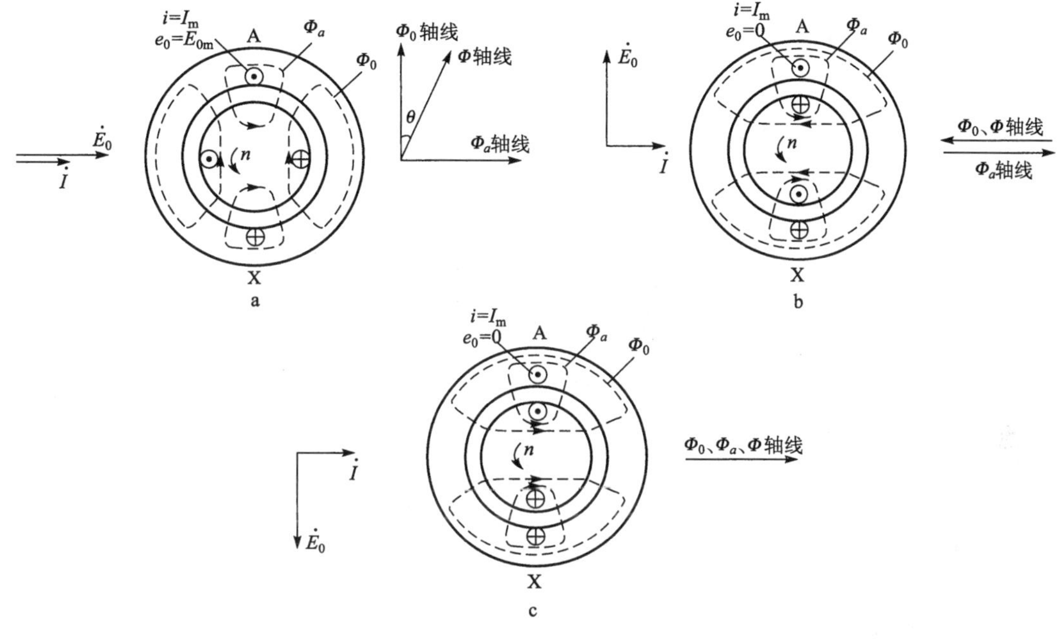

图 7-22 电枢反应

a. I 与 E_0 同相；b. I 较 E_0 滞后 90°；c. I 较 E_0 超前 90°

在一般的情况下，I 与 E_0 之间的相位差为 ψ，$0<\psi<90°$。如果发电机接的是电感性负载，则 I 较 E_0 滞后 ψ 角。这时可将电流分为两个分量 I_q 和 I_d（图 7-23），前者与 E_0 同相，产生交轴电枢反应将磁场扭斜，后者较 E_0 滞后 90°，产生直轴去磁电枢反应使磁场减弱。在图 7-23 中，示出了 Φ_0、$\Phi_a\Phi_0$ 和 Φ 的轴线方向。同理，如果发电机接的是电容性负载，则 I 较 E_0 超前 ψ 角。这时也将电流分成两个分量，它们分别产生交轴电枢反应和直轴增磁电枢反应。

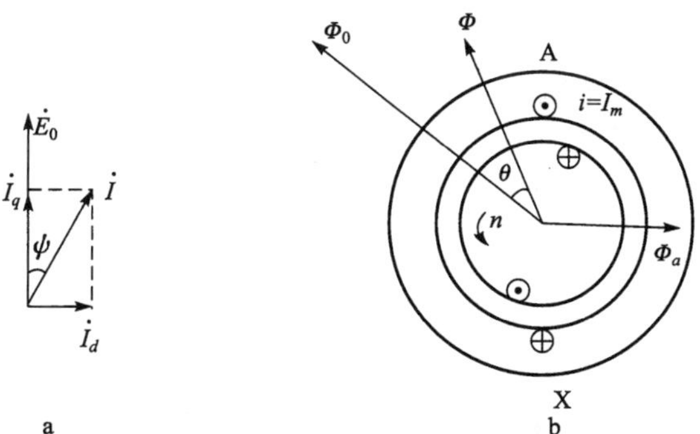

图 7-23 发电机接有电感性负载时的电枢反应

7.4.2 发电机功率

在交流电能的发、输、用的过程中，用于转换成非电、磁形式（如光、热、机械）的那部分能量叫有功功率。用于电路内电、磁交换的那部分能量叫无功功率。

在交流电路中，电能的输送情况比较复杂。第一是因为电压、电流都是在不断变化的，所以每个瞬时的电功率也是变化的，即向负载输送的能量不是均匀的；第二是不仅有能量的消耗过程，还有能量的交换过程。电力系统中的负载尽管多种多样，但从电路的观点来看，不外乎分为阻性、感性和容性三种。

阻性负载的特点是当加上电源后其电压和电流同相。如图 7-24a 所示，电压与电流的方向始终是相同的，在半个周期内全为正，在另半个周期内全为负，它的功率始终是正值，这说明功率是由电源输送给负载而被消耗掉了。

感性负载的特点是电感可以贮藏能量，这就构成了能够与电源交换能量的条件。当电流通过感性负载时，在线圈的周围就会建立起交变磁场，而这个交变磁场又会在自己的电路里感应起电势，这个电势称为自感电势，也称为反电势。它在电路中对电流变化起阻尼作用，当电流增加时，它的方向和电流的方向相反，力图阻止电流增加；当电流减少时，它的方向又和电流相同，力图阻止电流减少。这样就使负载两端的电压和电流变得不同相而使电流落后于电压 90°相角。这就产生一个情况，即当电流和电压的方向一致时，电源把电能输送给负载转换为磁场能量贮藏在电感中；而当电流和电压方向相反时，电感所贮藏的磁场能量便会变换为电能而送还给电源。如图 7-24b 所示，在一个周期内，电源将能量送出两次，收回两次，负载并没有把能量消耗掉。

图 7-24c 所示是容性负载的电压、电流、功率波形图，它和感性负载在性质上是相似的，它也是个能够贮藏和释放出能量的负载，在交流电路中也能与电源进行能量交换，而不消耗能量，而且它的电压和电流的相角差也是 90°。但容性负载和感性负载的不同点是容性负载有两个极板，充电时极板间产生电场，把能量贮存在电场中，此外容性负载的电压是落后电流 90°相角，因此它贮存和释放能量的时间正好和感性负载贮存和释放能量的时间相反，而且在一个周期中能量也是送两次，回两次，能量仅被用来进行交换而没有被负载消耗掉。

综上所述，电力系统在运行时，电源要供应两部分能量：一部分是用于做功时被消耗掉的有功能量，另一部分是用于交换的无功能量。

在一般交流电路里输送的电功率，既有有功成分又有无功成分。因此，其电压有效值(U)与电流有效值(I)的乘积是有功功率与无功功率的合成量，叫做视在功率，用 S 来表示。其单位是伏安(VA)。

$$S=UI$$

电路里每单位时间内消耗掉的电能为有功功率，它等于视在功率乘以功率因数 $\cos\phi$，ϕ 是电压和电流间的相角。有功功率用 P 来表示，其单位为瓦(W)。

$$P=U\cdot I\cos\phi$$

在交流电路内作为衡量能量交换规模的是无功功率。无功功率等于视在功率乘以 $\sin\phi$，用 Q 来表示，其单位为乏尔(var)

$$Q=U\cdot I\sin\phi$$

视在功率、有功功率、无功功率三者之间的关系可用功率三角形来表示，

$$S^2=P^2+Q^2$$

同步发电机都是三相的，三相功率的具体计算公式如下：

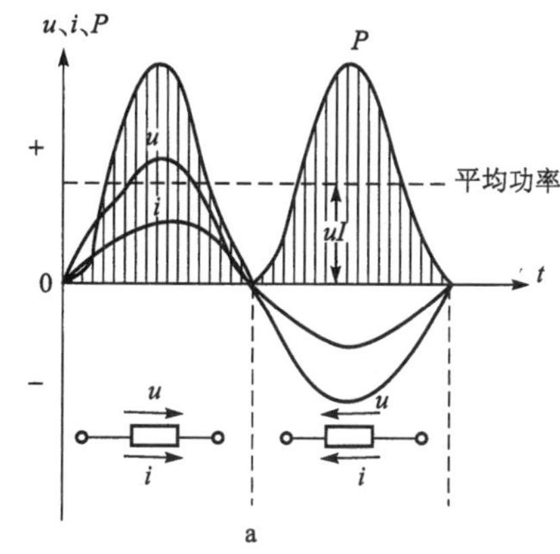

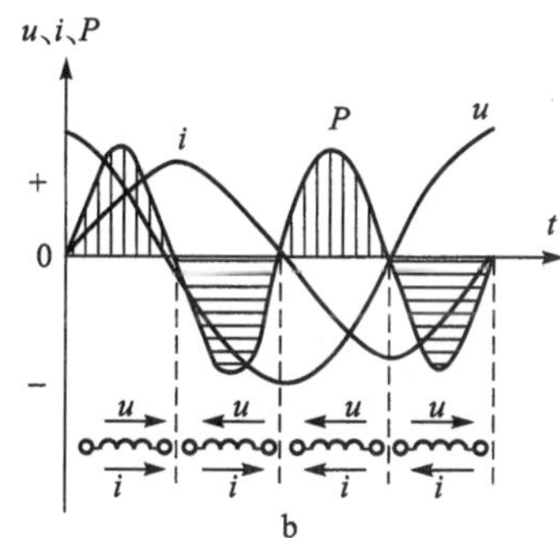

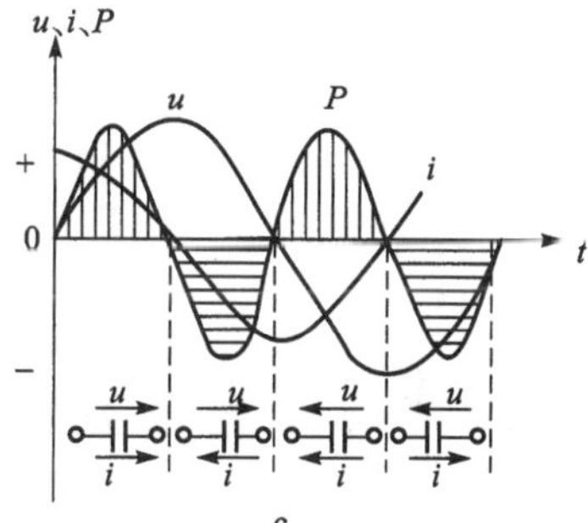

图 7-24　电压、电流及功率波形

a. 阻性负载；b. 感性负载；c. 容性负载

u—电压(瞬时值)；i—电流(瞬时值)；P—功率(瞬时值)

$$P=3U_{相}\ I_{相}\ \cos\phi$$

$$P=\sqrt{3}U_{线}\ I_{线}\ \cos\phi$$

7.4.3　发电机电压方程与向量图

发电机在空载时，每相空载电动势的有效值为：

$$E_0=4.44\ fN\Phi_0$$

它是由磁极磁通 Φ_0 通过每相绕组产生的。

当发电机接有负载时，三相电枢电流产生电枢旋转磁场。和磁极磁场一样，当电枢磁场旋转时，通过电枢每相绕组的磁通是个正弦量，其最大值在数值上即等于电枢磁场每极磁通 Φ_a。于是，在电枢每相绕组中也要感应产生正弦电动势，其有效值为

$$E_a=4.44\ f\ N\Phi_a$$

如忽略电机磁饱和和磁滞的影响，则电枢磁通 Φ_a 与电枢电流 I 相位相同，大小成正比。而 E_0 较 Φ_a 滞后 90°，大小成正比。所以 E_a 也较 I 滞后 90°，大小成正比，即

$$E_a=-j\ I\ X_a$$

式中，X_a 称为电枢反应感抗，它是相应于 Φ_a 的。

有负载时，电枢每相绕组中的电动势 E 实际上是由合成磁通 Φ 产生的，即

$$E=E_0+E_a$$

此外,电枢电流还要产生漏磁通 Φ_σ 的。

因此,根据克希荷夫电压定律,对同步发电机的电枢每相电路,可列出

$$E+E_\sigma= IR_a+U$$

$$E_\sigma+E_a+E_\sigma= IR_a+U$$

式中,R_a 是每枢每相绕组的电阻,其上电压降很小;U 是发电机的端电压。

上式也可写成(忽略 IR_a)

$$E_0=(-E_a)+(-E_\sigma)+U=jIX_a+jIX_\sigma+U=jIX_s+U$$

式中,$X_s=X_a+X_\sigma$ 称为同步电机的同步感抗或同步电抗。它同时考虑了磁通 Φ_a 和 Φ_σ 的作用。由上式得出同步发电机的每相简化等效电路,如图 7-25 所示。

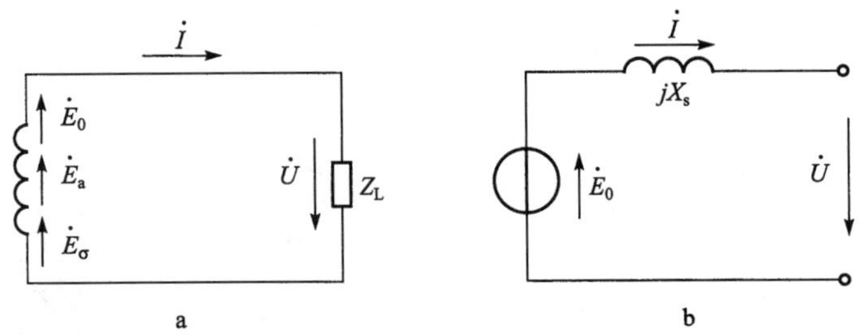

图 7-25 发电机等值电路

a. 相电路图;b. 每相简化等效电路

图 7-26 是同步发电机接有电感性负载时的简化向量图。图中 E_σ 和 U 之间的相位差 θ 即为磁极磁场的轴线与合成磁场的轴线之间的空间夹角。因为对每相电枢绕组讲,正弦量 Φ_0 和 Φ 间的相位差也是 θ。而 Φ_0 感应出 E_0,E_0 比 Φ_0 滞后 90°。Φ 感应出 E,$E\approx U$,即 U 比 Φ 也近似滞后 90°。于是 E_0 和 U 之间的相位差也就是 θ。这样,θ 角就有双重的物理意义;从磁场关系来看,θ 是磁极磁场轴线和合成磁场轴线之间的夹角,也就是说,θ 是一个空间角;但是从电路关系来看,θ 又是空间电动势 E_0 和端电压 U 之间的相位差,也就是说,θ 是一个时间角。

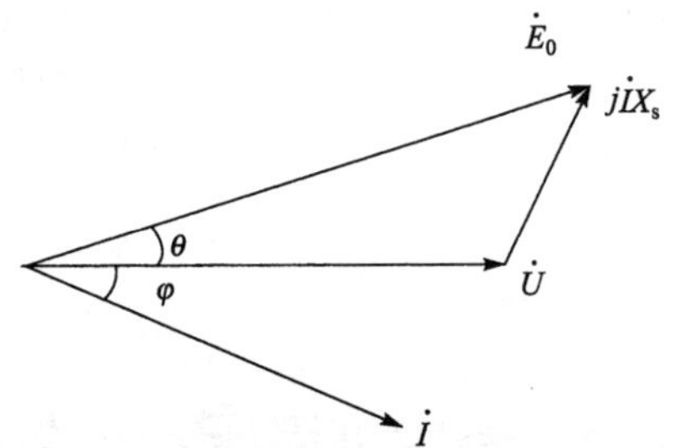

图 7-26 同步发电机接有电感性负载时的简化向量图

7.4.4 同步发电机的运行特性

同步发电机的运行特性,是指在一定条件下,发电机的两个量之间的函数关系,将这种函数关系作成曲线使用起来非常方便。下面我们将讨论同步发电机的空载特性、短路特性、外特性和调节特性。这些特性各有不同的用途。

7.4.4.1 空载特性

空载特性就是同步发电机保持额定转速,电枢绕组开路的情况下,端电压 U_0(或 E_0)与励磁电流 I_f 的关系曲线,即当 $n=n_N$、$I=0$ 时,$E_0=f(I_f)$的关系。可用实验方法测绘空载特性。在 $I=0$ 的情况下,保持额定转速不变,调节励磁电流,直到 $E_0=1.3U_N$ 左右为止,记

录不同的励磁电流和对应的端电压，如图 7-27 所示就是同步发电机的空载特性曲线。因为 $E_0 \propto \Phi_0$，$I_f \propto F_f$，选用不同的比例尺，同步发电机空载特性 $E_0 = f(I_f)$ 和电机磁化曲线 $\Phi_0 = f(F_f)$ 是相同的。

空载特性的开始部分是直线，因为这时电机的磁路还未饱和，E_0 和 I_f 成线性关系。把这条直线延长，得图 7-27 中的气隙线，它表示发电机中气隙部分的磁化曲线。曲线的后一段是向下弯曲的，因为随着 Φ_0 的逐渐增加，铁芯逐渐饱和，E_0 的升高不能与 I_f 成线性关系。为了充分利用电机的有效材料，发电机的额定电压 U_N 一般在空载特性的弯曲部分，如图 7-27 中的 a 点。

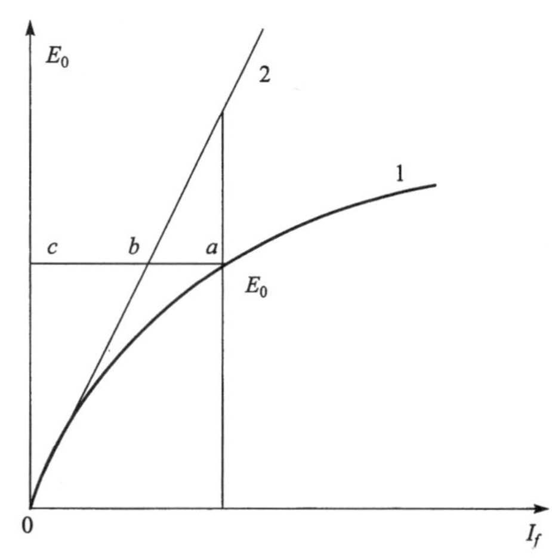

图 7-27　同步发电机空载特性

空载特性和直线部分延长线间的横向距离为铁芯部分所需要的磁势，如图中的 ba 线段。当空载电压等于额定电压时总磁势 F_{f0} 和气隙磁势之比，称为电机的饱和系数 K_μ，它反映了电机磁路的饱和程度。普通电机的 K_μ 值约在 1.1～1.25。

$$K_\mu = \frac{F_{f0}}{F_\delta} = \frac{\overline{ac}}{\overline{bc}}$$

空载特性是同步发电机的一个重要特性，它说明电机中磁与电的联系。一方面表示电机磁路的饱和情况；另一方面把它与短路特性配合可求出电机未饱和的同步电抗值以及电压调整率；还可以和历年测量的数据和该机出厂时数据比较，如果曲线下降得多时，说明励磁绕组可能发生短路故障。

7.4.4.2　短路特性

短路特性，是指同步发电机保持额定转速，电枢绕组三相端点直接短路时的稳态短路电流 I_K 与励磁电流 I_f 的关系，即当 $n=n_N$、$U=0$ 时，$I_K=f(I_f)$ 的关系。

可用三相稳态短路试验测得短路特性，如图 7-28 所示。因为短路时，限制短路电流的只有电机的内部阻抗。又由于电枢电阻远小于同步电抗，因此，短路电流回路可认为是纯感性的，内功率因数角 $\Psi=90°$，短路电流 I_K 较 $\dot{E}_0$ 滞后 90°，电枢反应磁势是一纵轴去磁磁势，即 $\dot{F}_a=\dot{F}_{ad}$，$\dot{F}_{aq}=0$。因此，不论是隐极电机还是凸极电机，机端三相短路时，不存在交轴电枢反应。

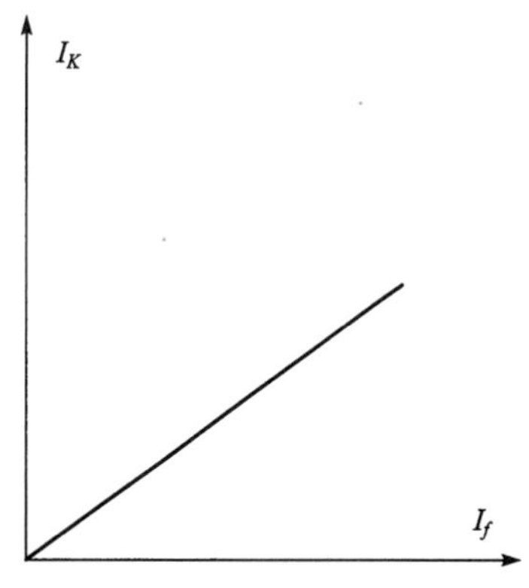

图 7-28　同步发电机短路特性

由于三相短路时的电枢反应磁势为一纵轴去磁磁势，励磁磁势的大部分被电枢反应磁势所抵消，只剩下很小的气隙磁势以产生很少的气隙磁通，电机的磁路处于不饱和状态。

7.4.4.3 同步发电机的外特性和电压调整率

外特性是指同步发电机保持额定转速，励磁电流、功率因数为常数的条件下，端电压随负载电流的改变而变化的关系，即当 $n=n_N$、$I_f=$常数、$\cos\varphi=$常数时，$U=f(I)$的关系。

图 7-29 表示不同功率因数时的外特性。从图 7-29 可以看出，当发电机带感性和纯电阻负载时，随着负载电流的增加，端电压下降，如图中曲线 1、2 所示，这是由于其电枢反应均有纵轴去磁作用，同时定子绕组的电阻和漏电抗也要引起一定的电压降。当发电机为容性负载时，随着负载电流的增加，端电压反而升高，如图中曲线 3 所示，这是由于容性负载时的电枢反应有纵轴加磁作用。

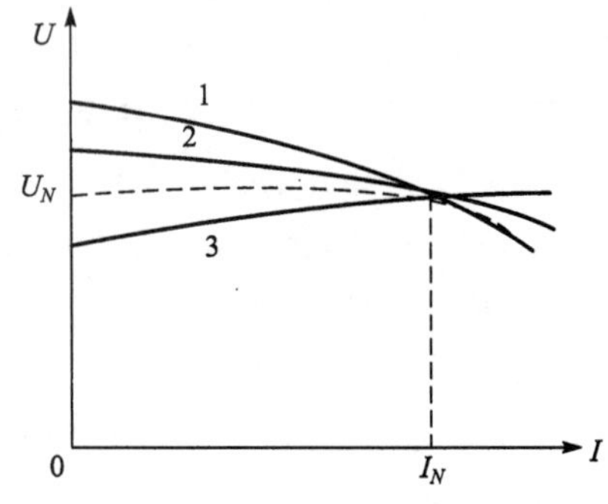

图 7-29 同步发电机外特性

1—$\cos\varphi=0.8$(感性)；2—$\cos\varphi=1$；3—$\cos\varphi=0.8$(容性)

从前面可知，单独运行的同步发电机，当转速和励磁电流不变时，端电压将随着负载的变化而变化。

电压调整率是指单独工作的同步发电机，保持额定转速和额定励磁电流(额定负载时，维持额定电压的励磁电流)不变，发电机从额定负载逐步变成无载，其端电压变化的数值用额定电压的百分数表示，称为同步发电机的电压调整率，用 $\Delta U\%$来表示，即

$$\Delta U\%=\frac{E_0-U_N}{U_N}\times 100\%$$

电压调整率可通过同步发电机的外特性求出，亦可根据上式或电势相量图求出。

电压调整率是表征同步发电机运行性能的重要数据之一，它应当有一个合理的数值。如果 $\Delta U\%$太大，则当负载变动时，电压变化很大，对用户不利。若要求 $\Delta U\%$过小，则势必要将电机的磁路设计得很饱和，而磁路过于饱和的电机，想要略为提高一些电压就比较困难。

电压调整率有正有负。如果发电机带的是感性负载，甩掉负载后端电压上升，$\Delta U\%$为正；如果发电机带的是容性负载，甩掉负载后电压降低，$\Delta U\%$为负。通常发电机都带感性负载，因而 $\Delta U\%$为正值。

7.4.4.4 调整特性

各用电部门，基于生产技术的要求和用电设备的寿命和安全，总是不希望发电机端电压波动的。为了保持端电压不变，必须在改变负载时调整励磁电流。所谓调整特性是指保持额定转速，电压和功率因数为常数的条件下，负载电流与励磁电流之间的关系，即当 $n=n_N$、$\cos\varphi=$常数、$U=$常数时，$I_f=f(I)$的关系。

图 7-30 表示不同功率因数时的调整特性。从图中可以看出，发电机带感性负载时，随着负载的增加，励磁电流必须增加，才能保持端电压不变。带容性负载时，随着负载电流的增加，励磁电流必须减少才能维持端电压不变。

7.4.5 同步发电机的容许运行范围

在同步发电机的铭牌上，标记有容量、电压、电流、功率因数、频率、转子电流和长期工作

容许温度、冷却介质及其温度等，称为额定参数。发电机可以在规定的额定参数下长期连续工作。

现代发电厂的大中型机组均无例外并入电力系统运行，根据系统的情况，随负荷的变化，将不断地调节其有功功率和无功功率满足用电的需求。在一定的定子电压和电流下，当功率因数下降时，发电机的有功功率输出减小，无功功率将增大；当功率因数上升时，则相反。而运行中的功率因数与负荷的性质和大小有直接关系。因此，运行人员必须掌握功率因数变化时发电机的容许范围。

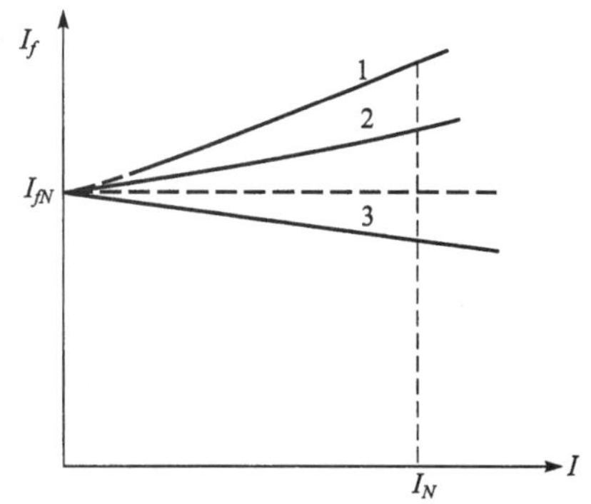

图 7-30 同步发电机的调整特性

1—$\cos\varphi=0.8$(感性)；

2—$\cos\varphi=1$；3—$\cos\varphi=0.8$(容性)

发电机运行时，其铁芯和绕组中都有能量损耗，引起各部分发热。在一定的冷却条件下，发电机各部分的温升与损耗及其所产生的热量有关。发电机负荷电流增大，损耗增大，所以产生的热量也愈多，温升因而升高。绕组和铁芯的连续容许发热温度，与绝缘材料有关，在大多数情况下，定子绕组的温度不高于 100～120 ℃，转子绕组不高于 105～145 ℃，转子绕组可达 135～160 ℃。铁芯的容许温度由安放在其上的绕组温度所决定。发电机在运行中温度对其绝缘老化有重大影响，若温度愈高且延续时间越长，老化就越快，使用寿命则越短。例如：发电机组一般采用 F(B)级绝缘，当温度为 105 ℃时，B 级绝缘老化很缓慢，其使用寿命可超过 25～30 年；如果温度为 120 ℃，使用年限约为 15 年；当温度为 140 ℃时，使用年限剧减为 2 年。因此，发电机在运行中，必须遵照铭牌规定，最高温度不得超过容许极限值。

因此，并入电力系统的发电机，在稳定运行状态下，其容许运行范围决定于以下四个条件：

(1) 原动机输出功率极限，即原动机的额定功率，一般要稍大于或等于发电机的额定功率(kW)。

(2) 发电机的额定容量(kVA)，即由定子发热决定的容许范围。

(3) 发电机磁场和励磁机的最大励磁电流，通常由转子发热决定。

(4) 进相运行时的稳定度，当发电机功率因数小于零而转入进相运行时，E_q 和 U 之间的夹角(功角 δ)不断增大，此时发电机有功功率输出受到静态稳定条件的限制同步发电机运行过程中，用以反映在各种功率因数下，容许的有功功率 P 和容许的无功功率 Q 的关系，称为同步发电机的 $P-Q$ 曲线以此为基准，运行人员可以掌握功率因数发生变化时，发电机的容许行范围，也就是发电机的安全运行极限。发电机的 $P-Q$ 曲线，可根据其相量图绘制。以汽轮发电机为例。如图 7-31 所示。

图中 OAC 表示发电机在额定电压和定子、转子电流不超过额定值的条件下的相量图。它是假定同步电抗 X_d 为常数(忽略饱和的影响)和忽略电枢电阻而绘制的简化相量图。将电压相量图中各相量除以 X_d，即得到电流相量三角形 OAC，其中：

$OA=U_N/X_d=K_C$，即近似等于发电机的短路比 K_C，并正比于电压 U_N 值的大小：

$AC=I_N X_d/ X_d=I_N$，即代表定子额定电流；

$OC=E_q/X_d$，代表在额定情况下定子的稳态短路电流，它正比于转子额定电流 i_{fN}。

通过 A 点作一条垂直于横坐标 AQ 的线段 AE，则可证明$\angle CAE=\varphi$。此时，定子电流

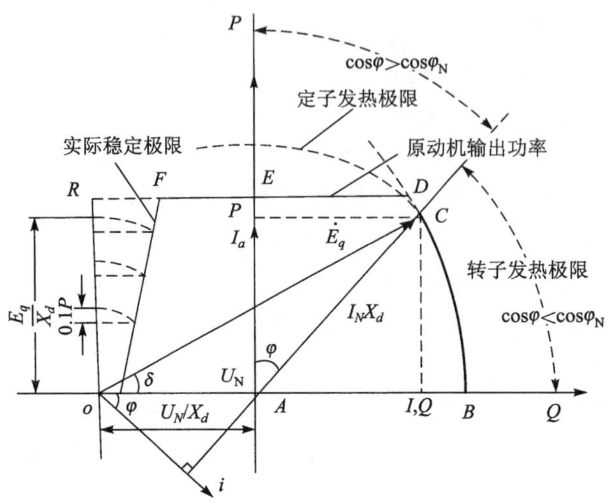

图 7-31　汽轮发电机的安全运行极限

$I_N(AC)$可分解为两个分量 $I_a = I_N\cos\varphi, I_r = I_N\sin\varphi$，对电流三角形△$APQ$ 的边角关系有：

$$\overline{AC}=\overline{AC}\cos\varphi=I_NX_d\cos\varphi=U_NI_N\cos\varphi\times\frac{X_d}{U_N}=\frac{X_d}{U_N}P=KP$$

$$\overline{AQ}=\overline{AC}\sin\varphi=I_NX_d\sin\varphi=U_NI_N\sin\varphi\times\frac{X_d}{U_N}=\frac{X_d}{U_N}Q=KQ$$

从而形成了新的 $P-Q$ 坐标系统，即根据相量图，取适当比例尺，不仅可得到定子电流和转子电流的相应关系，还可通过 AC 在以 A 点为原点的 $P-Q$ 坐标轴上的投影来求得有功功率 P 和无功功率 Q，并通过 AC 直径的位置来代表 $\cos\varphi$ 的大小。相应亦可表示功率因数 $\cos\varphi$ 变化时，对发电机出力的影响和限制。

当冷却介质温度一定时，定子和转子绕组的容许电流为一定，即图 7-31 中 AC 和 OC 为一定。现以 A 为圆心，AC 长度为半径和以 O 为圆心，OC 长度为半径，分别画圆弧。由图中可见：

(1) 当 $\cos\varphi=\cos\varphi_N$，在额定功率因数下运行时，即工作在两个圆弧的交点 C 处运行，定子和转子电流同时达到容许值，也就是正常额定运行状态。

(2) 当 $\cos\varphi< \cos\varphi_N$($\varphi$ 角增大)，由于转子电流的限制，相量端点只能在 CD 弧线上移动，此时，定子绕组的出力未能充分利用。

(3) 当 $\cos\varphi>\cos\varphi_N$($\varphi$ 角减小)，由于定子电流的限制，相量端点只能在 CD 弧线上移动，转子绕组未能充分利用。过 D 点后，$\cos\varphi$ 若继续增大，由于又受到原动机额定出力的限制，运行范围不能超过 RD。图 7-31 中 AE 即代表额定输出有功功率 P_N 时原动机最大输出极限。

(4) 当 $\cos\varphi<0$ 时，发电机转入进相运行，E_q 和 U_N 之间的夹角，即功角 δ 不断增大，此时发电机有功功率的输出受到静态稳定的限制，垂直线 OR 是理论上静态稳定运行边界，$\delta=90°$。因为发电机有突然过负荷的可能性，必须留出适当的裕度，以便在不改变励磁的情况下，能够承受突然性的过负荷。图中 GF 曲线就是考虑了能承受客观存在 $0.1P_N$ 过负荷能力的实际稳定极限。

对汽轮发电机，一般都容许10%的过负荷能力。因此 GF 曲线的获得是按以下方法求取的：在理论稳定边界线上先取一些点，然后保持 E_q/X_d 值不变，找出这实际功率比理论功率低 $0.1P_N$ 的一些新点，连续这些新点就构成 GF 曲线。

根据上述安全运行的四个条件，将 B、C、D、E、F、G 点连接，其所包围的面积，就叫隐极发电机安全运行面积，发电机的运行点落在这块面积之内或边界上，均能安全稳定运行，所以此折线也就是该汽轮发电机的安全运行极限。它对调度和运行极为有用，不仅可以根据机组特点找出电机的合理安全运行范围，而且还可以清晰地看出电机的各种运行方式。

7.4.6　同步发电机的正常运行

同步发电机的正常工作状态是一种稳定的，对称的工作状态，它的参数指标都应在安全容许运行范围之内。当特征参数都按铭牌上数值运行时，则称为额定工作状态，属于正常运行的最佳状态。此时，有功负荷、电压、频率、功率因数、冷却介质温度都是额定值。发电机在这种对称，稳定条件下运行，具有损耗少、效率高、转矩均匀等较好性能。一般发电机都应尽量在接近额定工作状态下运行。

现代大电力系统的容量已达几兆千瓦，一台几十万千瓦的大中型发电机并入系统中，可以近似地看作发电机并于无限大容量电力系统运行。因此，可认为电力系统的电压和频率是恒定不变的。实际上，当发电机的有功功率和无功功率发生变动时，总会引起电网的电压和频率波动，只是波动极小，进行工程分析时可忽略不计罢了。特别是对装有自动调频和调压的电网，这种假设就更符合实际情况。

7.4.6.1　同步发电机工作状态与励磁调节的关系

发电机并联于电力系统运行时，不但要向电网输送有功功率满足用电的需要，而且还要向电网输送一定的无功功率以保证电网的电压水平。假定有功功率输出不变，即 $P=$常数，只要调节励磁电流 I_f 就可以达到调节无功功率的目的。而调节励磁电流，发电机电势 E_q 就会相应地变化，因此，当 $P=$常数时，研究发电机工作状态与励磁电流变化的关系，可转为研究发电机工作状态与发电机电势 E_q 的关系。

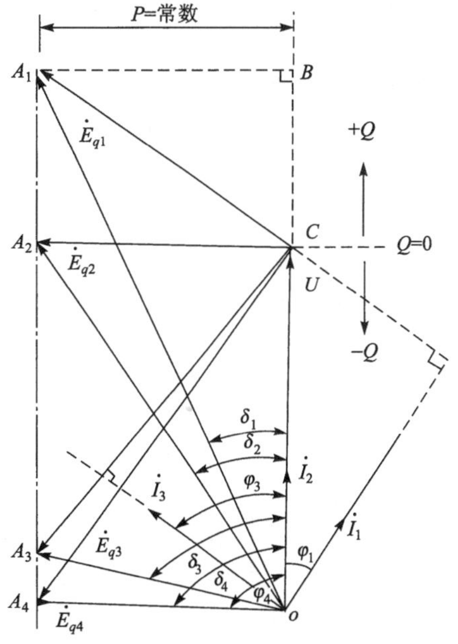

图 7-32　P 为常数时电压相量图

根据同步发电机简化相量图，当 $P=$常数，$E_q=$变数时电压相量关系如图 7-32 所示。

当发电机电势 E_q（相当于激磁电流 I_f）变化，由 $E_{q1}\rightarrow E_{q4}$ 时，输出功率 P 和端电压 U 都恒定不变，则 E_q 顶点 A 的轨迹为一直线，且平行于 U 轴，与 U 之间距离为 P。

从图 7-32 中可以看出，当 E_q 变化时，功角 δ 和功率因数角 φ 也随之变化；输出无功功率 Q 为正时，Q 越大，定子电流越滞后，φ 角越大，δ 角越小；输出无功功率为负值时，Q 负值越大，定子电流越超前，φ 角越大，δ 角也越大；图 7-38 中明显对应的四种不同励磁电流（对应于 E_{q1}，E_{q2}，E_{q3} 及 E_{q4}）下发电机工作状态如下：

正常励磁状态（对应于 A_2 点）：此时，发电机电势为 E；I 与 U 之间夹角 $\varphi_2=0$，即同相位，$\cos\varphi_2=1$；无功功率 $Q_2=I_2U_N\sin\varphi=0$，即无功功率输出为零。

过励磁状态（对应于 A_1 点），励磁电流 $I_{f1}>I_{f0}$：此时 $E_{q1}>E_{q2}$；$\varphi_1>0$，$\cos\varphi_1>0$ 且在 0～1 之间；发电机输出感性的无功功率，通常规定为正值，即 $Q_1>0$；功角 $\delta_1<\delta_2$。

欠励磁状态（对应于 A_3 点），励磁电流 $I_{f3}<I_{f0}$：此时，$E_{q3}<E_{q2}$；$\cos\varphi_2<1$；发电机向电网输出电容性的无功功率，$Q<0$ 为负值；功角 $\delta_3>\delta_2$。

静稳定极限运行状态（对应于 A_4 点）：此时 E_{q4} 与 U 的夹角 $\delta_4=90°$，发电机达到静稳定运行极限，如果励磁电流 I_f 再继续减小，发电机 $\delta>90°$ 进入不稳定运行区，可能导致发电机产生加速转矩以致造成失步。

7.4.6.2 同步发电机工作状态与有功功率调节的关系

同步发电机与无限大容量电力系统并联运行时，当其励磁电流（发电机电势 E_q）不变，即 $E_q=$常数时，欲增加发电机的有功负荷通常用加大汽轮机进汽门，使原动机转矩增大，转子加速，功角 δ 因而增大。当原动机转矩与发电机电磁转矩相互平衡时，δ 角才能稳定。反之，有功负荷减小时，δ 角相应减小。

图 7-33 为 $E_q=$常数时的电压相量图由相量图看出，在 $P=P_1$ 时，电压三角形 OCA，其中 $A_{1o}=E_q$，AC 边在横轴上的投影 $A_1B=P_1$，而在纵轴上的投影 $BC=Q_1$。当有功功率 P_1 增加到 P_2 时，由于 $E_q=$常数所以 E_q 的顶点 A 的变化轨迹是以 O 为圆心，以 OA 为半径的圆弧，取 $A_2C=P_2$，可得新的电压三角形 OCA_2。随着 P 的增大功角 δ 由 δ_1 增大到 δ_2；功率因数角 φ 由滞后的 φ_1 变为 $\varphi_2=0$。即 $\cos\varphi_2=1$；无功功率由 $Q_1>0$ 变为 $Q_2=0$。同理，当 P 变为 P_3 时，δ 角增大到 δ_3；φ 角由滞后的角变为超前的角 φ_3；无功功率 $Q_2<0$。

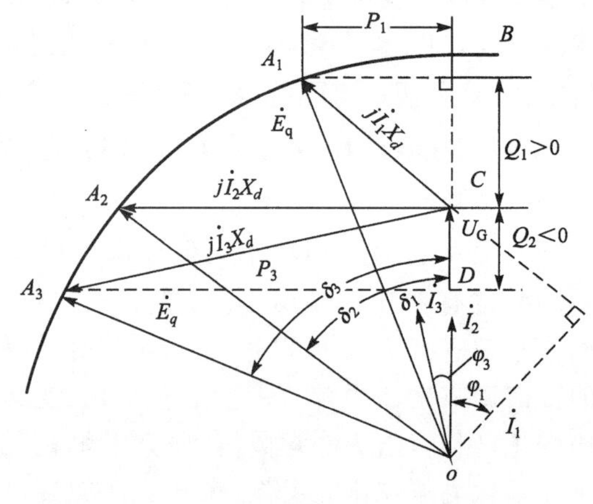

图 7-33 E_q 为常数时电压相量图

7.5 同步发电机的并联运行

现代发电厂中，总是采用几台甚至更多的同步发电机并联运行对外供电，而一个电网或电力系统又有许多发电厂并联运行。这样做可以更合理地利用动力资源和发电设备，增加供电的经济性和可靠性，提高供电质量。这是由于用电量日益增大，想以一台容量巨大的发电机来供给所有用户的电能，那是做不到的，所以不得不采用若干台同步发电机并联供电的方式；工农业的用电量是逐年在变化发展的，在一年四季中，甚至在一天内，电厂的负荷也是经常在变化的。发电厂就可根据负荷的变化相应地逐步增加发电机的数量，或在一段时间内，按照负荷的大小确定并联运行发电机的台数，从而提高发电厂的经济性；若干台发电机并联供电，当某台发电机发生故障或停机检修时，可让其他发电机承担其负载以减少停电事故，提高供电可靠性；由于系统容量大，负载变化对系统不会有什么大的影响，电网的电压和频率就能保持在一个恒定的数值上，从而提高了供电质量。

衡量电能质量的两个重要指标是电压和频率。电能质量好，是指系统的频率与电压能保持额定值。因此以交流作电源的用电设备都是按额定电压和额定频率设计、制造的。在使用用电设备时，若电源的电压和频率不能保持在额定值，就会影响用电设备的运行性能，降低效率，进而还会影响到劳动生产率和产品质量以及用电设备的使用寿命。

同步发电机既是电力系统产生有功功率的设备，也是产生无功功率的主要设备。电能的生产有发电与用电时刻都要保护平衡的特点。既是要在保持频率与电压为额定值的条件下，满足负荷所需要的有功功率与无功功率。要做到这一点，一方面系统中发电、输电与配电的能力要适应工农业生产的发展和人民生活用电对电力的需要；另一方面还要对有功功率、无功功率进行适合的调节。

由于实际的电网容量不是无穷大，而是有限的，当我们调节并联运行的发电机有功功率和无功功率时，都将会引起电网频率和电压的变化。设原来发电机都在额定电压和频率条件下运行。若增加某一台原动机的输入功率，此时所有发电机组的输入有功功率之和将大于负载的有功功率，就会使所有发电机组的转子加速，从而引起电网的频率和电压的升高，输出功率也将增加，于是总的输入和输出有功功率将在一个较高的频率与电压下重新取得平衡。同样，若增加某一台发电机的励磁电流，也就增加了它的电势 E_0，电网电压将升高，输出无功功率也增加了，于是总的无功功率的输入和输出将在一个较高的电压下重新取得平衡。可见，如果要保持电网的频率和电压不变，那么，在总负载不变的情况下，当增加某一台发电机的输入功率或励磁电流时，必须相应地减小其他发电机的输入功率或励磁电流，反之亦然。

若整个系统的所有发电机都已处于额定运行状态，即所有原动机的输入功率与发电机的励磁电流都不能再增大了，此时若有功率负载再继续增大，则整个系统的频率、电压都会下降。若再继续增大感性无功负载，则系统的电压还要下降。因此，随着生产的发展和人们生活用电的增长，发电能力必须相应地不断增加。

7.5.1 电压的允许变动范围

电压是供电的质量指标之一。过高过低的电压变动，对系统及用户的正常生产、生活都会产生影响，对电力系统及发电机本身也有影响。如电压过高会影响用户用电设备的使用寿命，而电压过低将使用户电动机发热甚至烧毁。

在实际运行中，由于电力系统负荷总是变动的，所以不可能使电压始终保持在某一数值上，电压常因电力系统的需要而保持在一定范围内变动。发电机正常运行时电压的变动范围是在额定电压的±5%以内，此时发电机的额定容量可保持不变。即当电压降低5%时，定子电流可升高5%；当电压升高5%时，定子电流应降低5%。

发电机连续运行的最高允许电压应遵循制造厂的规定，但最高电压不得大于额定值的110%，因为电压过高运行时可能产生以下危险：

(1) 转子励磁电流增加，可能使转子绕组温度超过允许值。若维持转子电流不变升高电压，则需降低出力。

(2) 定子铁芯磁通密度增大，铁损增加，可能使定子铁芯和定子绕组温度超过允许值。

(3) 由于定子铁芯磁通密度增加，铁芯饱和后发电机端部漏磁也会增加，会引起发电机支持端部的金属零件发生过热，造成事故。

(4) 过电压运行对定子绕组绝缘不利，如存在绝缘薄弱点，有击穿危险。

发电机的最低运行电压应根据稳定的要求来确定，一般不应低于额定值的90%。电压过低造成的危害是：

(1) 引起系统并列运行稳定性问题和发电机本身励磁调节稳定性问题。当发电机电压低于95%以下时，会使系统并列运行稳定度大大降低，因为此时由于励磁电流的减少使定子磁场和转子磁场拉力减少，很容易产生失步和振荡。此外当降低电压使发电机工作在不饱和区后，励磁电流的不大变化将会引起电压的较大波动，调节是不稳定的。

(2) 定子绕组温度可能升高。在电压降低时若要保持出力不变，必须增加定子电流。当电压降低到额定值的95%时，定子电流长期允许值不得超过额定值的105%。因为当电压低于额定值时，铁芯磁密降低，铁损降低。所以稍微增加定子电流，绕组温度不会超过允许值，但当电压降低低于95%以下时，定子电流就不允许再增加，否则定子绕组温度会超过允许值。

(3) 引起厂用电动机和用户电动机的运行情况恶化。因为电动机力矩与电压平方成正比，电压下降使电动机力矩大为降低，引起电动机电流增大而发热。对厂用电还要影响机组出力，可能导致发电机运行状况变坏，引起更大事故。

7.5.2 频率的允许变动范围

频率也是供电的质量指标之一。频率的降低会给工业生产带来很大的损失。因为用户广泛应用的感应电动机，它的转速是随着频率而变化的，用户电动机转速变化过大，就会影响工业品的产量和质量。

发电机在运行时，最好保持额定频率。我国规定的额定频率是50 Hz。但因电力系统中负荷的增减等原因，有时在高峰负荷情况下，不能保持额定频率。当系统频率的变动范围为(50±0.2)Hz时，发电机可按额定容量运行。

系统频率过高，会使发电机转速增加，进而导致发电机转子离心力增大，严重时会造成破坏。但在汽轮发电机中，与其同轴的汽轮机装有保护装置，使汽轮发电机组的转速限制在一定范围内，转速再继续升高，保护装置动作，关闭主汽门，使汽轮发电机组停止运行。正常运行时系统频率过高的情况不多。

运行中容易碰到的是系统频率降低，并且在降低后会维持一段时间的运行。频率降低的太多时，发电机的出力就会受到限制。发电机运行频率过低，对运行中的发电机会产生以下影响。

(1) 当发电机转速降低时，就会使发电机端部通风量减少，冷却条件变坏，使绕组和铁芯的温度增高，造成机组出力降低。

(2) 发电机的感应电动势与频率和磁通成正比，因此如果频率降低，要在同样负荷情况下保持母线电压不变，必须相应的增加磁通，即增大转子电流，这样就会使转子过热，要避免过热就要降低负荷。定子铁芯内磁通虽然增加，但因频率的降低使其铁损减少，抵消了因磁通增加而增加的铁损，所以定子铁芯温度变化不大。

（3）汽轮机在较低转速下运行时，会造成叶片的过负荷，产生机组振动，影响叶片的寿命，同时容易引起其他事故。

（4）当频率降低时，厂用电动机转速也相应下降这会影响电厂的正常生产。如循环水量不足，凝结水抽出较慢，造成汽轮机真空下降等。所有这些都会影响到发电机的出力，又转而促使系统频率再度降低，如此循环下去，会造成电力系统频率崩溃。

7.6　发电机非正常运行工况

三相同步发电机在绝大部分时间都是在额定运行方式范围内运行的。但由于某些原因，如系统中发电机的投入、解列、突加负载或突减负载，原动机输入功率的突增突减，发生短路故障，励磁回路断线，逆功率等，都会使同步发电机出现非正常运行。

发电机常见的非正常运行工况主要包括以下工况：发电机对称过负荷、发电机不对称过负荷、发电机失磁、发电机以同步电动机方式运行、发电机定子电压偏差大于允许值、励磁回路绝缘电阻降低、发电机冷却气体泄漏、发电机正常运行温度超限、发电机辅助系统故障等。

7.6.1　发电机对称过负荷

对大型发电机，定子和转子的材料设计利用率都很高，其热容量和铜损的比值较小，因而热时间常数也较小，通常在发电机铁芯和线圈内装设热电偶，用以监测定子绕组的负荷，但热电偶与铜导线之间隔有绝缘层，热电偶本身还有热时间常数，因而不能迅速反映发电机的负荷变化，何况转子绕组还不能装热电偶，因此，为防止发电机绕组和励磁机绕组受到过负荷的热损害，大型发电机要装设反应定子绕组和转子绕组平均发热状况的过负荷保护。

当电力系统或者电厂发生事故时可能会发生发电机对称过负荷。发电机对称过负荷的特征：定子电流大于额定值；转子电流大于额定值；发电机定子电压可能大于或者小于额定值；在主控室出现“对称过负荷”信号。

在这种情形下允许发电机按制造厂家出厂文件要求运行。发电机在允许过负荷的时间内运行时，机组值长应该降低发电机负荷到额定值。

发电机对称过负荷时的调节原则：当发电机定子电压大于额定值时，降低无功功率；当发电机定子电压小于额定值时，应降低有功功率。

在发电机过负荷期间，机组值长应连续对发电机温度进行监测，主要监测发电机绕组、铁芯、冷却水进出口水温、冷、热氢温度等。在正常运行工况下发电机不允许过负荷，只有在事故工况下，当系统必须切除部分发电机或线路时，为防止系统静稳定破坏，才允许发电机短时过负荷运行。

7.6.2　发电机不对称过负荷

发电机正常运行时发出的是三相对称的正序电流，发电机转子的旋转方向和旋转速度与三相正序电流所形成的旋转磁场的转向和转速一致，即转子的转动与正序旋转磁场之间无相对运动，同步发电机的“同步”就是这个意思，当电力系统发生不对称短路或负荷三相不对称（电力机车、电弧炉单相负荷）时，在发电机定子绕组中流有负序电流，该负序电流在发电机的气隙中产生反向(与正序电流产生的旋转磁场相反)的旋转磁场,相对于转子来说为2倍的转速,在转子中就会感应出100 Hz的电流,即倍频电流,该倍频电流的主要部分流经转子本体,槽楔和阻尼条,而在转子端部附近沿周界方向形成闭合回路,这就可能使转子端部、护环表面、槽楔和小齿接触面等部位局部过热烧伤,严重时会使护环过热松脱,给发电机造成灾难性的破坏,试验表明,一台60万千瓦的汽轮发电机组,当两相短路时,其倍频电流在端部表层可达30万安,如无有效的负序保护,就可能造成“负序电流烧机”。

除上面提到的负序电流产生发热外,负序电流产生的负序旋转磁场还将在转子上产生2倍工频的脉动转矩,使机组生产振动并伴有噪声。振动将引起金属疲劳和机械损坏。因此,不对称运行的不良影响,其主要原因是负序电流产生的逆转子方向旋转的负序磁场的作用。为了减少其不良影响,必须尽量减小负序电流产生的磁场。在转子上装设阻尼绕组,就可对负序磁场起抑制作用。不对称负载经常是由于输电线路的不对称故障或单相断线引起的,包括大功率的单相用户。

发电机出现不对称过负荷的主要特征有:发电机定子绕组各相电流值不同,主控室内出现“不对称过负荷信号”。

不对称过负荷时的调节原则:机组值长和电气值班员应消除或者降低不对称负荷直至最大定子电流与最小定子电流之差小于等于制造厂家规定值,同时降低发电机定子电流至额定值,如果3~5 min之内仍未消除不对称过负荷,发电机应减负荷并从电网解列。

发电机在运行中,运行人员发现三相电流不平衡超过允许值时,应立即查明原因予以消除,否则应按规定减负荷。当出现比较大的不对称电流时,发电机负序保护应当动作,发电机应从电网解列。

7.6.3 发电机的失磁运行

同步发电机失磁运行,是指同步发电机因某种原因失去励磁后,仍输出一定的有功功率,这时转子转速略高于同步转速,与电网继续并联运行,是一种非正常运行方式。造成励磁系统故障使发电机失磁的原因很多,但多数失磁故障是能很快排除的,故此提出了发电机能否短时无励磁运行的问题。若允许无励磁运行十几分钟甚或几分钟,在这个时间内可切换励磁电源,进行事故处理。本节着重讨论发电机从失去励磁到进入稳态异步运行的物理过程和无励磁运行造成的不良影响。

7.6.3.1 失磁后的物理过程

同步发电机失磁后运行状态的变化,大致可分以下几个阶段:从失磁到失步阶段,异步运行阶段,励磁恢复后的再同步过程。

1. 从失磁到失步阶段

同步发电机刚失去励磁的瞬间,转子仍以同步转速旋转,励磁电压虽很快降至零,但由于发电机励磁回路有较大的电感,励磁电流是按指数规律衰减到零的,相应的励磁电势也是按指数规律减小。发电机输出的同步功率也是随励磁电势减小而减小。

由原动机所供给的机械功率,因调速器有时滞来不及动作,仍保持不变,而输出功率在减小,因此在发电机轴上出现了剩余转矩(过剩功率),驱使发电机转子加速,开始出现转差速度 n_0-n,转差速度与同步转速 n_0 的比值称为转差率,用 s 表示:

$$s=\frac{n_0-n}{n_0}100\%$$

式中，s 为转差率；n_0 为同步转速；n 为转子的转速。

随着 s 的出现，功角 θ 逐渐增大，同时由于励磁电势的继续下降，从而使输出的极限功率逐渐减小。当功角 θ 达到 90°时，发电机处于静态稳定极限。

发电机从失磁到功角增大到 90°所经历的时间长短决定于励磁电流衰减的快慢和失磁前输出有功功率的大小。失磁前输出有功功率越大，励磁电流衰减得越快，所经历的时间就越短。另外还和静态过载倍数有关。

2. 异步运行阶段

当功角 $90°<\theta<180°$时，输出同步功率急剧下降。当 $\theta>180°$后，发电机失去同步而进入异步运行，转差率 s 增大，在转子齿、槽楔、绕组中感应出频率为 sf 的交变电流。该电流在转子上建立起同样频率的脉动磁场，该脉动磁场与定子的旋转磁场相互作用产生一个周期内平均值不为零的脉动的异步转矩。由于转子转速高于同步转速，异步转矩属制动性质，与之对应的功率称为异步功率。

在异步运行的初始阶段，从原动机输入的机械功率大于异步功率，s 逐渐增大，平均异步功率也逐渐增大。在此阶段内调速器已开始动作，或人为地减小机械功率输入。当机械功率与异步功率达到新的平衡时，发电机进入稳态异步运行，向系统输送有功功率，从系统吸取无功功率。

发电机进入稳态异步运行后。转差率 s 趋于一稳定值，异步功率中因含有交变分量而波动。发电机从系统中吸取的无功功率维持在一定的数值。

在一定范围内，转子转速越高，异步转矩就越大，如图 7-34 所示。转子转速升高，将引起调速器动作，减小原动机的输入功率。即一方面原动机输入功率在减小，另一方面随 s 的增加异步功率又在增加，在一定的转差率下功率平衡，所以异步运行时，发电机转速不会无限升高。

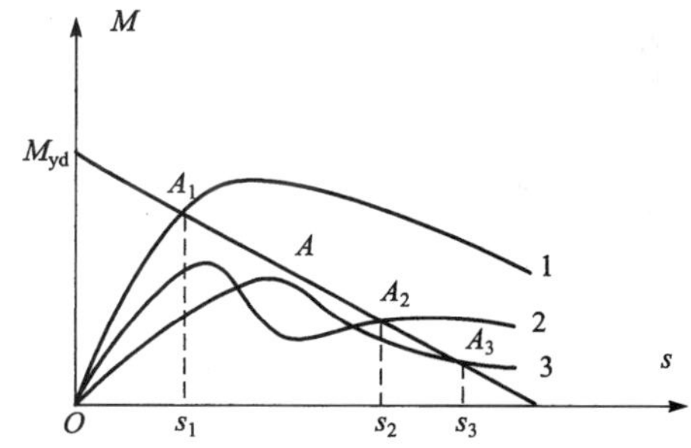

图 7-34　发电机平均异步转矩特性

1—汽轮发电机；2—有阻尼绕组的水轮发电机；

3—无阻尼绕组的水轮发电机；

A—原动机调速器特性；M_{yd}—原动机转矩

3. 再同步过程

处于异步运行状态的同步发电机，当恢复直流励磁电流后，发电机由异步运行状态转入同步运行状态的过程称为再同步。再同步过程是异步转矩（异步功率）逐渐消失，同步转矩（同步功率）逐渐恢复的过程。

7.6.3.2　失磁后观察到的现象

发电机失磁后的异步运行状态与失磁前的同步运行状态相比有许多不同之处，失磁时发电机运行的主要特征有：

(1) 转子电流表指示为零或接近于零。发电机失去励磁以后，转子电流将按照指数规律迅速衰减。若励磁回路开路，则转子电流表指示为零；若励磁回路短路或经小电阻闭合，转子回路有交流电流流过，转子电流表有指示，但指示值很小。

(2) 定子电流表指示增大且呈有规律摆动。发电机失磁以后,要从系统吸收大量无功建立磁场,导致定子电流显著增大,滑差越大定子电流越大。定子电流的摆动主要是由于转子回路的转差频率电流所产生的正向旋转磁场在定子绕组中感应出一个频率为2倍转差的交流电流,这个电流叠加于定子基波电流之上,造成了定子电流的增大并伴有周期性振荡。

(3) 有功功率指示减少且呈有规律摆动。发电机失磁以后,由于转矩不平衡使转子加速,调速器则会自动关小进汽门,使原动机输入功率减小,从而也减小了发电机输出功率,因而发电机失磁后输出的有功功率总是小于其初始有功功率。有功功率的波动是由于转子正向旋转磁场与定子旋转磁场以两倍转差相对运动,产生频率为2倍转差的交变异步转矩,引起有功功率波动。

(4) 无功功率表指示负值,功率因数表指示进相。发电机失磁异步运行时,需要从系统中吸收大量无功功率来建立磁场,发电机已由滞相转为进相运行,故无功功率表指示为负值,功率因数指示进相。

(5) 端电压下降。由于失磁异步运行时定子电流很大,加大了线路压降,从而使发电机端电压下降,严重时会引起系统电压大幅降低。

(6) 定子端部发热。发电机失磁异步运行也属于进相运行状态,此时定子端部漏磁通增大,该漏磁场相对于定子以同步速旋转,在定子的端部铁芯及金属构件中感应磁滞及涡流损耗,使端部发热。发电机失磁运行是进相运行的一种极端情况,因此端部发热更为严重。

(7) 转子温度升高。失磁异步运行时,在转子绕组、阻尼绕组、铁芯等转子本体其他部件上要感应滑差交流电流,使其产生附加损耗引起发热。

7.6.3.3 失磁运行的不良影响

失磁运行对发电机的影响为:发电机失磁后,不但不能向系统输出无功,而且还要从系统中吸取无功,将造成系统电压下降;为供给失磁的发电机无功电流,可能造成系统中其他发电机过电流;发电机失磁对本身也有害,因为转子和定子磁场出现速度差,在转子回路感应出差频电流,引起转子局部过热;发电机受交变的异步电磁力矩的冲击而发生振动,转差愈大,振动愈利害。

同步发电机失去励磁后,运行人员应根据具体规定进行处理。对不允许无励磁运行的发电机应立即解列。对允许无励磁运行的发电机应按规定的允许有功功率、允许从电网吸取的无功功率和允许运行时间运行。在允许运行时间内进行事故处理,迅速恢复励磁,将发电机牵入同步。

7.6.4 以同步电动机方式运行

当主汽门误关闭,或保护动作关闭主汽门而发电机出口断路器拒动时都可能出现逆功率,逆功率时发电机消耗1%～1.5%,汽轮机消耗在3%～4%,总的考虑暂态最大可达10%,汽轮机允许逆功率时间为2～3 min,因为此时残存在汽轮机尾部蒸汽与长叶片摩擦,会使叶片过热,所以要设置逆功率保护。

当停止向汽轮机供气时,发电机常见会以同步电动机的工况运行。发电机在这种工况下运行不受限制,但是汽轮机在这种工况下运行不能超过2分钟。

7.6.5 定子电压偏差大于允许值

当电网中出现事故或者励磁系统出现故障时，经常会发生发电机定子电压的偏差大于允许值。

中小型汽轮发电机不装设过电压保护，原因是危急保安器当转速超过额定电压的10%以后立即动作，关闭主汽门，能够有效地防止由于机组转速升高而引起的过电压。大型机组就不同，即使调速器和自动励磁调节器都正常动作，当满负荷突然甩去全部负荷，电枢反应突然消失，此时，由于调速系统和自动励磁调节器都是由惯性环节组成，转速仍将升高，加之励磁电流不能突变，使得发电机电压在短时间内也要上升，其值可以达到1.3倍额定值，持续时间可达几秒钟。

过电压可使发电机定子背部漏磁通急剧增加，从而使定子定位筋和铁芯的感应电流急剧增加，烧坏定子铁芯；过电压对定子绝缘构成严重威胁；过电压将使主变和高厂变励磁电流剧增，引起变压器过励磁和过磁通，过励磁使绕组发热，绝缘能力降低和老化加剧，过磁通增加涡流损耗，涡流损耗同样造成发热而破坏绝缘。

发电机定子电压降低时必须重点监测发电机定子电压、定子电流、转子电流、有功和无功功率，维持定、转子电流在允许范围内，通过增加励磁的方式来提高定子电压。同时升高或者降低电压而改变发电机无功时，操纵员应当监测厂用母线的电压，保持其电压在95%到110%额定电压范围之内。当发电机定子电压急剧下降时，备自投和强励磁应动作，操纵员此时禁止干预。

发电机定子电压升高时，操纵员应降低无功功率到最小值，但主控制室不应出现"转子电流限制"信号。如果不能将发电机定子电压偏差降低到10%额定电压以内，发电机应当从系统解列。当发电机励磁空载运行时发电机定子电压偏差超过20%额定电压时，保护应当动作。

7.6.6 发电机及其辅助系统氢气泄漏

用氢作为冷却介质，不仅有着明显的散热效果，而且可提高发电机的出力与发电机的效率。氢气的导热率较空气大7.4倍，所以，氢冷发电机的风阻损耗大为减小，仅为空气冷却的1/7左右。除此之外，用氢气作为冷却介质还有以下优点：绝缘不受到氧化，又没有灰尘和水分，能延长绝缘的使用寿命；氢气是不助燃的，因此发电机线圈绝缘击穿没有起火的危险；氢的密度较小，发电机工作的噪声小。

漏氢是许多氢冷发电机常见的问题。运行中发电机发生漏氢的主要危害有：机内氢压不能保持额定值，影响发电机的出力；消耗氢气过多，补给困难；发电机周围可能着火，甚至引起氢气爆炸，造成发电机损坏。

运行中发电机容易发生氢气泄漏的部位主要有：端罩与机座结合面漏氢；端盖与端罩及上下半端盖结合面漏氢；端盖及密封瓦座结合面漏氢；定子引出线或中性点套管漏氢；氢气冷却器上下法兰与机壳结合面处橡胶垫腐蚀引起漏氢；焊缝的焊接质量不良引起漏氢；转子导电螺钉不严在运行中漏氢；氢气供给系统管道、阀门、法兰不严引起漏氢；氢气漏入定子绕组内冷水系统；密封瓦内部漏氢或者密封油系统管道、法兰等部位。

当一昼夜之内从氢气供应系统和发电机本体的泄漏率大于厂家规定值时，运行值班人员应首先汇报机组值长并通知维修人员及时进行处理；同时检查发电机氢气系统所有的排气阀和边界阀是否已关闭；通知发电机周围 20 m 之内的所有的维修人员应及时撤出；目视检查氢气系统与发电机外壳连接处，确认在氢气收集器中没有气泡，同时和化学分析人员测量氢气收集器、油箱、密封油排油室、油箱和油管排风、封闭母线、发电机取样管和冷却器中的氢气含量；当上述设备没有发现氢气时，必须切除冷却器，气体分析仪，通过关闭阀门的方式将发电机与氢气供应系统隔离，通过压力表监测发电机内和氢气供应系统内的压力降低情况；在现场悬挂警告牌“氢气，易爆危险”。

当查出发电机壳体上的泄漏点后，必须确认发电机氢气冷却器疏水管、密封油箱油位计中没有氢气，关紧所有发电机氢气系统的疏水阀。当查出是从氢气冷却系统的泄漏后，必须隔离发电机供气站及其仪表，再次确认氢气系统压力是否降低。

确定泄漏点后（仪表管线或氢气系统），应恢复氢气供应系统，汇报机组值长。当查出气体分析仪泄漏时，必须关闭至气体分析仪的供气阀，通知仪控人员到现场处理。这种情况下化学分析员每班应至少一次监测氢气纯度。当采取上述方法仍不能排除泄漏，运行值班员应按照相应的程序在氢气系统、油系统和冷却水系统寻找泄漏。

当泄漏发生在氢气供应系统和发电机本体且不能维持正常压力时，或者降压速率大于制造厂家规定值且在 24 h 内无法排除时，发电机应降负荷从电网解列并进行气体置换。在查找泄漏期间应安排消防部门在现场值班。

复习题

1. 简述同步发电机发电的基本原理。
2. 大型汽轮发电机常见的冷却方式有哪些？各有什么特点？
3. 汽轮发电机本体由哪几部分构成？各有什么特点？
4. 同步发电机励磁系统的主要功能是什么？
5. 无刷励磁系统主要包括哪些设备？
6. 什么叫发电机的电枢反应？简述同步发电机运行限制图（$P—Q$ 图）各限制线、区的含义。
7. 简述发电机电压过高和频率过低对发电机运行有何影响。
8. 汽轮发电机常见的非正常运行工况有哪些？请举例说明。
9. 不对称过负荷对汽轮发电机运行有什么危害？哪些原因可能引起非对称过负荷？
10. 发电机失磁运行的主要特征有哪些？失磁运行对发电机有何影响？

第8章　核电厂的电气主接线及厂用电

8.1　核电厂电气系统

核电厂电气系统的主要任务是电能生产和传输。发电机、励磁机及它们的辅助系统将机械能转化成电能，完成电能的生产；厂用电系统为核电厂附属设备提供电源；发电机出口封闭母线、出口断路器（或为负荷开关）、主变压器、高压 SF_6 封闭母线及配电装置，完成电能在厂内部分的传输。为了降低电能在输电线路部分的传输损耗，将发电机发出的较低电压的电能经主变压器升压后送至高压开关站，由输电线路将电能传输到电力系统，完成电能向外电网的电能输送。

8.2　电气主接线的要求和形式

8.2.1　电气系统主接线的基本要求

发电厂电气主接线是发电厂电气部分的主体，是由一次设备按照一定要求和顺序连接起来的电路，它反映各设备的作用、连接方式和回路的相互关系。电气主接线的连接方式不同，将影响配电装置的布置、供电可靠性、运行的灵活性、经济性、二次接线和继电保护等。

发电厂电气主接线的确定，主要取决于发电厂总装机容量、单机容量、用户的性质和引出线数目，以及发电厂在电力系统中的地位、作用等多种因素经综合考虑和经济技术比较，最后确定最合理的方案。

电气主接线应满足可靠性、灵活性和经济性三项基本要求。

1. 供电可靠性是电力生产和分配的首要要求，具体有以下几个方面

（1）断路器检修时，不宜影响对系统的供电；

（2）断路器或母线故障以及母线检修时，尽量减少停运的回路数和停运时间；

（3）尽量避免发电厂、变电所全部停运的可能性；

（4）对于大机组的电气主接线还应满足可靠性的特殊要求：任何断路器检修，不影响对系统的连续供电；除母联及分段断路器外，任何一台断路器检修期间，又发生另一台断路器故障或拒动，以及母线故障，不宜切除三回以上回路。

2. 主接线应满足在调度、检修及扩建时的灵活性，具体要求有以下方面

（1）调度时，应可以灵活地投入和切除发电机、变压器和线路，调配电源和负荷，满足系统在事故运行方式、检修运行方式以及特殊运行方式下的系统调度要求；

（2）检修时，可以方便地停运断路器、母线及其继电保护设备，进行安全检修而不致影

响电力网的运行和对用户的供电；

(3) 扩建时，可以容易地从初期接线过渡到最终接线。在不影响连续供电或停电时间最短的情况下，投入新机组、变压器或线路而不互相干扰，并且对一次和二次部分的改建工作量最少。

3. 主接线在满足可靠性、灵活性要求的前提下考虑经济性，考虑因素如下

(1) 投资省：主接线应力求简单，以节省断路器、隔离开关、电流和电压互感器、避雷器等一次设备；要能使继电保护和二次回路不过于复杂，以节省二次设备和控制电缆；要能限制短路电流，以便选择价廉的电气设备。

(2) 占地面积小：主接线设计要为配电装置布置创造条件，尽量使占地面积减少。

(3) 电能损失少：经济合理地选择主变压器的种类、容量和数量，避免增加电能损失。

在系统规划设计中，要避免建立复杂的操作枢纽，为简化主接线，发电厂、变电所接入系统的电压等级一般不超过两种。

8.2.2 电气主接线的基本形式

电气主接线可分为有母线和无母线两种形式。无母线的电气主接线有桥形接线、角形接线和单元接线，有母线的电气主接线有单母线接线、双母线接线和一台半断路器接线。

8.3 核电厂电气主接线的选择

核电厂的电气主接线包括发电机出口单元接线、升压站接线和厂用电接线。本节只叙述发电机出口单元接线、升压站接线。厂用电接线将在本章的第 4 节和第 5 节进行介绍。

8.3.1 发电机出口主接线方式

发电机与变压器直接连接成一个单元，组成发电机-变压器组，称为单元接线。核电机组一般在系统中带基本负荷，具有单机容量大、检修周期长等特点，对此发电机出口接线方式不需要经常变换。因此核电厂的发电机出口主接线通常采用无汇流母线的发电机-变压器组单元接线。

发电机-变压器组单元接线有如下优点：

(1) 接线简洁明了、运行可靠、灵活、故障影响范围小；

(2) 设备元件最少、布置简单方便、维护工作量小；

(3) 继电保护简单；

(4) 因为未装设发电机出口母线，使得在发电机和变压器低压侧短路时，短路电流相对有母线时有所减小。

缺点为：

(1) 大容量的机组如选择出口断路器，因需要开断较大短路电流，使得制造困难、价格昂贵；

(2) 主变压器一旦故障则会影响发电机向外送电。

目前国内运行的核电厂中，根据发电机与主变压器间有无断开设备，可将发电机-变压器单元接线分为：发电机出口不装设断开设备和发电机出口装设断开设备两种情况，分别介绍如下。

8.3.1.1　发电机出口不装断开设备的接线方式

图 8-1 为发电机出口不装断开设备的单元接线。

为防止在发电机出口发生短路故障，200 MW 以上机组发电机出口多采用安全可靠的离相封闭母线。由于主回路不装断路器或隔离开关，接线简单，所以可靠经济。但该接线通常在发电机-变压器间要装设可卸端子，比如采用封闭母线的伸缩节作为可拆卸的端子，以便在发电机安装、调试时作为隔离手段使用。

不装设断路器的发电机-变压器单元接线，必须装一台启动变压器（通常兼用备用变压器简称启/备变）以便发电机在启机、停机时从启/备变供电。

这种接线的缺点：当机组启动完毕，部分厂用负荷要由启动变压器转到工作厂用变压器，在切换过程中，有几个周波的停电时间，厂用电设备要受到自启动电流的冲击。当前核电发展的形式为单机容量越来越大，所需要的厂用电负荷容量需求较大，如采取上述接线需要考虑增加启/备变的容量（如增加启/备变的数量）来满足机组启机/停机的需要，这样就增加了投资。

为解决部分厂用电负荷电源从启动变切换到高压厂用变压器的自启动冲击问题，可采用工作厂用工作变压器接至高压侧的单元接线方式，目前国内某核电厂采用了此接线方式，见图 8-2。

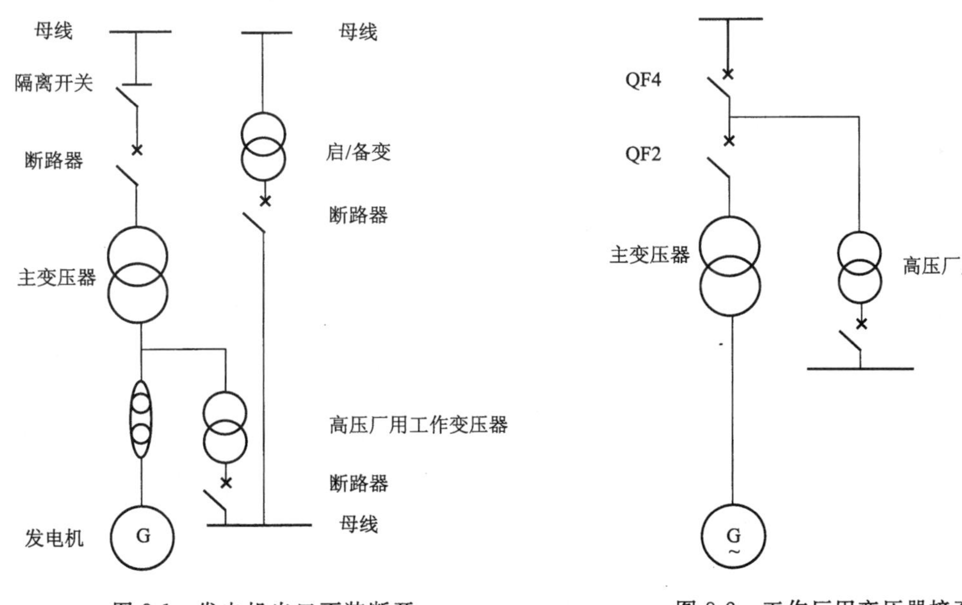

图 8-1　发电机出口不装断开设备的单元接线

图 8-2　工作厂用变压器接至升压侧的单元接线

该接线有以下特点：

(1) 发电机出口无断路器；

(2) 在主变压器高压侧增加了一台高压断路器 QF4；

(3) 高压厂用工作变压器接至高压侧，这样启堆前、停堆后，高压厂用工作变压器可以通过 QF4 高压开关从电网得到电源。机组启动后可以通过高压断路器 QF2 并网，使得厂用电设备免受冲击；

(4) 正常运行时，发电机担负的厂用负荷，经过主变压器升压后又经过高压厂用工作变压器降压，使主变压器的功率损耗增大，同时由于主变压器容量增大，导致主变压器成本的增加；

采用此接线方式提高了供电可靠性，当系统发生故障时，断开母线侧断路器（QF4）由发电机带高压厂用工作变压器运行，发电机故障时，断开机组断路器（QF2）由系统供高压厂用工作变，这样厂用电源不需要任何切换，恢复正常供电操作简单，有利于安全生产。

8.3.1.2 发电机出口装设断开设备（断路器或负荷开关）的接线方式

如图 8-3 所示，在发电机和变压器之间增设了断路器 QF1（也可为负荷开关），单元机组接线完成下述功能：

(1) 借助于发电机出口断路器（或负荷开关）实现与电网的同步，发电机产生的电能通过主变压器和 500 kV 配电装置送入电网，此时部分电能又通过高压厂用工作变压器给厂用电供电；

(2) 在启动和停止机组时，在断开发电机出口断路器（或为负荷开关）的情况下，机组厂用电通过主变压器和高压厂用工作变压器从 500 kV 电网供电；

(3) 在机组（反应堆、汽轮机）主要设备电气和工艺保护动作时，通过发电机出口开关（或 500 kV 开关）断开发电机，机组同系统解列。

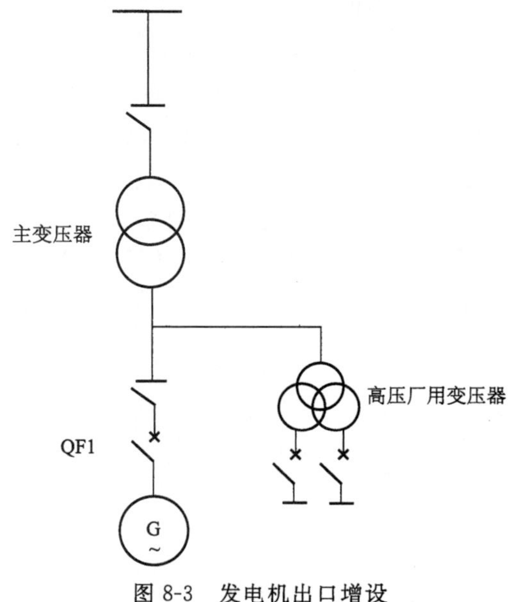

图 8-3 发电机出口增设断路器的接线

在发电机与主变压器之间装设出口断路器可以避免正常启动和停机时厂用电源的切换，当主变和高压厂用工作变压器内部故障时，发电机断路器即动作跳闸，不致使事故扩大，同时也可以防止非全相运行时负序电流对发电机转子的损害。但由于发电机出口断路器额定电流及开断电流很大，使得断路器的制造难度大，且价格昂贵。在早期还没有大电流的发电机出口断路器产品的情况下，部分百万千瓦级别的核电厂采用了负荷开关，负荷开关的最大缺点是不能开断故障电流。随着技术的发展，在大容量的发电机出口装设断路器成为一种发展趋势，已有部分大容量机组在发电机出口装设了断路器，并有了成功的运行经验。

目前我国投入商业运行的百万千瓦级机组，主要采用发电机出口装设断路器或负荷开关的接线方式。

8.3.2 升压站主接线的选择

升压站主接线是指主变压器高压侧与进出线母线主体的接线部分。核电厂升压站接线由核电机组的容量、数量、出线数量、电网电压等级等因素决定，而且要有独立的备用电源。

升压站主接线可分为单母线接线、双母线接线和一台半断路器接线、桥形接线、角形接线等。我国超高压配电装置采用的接线形式有：双母线三分段（或四分段）带旁路母线（或带旁路隔离开关）接线；一台半断路器接线；变压器一母线接线；3～5 角形接线等。

核电厂升压站主接线力求简单、可靠，国内核电厂主要采用的是一台半断路器接线，某些核电厂也采用双母线接线。

8.3.2.1 双母线接线

双母线接线的每一进出线各自接一组断路器，互不影响。图8-4为升压站的双母线接线方式。

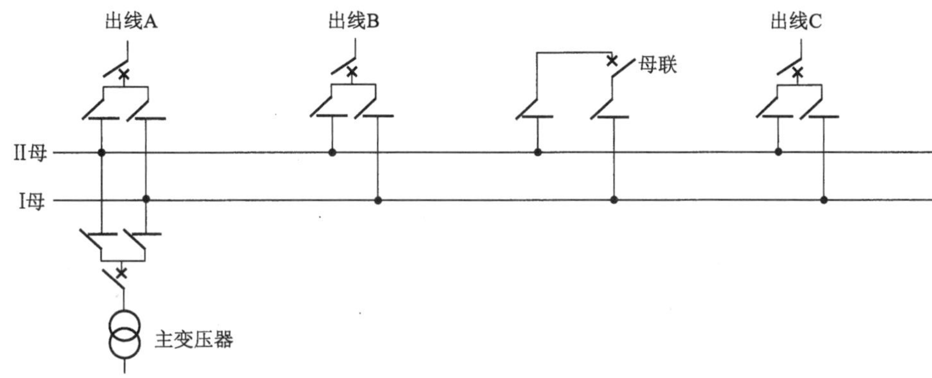

图8-4 双母线接线

这种接线的优点：

1. 供电可靠

通过两组母线隔离开关的倒换操作，可以轮流检修一组母线而不致使供电中断；一组母线故障后，能迅速恢复供电；检修任一回路的母线隔离开关时，只需断开此隔离开关所属的一条电路和与此隔离开关相连的该组母线，可把全部电源和线路倒换备用母线上，为保证不中断供电，按“先通后断”原则进行操作，即先接通备用母线上的隔离开关，再断开工作母线上的隔离开关，完成母线转换后，再断开母联及其两侧的隔离开关，即可对原工作母线进行检修。

2. 调度灵活

各个电源和各回路负荷都可以任意分配到某一组母线上，能灵活地适应电力系统中各种运行方式调度和潮流变化的需要。通过倒换操作可以形成各种运行方式。诸如：

(1) 当母联断路器闭合，两组母线同时运行，进出线分别接在两组母线上，即相当单母线分段运行；

(2) 当母联断路器断开，一组母线运行，另一组母线备用，全部进出线均接在运行母线上，即相当于单母线运行；

(3) 两组母线同时工作，并且通过母联断路器关联运行，电源与负荷平均分配在两组母线上，即称为固定连接方式运行。这也是目前生产中最常采用的运行方式，它的母线继电保护相对比较简单。

根据系统调度的需要，双母线还可以完成一些特殊功能。例如：用母联与系统进行同期或解列操作；当个别回路需要单独进行试验时（如发电机或线路检修后需要试验），可将该回路单独接到备用母线上运行；当线路利用短路方式熔冰时，亦可用一组备用母线作为熔冰母线，不致影响其他回路工作等。

3. 扩建方便

向双母线左右任何方向扩建，均不会影响两组母线的电源和负荷均匀分配，不会引起原有回路的停电。

双母线接线的缺点：

(1) 增加一组母线，每一回路出线需要增加一组隔离开关；

(2) 为了避免误操作，隔离开关与断路器之间需装设联锁装置。

如图 8-4 所示，正常运行时，发电机-变压器组和两回出线接于同一母线。另一回出线作为厂外电源且和启/备变接于同一母线，供厂内公用母线和安全母线负荷。这种情况下，双母线则为单母线分段运行。当供厂内启/备变的线路失去电源时，则母联断路器自动投入。

同样的双母线接线方式，核电厂和其他类型的电厂事故运行方式不完全相同。核电厂的一些元件发生故障时，首先要按照核电厂的运行限制条件处理，以保证在任何情况下都能够安全停堆。而其他类型的电厂，当双母线中任一母线发生故障时，则采取一些切换，将故障母线上的负荷切换到正常母线上来，继续运行；当出现断路器故障时则采取一些临时措施，如用母联断路器来代替出线断路器等。

8.3.2.2 一台半断路器接线(3/2 接线)

一台半断路器接线也称作 3/2 断路器接线方式，3/2 接线方式中 2 条母线之间 3 个开关串联，形成一串。在一串中从相邻的 2 个开关之间引出元件，即 3 个开关供两个元件，中间开关作为共用，相当于每个元件用 1.5 个开关。在 3/2 接线的一串中，接于母线的 2 台开关称为边开关，中间的开关称为中间开关或联络开关，见图 8-5。当一个核电厂有两个以上机组时，升压站主接线通常采用一台半断路器接线。

一台半断路器的特点：

(1) 有高度可靠性：每一个回路由两台断路器供电，发生母线故障时，只跳开与此母线相连的所有断路器，任何回路不停电。在事故与检修相重合情况下的停电回路不会多于两回；

(2) 运行调度灵活：正常时两组母线和全部断路器都投入工作，从而形成多环供电，运行调度灵活；

(3) 操作检修方便：当任何一组母线检修或任何一台断路器检修时，各回路仍按原接线方式运行，不需要切换任何回路，避免了利用隔离开关进行大量倒闸操作，十分方便。

为提高一台半断路器接线的可靠性，防止同名回路(双回路出线或变压器)同时停电的缺点，可按下述原则成串配置：

(1) 同名回路应布置在不同串上，以免当一串的中间断路器退出运行，同时串中另一侧回路故障时，使该串中两个同名回路同时断开；

(2) 如有一串配两条线路时，应将电源线路和负荷线路配成一串；

(3) 对特别重要的同名回路，可考虑分别交替接入不同侧母线即“交替布置”(又称“进出线换位”)，这种布置可避免当一串中的中间断路器检修时，合并同名回路串的母线侧断路器故障(失灵)，而将配置在同侧母线的同名回路同时断开，因此，“交替布置”方式提高了供电可靠性。

在选用一台半断路器接线时要注意：

（1）由于一个回路连接着两台断路器，一台中间断路器连接着两个回路，使继电保护及二次回路复杂。要注意解决保护接入和电流问题、重合闸问题、失灵保护问题、二次线安装单位划分问题等；

（2）接线至少应有三个串（每串为三台断路器，接两个回路），才能形成多环形，当只有两个串时，属于单环形，类同三角形接线。

如图 8-5 所示，国内某核电厂一期目前拥有 2 台 1 000 MW 机组，每台机组均以单元发—变组形式接入厂内 500 kV 升压站，升压站电气主接线采用 3/2 断路器接线方式，一期工程两个单元进线和三回 500 kV 出线形成两个完整串和一个不完整串，在扩建项目（3 号、4 号机组）时，将使不完整串变成完整串，同时增加一个完整串，届时该核电厂 500 kV 系统将是 8 回进出线、4 个完整串的结构形式。1 号发—变组和线路 A 接入第一串，形成完整的第一断路器串；线路 B 和 2 号发—变组接入第二串，形成完整的第二断路器串；线路 C 接入第三串，目前形成不完整的第三断路器串。

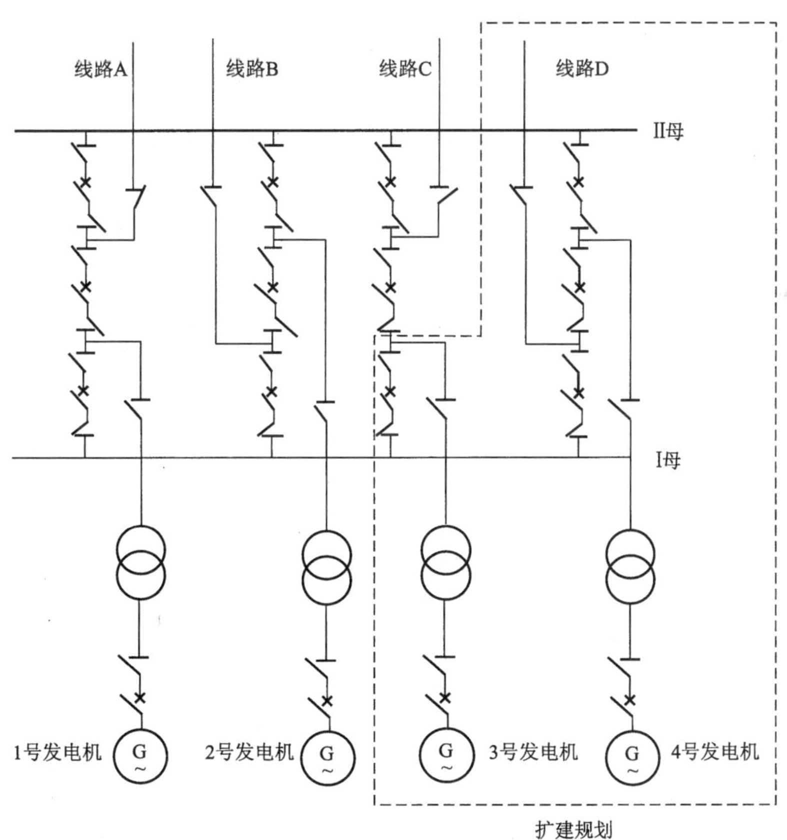

图 8-5　某核电厂采用的 3/2 接线

500 kV 升压站主设备采用瑞士 ABB 公司生产的气体（SF_6）绝缘的封闭式组合电器（GIS）。采用的全封闭组合电器，具有结构紧凑、运行可靠性高、检修周期长、维护方便及抗震性好的特点，还能避免盐雾、台风及其他自然灾害的影响。GIS 主母线采用相分离型，外壳为非导磁性金属材料。GIS 主要元件有：母线、断路器（带合闸电阻和不带合闸电阻）、电流互感器、电压互感器、避雷器、隔离刀闸、接地刀闸、SF_6 气体高压套管、变压器出线套管等，每个主要元件封闭在一个独立的气室单元中，各气室单元彼此用盘式绝缘子隔开，每个气室单元设补气点和气体密度继电器。从主变压器到 500 kV 升压站的远距离连接采用 500 kV 气体绝缘的母线(GIB)连接。SF_6 气体高压套管、变压器出线套管安装在户外，户外设备还有线路电压互感器、线路避雷器等，另外线路 B 还装设了线路阻波器。

500 kV 电气系统除前面提到的主设备外，还包括继电保护、远动、通讯、电量计费等二次设备，以及监控、配电等辅助设备。

该电厂 500 kV 电气系统主要完成下述功能：

(1) 机组与电网系统的连接；

(2) 汇总与分配机组的发电量；

(3) 机组启动时、计划和事故停机时，从 500 kV 电网取得厂用电源。

每回 500 kV 线路的最大传输容量为 2 000 MW，因此，当一期工程三回 500 kV 线路中有两回因故退出的严重情况下，剩下的一回线路仍可把两台机组生产的电能全部送出；任何一条母线(Ⅰ母或Ⅱ母)故障，连接在该母线上的断路器断开，电厂向外送电不受影响；任何两条母线故障(或一条母线检修另外一条母线故障)，连接在该两条母线上的断路器全部断开，发电机向外送电不受影响。

主接线上所有断路器在正常运行情况下均应投入在合闸状态，以充分发挥 3/2 断路器接线方式供电可靠的优势。

投运或停用电网调度管辖范围内的站内设备时，必须首先得到调度的许可，按调度许可的运行方式投运设备。

在主接线的第一、第二串上，与线路相连的断路器带合闸电阻，合闸电阻在线路投切时能够有效地限制过电压；试验证明，对于主变压器的送电，如果采用带合闸电阻的断路器送电，也能有效地减小对变压器的冲击电压以及由于电压波动对二次监控设备的影响，因此，在运行方式允许的情况下，对主变压器的送电宜尽量采用带合闸电阻的断路器送电。

8.3.3 核电厂备用电源主接线的选择

核电厂要配置有独立的备用电源，某些电厂也称为辅助电源，以下统称为备用电源。它是为保证核电厂供电可靠性按照取自不同电源的供电原则而设置的。

目前国内大容量机组的核电厂大部分采用独立的 220 kV 系统作为厂内备用电源。以某核电厂为例，该电厂一期工程建有两台单机容量为 1 000 MW 核电机组，升压站采用 3/2 接线形式，备用电源从厂外 220 kV 电源系统引入，220 kV 电气系统接线如图 8-6 所示。

一期工程 220 kV 电气系统由一回 220 kV 线路供电，该线路取自距核电厂约 10 km 的某变电所，该变电所与当地某火力发电厂 220 kV 系统相连。

一期工程安装两台 1 000 MW 机组时，站内 220 kV 配电装置采用单母线接线，两台(每机组一台)容量为 63 MVA、电压为 220/6.3－6.3 kV 的高压厂用备用变压器接于 220 kV 母线，作为机组的备用电源。到二期工程建成后，将安装有 4 台 1 000 MW 机组，220 kV 配电装置将采用单母线分段接线方式。该电厂 220 kV 电气系统功能如下：

(1) 2 台机组停运时(且失去 500 kV 主电源系统情况下)，带厂用负荷约 100 MW 运行；

(2) 在电动机出线端电压水平足够的情况下，自启动 2 台机组的负荷，暂态过程的容量大约为 400 MW，持续时间为 15 s 之内；

(3) 厂内备用电源按一台机组一台备用变压器配置，一台备用变压器能保证一台机组正常停堆、停机所需负荷的要求；

(4) 2 台备用变压器一台检修时，本机组的备用电源可由另一台机组的备用变压器通过 6 kV 系统联络开关短期备用。

从 220 kV 开关站到备用变压器的远距离连接采用 220 kV 交联聚乙烯电缆(XLPE)，电缆与变压器的连接采用了 GIS 单元设备。

220 kV 电气系统在一期工程时由一回 220 kV 线路供电，可以同时满足 2 台备用变压器用于机组切换到备用电源状态的负荷需求。

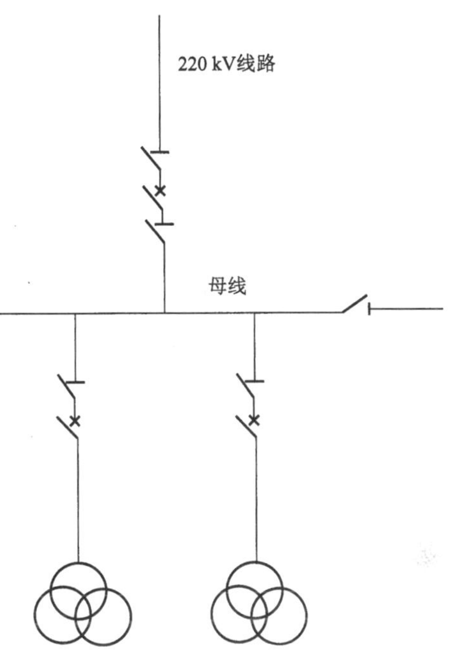

图 8-6　某核电站的备用电源接线图

在正常运行情况下，备用变压器的 220 kV 侧断路器在合闸状态，备用变压器处于空载热备用状态，备用变 6 kV 侧的各分支开关，除与 6 kV 厂用工作段直接相连的开关在分闸热备用状态外，其他开关均应在合闸状态，以保证在工作电源失去后备用电源快速投入。220 kV 电气系统是电厂厂用电的第一道备用电源，在备用电源投入不成功之后将自动启动应急柴油发电机，厂用电进入应急电源供电状态。

在机组正常运行情况下，如果由于线路、母线以及其他高压电气设备故障，而使 220 kV 备用电源系统不可用时，可利用全部柴油发电机组作为备用电源，发电机组此时仍可保持正常运行，但如果确定 220 kV 备用电源系统在 30 d 内不能修复供电时，根据最终安全分析报告的要求反应堆必须退至冷态。

当有计划地投入备用电源系统供电时，在厂用 6 kV 工作段上宜采用先将备用电源与工作电源同期并列，再快速将工作电源退出的方式；反之，当要将备用电源退出、投入工作电源时，在同期条件允许的情况下，亦宜采用先并列再解列的方式，以使厂用电在电源切换过程中不间断供电。

另外，在运行方式上，如前所述，一期工程 2 台机组的 2 台备用变压器一台检修时，本机组的备用电源可由另一台机组的备用变压器通过 6 kV 系统联络开关短期备用。

8.4　核电厂厂用电系统的构成

核电厂在生产电力过程中，有大量的以电动机拖动的机械设备用以保证反应堆、汽轮机、发电机等主设备和辅助设备的正常运行，同时，还具有为核安全相关的设备提供可靠电源的电气设备和系统，以实现在核事故工况下的反应堆安全。以上电气设备和系统，统称为核电厂厂用电系统。

8.4.1 核电厂厂用电设计原则

核电厂厂用电系统首先要满足常规电厂的系统独立、可靠启动、事故保安等要求。对于1E级厂用电系统，其要求更高，因为在发生设计基准事故后，要能完成停堆功能，并将电厂维持在安全状态；对于某些超设计工况，厂用电系统也能起到作用。因此对厂用电系统的要求是：要有高的运行可靠性。为了保证厂用电系统的可靠运行，应采取多重的厂外和厂内措施。下面主要就1E级厂用电系统进行描述。

核电厂1E级厂用电系统的特点是应具有高度的可靠性，为此必须满足以下各点要求：

(1) 有关核安全的设备和系统，在设计、制造和安装中所采用的标准，应能承受各种可能的灾害。即对现场及周围地区的有关自然现象最严重的记录值，应有适当的考虑。

(2) 紧急电源应具有足够的独立性、多重性，并有充足的容量，另外紧急电源还应具有可试验性，以保证随时检查紧急电源的功能。

(3) 所有同核安全有关的厂用电系统和设备，在下列自然灾害和事故情况下，仍能保证系统的完整性和供电的可靠性。

所谓自然灾害和事故情况包括：可设想的最大可能的地震、飓风、洪水和厂外电源的故障。即使在核事故或恶劣的自然环境下，同核安全有关的动力、控制和测量电缆，所有电动机和电气设备都应该保证高度的供电可靠性。为此，应设计有两个独立系列的电源。这两个电源也应有足够的容量，并且具有可试验性。

在进行厂用电设计时遵从下列原则：

(1) 采用双重独立配电系统，其中一路配电系统发生故障时，不会波及另外一路，并使波及厂外电网的可能性降至最低程度。

如某核电厂的设计中，体现在厂用电系统可以从两个完全独立的外电网上取得电源，一路是500 kV系统，另一路是220 kV系统。

(2) 在完全失去厂外电源及厂内配电系统的任意一个通道的情况下，仍有冗余的通道，完成执行安全停堆所需的安全功能。

如某核电厂采用N+3的设计，即在一个通道进行检修，另一个通道发生与事故相关的故障的情况下，仅靠剩余的两个通道即可完成安全停堆的功能。

(3) 在电厂运行期间可对电气设备及其系统进行检查、试验，以检查系统的可靠性，这一点主要指对应急电源系统进行的定期试验。

(4) 在发生设计基准事故时，能保证使执行电厂安全功能或维持安全停堆的主要设备不失去电源。

如核电厂还设计有应急柴油发电机组，在同时失去厂外电源和本厂发电机独立供电，经过短时间的停电后，由厂内的应急柴油发电机组分级带载启动，完成安全停堆的任务。

8.4.2 厂用负荷的分级

根据对供电可靠性的要求，即对允许停电时间的要求，厂用负荷分为：

第一类用户：在核电厂的所有工况下，包括全厂失电的情况下，要求不间断地连续供电，并且在反应堆应急保护动作之后，仍必须连续供电。这类负荷一般靠直流系统和交流不间断电源系统来供电。

第二类用户：允许在一定的时间内短时断电，断电的时间由安全或设备的安全性等条件来决定，并且在反应堆应急保护动作之后仍必须供电。

第三类用户：用电设备对供电的可靠性没有特殊的要求，在备用电源自投的时间内允许断电，在反应堆应急保护动作后，并不要求必须供电。

也正是根据不同设备对供电可靠性的要求，在核电厂的厂用电系统设计时，将其分为三种不同的级别：

(1) 正常运行供电系统，满足第三类用户的需要；

(2) 正常运行可靠供电系统，满足第二类用户的需要，其中的直流和 UPS 系统满足第一类用户的需要；

(3) 应急供电系统，满足安全系统第二类用户的需要，其中的直流和 UPS 系统满足第一类用户的需要。

8.5　电力系统的接地方式及选择

三相交流电力系统中的发电机或变压器组星形接线的公共点称为中性点。在运行中，电力系统的中性点接地方式是一个综合性的技术问题，它与电力系统的电压等级、供电可靠性、人身安全、设备安全、电力系统过电压与绝缘配合、继电保护、通信与信号系统的干扰影响等问题有密切关系。

通常为了满足正常运行的需要，可选择将中性点直接接地、不接地、经电阻接地、经谐振(消弧线圈)接地等方式。

8.5.1　中性点接地方式的划分

电力系统的中性点接地方式虽然有多种表现形式，就运行特性而言可将各种接地方式归纳为两大类：

(1) 需要断路器遮断单相接地故障的接地方式为大电流接地方式；

(2) 单相接地电流能够瞬间自行熄灭的接地方式为小电流接地方式。

其中大电流接地系统包括：中性点直接接地、中性点经低电抗接地方式等；小电流接地系统包括：中性点不接地、中性点经消弧线圈接地、中性点经高电阻接地方式等。

由于接地电流的大小与系统的阻抗有关，Z_0/Z_1 越小(Z_0——零序阻抗，Z_1——正序阻抗)，单相接地时非故障相电压越低，则单相接地电流与三相短路电流之比越大。通常用系统在各种条件下的零序电抗 X_0 和正序电抗 X_1 的比值 X_0/X_1 作为划分标准。一般情况下，指定部分的各点满足零序电抗与正序电抗之比小于或等于 3 ($X_0/X_1 \leqslant 3$)时属于直接接地系统，$X_0/X_1 > 3$ 时属于非直接接地系统。

8.5.2　中性点直接接地系统

通过采取将系统中全部或部分变压器中性点直接接地的方式，称为中性点直接接地系统。直接接地方式的单相短路电流很大，设计时需要考虑断路器的遮断容量。单相接地故障时，线路和设备需要立即切除，增加了断路器的负担，降低了供电的连续性，这是中性点直接接地系统的缺点。但直接接地系统同时具有过电压和相应要求的绝缘水平低的重要优点。特别是系统的标称电压越高,这一优点就越显得重要。中性点直接接地系统单相接地电流较大,有利于继电保护的实现。

在330 kV及以上系统中,应将变压器中性点直接接地,这是因为超高压电力变压器中性点的绝缘强度低的缘故。变压器中性点与地之间的阻抗对系统的零序阻抗有直接影响。变压器中性点直接接地,则零序阻抗与正序阻抗的比值小,因而单相接地时的非故障相电压低,这是中性点直接接地的优点。

经计算,不管是全部还是部分变压器中性点直接接地,或者更加广义一点还包括中性点经低值阻抗器接地的系统,只要该系统处处保证 $X_0/X_1 \leqslant 3$ 或($R_0/X_1 \leqslant 3$),即能满足单相接地时非故障相电压不超过0.8倍的线电压这一条件,这都属于有效接地系统。

8.5.3 中性点不接地系统

中性点不接地系统不需要在中性点接任何设备,故实现起来较为简单,且具有单相接地时允许带故障运行两小时,接地电流仅为线路及设备的电容电流、供电的连续性好等优点。当电力系统正常运行时,平衡三相系统的中性点电位等于地的电位,三相导线对地电压是相等的,均等于相电压。当一相导线接地故障时,该相的电位即变为地的电位,中性点的电位升至相电压 U_P,而另外两非故障相导线对地电位升至系统线电压,即非故障相的绝缘将受到比正常电压大$\sqrt{3}$倍的电压。由于系统的过电压水较高,要求有较高的绝缘水平。

在实际运行中,输电线路和电机电容的导电部分,对地都存在分布电容。所谓的中性点不接地系统实际也是中性点经过一定数值的对地容抗接地的。当发生单相接地故障时,故障点接地时,接地点接地电容电流 $I_C=3\omega CU_P$。当线路不太长时,接地电流很小,不至于形成稳定的电弧,电弧一般会自动熄灭。这是中性点不接地系统的优点即它能自动清除单相接地故障,而无须跳闸。但当线路很长,特别是电缆线路时,接地电容电流相当大,上述特性将发生变化,接地电弧不但不能自熄,还会出现电弧接地过电压。

电弧接地过电压持续时间长,影响面积大,对线路绝缘薄弱点和带有直配线的发电机绝缘威胁很大。单相接地故障存在时间一长,往往会发展成两相短路事故。

中性点不接地系统中还常发生电磁式电压互感器引起铁磁谐振,会损坏电压互感器,或烧掉电压互感器。

由于中性点不接地系统的单相接地电流较小,实现灵敏而有选择性的接地保护需要采用专门的技术。

虽然中性点不接地方式有绝缘水平高和上述其他一些缺点,但由于它具有跳闸次数少这样一个重要优点,这一方式仍然普遍用于接地电容电流不大的系统中。如对所有35 kV、66 kV系统以及钢筋混凝土或金属杆塔的架空线构成的3～10 kV系统,接地电容电流应不超过10 A,而对电缆线路构成的3～10 kV系统,接地电容电流不大于30 A。

8.5.4 中性点经消弧线圈接地系统

中性点经消弧线圈接地系统的中性点一般经消弧线圈(自动或手动调谐电感)接地,也可以采用消弧变压器。从理论可以这样考虑,将系统的三相对地分布电容集中在一个(或几个)变压器的中性点上,同时与该集中电容并联一个(或几个)调谐电感,对电感值进行调整,使之靠近谐振点运行。虽然调谐电感是一个很有限的数值，但却可使 X_0 趋近无限大，中性点经消弧线圈接地系统的基本运行特征也就由此确定。

经消弧线圈接地系统与中性点不接地系统相比，因单相接地故障电流显著减小，同时非故障相的工频电压升高又稍有降低，而且也不存在中性点不稳定过电压等缺点，所以其基本运行特性明显优越。

经消弧线圈接地方式与有效接地方式相比，其主要不同之点是两者的基本运行特征大致相反。中性点直接接地或经低阻抗接地方式，最初被采用的主要出发点，在于限制非故障相的工频电压升高，而随着系统的发展和运行经验的增加，逐渐证明这一观点是不正确的。对于中压系统来说，主要问题是限制单相接地故障电流造成的危害，因为从过电压和绝缘配合等方面考虑，降低非故障相电压而带来的经济效益并不显著，而因接地故障电流的增大，却会给系统的安全运行带来很多麻烦。正是由于两者的基本运行特性差异很大，限制工频电压升高和降低绝缘水平，对于高压电力系统来说，经济效益就较明显，而且额定电压等级越高，经济效益越显著。所以超高压、特高压系统而言，降低工频电压的升高就变得更加重要了。

中压电力系统的中性点经消弧线圈接地后，由于单相接地故障电流很小的这一特点，给电力系统的安全运行带来一系列的优点。我国在 20 世纪 50 年代便着手简化中压电网的电压等级，简化后有 10、35、66 kV 等 3 个等级；同时将中性点直接接地、经低电阻或低电抗接地、经消弧线圈接地和中性点不接地等 5 种方式统一为中性点不接地和经消弧线圈接地方式，提高了供电的可靠性，解决了调度上的许多困难，较好地适应了国民经济发展的需要，显著提高了经济效益和社会效益。

8.5.5 中性点经电阻接地系统

中性点经电阻接地系统，根据接地电阻的数值大小主要分为高电阻接地系统和低电阻接地系统。采取经过电阻接地可以消除不接地系统的两个严重缺点：

(1) 能减少电弧接地过电压的危险性，并使灵敏而有选择性的接地保护得以实现；

(2) 由于这种系统的接地电流比直接接地系统的小，对邻近通信线路的干扰也就较弱。

高值电阻接地系统既可以保持不接地系统（发生接地故障但不跳闸）的优点，同时又解决了电弧接地过电压的问题，高电阻接地方式适合于规模不大的系统（接地故障电流小于 10 A）。低电阻接地系统既消除了电弧接地过电压，又使不接地系统经常出现的由电磁式电压互感器引起的铁磁谐振难以发生。当系统规模较大，特别是有重要用户时，因为这些用户常有备用线路，要求故障线路迅速切除，故可选用这种接地方式。

对于发电机中性点电阻器接地方式需要考虑电弧接地暂态过电压、接地故障电流的危害、继电保护复杂性问题。为了避免发电机在发生绕组接地故障时将铁芯烧坏，要求使单相接地电流减小到 10 A 以下，故常采用次级绕组接有低值电阻器的变压器接地方式，等效高值电阻接地方式。

8.5.6 各种接地方式的比较

现将常用的几种接地方式的优缺点列于表 8-1 中。

表 8-1 中性点接地方式的比较

比较项目	不接地系统	直接(有效)接地系统	电阻接地系统	消弧线圈接地系统
单相接地电流	小(为对地电容电流,一般小于 1%I_d)	最大(可能达到 100% I_s或更大。I_s为三相短路电流)	中等(基本由中性点电阻值决定)	最小(等于残流)
接地事故时非故障相电压	等于或略大于线电压	小于 80%线电压	一般处于 80%~100%线电压之间(有时稍高)	等于线电压
避雷器工作条件	非有效接地系统用	有效接地系统用	非有效接地系统用,但避雷器选用条件可以放宽	非有效接地系统用
变压器等设备的绝缘水平	全绝缘	可降低 20%左右	比不接地系统绝缘有所降低,当选用不接地系统相同的绝缘水平时绝缘寿命延长	全绝缘
断路器工作条件	切断容量由三相短路电流而定	单相接地电流比三相短路电流大,动作次数多	切断容量由三相短路电流而定,动作次数多	切断容量由三相短路电流而定,动作次数少
接地故障的继电保护	普通的接地继电器不适用,需要专门技术,不够可靠	简单可靠	简单可靠	需要专门技术,通常只用于信号
接地事故时的供电切断情况	在能够自然熄弧的情况下供电不被切断	立即跳闸,但通过重合闸使此缺点得到弥补	立即跳闸,但通过重合闸使此缺点得到弥补	自然熄弧,但永久性故障时,仍需跳闸

8.5.7 核电厂接地方式的选择

目前国内核电厂的升压站主接线电压等级常见的有 220 kV 和 500 kV 两种,因电压等级高,一般采用中性点直接接地的运行方式。此种接地方式最重要的优点是过电压和相应要求的绝缘水平低。系统的标称电压越高,这一优点就越显得重要。中性点直接接地系统单相接地电流较大,有利于继电保护的实现。

厂用电中压等级一般为 6 kV,多采用中性点不接地的运行方式。厂用电低压等级一般为 400 V,多采用中性点直接接地的运行方式。

8.6 核电厂棒控电源

核电厂的棒控棒位系统电源主要用于向控制棒驱动机构电磁线圈提供动力电源,使得控制棒驱动机构完成保持、提升和下插动作。压水堆核电厂棒控棒位系统电源主要分为两类:第一类是从厂用电母线获取交、直流电源,第二类是配置专门的棒控电机。在国内这两种电源使用方式都有核电厂在使用。

8.6.1　从厂用母线获取交直流电源

8.6.1.1　系统组成

系统由 4 路电源组成，分别是两路交流和两路直流，交流电源取自厂用电 0.4 kV 正常电源段，为控制棒驱动机构主用电源，直流电源取自 110 V 直流母线段，为控制棒驱动机构备用电源。110 V 母线的直流电源取自整流装置及蓄电池，蓄电池的容量可保证在交流电源波动时，110 V 母线的直流电压保持在相对稳定的状态。

8.6.1.2　系统的运行

以国内某核电厂为例，对从厂用母线获得交直流电源的棒控棒位电源系统的运行进行介绍，原理图如图 8-7 所示。

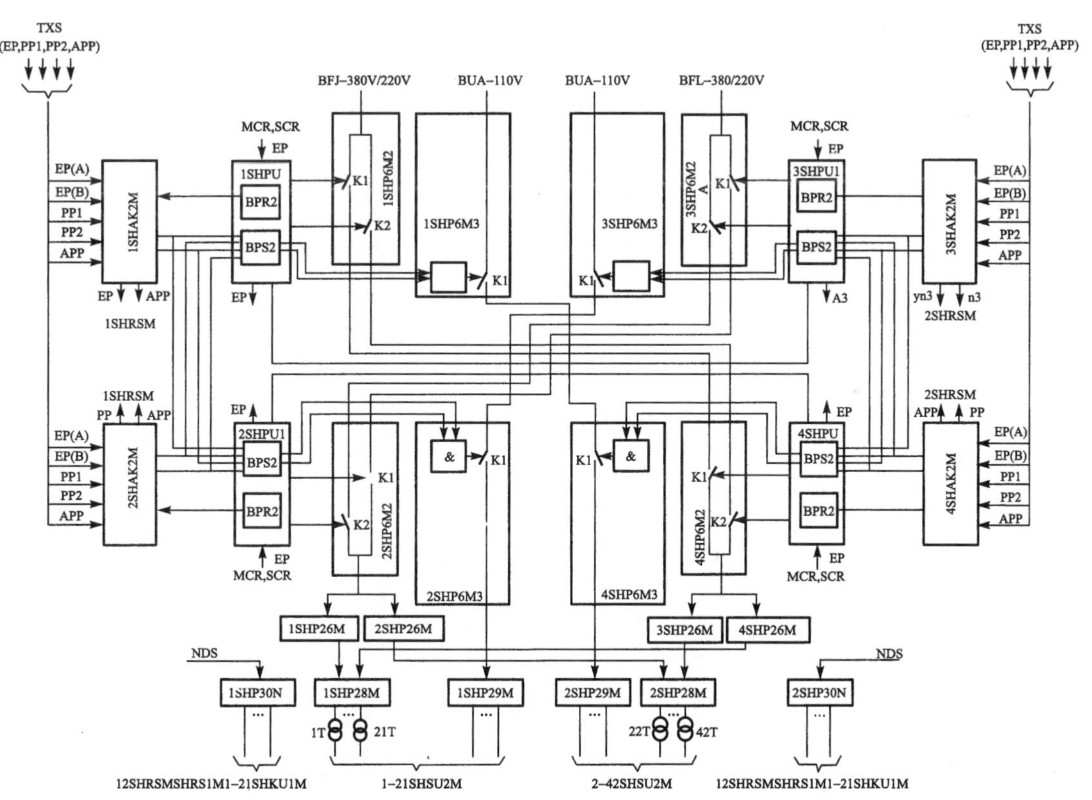

图 8-7　取自厂用母线的控制棒驱动机构供电原理图

正常运行时由交流电源保证控制棒的提升和下插，直流电源只能用于控制棒保持。当两路交流电源均丧失时，直流电源可维持控制棒在 2 s 内不掉棒，如果 2 s 交流电源不能恢复，将在反应堆保护系统中产生应急保护信号，控制棒落棒，反应堆停堆。

来自 BFL 母线段的交流电通过 3SHP6M2 和 2SHP6M2 机柜的停堆断路器后传送到 1SHP26M、2SHP26M 机柜，来自 BFJ 母线段的交流电通过 1SHP6M2 和 4SHP6M2 机柜的停堆断路器后传送到 3SHP26M、4SHP26M 机柜。

1SHP28M 机柜接收来自 1SHP26M、4SHP26M 机柜电源，1SHP26M 为主用输入，

4SHP26M 为备用输入，2SHP28M 机柜接收来自 2SHP26M、3SHP26M 机柜电源，3SHP26M 为主用输入，2SHP26M 为备用输入。

当 SHP28M 机柜的主用电源电压低于断开限值(305±5)V 时，自动切换到备用电源，当 SHP28M 机柜的主用电源电压恢复到投入限值(325±5)V 时，自动切换回主用电源，上述切换时间均不得大于 0.3 s。

来自 BUA 母线段的直流电分为两路，第一路通过 3SHP6M3 和 2SHPM3 机柜的停堆断路器后传送到 1SHP29M 机柜，第二路通过 1SHP6M3 和 4SHPM3 机柜的停堆断路器后传送到 2SHP29M 机柜。

1SHP28M 和 1SHP29M 为 1～4 组控制棒驱动机构供电（60 束），2SHP28M 和 2SHP29M 为 5～10 组控制棒驱动机构供电(61 束)。

8.6.2 取自电动发电机的棒控电源

棒控电源系统是一个中性点绝缘的三相四线制配电系统，一般由电动发电机组、同期装置及低压开关柜组成。下面以某核电厂棒控电源系统为例，介绍其系统组成和运行方式。电动发电机的棒控棒位电源系统图见图 8-8。

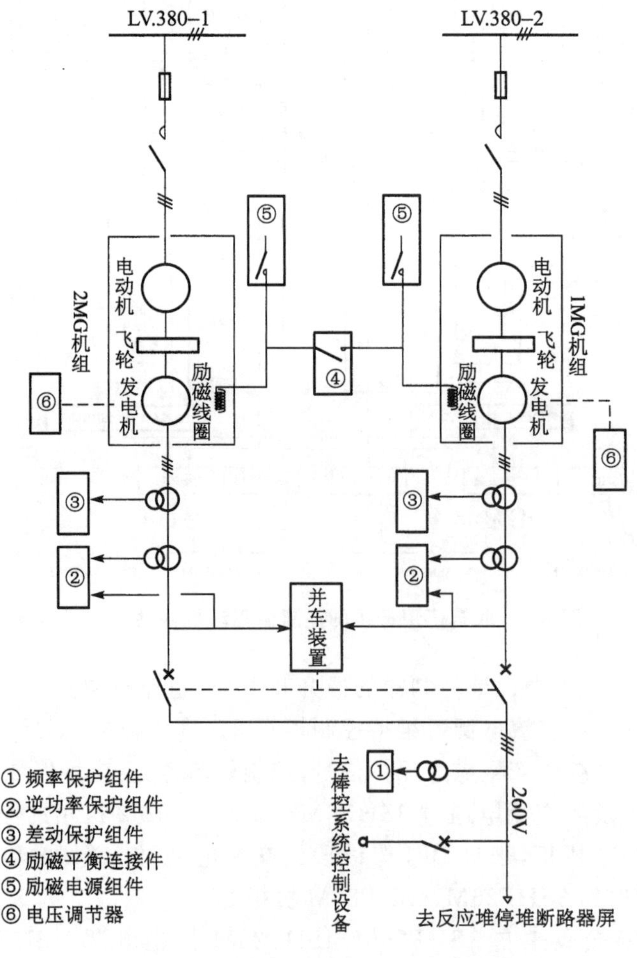

图 8-8 电动发电机的棒控棒位电源系统图

8.6.2.1 系统组成

1. 电动发电机组

系统通过两套带飞轮的电动发电机组供电，发电机容量为 400 kVA，额定电压 260/150 V，频率 50 Hz。驱动发电机的是三相鼠笼式异步电动机，它们分别由不同的 400 V 母线供电。电动发电机组的飞轮用来储存动能，以确保在 400 V 电源短时失电时（小于 1.2 s），避免控制棒保持线圈电压降低而引起控制棒下落，造成反应堆紧急停堆。

2. 同期装置

同期装置采用半自动整步器作为同期执行装置并以三针式同步表作为操作监视，为确保同步过程的顺利进行，在同步期间采取必要的可靠手段，借以增加待并机组和运行机组并车的可能性。

3. 低压开关柜

系统 2 台电动电机组安置在棒控电源机组室中。电动发电机组的低压开关柜安置在非 1E 级低压配电室中。发电机出口开关的低压开关柜和反应堆停堆断路器低压开关柜安置在棒控室中，分别与非 1E 级交流 380/220 V 系统、主控室系统、控制棒驱动机构控制装置、计算机系统、接地系统、1E 级直流 220 V 系统进行接口。

8.6.2.2 系统的运行

正常运行时 2 台机组并联运行，向控制棒驱动机构提供 260/150 V，50 Hz 电源。并联手段采用半自动准步器，如两台发电机频率差太小或太大而无法并联时，可采用附加电阻性负载增加或减少频差，然后再利用半自动准步器并联的方法。

2 台电动发电机组并联运行向控制棒驱动机构线圈供电。

2 台电动发电机有一台处于检修状态或一台电动机失去电源时，则系统仅由一台正常运行的电动发电机组向控制棒驱动机构提供 260/150 V，50 Hz 电源。

当两套电源电动机全部失去电源时，依靠飞轮储能运行 1.2 s。

8.7 核电厂应急柴油发电机

8.7.1 概述

核电厂设置柴油发电机组的目的是：当发生机组停机同时失去厂外电源的情况下，能够在规定的时间内（如某核电厂规定为 15 s）恢复向安全系统和非安全系统的负荷供电，保证这些设备能够执行安全停堆的功能，并将反应堆维持在安全状态。

柴油发电机组应满足：

（1）按规定的加负荷顺序启动和带负荷；

（2）在要求的时间内完成空载、轻载、带额定负载；

（3）在整个负载范围内分级加带负荷。

应急柴油发电机在得到应急母线的电压或频率低于定值时可靠启动。例如：某核电厂触发可靠或应急柴油发电机应急启动指令为：可靠或应急母线的线电压低于 2.52 kV，或频率低于 47.4 Hz。当可靠段母线或应急段母线的电压或频率低于限值，并延时 2 s 后，触发可靠或应急柴油发电机组应急启动命令。该指令同时作用于柴油发电机组的启动、断开正常可靠电源或应急电源母线与正常电源之间的 6.3 kV 联络开关，以及对正常可靠或可靠电源母线及其下游的 400 V 母线扫负荷。当柴油发电机组的电压频率达到额定值的 95%时，柴油发电机出口开关合闸，并开始按设定程序进行程序加载。从发出启动指令到柴油发电机具备程序加载条件的时间不超过 15 s。其他核电厂应急柴油发电机的启动条件有所区别，但承担的功能基本相同。

按照核安全法规的要求，应急柴油发电机属于核级设备，安全分级为电气 1E 级、机械 2 级，质保分级为 QA1 级、抗震分级为抗震 1 类。和常规电气设备比较，应急柴油发电机要求有极高的可靠性，并通过一系列的核级设备鉴定试验，包括：抗震、老化试验及可靠性试验等。按照设计规范，应急柴油发电机应能够在一些特殊工况下安全可靠运行，包括：承受 25%的超速不发生损坏，发电机应具备两个小时 110%额定功率运行的能力等。

下面将以该核电厂的应急柴油发电机为例进行介绍。主要技术参数见表 8-2。

表 8-2 应急柴油发电机的主要技术参数

参数名称	参数值
发电机型号	1DK3941－4BE02－Z
发电机视在功率/kVA	7 500
发电机有功功率/kW	5 500
定子额定电流/A	687
定子额定电压/V	6 300
额定转速/(r/min)	1 500
额定频率/Hz	50
功率因数	0.8
额定励磁电流/A	1

8.7.2 应急柴油发电机的工作原理

应急柴油发电机是由柴油机拖动的无刷励磁的交流同步发电机，采用空气冷却的方式。发电机由静止部分和转动部分组成，静止部分包括定子基座、定子铁芯、定子绕组、端盖、轴承座、交流励磁机的定子部分；转动部分包括转子铁心、励磁绕组、转轴、轴承、冷却风扇、交流励磁机的电枢、旋转整流器等部分。

柴油发电机工作原理如图 8-9 所示。柴油机启动定速以后，向交流励磁机的定子绕组上供给电压可调节的直流电，建立励磁磁场，励磁机转子上的绕组在柴油机的拖动下旋转后，切割磁力线，从而产生感应电流，此感应电流经过励磁机转子上的旋转整流器后，变成直流电流直接供给发电机转子上的励磁绕组，建立了一个旋转的磁场，发电机定子绕组上对称布置的三相绕组，切割旋转磁场的磁力线产

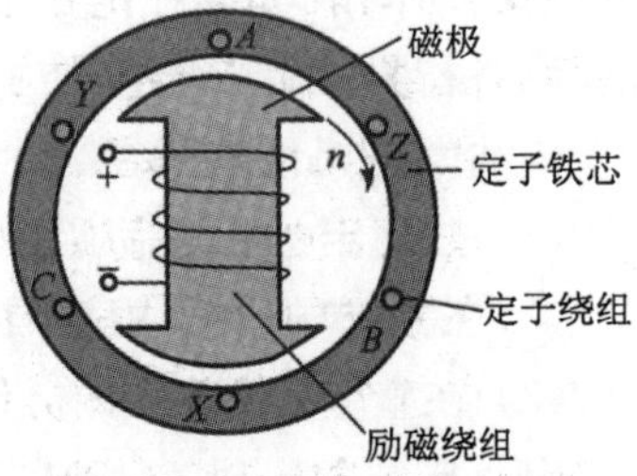

图 8-9 柴油发电机工作原理图

生感应交流电流，这个电流通过发电机出口开关提供给6.3 kV应急段母线。

柴油机的启动是通过监测对应电源母线上的电压和频率降低，然后触发启动信号，在压缩空气系统的推动下柴油机点火启动。从柴油发电机启动到带载，需要时间约15 s(此时间不同核电厂要求也不同)，在这段时间内应急负荷有短暂的停电。

当对应的母线工作电源供电恢复后，通过同期并列的方式，将柴油发电机与工作电源并列后解列，恢复热备用状态。

8.7.3　应急柴油发电机系统的构成

通常情况，应急柴油发电机系统由发电机、励磁系统、保护系统、启动压缩空气系统、燃料系统、发电机润滑系统、冷却水系统、进气系统、废气系统和消音器、通风和排风系统就地仪表、测量装置、操作系统、220 V直流及400 V交流配电系统等设备组成。根据厂用电系统设计的不同，可能还包括中性点接地装置、24 V直流配电装置。

按照核安全法规的要求，应急柴油发电机应设就地及远方同期装置，能够实现在就地控制室和主控的电压调节、功率调节及并网解列操作。

应急柴油发电机系统的主要系统功能如下。

1. 应急柴油发电机本体

应急柴油发电机为凸极式无刷同步交流发电机。发电机由定子和转子组成，定子部分包括：机座、定子铁芯、定子绕组、端盖、轴承盖及交流励磁机的定子等组成，转子部分如图8-10。包括：转子铁芯、磁极绕组、转轴、轴承、风扇、交流励磁机的电枢、旋转整流器等组成。发电机的绝缘等级为F级，冷却方式为强迫风冷，在发电机转轴磁极绕组的两侧装有风扇，当发电机运行时，厂房内的冷空气从发电机自由端的进风口吸入，冷却发电机定、转子及铁芯后由发电机驱动端的出风口排出。

图8-10　应急柴油发电机转子

柴油机是往复运动机械，转速不能设计的太高，否则，机械部件的磨损和维护量会显著上升。应急柴油发电机的转速受柴油机转速的制约，通常设计为1 500 r/min或1 000 r/min，相应的极对数为3或2。发电机通常和柴油机安装在一个公共底座上，考虑到柴油机的固有运行特性，发电机和柴油机之间通常采用弹性联轴器进行连接。

2. 励磁系统

应急柴油发电机的励磁系统一般选用带自动电压调节装置的无刷同步励磁系统。系统配置示意图如图8-11。

同步发电机是将旋转形式的机械功率转换成三相交流电功率的特定机械设备，为完成这一转换，它本身需要有一个直流磁场，产生这个磁场的直流电流称为发电机的励磁电流。专门为同步发电机提供励磁电流的相关设备称为励磁系统。一般来说，励磁系统分两部分组成：一部分称为励磁功率单元，它向发电机的励磁绕组提供励磁电流；第二部分是励磁调

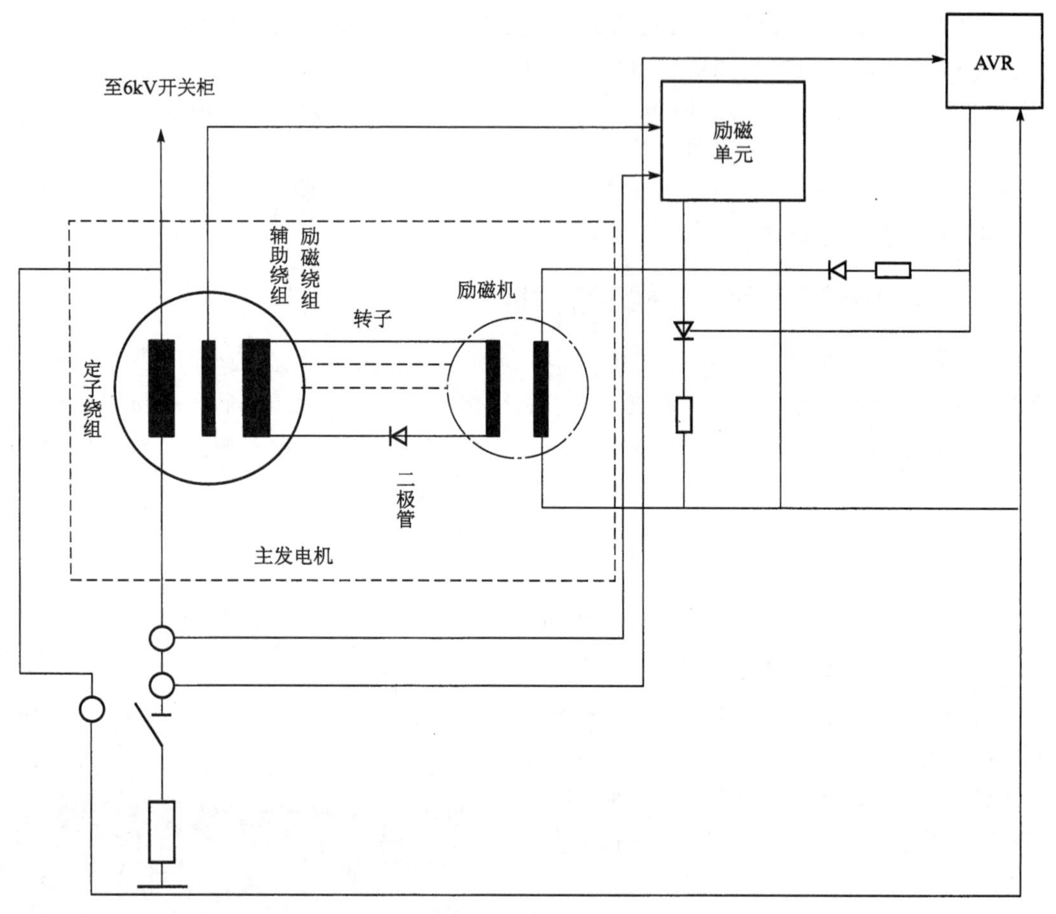

图 8-11 发电机励磁系统配置示意图

节器(AVR),根据发电机的运行状态,自动调节功率单元的输出电流,从而起到稳定发电机输出电压,使发电机可靠稳定运行的目的。

励磁机为无刷励磁机,发电机的励磁及电压调节系统保证:发电机的静态调压率为±0.5%,电压调节范围:±5%。

励磁装置采用电容移相式相复励励磁装置。

在发电机定子中设有一组副线圈,专门用作励磁,经整流后作励磁机的励磁电流,从励磁机感生出的交流电经过整流器整流成直流,提供给发电机作为励磁电流。

启动时,直接由 BWA(B/C/D)供给直流电流作为励磁电流。

自动电压调节器(AVR)与无刷三相交流同步发电机的励磁机相匹配,通过它来控制励磁机的励磁电流,进而控制发电机励磁电流,使发电机的输出电压保持恒定。

AVR 的工作原理:当发电机出口电压降低时,电压测量回路通过发电机出口的电压互感器反馈电压降低信号,脉宽调制电压输出的脉宽也随之加宽,功率放大管导通时间加长,输出励磁电流增大,最终主励磁机磁场强度增加,发电机输出电压回升,稳定在整定值附近。反之,当发电机出口电压升高后,通过 AVR 亦能使其电压回落,稳定在整定值附近。

3. 应急柴油发电机的保护系统

应急柴油发电机的保护配置及动作情况如下，保护的选择性通过 6.3 kV 应急母线的电源进线开关。应急工况下，应急柴油发电机孤岛运行，6.3 kV 应急母线的电源进线开关处于断开状态，而在试验工况下，应急柴油发电机并网运行，该开关处于闭合状态。6.3 kV 厂用电系统通常设计成不接地或经小电阻接地，相应的应急柴油发电机中性点也选择不接地或经小电阻接地。当 6.3 kV 厂用电系统中性点经小电阻接地时，应急柴油发电机不同工况下的中性点运行方式也不同，这主要取决于保护配置的要求。当应急柴油发电机并网运行时中性点通常情况不接地，而当应急柴油发电机带应急母线孤岛运行时，发电机中性点要经过小电阻接地，中性点运行方式的切换通常通过接地刀闸实现。

应急柴油发电机的保护配置及动作情况见表 8-3。

表 8-3　应急柴油发电机的保护配置及动作情况

序　号	保护名称	动作方式	
		应急工况	试验工况
1	定子接地保护	信号	跳闸
2	过电压保护	信号	信号
3	低频保护	信号	信号
4	差动保护	跳闸(二取二)	跳闸
5	过流保护	信号	跳闸
6	过负荷保护	信号	跳闸
7	逆功率保护	信号	跳闸
8	低电压保护	信号	信号

除此之外，应急柴油发电机还可能配备过频保护、负序电流保护、失磁保护及阻抗保护，保护的配置及动作出口方式视供货商选择及系统配备而设定。

4. 启动压缩空气系统

为保证柴油机启动的可靠性，启动系统采用压缩空气来提供动力源，压缩空气气瓶应至少保证柴油机连续 6 次启动的要求而不需要向压缩空气瓶充气。

正常情况下，由空压机组向压缩空气瓶内充气至额定压力。在柴油机启动时，压缩空气通过由自动装置开启的电磁阀输入到柴油机，再通过由凸轮轴驱动的分配器输入各个汽缸，汽缸头部有一个附加的启动阀，该阀通常由弹簧压力关闭并仅可由控制压缩空气来开启，在启动柴油机时，由压缩空气把活塞向下压，柴油机达到点燃转速后开始自旋转，此后就不再需要进入压缩空气来压活塞了。

5. 燃料系统

每台柴油机组都配有一个日燃用燃料油箱和两个燃料储存油箱，日燃用油箱的布置必须保证燃料能够顺利地流入到柴油机中，柴油机上还装有过滤器、燃料泵、喷射泵等，可以提高其运行的可靠性。

日燃用油箱可满足柴油机 4 h 满负荷连续运行的需要，而不需要充灌。日燃用油箱油位下降时，可自动从储存油箱中的到补充。

6. 润滑油系统

每台柴油机均有自己的润滑油系统，保证柴油机运行时向曲轴、活塞等提供润滑。润滑油泵用机械的连接方法装在柴油机上，并且不需要辅助能源。润滑油的冷却则通过一台换热器来进行，换热器与柴油机冷却水回路相连接。

为缩短启动时间和尽可能减少冷启动阶段的磨损，柴油机配有相应的外部润滑油泵，对柴油机进行持续的预润滑和预热。

运行要通过监测润滑油压、油温和油位。

7. 冷却水系统

冷却水系统由闭式冷却回路高温水（发动机）和低温水（油和增压空气）组成，热水回路配有一个小的预热水泵和电加热器，电加热器的温度调节器的设定范围为 60～65 ℃。冷却水经过热交换器，例如油一水热交换器、水一水热交换器、增压空气热交换器等，使柴油机内部冷却水回路和外部冷却水进行热量交换。

柴油机的内部冷却水要经过冷却水预加热设备进行加热，从而实现对发动机本体的余热，用以改善柴油机的启动性能，尽可能减少启动阶段的磨损，实现快速加载。

8. 进气系统

为了提高柴油机的工作效率，发动机需要从空气过滤器吸入燃烧空气，燃烧空气经过一个专用的风道从室外引入，空气过滤器上配有压差监测装置，以防止吸入压力低于柴油机规定的吸气管内的负压，以免引起功率下降。

9. 废气系统和消音器

因为废气的噪声水平很高，并会对周围的环境产生噪声影响，因此必须在排气管道上设消音器，将噪声值限制在允许值以内。由于废气的温度较高，一般可达 400～600 ℃，因此还要在废气排放管道上设置保温层，柴油机运行期间保温层的表面温度不超过 55 ℃。

10. 通风和排风系统

为了保证柴油机的安全运行，在柴油机厂房内设置了专用的通风空调系统。通风系统的进风油厂房外引入，与柴油机的排气管不在同一个方向。

8.7.4 柴油发电机的热备用

柴油发电机热备用的标志指的是在发生下列情况之一时，能够自启动，执行其设计功能。

(1) 当其所在的 6.3 kV 母线电压低于 2.52 kV，延时 2 s；

(2) 当其所在的 6.3 kV 母线频率低于 47.4 Hz，延时 2 s。

或者当其所在的 6.3 kV 母线失压并且母线进线开关跳闸时，柴油发电机组自动完成启动、合上发电机出口开关、执行自动加载命令。

当厂用电源恢复后，又可以利用所在母线的电源进线开关，将柴油发电机组与外部电源同期后完成并列操作，然后断开发电机出口开关，再将柴油发电机组停运，恢复至热备用状态。

柴油发电机投入热备用，是在其所在的 6.3 kV 母线由正常电源供电的情况下进行的操作，在将下列系统投入运行后，即表明柴油发电机组处于待命状态。

(1) 所在厂房的通风、空调、消防系统投入运行；
(2) 柴油发电机组所用的冷却水系统投入运行；
(3) 润滑油系统投入运行(包括气缸加热系统)；
(4) 燃油系统投入运行；
(5) 启动用压缩空气系统投入运行；
(6) 油机进风系统投入运行；
(7) 柴油发电机组电气和仪控保护电源投入运行；
(8) 发电机励磁系统投入运行；
(9) 发电机出口开关推到工作位置，控制和保护电源投入；
(10)给启动压缩空气电磁阀送电；
(11)复位发电机组事故启动按钮；
(12)检查就地控制室和主控室无报警信号。

8.7.5 程序带载试验

直接断开发电机所在 6.3 kV 母线的电源进线开关，检查柴油发电机组的程序带载情况。断开电源开关后，柴油发电机组自动启动，并自动完成发电机励磁投入和合上发电机出口开关，实现逐级带载的功能。

程序带载试验期间对柴油发电机组监视下列参数：缸温、润滑油压、排烟温度、转速、电子电压、定子电流、频率、励磁电流、有功功率、无功功率、合上发电机中性点接地开关、监视电气和工艺报警信号、柴油发电机组没有金属撞击声、振动合格、排烟正常。

试验完成后，利用同期装置将所在母线的电源进线开关并列到正常供电电源上，然后切除发电机组，恢复热备用状态。

8.7.6 定期试验

按照安全重要设备和系统的定期试验程序进行，试验过程中，当发现柴油发电机组故障，可能危及设备损坏时，立即按下就地事故停机按钮，将柴油发电机组事故停机。

试验分空载试验和并网带负荷试验两项内容。

1. 空载试验

试验方法就是将处于热备用状态的柴油发电机组出口开关拉至试验位置，在就地控制盘上启动柴油发电机组，当发电机组达到额定转速时检查：

(1) 发电机定子电压、发电机频率、励磁电流；
(2) 合上发电机中性点接地开关，不出现电气保护动作的信号；
(3) 柴油发电机组没有金属撞击声、振动合格、排烟正常；
(4) 通过励磁调节器，调节发电机的定子电压、通过转速调节器调节柴油机的转速，通过同期装置，试验发电机出口开关与所在母线的准同期功能。

试验完成后，将柴油发电机组恢复到热备用状态。

2. 并网带负荷试验

在就地控制室启动已经处于热备用状态的柴油发电机组，用同期装置合上柴油发电机组出口开关，实现发电机组的并网运行，并网期间保持功率因数不小于0.8，逐级加载到额定功率，在不同的功率平台下检查柴油发电机组的工艺和电气参数是否达到设计要求，每个平台的运行时间不得少于30 min。

各功率平台运行期间的监测数据：

(1) 工艺参数：缸温、润滑油压、排烟温度等；

(2) 转速、电子电压、定子电流、频率、励磁电流、有功功率、无功功率；

(3) 合上发电机中性点接地开关；

(4) 没有电气和工艺报警信号；

(5) 柴油发电机组没有金属撞击声、振动合格、排烟正常。

试验完成后，在就地盘上将柴油发电机组退出运行，恢复热备用。

复习题

1. 什么是电气主接线？核电厂电气系统由哪几部分组成？
2. 电力系统主接线的基本要求有哪些？
3. 核电厂电气主接线的形式有哪些？
4. 画出发电机出口装设断路器(或负荷开关)的主接线，并简述其优缺点。
5. 一台半断路器接线的特点有哪些？
6. 简述核电厂备用(辅助电源)的功能。
7. 简述核电厂厂用电系统的设计原则。
8. 核电厂厂用电负荷是如何分级的？
9. 电力系统中性点的接地方式是如何划分的？
10. 在核电厂应急柴油发电机有哪些功能？

第 9 章　电气设备的测量和控制

电力系统设备分为一次设备和二次设备。一次设备包括发电机、变压器、断路器、隔离开关、电力母线、输电线路等，是构成电力系统的主体，直接参与电能的生产、输送和分配。二次设备是对一次设备进行监测、控制、调节和保护的电力设备，包括测量装置、保护及自动装置、控制及信号装置。一次、二次设备分别构成了一次、二次回路，两者之间通过各种互感器取得电的联系。本章对二次回路中的测量和控制回路进行介绍。

9.1　电气设备的测量回路

9.1.1　概述

电测量回路是发电厂二次回路的重要组成部分，它反应了电力装置的运行参数和状态，其配置应符合《电力装置的电测量仪表装置设计规范》的规定。

9.1.1.1　测量对象及分类

电气量一般可分为模拟量和开关量，模拟量的变化是连续的，如电流、电压信号，开关量的变化是不连续的，如开关的位置量。

模拟量又可分为交流量和直流量。直流量通常包括直流电压(U)、电流(I)、功率(P)、电阻(R)等；交流量通常包括交流电压(u)、电流(i)、有功功率(P)、无功功率(Q)、视在功率(S)、电能(W)、功率因数($\cos\varphi$)、相位(φ)、频率(f)、交流电阻(R)、电感(L)、电容(C)等。需要说明的是，对于交流电压、电流等模拟量，通常测得的是其有效值。

此外，现场电气设备涉及的测量参数还有电气设备的温度(如变压器绕组温度)、密度(如 GIS 的绝缘介质密度)等。

9.1.1.2　测量方法分类

电测量的方法常分成以下两种：

(1) 直接测量：由所用测量仪器仪表直接测得被测量数值的方法。如用电流表直接测量电流。

(2) 间接测量：先测出与被测量有关的几个中间量，然后通过计算求得被测量的数值的方法。如用伏安法测量电阻就是先测出电阻两端电压和通过电流，然后根据欧姆定律计算出电阻值。

9.1.1.3　误差和仪表准确度

在测量过程中，误差不可避免。通常，误差可分成绝对误差(测量值与真实值之差)、相对误差(绝对误差与真实值之比)和引用误差(仪表读数的绝对误差与其量程之比)。

现场通常采用准确度等级 K 来描述仪表准确度。

$$K=\frac{|\Delta_m|}{A_m}\times 100 \tag{9-1}$$

其中，Δ_m 为在仪表量程范围内可能出现的最大绝对误差，A_m 为仪表的基本量程。仪表准确度等级越高(等级数值越小)，测量结果也越准确。

按照国标规定，电测指示仪表准确度分为 7 个等级，它们的基本误差在满量程内不应超过表 9-1 的规定。

表 9-1 电测指示仪表的准确度等级

仪表准确度分类	0.1	0.2	0.5	1.0	1.5	2.5	5.0
基本误差/%	±0.1	±0.2	±0.5	±1.0	±1.5	±2.5	±5.0

需要说明的是，仪表测量结果的准确度不仅与仪表准确等级有关，而且与其测量范围和仪表工作环境有关。对于模拟指针式测量仪表，一般保证电力设备额定值指示在仪表标度尺的 2/3 处；有可能过负荷运行的电力设备和回路，测量仪表宜选用过负荷仪表。

对不同的仪表，准确度要求不同。通常，对关口电能表(简称关口表，是发电企业和电网经营企业之间进行电能结算的电能计量装置)的准确度要求较高。

9.1.2 常见电气量测量

9.1.2.1 电压、电流测量

核电厂内的直流电压大多不超过 220 V，其大小可用直流电压表进行测量；更高的直流电压，则常采用电阻分压器来增加电压表量程的方法测量。类似地，直流电流较小时，可用仪表直接测量，而对于较大的直流电流(如励磁机额定励磁电流)则常用将分流器(电阻器)串在待测回路中，然后测量分流器两端的电压，再折算到电流值的方法进行测量。

在电厂常见的交流电压等级中，400 V 以下可以直接用仪表测量；6 kV 及 6 kV 以上的电压等级，则借助电压互感器变压后测量。

9.1.2.2 交流功率测量

直流回路功率测量和单相交流回路功率测量在现场应用较少，这里主要介绍三相交流回路功率的测量。根据国标要求，在发电机、变压器、输电线路等设备的相应位置，均应安装有功功率和无功功率测量仪表。

三相交流回路的有功功率为各相有功功率之和，瞬时值表示为：

$$p=u_ai_a+u_bi_b+u_ci_c \tag{9-2}$$

有效值表示为：

$$P=U_AI_A\cos\varphi_A+U_BI_B\cos\varphi_B+U_CI_C\cos\varphi_C \tag{9-3}$$

当三相电路完全对称时，有：

$$U_A=U_B=U_C=U_\phi$$
$$I_A=I_B=I_C=I_\phi$$
$$\cos\varphi_A=\cos\varphi_B=\cos\varphi_C=\cos\varphi \tag{9-4}$$

于是式(9－2)可写成

$$P=3U_\phi I_\phi\cos\varphi=\sqrt{3}UI\cos\varphi$$

同理，三相回路的无功功率为

$$Q = 3U_{\phi}I_{\phi}\sin\varphi = \sqrt{3}UI\sin\varphi = \sqrt{3}UI\cos(90° - \varphi) \tag{9-5}$$

式中：

u_a、u_b、u_c——A、B、C 三相电压的瞬时值(V)；

i_a、i_b、i_c——A、B、C 三相电流的瞬时值(A)；

U_A、U_B、U_C——A、B、C 三相电压的有效值(V)；

I_A、I_B、I_C——A、B、C 三相电流的有效值(A)；

U_{ϕ}、I_{ϕ}——分别为相电压和相电流的有效值；

U、I——分别为线电压和线电流的有效值；

$\cos\varphi$——功率因数。

由式(9-3)可知，三相回路总有功功率可由各相的有功功率读数相加得到。传统的模拟指针式有功功率测量回路，可以采用三只功率表分别读取三相功率再相加的方法；也可以用两只功率表跨接三相后，取两表读数之代数和的方法。两表法不仅节省材料，而且不论负载对称与否，均可使用。

由式(9-5)可知，无功功率可由有功功率经角度换算得到，传统的模拟指针式无功功率测量回路，也常采用有功功率回路经 90°转角后得到。

需要说明的是，目前现场所用功率表、电能表，多为数字式仪表。

9.1.2.3　绝缘测量

测量电气设备的绝缘电阻，是检查其绝缘状态的简便方法，现场普遍使用兆欧表进行测量。由于测量绝缘电阻有助于发现电气设备中影响绝缘的异物、绝缘受潮、绝缘油严重劣化、绝缘击穿和严重热老化等缺陷，对电气设备的安全运行有着重要意义。一般而言，新装、维修后或处于备用状态较长时间的电气设备，以及被雨、油或蒸汽喷淋过电气设备，在投运前均应进行绝缘测量。

除绝缘电阻外，现场还常采用相电压、线电压和零序电压来反映设备的绝缘情况。

同步发电机的定子和转子、中性点非有效接地系统的母线、直流系统主母线等回路应进行绝缘监测。

9.1.2.4　温度测量

运行温度是电气设备的重要参数，它除了能反映设备的冷却状态外，往往还与设备的老化、绝缘情况相关。现场电气设备的温度测量方法如下：

(1) 电阻式温度计：利用绝大多数金属和半导体材料的电阻值随温度而变化的特性进行测量，现场的干式变压器绕组、发电机定子绕组和铁芯的温度测量，多采用此方法。常见的材料有铂和铜；

(2) 电偶式温度计：利用热电效应进行测量，如一些油浸变压器冷却油温度测量。常见的有铂铑－铂电偶和和镍铬－镍硅电偶；

(3) 辐射温度计：多用于旋转设备和高温设备的温度检测。

9.1.2.5　开关量测量

开关量包括断路器的分合闸状态、保护继电器是否动作等。常见测量回路有两种：

(1) 利用断路器辅助触点的回路：断路器的辅助触点，与断路器的主动轴联动，其状态随断路器的分合而改变。辅助触点有两种：常开触点（也叫动合触点）和常闭触点（也叫动断触点）。常开触点状态与断路器状态一致，即断路器分时，常开触点为开；断路器合时，常开触点为闭。常闭触点则与之相反。利用断路器的辅助触点构成回路，即可实现断路器分合闸状态的测量反馈。

（2）利用位置继电器的回路：在分、合闸回路中，分别增加合闸位置继电器和跳闸位置继电器。当断路器分合时，相应继电器动作。断路器辅助接点不够用时多采用该方法。这种回路的优点是可以无限扩展断路器辅助接点；缺点是受控制电源可靠性影响。

在现场的控制显示屏上，常用红色来表示断路器处于合闸状态，用绿色来表示断路器处于分闸状态。

9.1.2.6 功率因数和相位角的测量

（1）相位角测量：常用变换式相位计、数字相位表测量，也可用示波器间接测量。在现场主要是用于检测电流互感器的极性以及三相回路的相序是否正确。

（2）功率因数测量：电压和该电压产生电流相位差 φ 的余弦（$\cos\varphi$）称为功率因数。目前，现场应用较多的是微机数据采集测量装置。一些测相位角的指示仪表也有 $\cos\varphi$ 刻度，可直接用于测量 $\cos\varphi$。另外，还可以采用电压表、电流表和功率表间接测量。

9.1.3 常用二次回路附件

9.1.3.1 仪表

按照显示方式不同，测量仪表可分为指针式仪表和数字显示仪表。

指针式仪表将被测电量转换为仪表可动部分的机械偏转角，并在表盘上设置相应的刻度，来指示被测量的大小。常见模拟仪表有磁电系仪表（利用载流线圈在永磁体磁场中的作用力动作）和电磁系仪表（利用动铁片在通有电流的固定线圈中的作用力动作）。

数字显示仪表是指用数字直接显示被测量值的仪表。数字显示仪表通常包括感应部件、模拟/数字转换部件，以及数字显示部件。目前，数字显示仪表正因其直观、接线简单、不易干扰、多功能等优点逐步得到广泛应用。

除此以外，有的仪表具有模拟和数字双显指示系统，如一些单相电能表以数字显示为主，但为了提高显示准确度又采用模拟指针式指示。

9.1.3.2 互感器

互感器是电力系统常见的设备，是高电压、大电流的信息传递到低电压、小电流二次侧的计量、测量仪表及继电保护、自动装置的一种特殊变压器，是一次系统和二次系统的联络元件，其一次绕组接入电网，二次绕组分别与测量仪表、保护装置等互相连接。互感器与测量仪表和计量装置配合，可以测量一次系统的电压、电流和电能；与继电保护和自动装置配合，可以构成对电气设备和系统各种故障的电气保护和自动控制。互感器性能的好坏，直接影响到测量、计量的准确性和继电器保护装置动作的可靠性。

互感器分为电压互感器和电流互感器两大类，其主要作用有：将一次系统的电压、电流信息准确地传递到二次侧相关设备；将一次系统的高电压、大电流变换为二次侧的低电压（标准值）、小电流（标准值），使测量、计量仪表和继电器等装置标准化、小型化，并降低了对二次设备的绝缘要求；将二次侧设备以及二次系统与一次系统高压设备在电气方面很好地隔离，从而保证了二次设备和人身的安全。

电压互感器和电流互感器的原理及特点已经在第 5 章进行了介绍，在此不再重述。

9.1.3.3　电测量变送器

电测量变送器(以下简称“变送器”)，是为了实现测量目的，将被测量转换成直流电流、直流电压或数字信号的装置。按被测量分类，变送器可分成电压变送器、电流变送器、有功功率变送器、无功功率变送器、频率变送器、相角变送器和功率因数变送器。在测量范围内，变送器的输出信号与被测量成函数关系。同时，变送器可以装有可调装置，可由用户调整被测量的范围和被测量与输出信号值之间的变换系数。

变送器常见的输出信号范围有 4～20 mA、0～20 mA、0～1 mA、0～1 V、0～10 V 等，其中，4～20 mA 为优选值。以 0～100 A 的被测电流为例，若变送器的对应输出范围调整为 4～20 mA，变换系数为正比常数，则表示当被测电流为 0 时，变送器的输出信号为 4 mA；当被测电流为 100 A 时，变送器的输出信号 20 mA。输出信号优选 4～20 mA 的原因，一方面在于电流信号不容易受干扰，衰减小，准确度高；另一方面，下限不取 0 就能够提供一定的故障监测能力，即变送器及监测回路正常时，变送器输出信号不会低于 4 mA；只有在变送器或监测回路出现故障时，电流才可能降为 0。

9.2　基本控制回路和自动装置

9.2.1　概述

发电厂电气设备控制的主要内容是对电气设备进行投退和参数调节操作。

电气设备的控制方式分类很多。按照控制电压的大小，电气设备的控制方式可分为强电控制和弱电控制(强电控制指额定控制电压为 110 V DC 及以上的控制方式；弱电控制指额定控制电压为 60 V DC 及以下的控制方式)；按照控制对象，控制方式可分为一对一控制和一对多的选线控制；按照控制位置，还可以分为远方控制和就地控制；随着计算机技术的发展，还出现了常规控制系统和计算机控制系统的分类。

单机容量在 300 MW 及以上的发电厂，电气设备常采用强电控制方式或分布控制方式，控制室则采用单元控制室方式；其升压站的电气设备，既可设置在第一单元控制室内控制，也可单独设置网络控制室进行控制。

在单元控制室控制的设备和元件有：发电机、发电机变压器组、高压厂用工作变压器、高压厂用公用(2 台机组公用负荷)/备用或启动/备用变压器、高压厂用电源线、主厂房内采用专用备用电源及互为备用的低压厂用变压器，以及该单元其他有必要集中控制的设备和元件。6 kV 或 10 kV 屋内配电装置到各用户去的线路、供辅助车间用的厂用变压器、交流不停电电源等，常采用就地控制。

随着分布式控制方式的兴起，大部分电气设备均可由鼠标和键盘进行操作。但励磁调节、继电保护、同步、故障录波等功能一般还是采用专用设备来实现；同时，保护及自动装置发出的命令也独立于计算机控制系统的信号输出回路，另由强电回路发出，以确保设备的可靠性。

9.2.2 断路器控制

电力系统中，不论是正常运行时的设备投切操作，还是故障时的设备隔离操作，均需由断路器来完成。一些小型的断路器，可采用直接手动控制，大多数断路器，需由专门的回路和装置来实现分、合操作。

对断路器的分、合闸操作是由断路器的控制回路和操动机构来完成的。其中，控制回路是按照控制系统和保护系统的要求组成的逻辑回路，用于向断路器操动机构发送和传递分合闸命令，它实现了低压设备对高压设备的控制，是连接一次设备和二次设备的桥梁。操动机构是断路器本身附带的传动装置，在收到分合闸命令后，它通过内部的储能系统（常见的有弹簧机构、液压机构、电磁机构等）满足开断能力和动作时间的要求，使断路器完成分合闸动作。

这里以目前常见的弹簧式操动机构断路器为例，来说明控制原理，其简化的控制图见图9-1。对这种弹簧式操动机构而言，当操动机构内的合闸线圈 Y_1 通电时，断路器合闸；当分闸线圈 Y_2 通电时，断路器分闸。

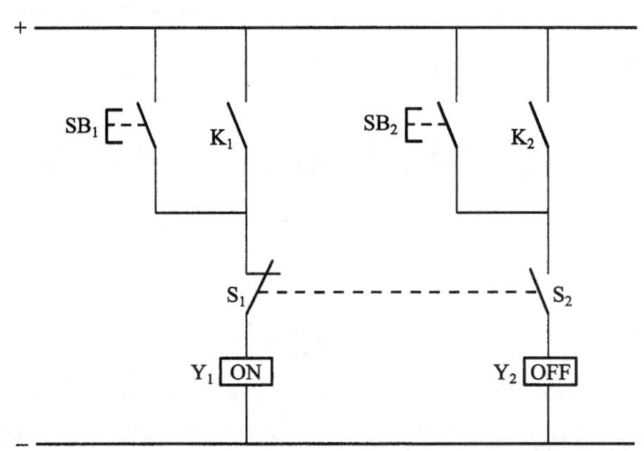

图 9-1　弹簧操动机构断路器控制原理图

SB_1—合闸按钮；K_1—合闸继电器触点；SB_2—分闸按钮；K_2—分闸继电器触点；
S_1—断路器辅助触点（常闭）；S_2—断路器辅助触点（常开）；Y_1—合闸线圈；Y_2—分闸线圈

1. 断路器的合闸回路

手动发出合闸命令（使合闸按钮 SB_1 的动合触点接通）或保护及自动装置发出合闸命令（使合闸继电器 K_1 的动合触点接通），由于此时断路器处于分位，断路器常闭触点（S_1）在闭合位（图 9-1），操动机构中的合闸线圈 Y_1 回路将被导通，已储能的弹簧随即脱扣，释放弹性势能，使断路器合闸。断路器合闸瞬间，其辅助触点（S_1 和 S_2）状态随之改变，断开合闸回路。

2. 断路器的分闸回路

手动发出分闸命令（使分闸按钮 SB_2 的动合触点接通）或保护及自动装置发出分闸命令（使分闸继电器 K_2 的动合触点接通）。由于此时断路器处于合位，断路器常开触点（S_2）在闭合位，将操动机构中的分闸线圈 Y_2 回路接通，操动机构动作，使断路器分闸。断路器分闸瞬间，其辅助触点（S_1 和 S_2）状态随之改变，断开分闸回路。

现场实际的控制回路较原理图要复杂一些，主要是增加了各种控制逻辑，包括各种闭锁逻辑（常见的有同期闭锁、地刀位置闭锁、绝缘介质密度低闭锁、弹簧未储能闭锁等）和故障情况下断路器的分合逻辑。一些重要断路器的控制回路上，还必须装有回路完好监测装置；220 kV 及以上断路器则应装有双跳闸线圈，以确保可靠动作。

需要说明的是，目前现场很多断路器只能由远方（控制室）或保护及自动装置按逻辑进行分合闸操作，就地操作只是在断路器处于试验位时，进行分合闸功能检验。

9.2.3　同期回路

发电机机端电压需要满足相应条件，才能将发电机并入电网，使之与电网同步运行。电压是否满足条件，是借助同期装置来判断的。自动同期装置，还能发送信号对发电机的状态进行调整，并在电压满足条件后，发送命令使同步点断路器合闸，完成并网操作。也可以认为，发电机并网是借助同期装置实现的。

9.2.3.1　同期条件

如果两个独立的系统具备以下条件：

(1) 电压大小相等；

(2) 电压频率相同；

(3) 电压相位角相同。

那么这两个系统能十分理想地并列运行，并且在并列过程中，冲击电流为零。以上条件，就称为同期条件。如不满足，则并列时可能会产生很大的冲击电流，甚至导致设备损坏，系统振荡而失去稳定。

但在实际的同期操作中，很难将两个系统的电压、频率和相位调整到完全相同。如果并列合闸时，冲击电流较小，不危及系统设备，那么两个系统的电压大小、频率和相位角存在一定的偏差也是允许的。

9.2.3.2　同期方式

在电力系统中应用的同期方法有两种：准同期和自同期。

准同期方式指待并发电机在并列合闸前已经励磁，当发电机的电压、频率和相位与运行系统一致时，将同步点断路器合上，发电机即与系统并列运行。采用这种方式合闸时，冲击电流很小，不会对系统带来大的影响；缺点是并列操作时间较长，尤其是手动操作时，相位相同瞬间难以捕捉。

自同期方式指发电机在同期合闸前不加励磁，当发电机的转速接近额定转速的时候，合上断路器，然后再给发电机加励磁，发电机借助电磁力矩自行拉入同步。自同期的实质是先并列，后进入同步状态。其缺点是：

(1) 未励磁的发电机合闸时，有较大的冲击电流，对系统和机组会产生不利影响；

(2) 合闸瞬间使系统电压降低，因为发电机并列前未励磁，将从电网中吸取很大的无功电流。目前自同期方式在大容量汽轮发电厂已很少采用。

9.2.3.3　准同期装置

准同期装置有手动准同期装置、自动准同期装置和捕捉同步装置。

1. 手动准同期装置配有电压表、频率表和同期表

电压表和频率表用于显示发电机电压与系统电压之间的电压差和频率差。运行人员根据显示，手动调节发电机的频率和电压，直至允许范围。需要注意的是，为了使发电机并列后能立即带上部分负荷，发电机电压、频率应稍高于系统电压、频率。

同期表用来监测两个电压之间的相位差，当指针位于表盘上某个特定位置(通常是12点位置)时，表示两个电压之间相位差为零。另外，同期表还用指针旋转的方向来反映频差的方向(当指针顺时针旋转时，表示发电机电压频率高于系统电压频率；反之，则表示发电机电压频率低于系统电压频率)，用指针旋转的速度来反映了频率差的大小(旋转越快，说明频率差越大)。

并列操作时，运行人员先将电压差和频率差调整到允许范围，当相位差接近零时，按下合闸按钮，使断路器在两侧电压的相位差接近于零的时刻合闸。

2. 自动准同期装置包括频率差和电压差控制单元以及合闸信号控制单元

电压差和频率差控制单元监测断路器两侧的电压差和频率差，并调节发电机的励磁电流和转速，使电压差和频率差进入预先设定的允许范围。

当断路器两侧电压的电压差和频率差都在预先设定的允许范围内时，合闸控制单元计算并选择合适的时刻发出合闸命令，使断路器合闸时，两侧电压的相位差接近于零。

3. 捕捉同步装置又称半自动同期装置

它没有电压差或频率差的调节功能，只有合闸信号控制单元。并列时，发电机的电压和频率由运行人员监视和调节，满足并列条件时，同期装置发出合闸信号。这种方式与手动同期的区别在于合闸信号由该装置经判断后自动发出，而不是由运行人员发出。

9.2.3.4 同期操作

根据规范，发电厂和变电站内，有可能发生非同期合闸的断路器，应能进行同步并列。

核电厂内常见的同期操作有三种：

(1) 汽轮发电机组并列到电网；

(2) 柴油发电机试验时并列到厂用电母线；

(3) 高压厂用电源切换时，为防止运行状态的电动机失电，厂用电母线需环并到两路不同电源上。

9.2.4 信号回路

运行人员仅利用测量仪表对设备和系统的状态进行监视是不够的，为了能及时发现和处理故障及异常情况，现场还配备声、光信号来反映设备的状态是否正常。

9.2.4.1 信号回路的类型

(1) 事故信号：在电气设备和机组发生故障或严重不正常时，事故信号装置发出声光信号，指明故障设备及故障性质；

(2) 预告信号：在电气设备和机组发生异常情况，但不会立即造成设备损坏或其他故障时，预告信号装置发出，主要表现为设备运行参数超出正常范围。

9.2.4.2 信号形式

(1) 掉牌信号：由装在保护屏上的信号继电器实现。当某段保护启动或动作时，回路中

的信号继电器动作，将与其触点串联的白色或红色信号牌旋跳出来并通过机械方式保持直至复位；

(2) 光字信号：由装在控制屏(台)上的光字牌显示。常见的光字牌是将告警或故障条目按照一定顺序编辑排列，当某设备状态异常时，光字牌上对应的故障或告警条目闪烁，并发出声音告警。

9.2.5　自动重合闸

经验表明，电力系统中架空线路的故障大多是瞬时的，如大风引起的碰线，雷电引起的闪络等。这些故障在继电保护装置动作后，往往也会消失。此时，如果把断路器重新合上，就能恢复正常供电。为此，电力系统中采用了自动重合闸装置，在架空线路的断路器跳开后，自动地将断路器重新合闸。

自动重合闸装置的基本功能如下：

(1) 可由保护动作或断路器控制状态与位置不对应启动；

(2) 用控制开关或通过遥控装置将断路器断开，或将断路器投于故障线路上并随即由保护装置将其断开时，不应动作；

(3) 动作次数应符合预先规定并在动作后能够自动复归。

9.2.6　备用电源自动投入装置

为提高电源的可靠性，在下列情况下，应装设备用电源的自动投入装置(以下简称备自投装置)：

(1) 具有备用电源的发电厂厂用电源；

(2) 由双电源供电，其中一个电源经常断开作为备用电源；

(3) 有备用机组的某些重要辅机。

发电厂备自投装置的基本功能如下：

(1) 除快速切换外，应保证在工作电源或设备断开后，才投入备用电源或设备；

(2) 工作电源或设备上的电压，不论因何种原因消失，除有闭锁信号外，备自投装置均应动作，且只动作一次；

(3) 对于厂用电系统，当厂用电母线因保护动作跳闸或因控制系统命令跳闸时，备自投装置不应动作。

9.2.7　故障记录装置

故障记录装置是当电力系统发生故障时，能迅速直接地记录下与故障有关的运行参数的一种自动记录装置。国标 GB/T 14285－2006《继电保护和安全自动装置技术规程》规定：“为了分析电力系统故障和安全自动装置在事故过程中的动作情况，以及为迅速判断线路故障点的位置，在主要发电厂、220 kV 及以上变电所和 110 kV 重要变电站，应装设专用故障记录装置。单机容量 200 MW 及以上的发电机或发电机变压器组应装设专用故障记录装置”。

除记录电气参数外，故障录波装置必须设置专用传输接口，以便将数据远传至调度端作进一步数据分析处理。为满足所记录参数的时间准确性和传输数据的同步要求，故障记录装置能接收外部同步时钟信号,来保证全网故障记录系统的时间误差符合规定。

9.2.8 向量测量装置

电力系统实时动态监测系统以同步相量测量和现代通信技术为基础,对电力系统的动态过程进行检测和分析。该系统主要包括两部分,即位于调度端的主站系统和位于发电厂和变电站的子站系统。

子站系统的核心是相量测量装置(Phasor Measurement Unit,PMU),它用于同步相量的测量、输出以及动态记录,其特征是基于标准时钟信号的同步相量测量、失去标准时钟信号的守时能力以及与主站之间的通信能力。其基本监测对象包括安装点的三相基波电压、三相基波电流、电压电流的基波正序分量等信号。安装在发电机侧的 PMU 还具有测量并计算发电机内电势功角的能力,一些 PMU 还能测量发电机的励磁电压、励磁电流、转子转速、有功功率以及无功功率等参数。

主站系统用于接收、管理、存储和转发源自子站的实时测量数据,对电力系统的运行状态进行监测、告警、分析、决策等。

9.3 核电厂电气监控系统

9.3.1 传统的核电厂电气监控系统

核电厂的电气二次回路对一次回路进行控制、测量、调节和保护,实际上是对一次回路测量参数的变换、传输和处理信息的系统。传统的核电厂电气监控的信息流程图如图 9-2 所示。它由保护及调节系统和监控系统两部分组成。

保护和调节系统如图 9-2 中虚线所示。在此系统中,核电厂电气一次系统的信息(电压、电流、功率及一次设备的工作状态)通过电流互感器、电压互感器变换后送至继电保护和自动装置,由继电保护和自动装置对一次系统进行保护和调节。

监控系统如图 9-2 中实线所示。在此系统中,经电流互感器、电压互感器获得的一次信息及继电保护和自动装置产生的二次信息(如继电保护和自动装置动作情况、二次回路的完好性等)经测量仪表和信号装置变成人的感官所能接受的信号形式(如仪表指示、声、光等),运行人员收到这些信息后经分析判断并作出处理决定,再由人工操作各种控制开关,发出各种控制命令,作用于一次系统。

从图 9-2 中可以看出,现有的监控系统有以下缺点:

(1) 人作为监控系统的核心进行信息处理,不可避免地要出现错误的判断和处理,因而使现有的监控系统的准确性和可靠性不高;

(2) 测量仪表和常规的信号装置进行信息变换,不可避免地存在误差,如测量仪表指示与被测量之间的误差,人观察仪表的误差,音响和灯光信号不能准确表明事故发生的时间、顺序等,因而不能正确地处理事故和全面了解一次设备运行情况;

(3) 现有监控系统的信息是通过控制电缆用强电传输的,因而使得传输通道功率损耗大,传输费用高,不利于远距离传输。

对核电厂而言,需要监视和处理的电气信息量大,线路传输的容量大,主控室与配电装

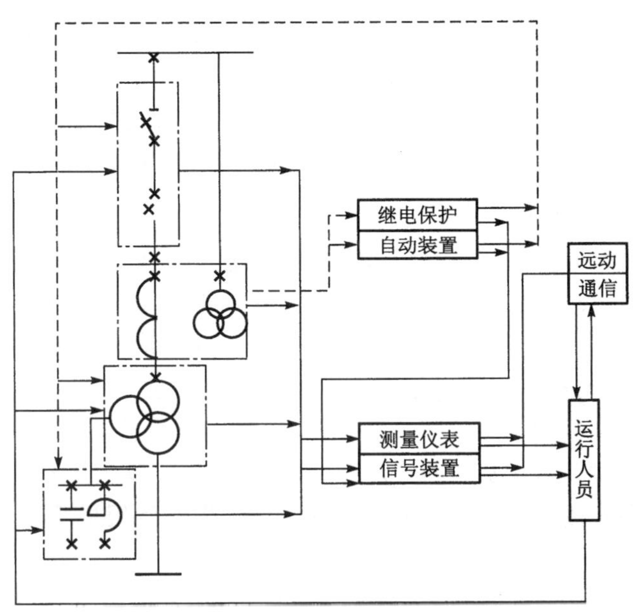

图 9-2　核电厂电气监控信息流程图

置距离远，使得上述缺点更加突出。而全数字化电气 DCS 系统的出现解决了上述问题，并使得监控系统更完善、更准确、更可靠。

9.3.2　电气 DCS 系统

9.3.2.1　DCS 在核电厂的应用

分散控制系统(Distributed Control System，DCS)，一般习惯称为集散控制系统。DCS 是一个由过程控制级和过程监控级组成的以通信网络为纽带的多级计算机系统，综合了计算机，通信、显示和控制等技术，其基本思想是分散控制、集中操作、分级管理、配置灵活以及组态方便。

核电厂的监控系统具有数据量大，自动化水平高的特点，其 DCS 系统也较常规电厂可靠和复杂，现有 DCS 逐步形成了数据采集、自动控制、顺序控制、反馈调节、逻辑保护和后台监控等功能。从核电厂实际运行情况来看，DCS 较好地实现了其控制功能，并发挥了安全经济、使用可靠的优点，取得了良好的效果。

9.3.2.2　电气系统监控的特点

电气系统与热工自动化相比在监控要求及运行过程中有着很多不同点，电气的主要特点表现为：

(1) 电气设备相对热工设备而言控制对象少，操作频率低，有的系统或设备运行正常时，时常几个月或更长时间才操作一次。

(2) 电气设备保护自动装置要求可靠性高，动作速度快。发变组保护动作速度要求在 40 ms 以内，自动准同期采用同步电压方式，转速、电压调整和滑压控制要求在 5 ms 以内，电压自动调整装置快速励磁要求时间极短，厂用电快切装置快速切换时间一般小于 60～80 ms，同步鉴定相位差 5°～20°。

(3) 电气设备电气系统的联锁逻辑较简单，但电气设备本身操作机构复杂。

机组的电气系统纳入 DCS 控制，要求控制系统具有很高的可靠性。除了能实现正常起停和运行操作外，尤其要求能够实现实时显示异常运行和事故状态下的各种数据和状态，并提供相应的操作指导和应急处理措施，保证电气系统自动控制在最安全合理的工况下工作。

9.3.2.3 电气 DCS 系统的特点

随着 DCS 系统在核电厂的不断普及，将核电厂电气二次设备纳入厂站的 DCS 系统已成为一种趋势(下称电气 DCS 系统)，这样既可利用 DCS 已成熟的分散控制技术，又能提高电气监控的水平。同传统的二次系统不同的是：电气 DCS 系统各个保护、测控单元既保持相对独立(如继电保护装置不依赖于通信或其他设备，可自主、可靠地完成保护控制功能，迅速切除和隔离故障)，又通过计算机通信的形式，相互交换信息，实现数据共享，协调配合工作，减少了电缆和设备配置，增加了新的功能，提高了电厂整体运行控制的安全性和可靠性。具有功能综合化、系统结构微机化、测量显示数字化、操作监视屏幕化、运行管理智能化等特点。

1. 功能综合化

核电厂电气 DCS 系统是各技术密集，多种专业技术相互交叉、相互配合的系统。它是建立在计算机硬件和软件技术、数据通信技的基础上发展起来的。它综合了电厂内除一次设备和交、直流电源以外的全部二次设备。微机监控子系统综合了原来的仪表屏、操作屏、模拟屏和变送器柜、远动装置、中央信号系统等功能。微机保护子系统和监控系统相结合，综合了故障录波、故障测距、无功电压调节和中性点非直接接地系统等子系统的功能。简化核电厂二次设备的硬件配置，避免了重复设计，如远动装置和微机监测系统功能的重复设置，以达到信息共享。简化核电厂各二次设备之间的互联线，节省控制电缆，减少电压互感器、电流互感器的负载和不安全因素。

2. 系统结构微机化

核电厂电气 DCS 系统内各子系统和各功能模块由不同配置的单片机或微型计算机组成，采用分布式结构，通过网络、总线将微机保护、数据采集、控制等各子系统连接起来，构成一个分级分布式的系统。一个 DCS 系统可以有十几个甚至几十个微处理器同时并行工作，实现各种功能。同时以计算机技术为核心，具有发展、扩充的余地。

3. 测量显示数字化

用操作员监控计算机显示器上的数字显示代替了常规指针式仪表，直观、明了，而打印机打印报表代替了原来的人工抄表，这不仅减轻了操作员的劳动强度，而且提高了测量精度和管理的科学性。

4. 操作监视屏幕化

核电厂电气 DCS 系统使原来常规庞大的模拟屏被操作员监控计算机上的实时主接线画面取代。常规在断路器安装处或控制屏上进行的分、合闸操作，被计算机上的鼠标操作或键盘操作所取代，常规在保护屏上的硬连接片被计算机上的软连接片所取代。常规的光字牌报警信号，被屏幕画面闪烁和文字提示或语言报警所取代，即通过操作员监控计算机，可以监视全变电站的实时运行情况和对各开关设备进行操作控制。

5. 运行管理智能化

智能化的含义不仅是能实现许多自动化的功能，例如：电压、无功自动调节，不完全接地系统单相接地自动选线，自动事故判别与事故记录，事件顺序记录，制表打印，自动报警等，更重要的是能实现故障分析和故障恢复操作智能化，实现自动化系统本身的故障自诊断、自闭锁和自恢复等功能，这对于提高电厂的运行管理水平和安全可靠性是非常重要的，也是常规的二次系统所无法实现的。核电厂电气 DCS 系统的出现为核电厂电气的智能化、扩大设备的监控范围、提高核电厂安全可靠、优质和经济运行提供了现代化的手段和基础保证。它的运用取代了运行工作中的各种人工作业，从而提高了核电厂的运行管理水平。

9.3.2.4 核电厂电气 DCS 系统的结构

如图 9-3 中所示，电气 DCS 系统结构可分为现场总线和终端总线两个部分，核心部件是自动化控制机柜，上行的各类电气信号被自动化控制机柜的输入模件采集，后经处理器模件处理后通过现场总线上传至处理器单元，处理器单元将处理过的数据上传至终端总线，通过人机接口计算机进行图形化显示，以供操作员监控，同时将数据存储至存储器单元以备今后查询使用。下行的操作指令信号和报警信息通过人机接口以相反的顺序传至各类电气设备的执行驱动机构和警报装置。

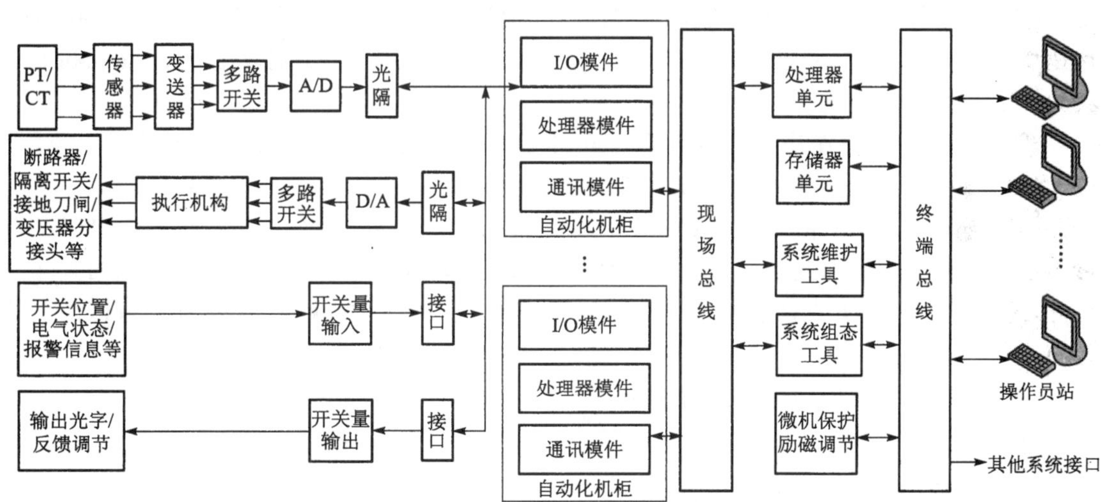

图 9-3　电气 DCS 系统结构框图

自动化控制机柜之间通过现场总线交换数据，根据内置逻辑软件判定后实施自动控制指令，而继电保护、励磁调节、同期装置等则由专属设备和专属驱动机构完成，这些设备可通过终端总线和系统进行通信。

系统结构的最大特点是将电气监控系统的功能分散给多台处理器机柜来完成。机柜一般按功能分工，采用主从 CPU 系统工作方式，多 CPU 系统提高了处理并行多发事件的能力，解决了 CPU 运算处理的瓶颈问题。同时还具有以下两个方面的特点：

(1) 横向综合：利用计算机手段将不同厂家的设备连在一起，替代或升级老设备；

(2) 纵向综合：提供信息、优化、综合处理分析信息和增加新的功能，增加核电厂内部和各控制中心间的协调能力。如借用人工智能技术，在控制中心实现对核电厂电气设备控制和保护系统进行在线诊断和事件分析，完成电气故障后的自动恢复。

9.3.2.5 核电厂电气DCS系统的功能

核电厂电气DCS系统要满足核安全和自动化控制的目标，必须实现以下几个方面的任务：

(1) 随时在线监视电网运行参数、设备运行状态；自检、自诊断设备本身的异常运行，发现核电厂电气设备异常变化或装置内部异常时，立即自动报警并闭锁相应的出口，以防止事态扩大；

(2) 核电厂出现电气事故时，快速采样、判断、决策，迅速隔离和消除事故，将故障限制在最小范围；

(3) 完成核电厂运行参数在线计算、存储、统计、分析报表和远传，保证自动和遥控调整电能质量。

为达到上述目标，电气DCS系统需实现以下功能：

1. 微机保护

对站内所有的电气设备进行保护，包括线路保护，变压器保护，母线保护，电容器保护及备自投，低频减载等安全自动装置。各类保护应具有下列功能：

(1) 继电保护，继保装置不依赖于通信或其他设备，可自主、可靠地完成保护控制功能，迅速切除和隔离故障，又通过计算机通信的形式，相互交换信息，实现数据共享，实现和电厂其他工艺保护的协调配合；

(2) 故障记录，系统应能显示故障时间、电流、电压大小、开关变位、保护动作状态等；

(3) 存储多套定值，并能当地修改定值和显示定值；

(4) 与监控系统通信。根据监控系统命令发送故障信息，动作序列。当前整定值及自诊断信号。接收监控系统选择或修改定值，校对时钟等命令。通信应采用标准规约。除当地外，还需能实现远方查询和整定保护定值，此功能还具有远方/就地闭锁，操作权限闭锁等措施；

(5) 系统内各插件具有自诊断功能。

2. 数据采集

数据采集中遥测量包括如下。

(1) 主变压器：各侧的有功功率、无功功率、电流、主变压器上层油温等模拟量；

(2) 输电线路：有功功率、无功功率、电流；

(3) 母线分段断路器相电流；

(4) 母线：母线电压、零序电压；

(5) 电容器：无功功率、电流；

(6) 消弧线圈零序电流；

(7) 直流系统：浮充电压、蓄电池端电压、控制母线电压、充电电流；

(8) 系统频率：功率因数，环境温度等。

数据采集中遥信量包括如下：

(1) 断路器闸刀位置信号；

(2) 断路器远方/就地切换信号；

(3) 断路器异常闭锁信号；

(4) 保护动作、预告信号，保护装置故障信号；

(5) 主变压器有载分接开关位置(当用遥信方式处理时)，油位异常信号，冷却系统动作信号；

(6) 自动装置(功能)投切、动作、故障信号，如：电压无功综合控制、低周减载、备用电源装置等；

(7) 直流系统故障信号；

(8) 所用变故障信号；

(9) 其他有全站事故总信号、预告总信号，各段母线接地总信号，各条出线小电流接地信号，重合闸动作信号，远动终端下行通道故障信号，消防及安全防范装置动作信号等。

数据采集中遥控量包括如下：

(1) 断路器、隔离开关、接地刀闸的分、合；

(2) 主变压器有载分接开关位置调整；

(3) 主变压器中性点接地闸刀分、合；

(4) 保护及安全自动装置信号的远方复归；

(5) 有条件的核电厂高压侧备用电源远方投停；

(6) 有条件的核电厂电压无功综控的远方投停；

(7) 有条件的核电厂直流充电装置的远方投停。

数据采集中电能量包括如下：

(1) 机组发电量，厂站总发电量；

(2) 厂用电使用电量。

3. 事件记录和故障录波测距

事件记录应包含保护动作序列记录，开关跳合记录。其分辨率一般在1～10 ms之间，以满足不同电压等级对该系统的要求。

开关站故障录波可根据需要采用两种方式实现，一是集中式配置专用故障录波器，并能与监控系统通信。另一种是分散型，即由微机保护装置兼作记录及测距计算，再将数字化的波形及测距结果送监控系统由监控系统存储和分析。

4. 操作员的控制和操作闭锁

操作人员可通过上位机对断路器、隔离开关、变压器的有载分接及电容器组投切进行远方操作。为了防止系统故障时无法操作被控设备，在系统设计时应保留人工直接跳合闸手段。操作闭锁应具有以下内容：

(1) 电脑五防及闭锁系统；

(2) 根据实时状态信息，自动实现断路器，刀闸的操作闭锁功能；

(3) 操作出口应具有同时操作闭锁功能；

(4) 操作出口应具有跳合闭锁功能。

在核电厂纵深防御理论指导下，为主要电气设备设置后备操作装置是十分必要的，因此主控室除上位机外，还需设置后备盘，就地设备也要能够实现手动控制。

5. 电气设备的顺控、保护逻辑

针对故障信息和现场电气设备状态进行自动控制，包括：

(1) 发电机并网顺控逻辑，如发电机零起升压、励磁调节、并网带载等；

(2) 发电机自动解列逻辑，发电机功率降低到一定水平时，当接受到自动解列命令，可自动将有功、无功降到零，并实现厂用电的自动切换，直到发电机解列；

(3) 厂用电自动切换逻辑，中、低压厂用电能够根据指令或逻辑判定实现由工作电源向备用电源之间的自动切换；

(4) 低电压保护逻辑，母线低电压后自动跳停下游负载；

(5) 柴油发电机应急启动和分级带载，发生厂用电故障且备用电源不可用情况下，逻辑判定自动应急启动柴油发电机组，分级加载核安全相关负载，防止堆芯故障。

6. 同期检测和同期合闸

该功能可以分为手动和自动两种方式实现。可选择独立的同期设备实现，也可以由微机保护软件模块实现。

7. 电压和无功的远方控制

无功和电压控制一般采用调整变压器有载分接、投切电容器组和电抗器组等方式实现。操作方式可以采用手动或自动，人工操作可就地控制或远方控制。

无功控制可由专门的无功控制设备实现，也可由监控系统根据保护装置测量的电压、无功和变压器抽头信号通过专用软件实现。

8. 数据处理和记录

历史数据的形成和存储是数据处理的主要内容，主要有：

(1) 断路器及各级开关刀闸的历史分合状态，报警情况；

(2) 断路器切除故障时截断容量和跳闸操作次数的累计数；

(3) 输电线路的有功、无功，变压器的有功、无功及母线电压定时记录；

(4) 控制操作及修改整定值的记录。

一般来说，核电厂 DCS 系统具备强大的数据存储能力，对所监测的电气信号均能进行带精确时标的长期的数据存储。

9. 人机联系

向操作员提供友好的交互式界面，方便操作员监控，提供报表、曲线、接线图和计算等功能。同时向电气工程师提供系统的组态和维护工具，在线和离线修改逻辑保护程序和定值。

10. 系统的自诊断功能

系统内各插件应具有自诊断功能，自诊断信息也像被采集的数据一样周期性地送往后台机和远方调度中心或操作控制中心。

11. 与远方调度中心的通信

与各级电网调度进行通讯，将厂内输变电和主要技术参数上传。根据现场的要求，系统应具有通信通道的备用及切换功能，保证通信的可靠性，同时应具备同多个调度中心不同方式的通信接口，且各通信口应相互独立。保护和故障录波信息可采用独立的通信与调度中心连接，通信规约应适应调度中心的要求，符合国标及 IEC 标准。

核电厂综合自动化系统应具有同调度中心对时，统一时钟的功能，还应具有当地运行维护功能。

9.3.2.6　纳入电气 DCS 系统的设备范围

目前，核电厂纳入电气 DCS 系统的设备范围如下：

1. 开关站系统(220 kV、500 kV 系统)

(1) 220 kV 线路、母线、启备变高压侧三相电压、电流、频率、有功、无功及其断路器、隔离开关、地刀状态，分合闸操作和报警信息；

(2) 500 kV 线路、母线、主变高压侧三相电压、电流、频率、有功、无功及其断路器、隔离开关、地刀状态，分合闸操作和报警信息；

(3) 线路、母线保护动作信息，功角测量装置、电能表、录波器状态报警信息。

2. 发变电系统(发电机、励磁系统、主变压器、厂用高压变压器、启/备变压器、封闭母线)

(1) 发电机同期：发电机自动、半自动、手动同期与监控系统接口；

(2) 发电机定子三相电压、定子三相电流、励磁电压、励磁电流、负序电流、有功功率、无功功率、频率、功率因数、有功及无功电量；

(3) 发电机光纤测振报警，主变压器高压侧单相电压、三相电流、中性点电流、有功无功电量、油温、高低压绕组温度、气体分析装置监测水平及报警，励磁变压器高压侧绕组电流、有功电量；

(4) 励磁系统装置的运行状态和励磁开关的状态监视，励磁系统整流设备与控制装置故障及异常报警；

(5) 继电保护装置动作报警；

(6) 主变压器分接头的指示。

3. 厂用电系统

(1) 厂用电系统数据采集与监视：工作进线和备用进线电流、电源电压及有功无功电量；

(2) 厂用电系统故障及异常报警：中低压母线、动力中心母线及厂用低压变压器馈线开关的故障及异常；

(3) 厂用电系统开关状态监视：开关的分、合、故障、试验位置状态；

(4) 厂用电系统控制：中低压开关的分、合操作，所有机、堆动力中心进线开关及母联开关的分、合操作；

(5) 中低压厂用备用电源自动切换与 DCS 的接口；

(6) 低压厂用电切换操作。

4. 柴油发电机及其动力中心

(1) 柴油机状态数据；

(2) 柴油发电机主开关状态指示及故障报警；

(3) 柴油发电机故障及异常报警；

(4) 柴油发电机的启停，应急启动配合。

复习题

1. 何谓“关口表”?
2. 简述如何进行开关量的测量。
3. 现场常通过哪些参数来监测设备的绝缘情况?
4. 应采用什么方法对电机的温度进行测量?
5. 简述同步的条件和同步的方式。
6. 简述重合闸装置的作用。
7. 简述备用电源自动投入装置的基本功能。
8. 说明非DCS控制系统的缺点。
9. 简述电气DCS的特点。
10. 简述核电厂电气DCS的功能。

第 10 章　继电保护

10.1　概　述

电力系统在运行中，可能发生各种故障和不正常运行状态，最常见的同时也是最危险的故障是发生各种形式的短路。在发生短路时可能产生以下的后果：

(1) 通过故障点很大的短路电流和所燃起的电弧，使故障元件遭到破坏；

(2) 短路电流通过非故障元件，由于发热和电动力的作用使其损坏或缩短使用寿命；

(3) 部分地区的电压大大降低，破坏工作的稳定性；

(4) 破坏电力系统并列运行的稳定性，引起系统振荡，甚至使整个系统瓦解。

电力系统中电气元件的正常工作遭到破坏，但没有发生故障，这种情况属于不正常运行状态。例如，因负荷超过电气设备的额定值而引起的电流升高(一般又称过负荷)，就是一种最常见的不正常运行状态。由于过负荷，使元件载流部分和绝缘材料的温度不断升高，加速绝缘老化和损坏，就可能发展成故障。此外，系统中出现功率缺额而引起的频率降低，发电机突然甩负荷而产生的过电压，以及电力系统发生振荡等，都属于不正常运行状态。

故障和不正常运行状态，都可能在电力系统中引起事故。事故，就是指系统或其中一部分的正常工作遭到破坏，并造成对用户少送电或电能质量变坏到不能允许的地步、甚至造成人身伤亡和电气设备的损坏。

在电力系统中，除应采取各项积极措施消除或减少发生故障的可能性以外，故障一旦发生，必须迅速而有选择性地切除故障元件，这是保证电力系统安全运行的最有效方法之一。切除故障的时间常常要求小到十分之几甚至百分之几秒，实践证明只有装设在每个电气元件上的保护装置才有可能满足这个要求。这种保护装置大多是由单个继电器或继电器与其附属设备的组合构成的，故称为继电保护装置。在电力系统常用继电保护一词泛指继电保护技术或由各种继电保护装置组成的继电保护系统。继电保护装置一词则指各种具体的装置。

继电保护装置是用来反映电气设备和馈电线路故障或异常运行状态，并作用于断路器跳闸或发出信号的一种自动装置。

10.1.1　继电保护的基本原理

继电保护的基本原理是依据在发生短路故障时会出现电流增大、电压降低以及电压、电流之间相位角的变化等物理现象，来区分电气系统是在正常运行，还是发生了故障或出现不正常工作状态，从而实现保护作用。

对于电气设备和线路的短路故障，应有主保护和后备保护，必要时可再增设辅助保护。

(1) 主保护：满足电力系统稳定和设备安全要求，出现故障后能以最快速度有选择性的切除被保护设备或线路的保护。

(2) 后备保护：主保护或断路器拒动时，用来切除故障的保护。后备保护可分为远后备和近后备两种方式。

远后备是当主保护或断路器拒动时，由相邻电力设备或线路的保护来切除故障实现后备。

近后备是当主保护拒动，由本设备或线路的另一套保护发出跳闸命令实现后备，或当断路器拒动时，由断路器失灵保护实现后备。

(3) 辅助保护：为补充主保护和后备保护的性能，或当主保护和后备保护检修退出时而增加的简单保护。

每种电气设备或线路可同时用几种保护装置，相互配合，安全可靠地实现保护。在发电厂中，对各主要设备元件均需用保护装置，并且相互之间密切协调，保证装置动作可靠、灵敏，并且具有选择性。从而组成发电厂整个继电保护系统。

继电保护装置可根据采用继电器元件的不同，分为电磁式、晶体管式、集成电路式和微机保护等。尽管所使用的元件不同，但继电保护装置一般都由测量部分、逻辑部分和执行部分组成，如图 10-1 所示。

被保护设备的运行情况，通过互感器输入测量部分，并与事先计算好的整定值相比较，以判断保护装置是否应该动作。它的输出量经过逻辑部分加工后，以信号传给执行部分，然后放大，执行预定的保护任务，自动地、迅速地、有选择性地将故障设备从系统中切除，防止事故扩大，保证系统中完好部分正常继续运行。或者及时地反映设备的不正常工作状态，向值班人员发出灯光和音响信号。

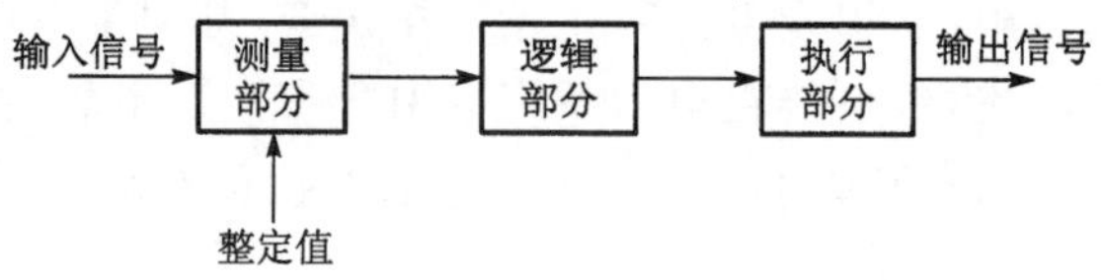

图 10-1 继电保护装置原理方框图

保护装置还可以根据构成原理的不同进行分类。基本原理分别如下：

(1) 电流速断保护

测量被保护对象的电流，当故障电流超过保护整定值时，零时限发出跳闸命令。

(2) 电流延时速断保护

测量被保护对象的电流，当电流超过整定值时，带一定延时后发出跳闸命令。

(3) 过电流保护

故障电流超过过流保护整定值，故障出现时间超过保护整定时间后发出跳闸命令。

(4) 过电压保护

测量被保护对象的电压，故障电压超过保护整定值时，发出跳闸命令或过电压信号。

(5) 低电压保护

故障电压低于保护整定值时，发出跳闸命令或低电压信号。

(6) 低周波减载

当电网频率低于整定值时，有选择性跳开规定好的不重要负荷。

(7) 单相接地保护

当一相发生接地后，对于中性点接地系统，发出跳闸命令；对于中性点不接地系统，发出接地报警信号。

(8) 差动保护

当流过被保护元件两端电流之差超过整定值时，发出跳闸命令称为纵差动保护，平行线路或发电机同相两个分支之间电流差超过整定值时，发出跳闸命令称横差动保护。

(9) 距离保护

测量保护安装处电压与电流的比值，计算出阻抗，即可反映出保护安装处到故障点的距离，达到整定值时发出跳闸命令。

(10) 方向保护

根据故障电流的方向，有选择性的发出跳闸命令。

(11) 高频保护

将被保护线路的电流相位或功率方向，调制成高频信号传递到对端，实现全线速动跳闸。

(12) 过负荷保护

运行电流超过过负荷整定值(一般按最大负荷来整定)时，发出过负荷信号。

(13) 瓦斯保护

对于油浸变压器，当变压器内部发生匝间短路出现电气火花，变压器油被击穿出现瓦斯气体冲击安装在油枕通道管中的瓦斯继电器，故障严重，瓦斯气体多，冲击力大，重瓦斯动作于跳闸。故障不严重，瓦斯气体少，冲击力小，轻瓦斯动作于信号。

(14) 温度保护

变压器、电动机或发电机过负荷或内部短路故障，出现设备本体温度升高，超过整定值发出跳闸命令或超温报警信号。

10.1.2　继电保护的基本要求

动作于跳闸的继电保护，在技术上一般应满足四个基本要求，既选择性、速动性、灵敏性和可靠性。

10.1.2.1　选择性

继电保护动作的选择性是指保护装置动作时，仅将故障元件从电力系统中切除，使停电范围尽量缩小，以保证系统中的无故障部分仍能继续安全运行。

继电保护动作的选择性如图 10-2 所示。当 d-1 短路时，应由距短路点最近的保护 1 和 2 动作，将故障线路切除，变电所 B 可以继续运行，因为另一条线路还没跳闸。当 d-3 点故障时，保护 6 动作跳闸，停掉变电所 D。从上面说明可以看出，继电保护有选择性的动作就可将停电范围限制到最小，甚至可以做到不中断用户的供电。

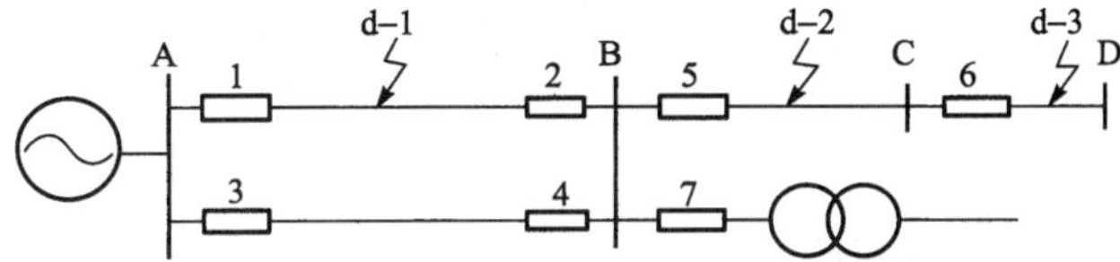

图 10-2　选择性动作说明系统图

在要求继电保护动作选择性的同时，由于继电保护或者断路器有拒动的可能，因此还需要考虑后备保护的问题。如图 10-2 所示，当 d-3 点故障时，应该保护 6 动作切除故障，如果由于某种原因，保护 6 或者相应的断路器拒动，这时就要求保护 5 动作，将故障切除。保护 5 称为相邻元件 6 的后备保护。同理，保护 1 和 3 也成为保护 5 和 7 的后备保护。这种后备保护是由相邻元件的保护来实现的，所以属于远后备保护。在复杂的高压电网中，当实现远后备保护在技术上存在困难时，也可以采用近后备保护的方式。这时，在每一个元件上应同时装设单独的主保护和后备保护。除此之外，还需要装设断路器失灵保护。

10.1.2.2 速动性

快速切除故障可以提高电力系统并列运行的可靠性，减少用户在电压降低的情况下工作的时间，以及缩小故障元件的损坏程度，因此，在发生故障时，应力求保护装置能迅速动作切除故障。

但是动作迅速而同时又能满足选择性的保护装置，一般都是结构比较复杂，价格比较昂贵。由于电力系统在很多情况下允许保护装置带有一定的延时切除故障，因此，对继电保护速动的具体要求，应根据电力系统的接线以及被保护元件的具体情况来确定。下面列举一些必须快速切除的故障：

(1) 使发电厂的母线电压低于允许值的故障；

(2) 大容量的发电机、变压器以及电动机内部发生的故障；

(3) 可能危及人身安全的故障等。

故障切除的总时间等于保护装置和断路器动作时间之和。一般快速保护的动作时间为 0.02 s 左右，一般的断路器动作时间为 0.05 s。

10.1.2.3 灵敏性

继电保护的灵敏性，是指对于其保护范围内发生故障或不正常运行状态的反应能力。满足灵敏性要求的保护装置应该是在事先规定的保护范围内部故障时，不论短路点的位置、短路的类型如何，以及短路点是否有过渡电阻，都能敏锐感觉，正确反应。

保护装置的灵敏性，通常用灵敏系数来衡量，它主要决定于被保护元件和电力系统的参数和运行方式。

10.1.2.4 可靠性

保护装置的可靠性是指在该保护装置规定的保护范围内发生了它应该动作的故障时，它不应该拒绝动作，而在任何其他该保护不应该动作的情况下，则不应该误动作。

一般说来，保护装置的组成元件的质量越高、接线越简单、回路中继电器的触点数量越少，保护装置的工作就越可靠。同时，正确地调整试验、良好的运行维护以及丰富的运行经验，对于提高保护的可靠性具有重要的作用。

10.2 厂用电保护

10.2.1 6 kV 电动机保护

10.2.1.1 6 kV 电动机保护配置

(1) 差动保护：功率 2 000 kW 及以上电动机主保护，用于反映电动机及电缆的相间短路故障，动作后跳开电动机开关。根据《继电保护和自动装置规程》规定，差动保护的最小灵敏系数不小于 2。

(2) 电流速断保护：电动机主保护，用于反映电动机及电缆的相间短路故障，动作后跳开电动机开关。根据《继电保护和自动装置规程》规定，电流速断保护的最小灵敏系数不小于 2。电流速断保护简单、经济、但灵敏度低。在满足灵敏度要求的情况下，可以作为电动机相间短路的主要保护。

(3) 过负荷保护(堵转保护/热过载保护)：电动机后备保护，用于反映超过电动机热承受能力的故障，动作后跳开电动机开关，或发信号。过负荷必然引起电动机绕组温度升高，使绝缘老化，缩短电动机寿命。

(4) 零序保护：电动机主保护，用于反映电动机及电缆的单相接地故障，动作后跳开电动机开关，或发信号。对于单相接地故障，当接地电流大于 5 A 时，应装设单相接地保护。单相接地电流为 10 A 及以上时，保护装置一般动作于跳闸；单相接地电流为 10 A 以下时，保护装置可动作于跳闸或发信号。

10.2.1.2　6 kV 电动机差动保护

电流速断保护的动作电流是按躲过电动机的启动电流来整定的，而电动机的启动电流比额定电流大得多，这就降低了保护灵敏度，对电动机内部的保护区很小。因此，大容量的电动机应装设差动保护。根据继电保护规程的要求，2 000 kW 以上的电动机应配置差动保护，所以一般核电厂的给水泵、循环泵、主泵等大型电机都配置了差动保护。配置差动保护的高压电动机一般会退出速断保护(高定值电流保护)。

差动保护主要保护两相或者三相短路故障，定值低，动作速度快，灵敏度很高，瞬时动作于断开电动机电源开关。

10.2.1.3　6 kV 电动机综合保护装置

当前核电厂在电动机保护中越来越多的使用微机型综合保护，老式继电器元件保护逐渐被淘汰，国内核电厂普遍使用的 SPAM150C 微机型综合保护见图 10-3。

1. 保护用途和特点

目前，SPAM150C 型综合电动机保护作用较为普遍，它是用于断路器或接触器控制交流电动机保护的通用式多功能继电器。可灵活设定单相、两相或三相保护继电器，还适用于馈线柜等热过载保护。

2. 保护原理及动作说明

组合式多功能电动机保护继电器是用于二次侧的继电器装置，它与被保护电动机的电流互感器相连接。

利用对被保护装置的三相电流和零序电流连续不断的测量，可以计算电动机的热效应和检测系统的故障。在故障的情况

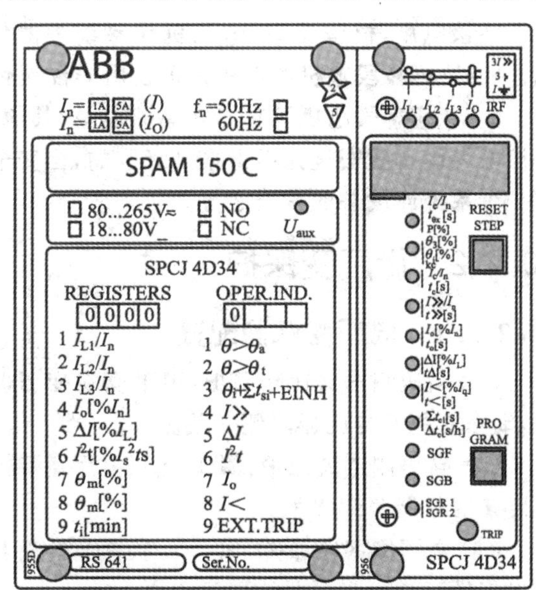

图 10-3　SPAM150C 面板图

下，继电器保护元件发出告警信号或使断路器跳闸。

3. 模块间的控制信号

电动机保护继电器 SPAM150C 模块间的控制信号闭锁和启动信号的功能由开关组 SGF、SGB 和 SGR 的开关来选定。

4. 动作指示器

当某个保护段动作时，动作指示灯 TRIP 点亮。表 10-1 与继电器面板的 OPER. IND 栏相对应，它们表示动作指示代码的含义。

保护返回正常状态时，TRIP 指示灯仍然点亮。按下 RESET/STEP 按钮可复位指示灯。电动机再启动可以自动复位动作指示器。

表 10-1　动作指示代码的含义

指　示	动作指示代码的含义
1	$\theta>\theta_a$　热耗已经超过整定的预告警值
2	$\theta>\theta_t$　热保护单元已经跳闸
3	$\theta>\theta_i+\sum t_{si}$　热耗的再启动闭锁值超出，启动计时器计满或外部闭锁信号激活
4	$I\gg$　过流单元的高定值段已跳闸
5	$\triangle I$　不平衡/逆相保护单元已跳闸
6	$I^2\times t$　启动堵转保护单元已跳闸
7	I_o　接地故障单元已跳闸
8	$I<$　低电流单元已跳闸
9	EXT. TRIP　某个外部跳闸指令已执行

10.2.1.4　核电厂 6 kV 电动机保护的特殊性

在核电厂，根据 6 kV 电动机在系统中的作用不同，其保护投入与退出情况也有所不同。6 kV 可靠段电机的零序保护在由柴油机供电的情况下，将自动退出跳闸功能，只发信号。6 kV 应急段电机只有速断保护跳闸，其他保护只发信号。这样的定值设定显示，在核电厂电气设备的安全并不是最高级别的，当安全系统发生故障时，核安全的地位将凌驾于任何一个系统或设备的安全之上。

10.2.2　低厂变保护

10.2.2.1　低厂变保护配置

（1）高压侧电流速断保护：用于反映变压器高压侧电缆和变压器一次绕组相间短路故障，动作后跳开变压器两侧开关。

（2）高压侧过流保护：属于变压器后备保护，同时能够保护到 0.4 kV 电源进线侧，动作后跳开变压器两侧开关。

（3）高压侧零序保护：用于反映变压器高压侧电缆接地故障，根据接地电流的大小决定是发信号还是跳变压器的两侧开关。

（4）低压侧零序保护：用于反映变压器低压侧接地故障，动作后跳开变压器两侧开关。

（5）热负荷保护：变压器温度监控系统，动作后作用于信号。

（6）失灵和弧光保护：动作后跳开所在 6 kV 母线的电源开关。

10.2.2.2　低厂变综合保护装置

在国内核电厂有比较成熟的应用经验的 SPAJ140C 型综合保护装置见图 10-4。

该装置主要适用于直接接地，电阻接地或阻抗接地电力系统中的馈线或低厂变作为有选择性的短路和接地故障保护。装置包括过电流元件和接地故障元件两部分，还包含有断路器失灵保护。

SPAJ140C 综合保护具有以下特点：

（1）带定时限或反时限特性的三相低定值过电流元件；

（2）带瞬时或定时限功能的三相高定值过电流元件；

（3）带定时限或反时限特性的低定值无方向接地故障保护；

（4）带瞬时或反时限功能的高定值无方向接地故障保护；

（5）固有的断路器失灵保护。

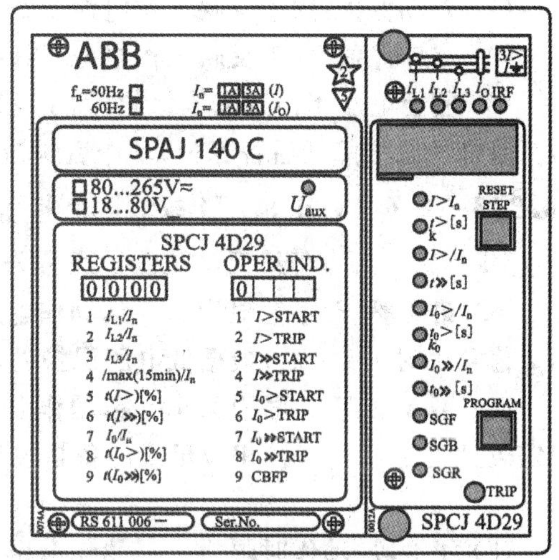

图 10-4　SPAJ140C 面板图

当某一保护段动作时，其 TRIP 跳闸动作指示灯亮，在该保护段恢复时，红色指示灯仍保持亮着。如 $I>$，$I\gg$，$I_0>$或 $I_0\gg$中某一保护段发出跳闸指令，而显示器无显示，则故障相或零序通道将由黄色的 LED 指示灯表示。在显示器最左边的红色数字是直观的功能指示器，它的数据代表编码号。功能指示器由单个红色数字发亮来识别。

表 10-2 是在继电器面板上表示的动作显示码的含义。

表 10-2　动作显示码的含义

指　示	动作指示代码的含义
1	$I>$START　过电流元件的低定值段 $I>$已启动
2	$I>$TRIP　过电流元件的低定值段 $I>$已跳闸
3	$I\gg$START　过电流元件的高定值段 $I\gg$已启动
4	$I\gg$TRIP　过电流元件的高定值段 $I\gg$已跳闸
5	$I_0>$START　接地故障元件的低定值段 $I_0>$已启动
6	$I_0>$TRIP　接地故障元件的低定值段 $I_0>$已跳闸
7	$I_0\gg$START　接地故障元件的高定值段 $I_0\gg$已启动
8	$I_0\gg$TRIP　接地故障元件的高定值段 I_0 已跳闸
9	CBFT　断路器失灵保护已动作

10.2.3 6 kV 母线及电源馈线保护

10.2.3.1 6 kV 电源馈线保护

6 kV 电源馈线通常配置如下保护：

(1) 差动保护：用于反映工作电源干线相间短路故障，动作后跳开电缆两侧开关；

(2) 零序保护：用于反映工作电源干线接地故障，动作后发零序保护动作信号；

(3) 复合电压闭锁过电流保护：用于反映工作电源馈线相间短路故障和作为 6 kV 正常运行系统母线故障的后备保护，动作后跳馈线两侧开关。

10.2.3.2 6 kV 正常工作母线低电压保护

6 kV 正常工作母线低电压保护通常分三段：

(1) 第 1 段：动作时限为 1.4 s，动作电压为 0.7 倍额定值，即当母线电压降低到 0.7 倍额定值且延时 1.4 s 后，根据低电压保护将切除部分不重要用户；

(2) 第 2 段：动作时限为 1.5 s，动作电压为 0.7 倍额定值，即当母线电压降低到 0.7 倍额定值且延时 1.5 s 后，相应母线的备自投动作，从 500 kV 厂外电源切换到 220 kV 厂外电源；

(3) 第 3 段：动作时限为 4 s，动作电压为 0.5 倍额定值，即当母线电压降低到 0.5 倍额定值且延时 4 s 后，将切除部分重要用户(这种情况通常是备自投没有正确地动作)。

10.2.3.3 开关柜弧光保护

在 6 kV 开关柜上一般设置弧光保护。保护原理为在开关柜的顶部(在断路器室、母线室和电缆室的上方)均设有压力释放装置，当发生内部故障时，伴随有电弧的出现，开关柜内部气压升高，由于柜门已可靠密封，顶部装设的压力释放金属板将被自动打开，释放压力和排泄气体，同时使弧光接点动作，启动弧光保护，跳开电源进线开关。为了防止人为误动压力释放金属板造成弧光保护误动，在保护回路中串入过流继电器接点，以提高弧光保护动作的可靠性。

10.2.4 厂用电源的切换

核电厂对厂用电源与备用电源的切换有着很高的要求：

(1) 厂用电系统的任何设备(电动机、断路器等)不能由于厂用电的切换而承受不允许的过载和冲击；

(2) 在厂用电的切换过程中必须尽可能的保障机组的连续运行、机组控制稳定以及反应堆的安全运行。

10.2.4.1 厂用电源的切换方式

厂用电源的切换方式，按运行状态可分为正常切换和事故切换。

(1) 正常切换：在正常运行时，由于运行方式的需要，如机组特殊试验、正常电源线路或设备检修等，厂用母线从一路电源切换至另一路电源；

(2) 事故切换：由于发电机、主变压器或厂用变压器等设备发生事故，厂用母线的工作电源被切除，要求备用电源自动投入，切换至备用电源供电。

10.2.4.2　6 kV 正常运行供电系统备用电源自动投入

下列情况之一,6 kV 正常运行供电系统备用电源自动投入:

(1) 当单元机组保护、高厂变保护、6 kV 母线低电压保护动作跳开工作电源进线开关时,且备用电源开关处于备自投状态(备自投投入、备用进线开关处于工作位置分闸状态、备用电源有电);

(2) 人为错误使 6 kV 正常运行供电系统工作电源进线开关跳闸时。

为了避免 6 kV 厂用工作和备用电源进线开关同时合闸,在控制回路实现闭锁。如果需要进行并列操作必须经过同期检测。

10.2.4.3　6 kV 正常运行供电系统备用电源自动投入闭锁

下列情况之一,闭锁 6 kV 正常运行供电系统备用电源自动投入:

(1) 距离保护动作;

(2) 过流保护动作;

(3) 弧光保护动作;

(4) 失灵保护动作;

(5) 接地变保护动作。

10.3　发电机保护

10.3.1　发电机的故障和异常工况

大型发电机造价高昂,结构复杂,检修难度大,检修时间长,一旦发生故障,将造成巨大的经济损失。

发电机的故障主要包括以下几类:

(1) 定子绕组的相间短路

发电机定子绕组内部相间短路是发电机最严重的故障,若不及时切除,将烧毁整个发电机,造成巨大经济损失。

(2) 定子绕组的匝间短路

发电机定子绕组发生匝间短路会在短路回路产生很大电流,烧伤或烧毁发电机组,必须快速切除。

(3) 定子绕组单相接地

定子绕组单相接地不属于短路故障。接地故障时不会引起很大的故障电流,主要是绕组对铁芯的分布电容引起的电容电流。发生定子单相接地后,接地电流经故障点、三相对地电容、三相定子绕组而构成通路。当接地电流较大能在故障点引起电弧时,将烧坏定子绕组的绝缘和定子铁芯,也容易发展成危害更大的定子绕组相间或匝间短路。

(4) 转子绕组接地故障

转子一点接地故障对汽轮发电机组的影响不是很大,一般都允许继续运行一段时间。但发生转子两点接地时,由于故障点流过相当大的故障电流会烧伤转子本体,并使磁励绕组电流增加可能因过热而烧伤。而且由于部分绕组被短接,使气隙磁通失去平衡从而引起振动甚至还可使轴系和汽机磁化。

(5) 失磁故障

由于励磁设备故障,励磁绕组短路等原因,引起部分失磁或全部失磁,将使发电机进入异步运行状态,对系统和发电机的安全运行都有很大的影响。

为了快速消除上述发电机故障,要求配置完备的继电保护,并在保护动作于发电机断路器的同时,还必须动作于自动灭磁开关,断开发电机的励磁回路,以使转子回路电流不会在定子绕组中再感应电势,继续供给短路电流。

发电机可能出现的异常工况主要包括以下几种:

(1) 定子负序过流

发电机负序过流会引起转子铁芯严重过热,甚至会烧损发电机的铁芯、护环及槽楔。

(2) 定子对称过流

发生外部对称三相短路时,三相对称短路电流流过发电机定子绕组,会引起发电机定子过热。

(3) 过负荷

正常运行时,发电机不允许过负荷。在事故情况下,为了电力系统的稳定和保证对重要用户的供电,才允许短时间过负荷运行。

(4) 过电压

励磁调节器故障等原因会引起发电机过电压,将会影响发电机的绝缘寿命。

(5) 过励磁

发电机发生过励磁故障时并非每次都造成设备的明显破坏,但是多次反复过励磁,将因过热而使绝缘老化,降低设备的使用寿命。

(6) 频率异常

汽轮机的叶片都有一个自然振荡频率,如果发电机运行频率低于或高于额定值,在接近或等于叶片自振频率时,将导致共振,使材料疲劳。另外对极低频工况,还将威胁到厂用电的安全。

(7) 失步运行

电力系统产生振荡或发电机原动机输入功率超出系统吸收的电功率时,就会发生失步现象,可能损坏发电机或发生大范围停电事故。

(8) 启停机故障

机组在额定转速没有投入励磁前,有可能发生绝缘破坏故障,若能在并网前及时发现,就可能避免更大事故。

(9) 误上电

当发电机盘车或转子静止时发生误合闸操作,定子电流(正序电流)在气隙产生的旋转磁场会在转子本体中感应工频或接近工频的电流,会引起转子过热而损坏。

(10) 逆功率

发电机的功率方向应该为由发电机流向母线,但是当主汽门误关闭或其他某种原因,发电机有可能变为电动机运行,从系统中吸取有功功率,变成逆功率运行。逆功率超过一定时间,可能造成汽轮机叶片的发热损坏。

10.3.2　发电机保护配置及出口方式

10.3.2.1　发电机保护的配置原则

发电机保护的配置原则是：当发电机故障时应能将损失减小到最小，在异常运行状况时应在充分利用发电机自身能力的前提下确保机组本身的安全。对大型发电机-变压器组的主保护，要保证在保护范围内任一点发生各种故障，均有双重或多重主保护，有选择地、快速地、灵敏地切除故障。

根据上述要求，大型发电机保护通常配置如下：

(1) 发电机纵差保护；

(2) 发电机横差保护；

(3) 定子接地保护；

(4) 转子接地保护；

(5) 发电机负序过流保护；

(6) 发电机对称过流保护；

(7) 发电机过电压保护；

(8) 发电机过励磁保护；

(9) 发电机失磁保护；

(10) 发电机失步保护；

(11) 发电机复合电压过流保护；

(12) 发电机过负荷保护；

(13) 发电机频率异常保护；

(14) 励磁绕组过负荷保护；

(15) 误上电保护；

(16) 启停机保护。

10.3.2.2　大型核电厂发电机保护出口方式

大型核电厂发电机保护出口方式可以包括以下几种：

(1) 发电机-变压器组全停。断开主变压器高压侧开关、发电机开关、高压厂用工作变压器 6 kV 侧开关，灭磁，关闭主汽门，厂用电源切换等。

(2) 停机。断开发电机开关，灭磁，关闭主汽门等。

(3) 解列灭磁。断开发电机开关，灭磁，汽轮机甩负荷等。

(4) 解列。断开发电机开关，汽轮机甩负荷等。

(5) 孤岛运行。断开主变压器高压侧开关，汽轮机减出力带厂用负荷运行。

(6) 程序跳闸。首先关闭主汽门，待逆功率继电器动作后，再跳开发电机开关并灭磁。

(7) 减励磁。将发电机励磁电流减小到给定值。

(8) 励磁切换。将励磁电源由工作励磁电源系统切换到备用励磁电源系统。

(9) 厂用电源切换。由厂用工作电源供电切换到备用电源供电。

(10) 信号。发出声光信号。

10.3.3 发电机保护原理

10.3.3.1 比率制动式纵差保护

发电机纵差保护是发电机内部相间短路故障的主保护，用来反映发电机定子绕组和引出线相间短路故障。它的特点是灵敏度高、动作时间短、可靠性高，但它一般不能保护匝间短路故障。

比率制动式纵差保护的动作电流，可以随外部短路电流的增大而自动增大。保护能在区外故障时可靠地躲过两侧 CT 特性不一致所产生的不平衡电流。区内故障时保护灵敏动作。

比率制动式纵差保护动作后瞬时作用于全停。

发电机比率差动保护动作特性如图 10-5 所示。

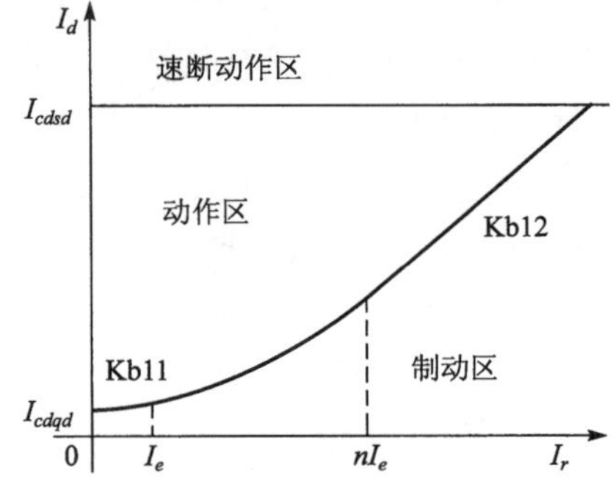

图 10-5 变斜率比率差动保护动作特性

图中 I_d 为差动电流，I_r 为制动电流，I_e 为额定电流。I_{cdqd} 为差动电流启动定值，I_{cdsd} 为差动速断整定值。

10.3.3.2 发电机高灵敏横差保护

发电机横差保护是发电机定子绕组的匝间短路、分支开焊故障以及相间短路的主保护。

发电机定子绕组匝间短路会在短路环内产生很大的电流，必须在发生短路后快速将发电机切除。由于此类故障纵差保护不能反应，因此，具有 6 个中性点引出线的发电机，可以在发电机两个中性点连线上装设单元件横差保护。

由于外部短路时暂态不平衡电流主要以三次谐波为主，因此要求发电机横差保护具有较高的三次谐波滤过比。对于旧式的单元件零序电流型横差保护，三次谐波滤过比只能做到 15 左右。而目前的微机保护，可以将三次谐波滤过比提高到 80～100，使三次谐波不平衡电流基本不起作用，大大提高了发电机内部短路的灵敏度。

高灵敏横差保护动作后瞬时作用于停机。发电机转子一点接地后，保护切换于一个可整定的延时。

10.3.3.3 三元件裂相横差保护

三元件裂相横差保护，是将发电机每相绕组中性点侧的两个分支电流分别接入差动元件，三相共三个元件，用作发电机定子绕组的匝间短路、分支开焊故障以及相间短路的主保护。

裂相横差保护可以采用比例制动原理，也可采用标积制动原理。

裂相横差保护动作后作用于停机。

10.3.3.4 复合电压过流保护

复合电压过流保护作为发电机、变压器、高压母线和相邻线路故障的后备。复合电压包括负序电压元件和线电压元件。过流元件的动作电流按发电机额定电流时能可靠返回整定。

负序电压元件动作电压按避越正常运行时最大负序不平衡电压整定。线电压元件的动作电压要求在电动机自启动时及发电机失磁时均不应误动。

复合电压过流设两段定值各一段延时，第Ⅰ段动作于跳母联开关或其他开关。复合电压过流Ⅱ段，动作于停机。

1. 复合电压元件

复合电压元件由相间低电压和负序电压或门构成，有两个控制字（过流Ⅰ段经复压闭锁，过流Ⅱ段经复压闭锁）来控制过流Ⅰ段和过流Ⅱ段经复合电压闭锁。当过流经复压闭锁控制字为“1”时，表示本段过流保护经过复合电压闭锁。

2. 电流记忆功能

对于自并励发电机，在短路故障后电流衰减变小，故障电流在过流保护动作出口前可能已小于过流定值，因此，复合电压过流保护启动后，过流元件需带记忆功能，使保护能可靠动作出口。

3. TV 断线对复合电压闭锁过流的影响

保护装置应设有整定控制字来控制 TV 断线时复合电压元件的动作行为。

10.3.3.5 相间阻抗保护

在发电机机端配置相间阻抗保护，作为发电机相间故障的后备保护，电压量取发电机机端 TV1 相间电压。电流量取发电机中性点侧电流。

发电机阻抗保护可以配置两段。第Ⅰ段和第Ⅱ段阻抗，均可通过整定值选择采用方向阻抗圆、偏移阻抗圆或全阻抗圆。

当某段阻抗反向定值整定为零时，选择方向阻抗圆；当某段阻抗正向定值大于反向定值时，选择偏移阻抗圆；当某段阻抗正向定值与反向定值整定为相等时，选择全阻抗圆。

阻抗元件灵敏角为 78°，阻抗保护的方向指向由整定值整定实现，一般正方向指向发电机外。

阻抗元件的动作特性如图 10-6 所示。

图中：$\dot{I}$ 为相间电流，$\dot{U}$ 为对应相间电压，Z_n 为阻抗反向整定值，Z_p 为阻抗正向整定值。

阻抗保护的启动元件采用相间电流工频变化量启动或负序电流元件启动，开放 500 ms，期间若阻抗元件动作则保持。当相间电流的工频变化量大于 $0.2\dot{I}_n$ 时，启动元件动作。

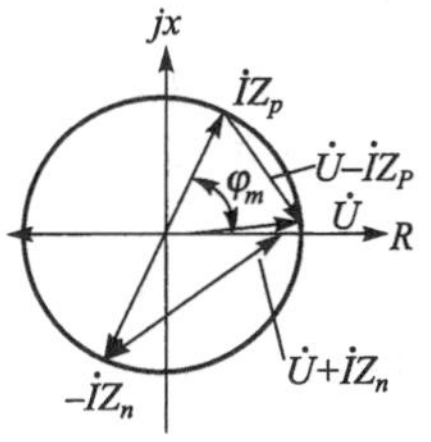

图 10-6 阻抗元件动作特性

10.3.3.6 发电机定子绕组单相接地保护

发电机定子绕组单相接地故障是发电机最常见的故障之一。接地故障时不会引起很大的故障电流，主要是绕组对铁芯的分布电容引起的电容电流。该故障电流的危害主要表现在以下两个方面：

(1) 持续的接地电流会产生电弧烧损铁芯，使定子铁芯叠片烧结在一起，造成检修困难。

(2) 接地电流破坏绕组绝缘，扩大事故。如果一点接地而未及时发现并采取措施，很可能再发生第二点接地而造成匝间或相间短路故障，严重损坏发电机。

大型发电机定子接地保护要求满足两个基本条件：

(1) 有100%绕组保护区;

(2) 保护区内发生带过渡电阻接地故障时保护应有足够的灵敏度。

采用基波零序电压保护和三次谐波定子接地保护,可构成100%定子接地保护。

1. 零序电压定子接地保护

基波零序电压保护发电机85%~95%的定子绕组单相接地。

基波零序电压保护反应发电机零序电压大小。目前的微机型保护采用频率跟踪、数字滤波及全周傅氏算法,零序电压对三次谐波的滤除比达100以上,使得保护只反应基波分量。

基波零序电压保护设两段定值,一段为灵敏段,另一段为高定值段。

(1) 灵敏段基波零序电压保护,动作于信号。

灵敏段动作于跳闸时,需经主变高、中压侧零序电压闭锁,以防止区外故障时定子接地基波零序电压灵敏段误动。

(2) 高定值段基波零序电压保护,取中性点零序电压为动作量,高定值段可单独整定动作于跳闸。

2. 三次谐波电压比率定子接地保护

三次谐波电压比率判据只保护发电机中性点25%左右的定子接地,机端三次谐波电压取自机端开口三角零序电压,中性点侧三次谐波电压取自发电机中性点TV。

当机端和中性点三次谐波电压比值大于整定值时,定子接地保护动作。

机组并网前后,机端等值容抗有较大的变化,因此三次谐波电压比率关系也随之变化,保护装置在机组并网前后各设一段定值,随机组出口断路器位置接点变化自动切换。

三次谐波电压比率判据可选择动作于跳闸或信号。

3. TV断线闭锁原理

由于基波零序电压定子接地保护取自发电机中性点电压、机端开口三角零序电压,TV断线时会导致保护拒动。因此在发电机中性点、机端开口三角TV断线时需发报警信号。

4. 外加电源式发电机定子接地保护

外加低频电源式发电机定子接地保护接地电阻判据与定子绕组的接地点无关,可以反映发电机100%的定子绕组单相接地。

(1) 接地电阻定子接地判据

接地电阻判据反映发电机定子绕组接地电阻的大小,设有两段接地电阻定值,高定值段作用于报警,低定值段作用于延时跳闸,延时可分别整定。

(2) 接地电流定子接地判据

接地电流判据能够反映距发电机机端80%~90%的定子绕组单相接地,而且接地点越靠近发电机机端其灵敏度越高,因此能够很好地与接地电阻判据构成高灵敏的100%定子接地保护方案。

10.3.3.7 发电机励磁回路接地保护

发电机励磁回路一点接地故障,是发电机常见的故障形式之一。

发电机励磁回路故障的成因:

(1) 发电机转子在运输或保存过程中，由于转子内部受潮、铁芯生锈，随后铁锈进入绕组，造成转子绕组主绝缘或匝间绝缘损坏；

(2) 转子加工过程中的铁屑或其他金属物落入转子，也可能引起转子主绝缘或匝间绝缘损坏；

(3) 转子绕组下线时绝缘的损坏或槽内绕组发生位移，也将引发接地或匝间短路；

(4) 氢内冷转子绕组的铜线匝上，带有开启式的进氢和出氢孔，在启动和停机时，由于转子绕组的活动，部分匝间绝缘垫片发生位移，引起氢气通风孔局部堵塞，使转子绕组局部过热和绝缘损坏；

(5) 运行中的转子滑环上的电流引线的导电螺钉未拧紧，造成螺钉绝缘损坏；

(6) 电刷粉末沉积在滑环下面的绝缘突出部分，使励磁回路绝缘电阻严重下降。

转子一点接地本身对发电机组的影响不大，但若随后发生第二点接地故障，将严重威胁发电机的安全。因此，大容量的发电机发生转子一点金属接地后也可选择直接停机。

发电机励磁回路发生两点接地故障的危害表现为：

(1) 转子绕组的一部分被短路，另一部分绕组的电流增加，这就破坏了发电机气隙磁场的对称性，引起发电机的剧烈振动，同时无功出力降低；

(2) 转子电流通过转子本体，如果转子电流比较大，就可能烧损转子，有时还造成转子和汽轮机叶片等部件被磁化；

(3) 由于转子本体局部通过电流，引起局部发热，使转子发生缓慢变形形成偏心，进一步加剧振动。

转子一点接地保护可根据现场转子绕组的引出方式，选择双端注入式或单端注入式转子接地保护原理，在转子绕组的正负两端(或负端)与大轴之间注入一个低频方波电压，实时求解转子一点接地电阻，保护反应发电机转子对大轴绝缘电阻的下降。双端注入式和单端注入式转子接地保护的工作电路如图 10-7 和图 10-8 所示，图中 R_x 为测量回路电阻，R_y 为注入大功率电阻，U_s 为注入电源模块，R_g 为转子绕组对大轴的绝缘电阻。

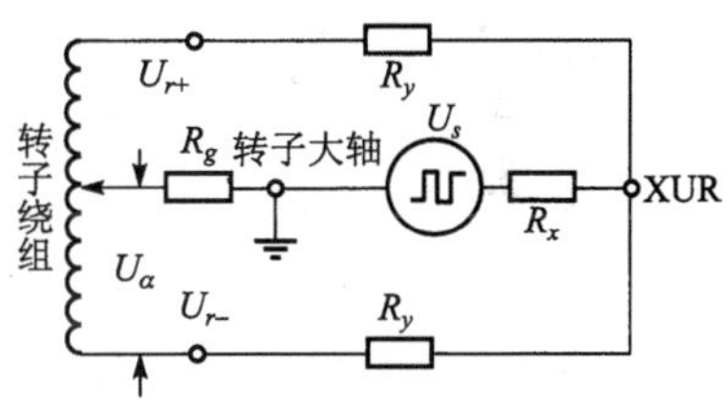

图 10-7　双端注入式转子接地保护原理

转子一点接地保护设有两段动作值，灵敏段动作于报警，普通段可动作于信号也可动作于跳闸。当转子一点接地保护动作于跳闸时，则不必装设转子两点接地保护。

转子两点接地保护：

若转子一点接地保护动作于报警方式，当转子接地电阻 R_g 小于普通段整定值，转子一点接地保护动作后，经延时自动投入转子两点接地保护，当接地位置 α 改变达一定值时判为转子两点接地，动作于跳闸。

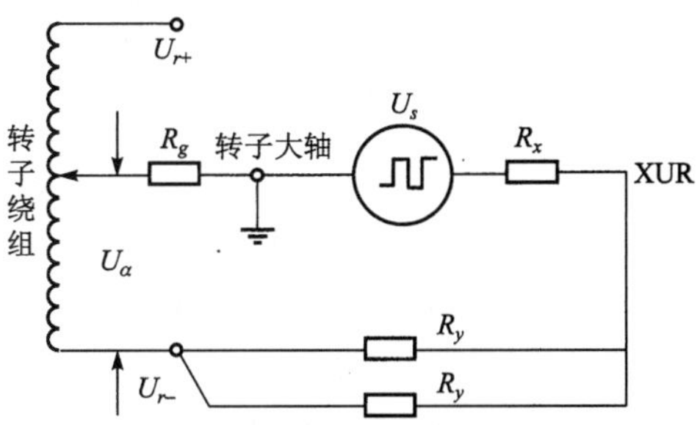

图 10-8　单端注入式转子接地保护原理

10.3.3.8 发电机失磁保护

低励和失磁是发电机常见的故障形式。大机组励磁系统环节较多,励磁系统故障、励磁绕组短路等会均引起发电机失磁。

发电机失磁后的危害主要表现在以下方面:

1. 低励或失磁的发电机从系统吸收无功,引起系统电压下降。若电压下降太大,将可能会导致电力系统电压崩溃瓦解。

2. 对于大型发电机组,在失磁后系统要向其输送大量的无功电流,这将可能会引起电力系统的振荡。

3. 失磁后,由于出现转差,在发电机转子回路中出现差频电流。差频电流在转子回路中产生的损耗,如果超过允许值,将使转子过热。

4. 低励或失磁的发电机进入异步运行后,由机端观测的发电机等效电抗降低,失磁前机组有功越大,转差就越大,等效电抗就越小。因此在重负荷下失磁进入异步运行后,如不采取措施,发电机将因过电流使定子过热。

5. 重负荷下失磁后,发电机的转矩、有功要发生周期性摆动。这时将有很大的超过额定值的电磁转矩周期性的作用在轴系上,发电机周期性的超速。

6. 低励或失磁运行时,定子端部漏磁增加,将使端部和边段铁芯过热。

低励或失磁保护的阻抗继电器,可以按异步边界整定,也可以按静稳边界整定。

失磁保护的主要判据:

(1) 低电压判据

一般取母线三相电压,也可选择发电机机端三相电压。三相电压同时低于电压定值时判据成立。对于取自母线电压,TV 断线时闭锁本判据。取自机端三相电压,一组 TV 断线时自动切换至另一组正常 TV。

(2) 定子侧阻抗判据

异步阻抗圆或静稳边界圆,阻抗电压量取发电机机端正序电压,电流量取发电机机端正序电流。对于静稳阻抗继电器,特性如图 10-9 所示。图中阴影部分为动作区,图中虚线为无功反向动作边界。对于异步阻抗继电器,特性如图 10-10 所示。

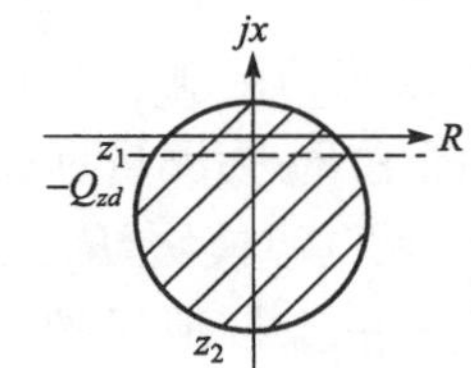

图 10-9 失磁保护静稳阻抗图

失磁保护一般设有三段失磁保护功能,失磁保护Ⅰ段可动作于减出力或跳闸,也可动作于信号;Ⅱ段经母线电压低动作于跳闸;Ⅲ段经较长延时动作于跳闸。

10.3.3.9 发电机负序电流保护

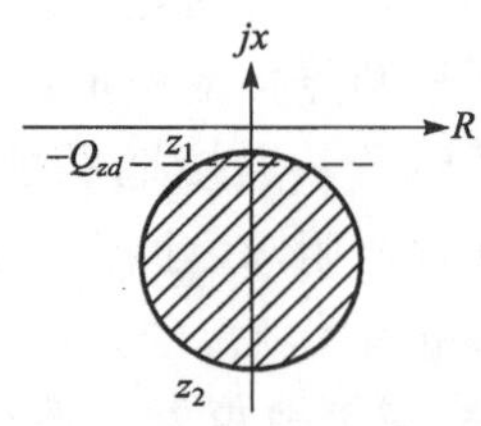

图 10-10 失磁保护异步阻抗图

发电机负序电流保护是发电机转子表层负序过负荷的主保护。

电力系统中发生不对称短路,或三相负荷不对称时,将有负序电流流过发电机的定子绕组,并在发电机中产生对转子以两倍同步转速旋转的磁场,从而在转子中产生倍频电流。该电流有集肤效应的作用,主要在转子表面流通,并经转子本体、槽楔和阻尼条,在转子短部附近的区域内沿周向构成闭合回路。

发电机长期承受的负序电流，以额定电流为基值的标幺值表示时，一般为0.04～0.1。容量越大的机组，该值越小。当发电机的负序电流超过这一数值时，保护装置要可靠动作，发出声光信号。

发电机短时承受的负序电流的能力，用短时负序发热常数 A 表示：

$$A=I_2^2t$$

式中：

I_2——以发电机额定电流为基值的负序电流标幺值；

t——持续时间。

发电机负序过负荷保护动作量一般取机端或中性点的负序电流。负序过负荷反应发电机转子表层过热状况，也可反应负序电流引起的其他异常。

1. 定时限负序过负荷保护

定时限负序过负荷保护配置一段跳闸、一段信号。

2. 反时限负序过负荷保护

反时限负序过负荷保护由三部分组成：

(1) 下限启动；

(2) 反时限部分；

(3) 上限定时限部分。

当负序电流超过下限整定值时，反时限部分启动，并进行累积。反时限保护热积累值大于热积累定值保护发出跳闸信号。

负序反时限保护能模拟转子的热积累过程，并能模拟散热。发电机发热后，若负序电流小于发电机长期运行允许负序电流时，发电机的热积累通过散热过程，慢慢减少；当负序电流增大，超过发电机长期运行允许负序电流时，从现在的热积累值开始，重新热积累的过程。

10.3.3.10 发电机失步保护

失步保护反应发电机失步振荡引起的异步运行。

失步保护阻抗元件计算采用发电机正序电压、正序电流，阻抗轨迹在各种故障下均能正确反映。

失步保护一般采用三元件失步继电器动作特性，如图10-11所示。

第一部分是透镜特性，图中①，它把阻抗平面分成透镜内的部分 I 和透镜外的部分 O。

第二部分是遮挡器特性，图中②，它把阻抗平面分成左半部分 L 和右半部分 R。

两种特性的结合，把阻抗平面分成四个区 OL、IL、IR、OR，阻抗轨迹顺序穿过四个区（$OL\rightarrow IL\rightarrow IR\rightarrow OR$ 或 $OR\rightarrow IR\rightarrow IL\rightarrow OL$），并在每个区停留时间大于一时限，则保护判为发电机失步振荡。每顺序穿过一次，保护的滑极计数加1，到达整定次数，保护动作。

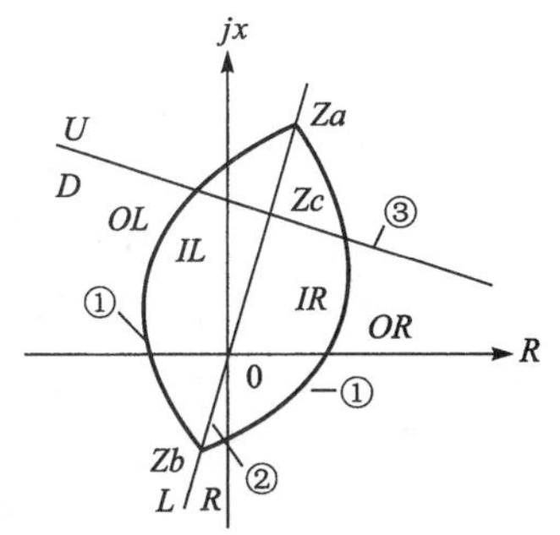

图10-11 三元件失步保护继电器特性

第三部分特性是电抗线,图中③,它把动作区一分为二,电抗线以上为Ⅰ段(U),电抗线以下为Ⅱ段(D)。阻抗轨迹顺序穿过四个区时位于电抗线以下,则认为振荡中心位于发电机-变压器组内,位于电抗线以上,则认为振荡中心位于发电机-变压器组外,两种情况下滑极次数可分别整定。

保护可动作于报警信号,也可动作于跳闸。失步保护可以识别的最小振荡周期为 120 ms。

10.3.3.11 发电机过励磁保护

当电压升高、频率降低时,可引起发电机和主变压器过励磁,从而使发电机或主变压器过热损坏。发电机过励磁取机端电压计算,反映发电机出口的过励磁倍数。

保护装置设有发电机、主变压器两套过励磁保护。发电机过励磁保护取机端电压计算,主变压器过励磁取主变压器高压侧电压计算。发电机出口不设断路器,只需配置一套过励磁保护;发电机出口设断路器,需投入发电机过励磁、变压器过励磁两套保护功能。

1. 定时限过励磁保护

定时限过励磁保护设有跳闸段,一段信号段,延时均可整定。

2. 反时限过励磁保护

反时限过励磁通过对给定的反时限动作特性曲线进行线性化处理,在计算得到过励磁倍数后,采用分段线性差值求出对应的动作时间,实现反时限。反时限过励磁保护具有累积和散热功能。

给定的反时限动作特性曲线由输入的 8 组定值得到。过励磁倍数整定值一般在 1.0～1.5 之间,时间延时考虑最大到 3 000 s。

反时限过励磁动作曲线如图 10-12 所示。

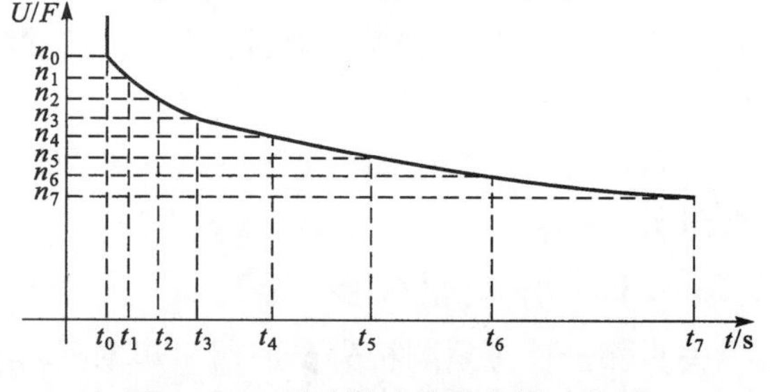

图 10-12 反时限过励磁曲线示意图

反时限动作特性曲线的 8 组输入定值满足以下条件:

(1) 反时限过励磁上限倍数整定值 $n_0 \geqslant$ 反时限过励磁倍数整定值 n_1;

(2) 反时限过励磁上限时限整定值 $t_0 \leqslant$ 反时限过励磁时限整定值 t_1。

依此类推到反时限过励磁倍数下限整定值。

10.3.3.12 发电机定子绕组过负荷保护

发电机对称过负荷通常是由系统中其他发电机跳闸、生产过程中出现的冲击性负荷、大型电动机自启动、发电机强行励磁、失磁运行、同期操作及系统震荡等原因引起的。对于大容量机组,由于其线负荷大,材料利用率高,绕组热容量与铜耗比值小,因而发热时间常数较低。为了避免绕组升温过高,必须装设完善的定子绕组对称过负荷保护,以避免定子过热。

定子过负荷保护反应发电机定子绕组的平均发热状况。其设计原理是取决于发电机在一定过负荷倍数下允许过负荷时间,并允许时间与过电流倍数呈反时限特性。也就是说,当发电机过负荷时,发电机可以再运行一段时间,以便在系统中进行减负荷、投入备用容量以及对发电机进行减出力等操作,若仍不能消除发电机过负荷,并超过允许时间,才能将发电机切除。

保护动作量取发电机电流。保护可由定时限和反时限两部分组成。

1. 定时限定子过负荷保护

定时限定子过负荷可配置一段信号、一段跳闸。

2. 反时限定子过负荷保护

反时限定子过负荷保护由三部分组成：

1）下限启动；

2）反时限部分；

3）上限定时限部分。

当定子电流超过下限整定值时，反时限部分启动，并进行积累。反时限保护热积累值大于热积累定值保护发出跳闸信号。反时限保护，模拟发电机的发热过程，并能模拟散热。当定子电流大于下限电流定值时，发电机开始热积累，如定子电流小于下限电流定值时，热积累值通过散热慢慢减小。

反时限动作曲线如图 10-13 所示。

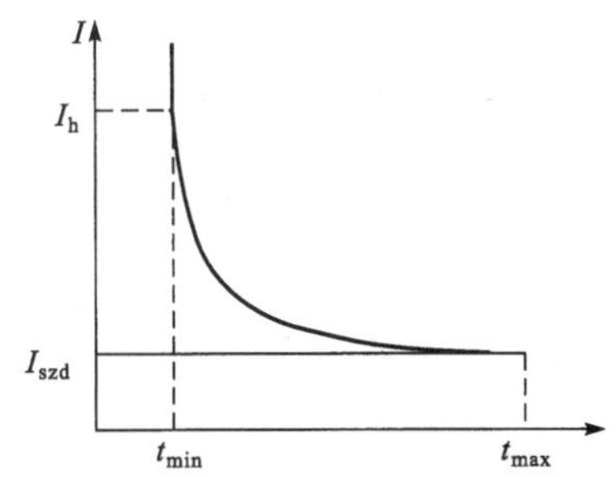

图 10-13　定子绕组过负荷反时限动作曲线图

I_h—上限电流定值；I_{szd}—反时限起动定值；t_{min}—反时限上限延时定值；t_{max}—反时限下限延时定值

10.3.3.13　发电机励磁绕组过负荷保护

励磁绕组过负荷保护反应励磁绕组的平均发热状况。大型发电机励磁系统通常是采用交流励磁经整流装置对励磁绕组提供励磁电流的整体，称为励磁主回路。发电机在强行励磁或励磁系统故障时均可使转子过负荷，都有可能造成励磁绕组过热，损伤励磁绕组。

由于大型发电机转子绕组承受过载能力较低，允许过负荷时间短，一般 2 倍额定励磁电流时仅允许运行 15 s 左右。因此励磁绕组过负荷保护就作为发电机转子绕组的主保护，并兼做励磁变及外部交流部分的后备保护。

保护动作量既可以取励磁变电流、励磁机电流，也可以直接反应发电机转子电流。

带有励磁变的无刷励磁系统，保护动作量可取励磁变交流电流，这时该保护的保护范围包含了全部励磁主回路。

转子过负荷保护可由定时限和反时限两部分组成。

1. 定时限过负荷保护

定时限过负荷保护配置一段跳闸、一段信号。

2. 励磁绕组反时限过负荷保护

励磁绕组反时限过负荷保护由三部分组成：

(1) 部分；

(2) 反时限部分；

(3) 上限定时限部分。

当励磁回路电流超过下限整定值时，反时限保护启动，开时积累，反时限保护热积累值大于热积累定值保护发出跳闸信号。反时限保护能模拟励磁绕组过负荷的热积累过程及散热过程。

反时限动作曲线如图 10-14 所示。

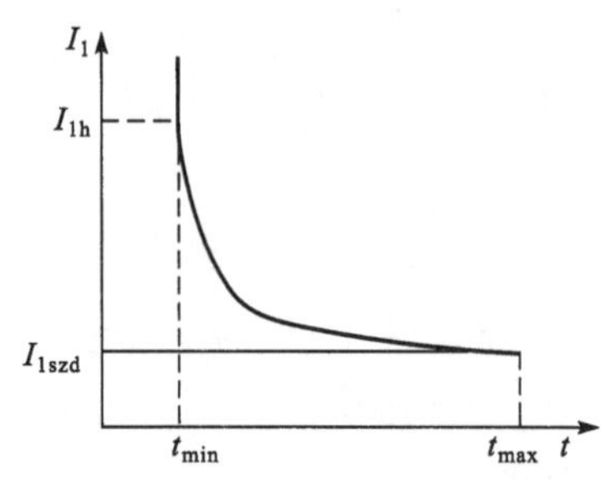

图 10-14 励磁绕组过负荷反时限动作曲线图

I_1—励磁回路电流；I_{1h}—上限电流值；I_{1szd}—反时限起动定值；t_{min}—反时限上限延时定值；t_{max}—反时限下限延时定值

10.3.3.14 发电机过电压保护

满负荷运行的发电机，如果突然甩去全部负荷，电枢反应突然消失，由于调速系统和自动励磁调节器都是由惯性环节组成，转速仍将上升，励磁电流不能突变，使得发电机电压在短时间内也要上升，其值可能达到 1.3～1.5 倍额定值，持续时间可能达到几秒。

如果调速系统或励磁系统故障，当全甩负荷时，过电压的持续时间要更长。

发电机主绝缘的工频耐压水平，一般为 1.3 倍额定电压持续 60 s。而实际过电压的数值和持续时间都可能超过允许数值，这对发电机的主绝缘构成了直接威胁，同时还使主变压器励磁电流剧增，引起变压器过励磁，使铁芯饱和，损耗增大，可能损坏主变压器绝缘。因此大型发电机组无一例外地装设过电压保护。

发电机承受过电压的能力，是设计和整定过电压保护的依据。一般，过电压保护的动作电压为 1.3 倍额定电压，经 0.5 s 延时作用于解列灭磁。

过电压保护反应机端三相相间电压，动作于跳闸出口。发电机电压保护所用电压量的计算不受频率变化影响。

10.3.3.15 发电机逆功率保护

发电机逆功率保护主要用于保护汽轮机。

当主汽门误关闭，或反应堆保护动作及其他机组工艺保护动作于主汽门关闭，而发电机并未从系统解列时，发电机就变成了同步电动机运行，从电力系统吸收有功功率。这种工况对发电机并无危险，但由于汽轮机的鼓风损失，其尾部叶片有可能过热，造成汽轮机事故。

为了防止由于各种原因导致失去原动力，发电机变为电动机运行，造成汽轮机叶片损坏，需配置逆功率保护。

发电机功率用机端三相电压、发电机三相电流计算得到。

1. 发电机逆功率保护

发电机逆功率保护可以设成两段，Ⅰ段发信号，Ⅱ段动作于停机。

逆功率保护设两段时限，Ⅰ段发信号，Ⅱ动作于停机出口。逆功率保护定值范围 0.5%～10% P_n，P_n为发电机额定有功功率。延时范围信号 0.1～25 s，跳闸 0.1～600 s。

2. 程序逆功率保护

发电机在过负荷、过励磁、失磁等各种异常运行保护动作后，需要程序跳闸时。保护先关闭主汽门，由程序逆功率保护经主汽门接点闭锁和发变组断路器位置接点闭锁，延时动作于跳闸。

程序逆功率保护定值范围 0.5%～10% P_n，P_n 为发电机额定有功功率。

10.3.3.16　发电机频率异常保护

频率异常保护主要用于保护汽轮机，防止汽轮机叶片及其拉筋的断裂事故。

大型汽轮发电机运行中允许其频率变化的范围为 48.5～50.5 Hz，低于 48.5 Hz 时，累计运行时间和每次持续运行时间达到定值，保护动作于信号或跳闸。

频率降低对机组有以下几个方面的影响：

1）频率降低引起转子转速降低，使两端风扇鼓进的风量降低，其后果是使发电机的冷却条件变坏，各部分的温度升高。

2）由于发电机的电动势和频率磁通成正比，若频率降低，必须增大磁通才能保持电动势不边。这就要增加励磁电流，致使转子绕组温度增加。

3）频率降低时，为了使端电压不变，就得增加磁通，这就容易使定子铁芯饱和。

4）频率降低还可能引起汽轮机断叶片，因为频率低，转速也低，当该转速引起叶片振动的频率接近或等于叶片的固有振动频率时，便可能因共振而使材料疲劳，积累到一定程度时叶片就可能断裂。

5）频率降低还有一个严重的后果，就是厂用电动机的转速降低，这可能引起一系列恶性循环，影响整个机组的安全运行。对于核电厂，主泵受频率影响很大，严重时可能造成紧急停堆。

频率异常保护可以设成多段，段数及每段的整定值，根据机组的要求确定。达到规定值时，动作于声光信号或解列、停机。

10.3.3.17　发电机启、停机保护

发电机启动或停机过程中，配置反应相间故障的保护和定子接地故障的保护。

由于在启动或停机过程中，定子电压频率很低，因此对此类保护要求采用不受频率影响的算法。同时，这种保护只能作为低频下的辅助保护，当发电机正常工频运行时应自动退出，以免发生误动。

启停机保护通常配置如下：

对于发电机定子接地故障，配置一套零序过电压启停机保护。

对于发电机、变压器、厂用变压器、励磁变的故障，根据需要各配置一组差回路过流保护。

10.3.3.18　发电机断口闪络保护

接在 220 kV 及以上电压系统的大型发电机-变压器组，在进行同步并列的过程中，断路器合闸之前，作用于断口上的电压，随待并发电机与系统等效电源电动势之间角度差的变化而不断变化，当等于 180°时，其值最大，为两者电动势之和。当两电动势相等时，则有两倍运行电压作用于断口上，有时要造成断口闪络事故。

为了尽快排除断口闪络事故，在大机组上可以装设断口闪络保护。该保护可以利用负序电流元件和断路器的辅助触点构成。

断路器断口闪络只考虑一相或两相，不考虑三相闪络。断路器闪络保护通常取主变高压侧开关 TA 电流。保护动作于灭磁及启动断路器失灵。

发电机断路器闪络判据：

(1) 断路器三相位置接点均为断开状态；

(2) 负序电流大于整定值;

(3) 发电机已加励磁,机端电压大于一固定值。

10.3.3.19 发电机误合闸保护

发电机在盘车过程中,由于出口断路器误合闸,突然加上三相电压,而使发电机异步启动。如果发生这种情况,能在几秒钟内给机组造成损伤。

误合闸保护可以用一个低频元件和一个过流元件组成。保护动作后,断开出口断路器。如断路器拒动,则启动失灵保护。发电机停机时,应保持误合闸保护始终投入工作。

误合闸保护配置:

(1) 发电机盘车时,未加励磁,断路器误合,造成发电机异步启动。采用两组 PT 均低电压延时 t_1投入,电压恢复,延时 t_2(与低频闭锁判据配合)退出。

(2) 发电机起停过程中,已加励磁,但频率低于定值,断路器误合。采用低频判据延时 t_3投入,频率判据延时 t_4返回,其时间应保证跳闸过程的完成。

(3) 发电机起停过程中,已加励磁,但频率大于定值,断路器误合或非同期。采用断路器位置接点,经控制字可以投退。判据延时 t_3投入(考虑断路器分闸时间),延时 t_4退出其时间应保证跳闸过程的完成。

当发电机非同期合闸时,如果发电机断路器两侧电势相差 180°附近,非同期合闸电流太大,跳闸易造成断路器损坏,此时闭锁跳断路器出口,先跳灭磁开关等其他开关,当断路器电流小于定值时再动作于跳出口开关。误合闸保护同时取发电机机端、中性点电流,为提高可靠性,有些保护装置还取主变压器高压侧电流大于 $0.1I_e$作为辅助判据。

10.4 变压器保护

10.4.1 变压器的故障与异常工况

核电厂的变压器故障,特别是机组变压器故障,会给核电厂带来巨大的经济损失,对电力系统也会造成很大的影响。

变压器的故障主要包括以下几类:

① 相间短路

相间短路是变压器最严重的故障,包括箱体内部的相间和引线的相间短路。由于相间短路会严重地烧损变压器本体设备,严重时会使得变压器整体报废,因此,当变压器发生相间短路故障时,要求保护瞬时动作切除故障。

② 接地短路

接地短路故障发生在中性点接地的系统一侧时,故障电流很大,同样会严重地烧损变压器本体设备,要求保护瞬时动作切除故障。

③ 匝间短路

对于大型变压器来说,匝间短路的故障的发生概率越来越多。匝间短路时在短路环内产生的大电流,往往会引起铁芯的严重烧损。

④ 铁芯局部发热和烧损

由于变压器内部磁场分布不均匀、制造工艺差、绕组绝缘水平下降等因素,会使铁芯局部发热和烧损，更严重将引发相间短路。

⑤ 油面下降

由于变压器漏油等原因造成变压器油面下降，会引起变压器绕组过热和绝缘水平下降。

变压器的异常运行方式主要包括：

① 过负荷

变压器虽然具有一定的过负荷能力，但过负荷时间过长将影响变压器的绝缘水平。因此，当变压器发生过负荷时，要求保护发出信号，以便运行人员根据过负荷的程度，进行相应的处理。

② 过电流

变压器发生过电流一般是由于外部短路后，故障线路的主保护不能及时动作，使故障电流长时间流经变压器引起的。因此，当变压器发生过电流时，要求变压器过电流保护，经过一定延时将变压器切除。

③ 零序过流

当区外发生接地短路时，会使变压器发生零序过流。同样，此时要求变压器零序过流保护，经过一定延时将变压器切除。

④ 冷却系统故障

10.4.2　变压器的保护配置

变压器保护的任务就是针对上述的故障和异常运行方式作出灵敏、快速和正确的反应。根据上述要求，变压器保护通常配置如下：

(1) 差动保护；

(2) 瓦斯保护；

(3) 零序电流保护；

(4) 过负荷保护；

(5) 后备保护；

(6) 非电量保护。

其中，差动保护和瓦斯保护是变压器内部故障的主保护。复合电压启动的过流保护或阻抗保护一般作为变压器相间短路的后备保护。零序电流保护是中性点直接接地的变压器接地短路的后备保护。中性点不直接接地的变压器，通常在变压器中性点装设放电间隙作为过电压保护，并装设专门的零序电流电压保护作为接地短路的后备保护。

温度保护、油位保护、通风故障保护、冷却系统故障保护等非电量保护，反应相应的温度、油位、通风故障等。

10.4.3　变压器保护原理

10.4.3.1　比率制动式变压器差动保护

变压器差动保护是变压器内部故障的主保护。与发电机差动保护相比，由于变压器励磁电流的存在，以及变压器两侧电流互感器型号不同，使得变压器差动保护的不平衡电流较大，比较容易误动。

为了解决上述问题，可以采用比率制动式变压器差动保护。比率制动式差动保护的动作电流不是固定不变的，它随外部短路电流的增大而增大，既保证外部短路不误动，同时对于内部短路又有较高的灵敏度。

另外，由于变压器空载合闸时或切除外部短路的电压恢复过程中，全部励磁电流将流入差动回路，势必造成变压器差动的误动作。对于这种情况，根据励磁涌流波形中含有间断角的这一特征，一般采用二次谐波制动或波形判别原理作为励磁涌流闭锁判据。

还有一种情况，当变压器过电压或过励磁时，励磁电流急剧增大，波形严重畸变。当电压达额定电压的120%～140%，励磁电流可增至额定电流的10%～43%，这个电流将作为不平衡电流流入差动保护的动作回路，完全可能使差动保护误动。这时，传统的防误动措施是增设五次谐波制动回路。

下面以RCS-985系列微机保护为例，对比率制动式差动保护原理进行介绍。

变斜率比率差动保护动作特性如图10-15所示。

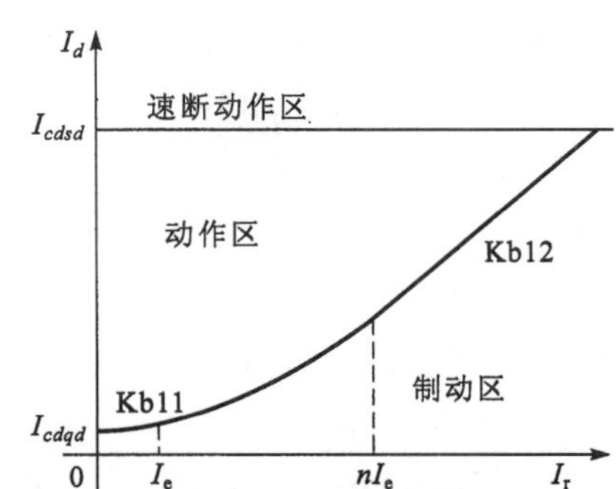

图10-15 变斜率比率差动保护动作特性

I_{cdqd}—差动电流起动定值；I_{cdsd}—差动电流速断定值；I_e—额定电流；I_r—制动电流；I_d—差动电流

1. 励磁涌流闭锁原理

涌流判别通过控制字可以选择二次谐波制动原理或波形判别原理。

(1) 谐波制动原理

装置采用三相差动电流中二次谐波与基波的比值作为励磁涌流闭锁判据。

(2) 波形判别原理

装置利用三相差动电流中的波形判别作为励磁涌流识别判据。内部故障时，各侧电流经互感器变换后，差流基本上是工频正弦波。而励磁涌流时，有大量的谐波分量存在，波形是间断不对称的。

2. 电流互感器TA饱和时的闭锁原理

为防止在区外故障时TA的暂态与稳态饱和时可能引起的稳态比率差动保护误动作，装置采用各相差电流的综合谐波作为TA饱和的判据。

故障发生时，保护装置利用差电流工频变化量和制动电流工频变化量是否同步出现，先判出是区内故障还是区外故障，如区外故障，投入TA饱和闭锁判据，可靠防止TA饱和引起的比率差动保护误动。

3. 高值比率差动原理

为避免区内严重故障时TA饱和等因素引起的比率差动延时动作，装置设有一高比例和高启动值的比率差动保护，只经过差电流二次谐波或波形判别涌流闭锁判据闭锁，利用其比率制动特性抗区外故障时TA的暂态和稳态饱和，而在区内故障TA饱和时也能可靠正确快速动作。

高值比率差动动作特性如图10-16所示。

4. 差动速断保护

当任一相差动电流大于差动速断整定值时瞬时动作于出口继电器。

5. 差流异常报警与 TA 断线闭锁

装置设有带比率制动的差流报警功能，开放式瞬时 TA 断线、短路闭锁功能。通过“TA 断线闭锁差动”整定选择，瞬时 TA 断线和短路判别动作后可只发报警信号。或闭锁全部差动保护。当“TA 断线闭锁比率差动控制字”整定为“1”时，闭锁比率差动保护。

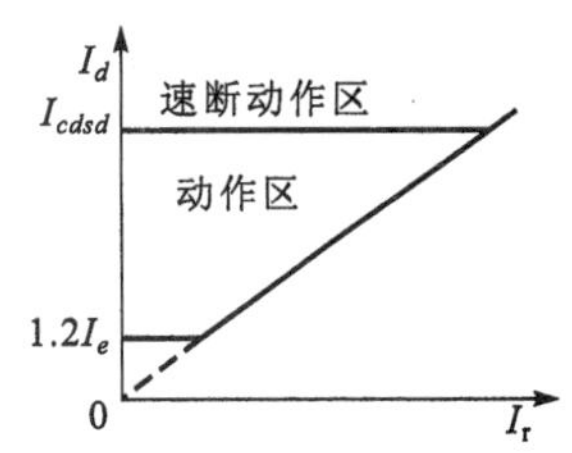

图 10-16　稳态高值比率差动保护的动作特性

I_{cdsd}—速断定值；I_e—额定电流；I_r—制动电流；I_d—差动电流

6. 差动保护在过激磁状态下的闭锁判据

由于在变压器过激磁时，变压器励磁电流将激增，可能引起发电机-变压器组差动、变压器差动保护误动作。因此在装置中采取差电流的 5 次谐波与基波的比值作为过激磁闭锁判据来闭锁差动保护。

高值比率差动不经过励磁 5 次谐波闭锁。

10.4.3.2　工频变化量比率差动保护

变压器内部轻微故障时，稳态差动保护由于负荷电流的影响，不能灵敏反应。工频变化量比率差动保护的引入提高了变压器内部小电流故障检测的灵敏度。

1. 工频变化量比率差动原理

工频变化量比率差动动作特性如图 10-17 所示。

2. 差流异常报警与 TA 断线闭锁

装置设有带比率制动的差流报警功能，开放式瞬时 TA 断线、短路闭锁功能。通过“TA 断线闭锁差动控制字”整定选择，瞬时 TA 断线和短路判别动作后可只发报警信号或闭锁差动保护。当“TA 断线闭锁比率差动控制字”整定为“1”时，闭锁工频变化量比率差动保护。

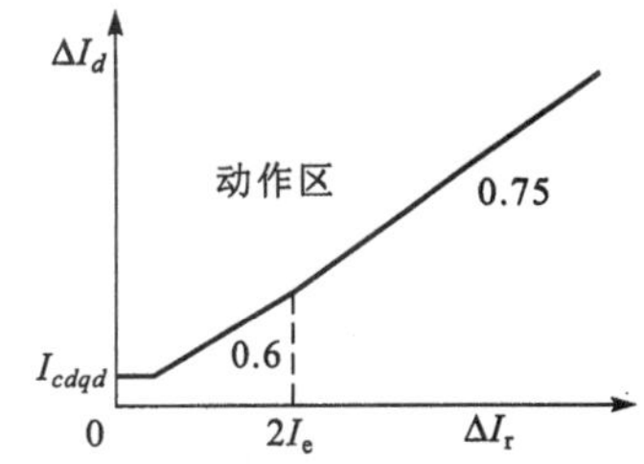

图 10-17　工频变化量比率差动动作特性

I_{cdqd}—起动定值；I_e—额定电流；ΔI_r—制动电流的工频变化量；ΔI_d—差动电流的工频变化量

10.4.3.3　变压器分侧差动保护

变压器差动保护远比发电机差动保护复杂，其根本原因是变压器差动保护区内包含着原副方绕组间的磁耦合，从而产生了一系列的诸如励磁涌流和过励磁工况等引起保护误动的特殊问题。变压器分侧差动保护的引入，解决了这一问题。

变压器分侧差动保护是将一个双绕组变压器分解看成两个被保护对象(原绕组和副绕组)，对每一绕组分别保护，从而非常简单，与空载合闸涌流、过励磁电流完全无关，因为这些电流对于分侧差动保护而言是穿越性电流，不会流入差动保护的动作回路。

需要注意的是，变压器分侧差动保护只适用于每一绕组有两个引出端子的单相变压器，这一点对百万千瓦等级的核电厂的分相主变压器来说特别适用。

变压器分侧差动保护的缺点是，它不能保护变压器绕组常见的匝间短路。

10.4.3.4　变压器瓦斯保护

瓦斯保护是变压器油箱内部故障(特别是铁芯故障)的主保护。无论差动保护或其他内部短路保护如何改进提高性能，都不能代替瓦斯保护。当然瓦斯保护也不能代替差动保护，因为电气故障时瓦斯保护反应较迟。

当油箱内发生轻微气体或油面下降时，轻瓦斯保护动作于信号。轻瓦斯保护按产生气体的容积整定。

当油箱内发生严重故障而产生大量气体时，重瓦斯保护瞬时动作于断开变压器各侧断路器。重瓦斯保护按通过气体继电器的油流流速整定。

10.4.3.5 复合电压启动的过流保护

用于升压变压器、系统联络变压器相间短路故障的后备保护。当降压变压器的过流保护灵敏度不够时，也可采用此后备保护。过流元件的动作电流按额定电流时能可靠返回整定。

(1) 复合电压元件

复合电压元件由相间低电压和负序电压或门构成，有两个控制字来控制过流Ⅰ段和过流Ⅱ段经复合电压闭锁。当过流经复压闭锁控制字为“1”时，表示本段过流保护经过复合电压闭锁。

(2) 电压互感器 TV 异常对复合电压元件的影响

对于 RCS-985 装置，装置设有整定控制字“TV 断线保护投退原则”来控制 TV 断线时和复合电压元件的动作行为。

(3) 电流记忆功能

对于自并励发电机，在短路故障后电流衰减变小，故障电流在过流保护动作出口前可能已小于过流定值，因此，复合电压过流保护启动后，过流元件需带记忆功能，使保护能可靠动作出口。控制字“电流记忆功能”在保护装置用于自并励发电机时置“1”。电流记忆功能投入，过流保护必须经复合电压闭锁。

10.4.3.6 阻抗保护

在各种电流、电压组成的后备保护的灵敏度不能满足要求时，可选用后备阻抗保护。该保护对于变压器内部绕组故障往往灵敏度不高，但可作为低压母线和馈线故障的后备保护。

主变压器阻抗保护可通过整定值选择采用方向阻抗圆、偏移阻抗圆或全阻抗圆。

阻抗元件的动作特性如图 10-18 所示。

图中：$\dot{I}$ 为相间电流，$\dot{U}$ 为相间电压，Z_n 为阻抗反向整定值，Z_p 为阻抗正向整定值。

阻抗保护的启动元件采用相间电流工频变化量或负序电流元件启动，开放 500 ms，期间若阻抗元件动作则保持。

当相间电流的工频变化量大于 $0.3I_e$ 时，启动元件动作。

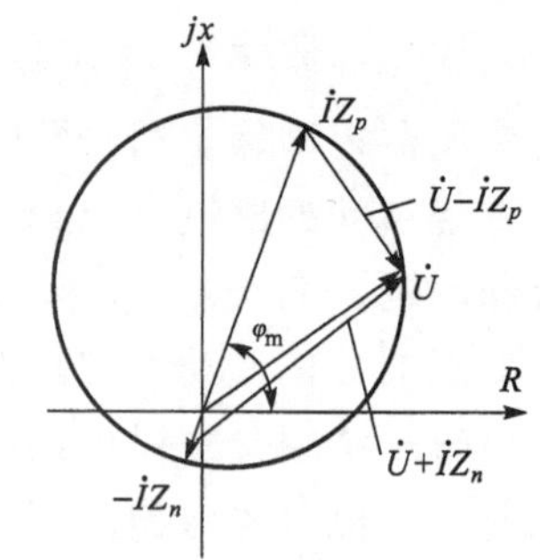

图 10-18 阻抗元件动作特性

10.4.3.7 零序电流保护

中性点直接接地的变压器，其接地短路的后备保护无一例外地采用零序电流保护。变压器零序过流保护的动作电流，按被保护侧母线出线的零序过流保护(后备段)在灵敏度上配合整定。

一般设有两段两时限零序过流保护，作为主变压器中性点接地运行时的后备保护。零序电流一般取自主变压器中性点连线上的零序 TA。

10.4.3.8　零序电流电压保护

中性点可能接地运行，也可能不接地运行的变压器，通常在变压器中性点装设放电间隙作为过电压保护，并装设专门的零序电流电压保护作为接地短路的后备保护。

一般设有一段两时限零序过电压保护和一段两时限间隙零序过电流保护。

其中间隙零序过电流保护作为主变压器中性点经间隙接地或经小电抗接地运行时的变压器后备保护。零序过电压保护作为主变压器中性点不接地、中性点经间隙接地或经小电抗接地运行时的后备保护。考虑到在间隙击穿过程中，间隙零序过流和零序过压的交替出现，一旦零序过压或零序过流元件动作后装置就相互展宽，使保护可靠动作。

10.4.3.9　主变低压侧零序电压报警

针对发电机出口设有断路器的情况，可在主变压器低压侧配置一套零序过电压保护，作为接地监视，定值一般整定为 10 ～15 V，经控制字选择投入，动作于报警。

10.5　高压输电线路及母线保护

对于 500 kV 线路，要求配置两套完整、独立的全线速动主保护和完备的后备保护。每回线路的两套保护装置分别安装在独立的柜上，两套保护所使用的直流电源、CT 二次绕组、PT 二次绕组、跳闸出口以及跳闸线圈均要求独立。

10.5.1　光纤差动保护

光纤分相电流差动保护一般用于电网中的架空线路及电缆线路的主保护。其基本原理是通过比较线路两端的电流相位，来确定是区内故障还是区外故障。电流的幅值及相位信号的传输由光纤通讯系统完成。

为了增加有较高电容充电电流时的灵敏度，可包含充电电流补偿功能，真实的电流差动保护对复杂的网络结构提供极好的灵敏度及选相特性。

该差动保护既不受串联补偿系统中电压、电流反向的影响，也不受谐波影响，在线路两端 CT 变比不相等时可以进行补偿。

差动保护功能运行的最大传输时间为 12 ms。对更长的传输时间，差动功能将被闭锁，并给出一个“通信故障”报警。在路由切换时，只要通信时间在 12 ms 范围内跳闸功能就不被闭锁，不会由于通信时间变化而引起保护误动作。

1. 光纤通讯系统构成

光纤通讯系统由以下部分组成：

电端机(发)→光端机(发)→光纤缆→光端机(收)→电端机(收)

1) 光纤

光纤有纤芯、包层、涂敷层和套塑 4 部分组成。纤芯位于光纤的中心，是光传输的主要途径，其主要成分为二氧化硅，其纯度要达到 99.999 99%，其余成分为掺入的杂质。

2) 光缆

将多根光纤集中在一起制成光缆，有 4 芯、6 芯、8 芯、24 芯等。

3）光发讯机

与高频通道和微波通道相似，光纤通道是要将代表话音、控制命令、遥测数据或信息的音频信号或脉冲调制到一种光源上，通过光纤到远端。这就需要有光源、调制或编码电路和相应的控制电路。

这些含有光源、调制或编码电路和相应的控制电路，就构成了光发讯机，其主要器件是光源。

光纤通道的光源主要是半导体激光器(LD)和发光二极管(LED)。

为了使激光器或发光二极管发光都需要注入电流，即进行驱动。为了用光信号传送信息需要对光信号进行调制。通常将此二任务合并，用驱动调制电路来完成。

与电信号相同，对光信号也可用调幅、调频、调相的方法进行调制。但由于目前采用的光源的频谱不纯，中心频率不稳定，故在当前实用的光纤通信系统中都采用调幅的方法。

用模拟信号控制半导体光源的注入电流，使输出光强度跟随调制信号做线性变化称为模拟信号调制。

数字信号一般采用脉冲编码(PCM)方式传送信息。通过通道传送的是脉冲。

LED 光源的调制速度较慢，只能用于较低速度的数字光发讯机。在较高速度的数字发讯机中，多采用 LD 做光源。

4）光收讯机

将收到的光信号还原为电信号的装置称为光收讯机。其核心部件为能将光功率转变为电功率的光电检测器。现代的光电检测器一般用半导体材料作成。

2. REL561 型光纤差动保护的特性

(1) 具有 1 ms 分辨率的时间同步；

(2) 4 套独立的全套整定参量组；

(3) 充电电流补偿的分相电流差动保护；

(4) 完整的相间距离及接地距离保护；

(5) 较宽范围的相过流保护及零序过流保护功能；

(6) 热过负荷保护。

该保护需要 56/64 KB/S 的数字通信链路，可以为专用光纤通道或复用通道。差动保护功能运行的最大传输时间为 12 ms。对于更长的传输时间，差动功能将被闭锁，并给出一个“通信故障”报警，LCD 上的黄色 LED 常亮。

REL561 型线路保护装置对被保护的架空线路或电缆的流入流出电流进行比较，每 5 ms 两个方向交换一次三相电流值，并提供单相跳闸方式的选相信息。差动保护的安全可靠运行需要两端之间在两个方向的传输时间相等。如果在两个方向的传输时间不等，可能会产生一个错误的虚假差流。

差动保护的采样及数据传输：

对相电流以 2 000 Hz 的采样频率采样。在两个连续采样中作内插法后得到一个采样，从而得到一组与同一瞬间相关的采样值(失真调节)。

每相差动电流和制动电流分别是两端电流的矢量和和标量和，标量和除以 2 即为制动电流。

为了减少对电流互感器的要求，每一相电流都经 CT 饱和检测器检测。当电流互感器饱和时，保护制动特性将会提高。

保护装置对两端通讯延时时间进行连续测量，能对不同的测量值进行补偿。

为了避免保护因通讯干扰造成的误跳闸，在 4 个连续信息码中须有 2 或 3 个跳闸信息码，保护才能出口跳闸。

保护装置还具有远方跳闸功能，本侧跳闸令可通过通道传送，跳闸对侧开关，它有独立的输入端和独立的输出端。

保护还包括一个瞬时过流保护，可实现分相跳闸。而延时过流保护只能实现三相跳闸。

10.5.2　高频纵联保护

高频纵联保护是当线路发生故障时，使两侧开关同时快速跳闸的一种保护装置，是线路的主保护。其基本原理是：以线路两侧判别量的特定关系作为判据，即两侧均将判别量借助通道传送到对侧，然后两侧分别按照对侧与本侧判别量之间的关系来判别区内故障或区外故障。因此，判别量和通道是纵联保护装置的主要组成部分。

高频保护利用输电线路本身作为保护信号的传输信道，在输送 50 Hz 工频信号的同时叠加传送 50～300 kHz 的高频讯号(保护测量信号)，以进行线路两端电气量的比较而构成保护。

根据比较的信号的不同，高频保护可分为：

(1) 方向高频保护：比较线路两端的功率方向；

(2) 相差高频保护：比较线路两端的电流相位。

高频通道构成原理如图 10-19 所示。

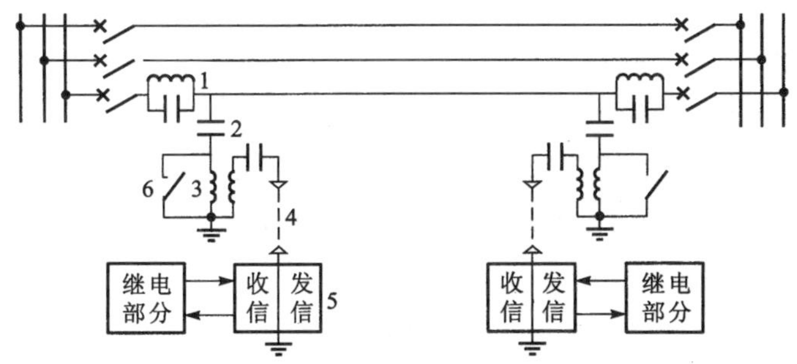

图 10-19　高频通道构成原理

高频通道中各元件的作用：

(1) 阻波器 1：是由电感 L 与电容 C 组成的并联电路。对高频信号，并联谐振，呈大阻抗，不能通过，限制在本段输电线内。对工频信号，无谐振，呈小阻抗，能顺利通过，不影响工频电量传输。

(2) 结合电容器 2：其电抗 $X_c=1/(\omega C)$，通高频，阻工频。同时起到隔离高压线路与高频收、发讯机的作用。

(3) 连接滤波器 3：由可调空心变和高频电缆侧电容组成，连接滤波器与结合电容器共同组成带通滤波器，提取所需高频信号，滤除其余高频干扰。为消除高频波反射，减小高频能量损耗，要求带通滤波器的波阻抗，输电线侧与输电线波阻抗(400 Ω)匹配，高频电缆侧与电缆波阻抗(100 Ω)匹配。

(4) 高频电缆4:传输高频信号。

(5) 高频收、发讯机5:发讯机由继电保护控制。有故障发讯和长期发讯两种发讯方式。收讯机可收到本端和对端发讯机所发高频信号。

(6) 接地刀闸6:当保护退出,检查高频通道时,用来安全接地。

10.5.2.1 方向高频保护

高频闭锁方向保护的基本原理如图10-20所示(平时不发讯,外部故障时发闭锁信号)。

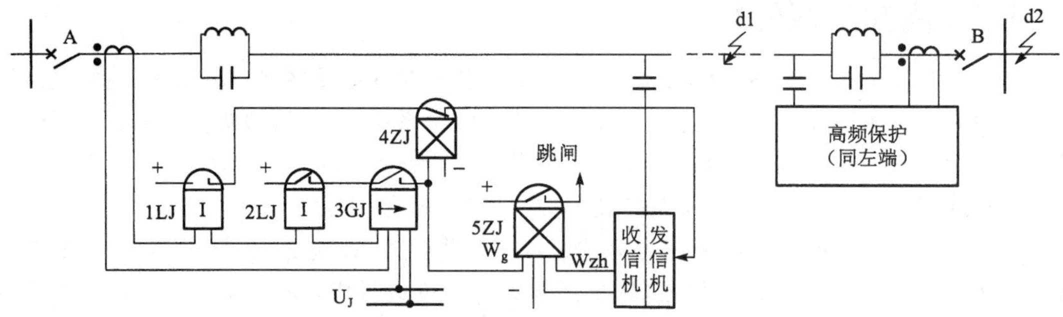

图10-20 高频闭锁方向保护的基本原理

高频方向保护是比较线路两端各自看到的故障方向,以综合判断是线路内部故障还是外部故障。如果以被保护线路内部故障时看到的故障方向为正方向,则当被保护线路外部故障时,总有一侧看到的是反方向。如图10-20所示,d1发生短路时,A、B两端的判别元件均判断为正方向故障,使收发信机停止发闭锁信号,两侧收不到闭锁信号而动作跳闸。d2发生短路时,B端判断为反方向故障,它的正方向判别元件不动作,不停信,A、B侧因为一直收到闭锁信号而不出口跳闸。

高频方向保护的优点是,可以保证在内部故障并伴随通道破坏(输电线接地或断线)时,保护仍能正确跳闸。其缺点是保护的灵敏度和动作速度受到限制,且系统振荡时可能误动。

10.5.2.2 高频闭锁距离保护

利用距离保护的启动元件和距离方向元件控制收发信机发出高频闭锁信号,闭锁两侧保护的原理构成的高频保护,称为高频闭锁距离保护。它能使保护无延时地切除被保护线路任一点的故障。

高频闭锁距离保护的优点:

(1) 能足够灵敏和快速地反应各种对称和不对称故障;

(2) 仍能保持远后备保护的作用;

(3) 不受线路分布电容的影响。

高频闭锁距离保护的缺点:

(1) 串补电容可使高频闭锁距离保护误动或拒动;

(2) 电压二次回路断线时将误动。

10.5.2.3 高频允许式距离保护

利用距离保护的启动元件和距离方向元件控制收发信机发出高频允许信号,开放两侧保护的原理构成的高频保护，称为高频允许式距离保护。

一般在线路保护中用带方向的距离 2 段控制收发信机发出高频允许信号，进而构成超范围式高频允许式距离保护。

10.5.2.4　相差高频保护

相差高频基本原理如图 10-21 所示。

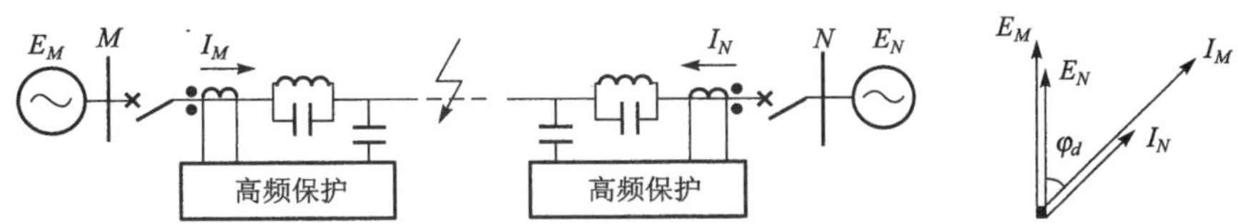

图 10-21　相差高频基本原理

规定电流正方向：保护安装处母线→被保护线路。假设：E_M与E_N同相，且线路阻抗角皆为φ_d，则：

内部短路时：I_M与I_N相位差$\theta=0°$；外部短路时：I_M与I_N相位差$\theta=180°$。

发讯机受操作元件控制：电流正半周发讯，负半周不发讯，如图 10-22 所示。

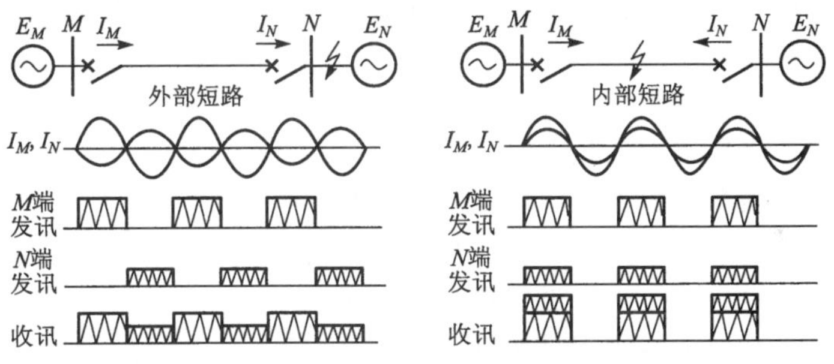

图 10-22　相差高频基本原理

可见：外部短路时，两端收到连续的高频闭锁信号；内部短路时，两端收到间断的高频闭锁信号(间断角：180°)。

实际上，内部短路时，两端电流 I_M与I_N一般不完全同相→间断角<180°；外部短路时，I_M与I_N不完全反相(误差造成)→有一定间断角。

由于纵联保护在电网中可实现全线速动，通常作为线路的主保护，如某厂三条 500 kV 线路的 6 套保护中有 5 套使用的是光纤式分相电流差动保护作为主保护，1 套使用的是高频允许式距离保护作为主保护。

10.5.3　距离保护

距离保护是以距离测量元件为基础构成的保护装置。其动作和选择性取决于本地测量参数(阻抗、电抗、方向)与设定的被保护区段参数的比较结果，而阻抗、电抗又与输电线路的长度成正比，故名距离保护。

距离保护功能是输电及下级输电网络中应用最广泛的保护功能，并逐渐在配电网络中变得越来越重要，主要原因有：

(1) 在线路两端之间不依赖于通信链路，因为其运行是使用就地可以得到的电流、电压信息。

(2) 距离保护在电网中成为一个相对有选择性的保护系统(非单元保护系统)，即它也可以作为网络中其他一次设备的远方后备保护运行。

对现代线路保护的基本要求正变得更加严格，如对依赖性及安全性(可用率)有严格要求的保护速动性、灵敏性及选择性这些方面的要求。另外，现代距离保护必须能够同网络中已有的、大多数采用不同技术设计的距离继电器(静态性甚或电磁性继电器)一起运行。老的距离继电器多数只保护线路相间故障及三相故障。其他一些保护则用于保护相地故障。因此，现代距离保护的灵活性很重要，尤其当用于复杂网络的配置中，如用于平行运行的多回线路中以及多端线路中。

距离保护的选择性动作不依赖于两端之间的通信链路，同时距离保护可以检测远端电流互感器之外的故障，该特性使其可以成为差动保护功能的一个理想补充，因为差动保护功能不能检测对端电流互感器之外的故障。距离保护是主要用于输电线的保护，一般是三段式或四段式，第一段保护线路的 80%以内，第二段保护该线路余下部分并作相邻母线的后备保护，第三段及第四段作本线及相邻线段的后备保护。其中每一段都包括 3 个相地故障(P-E)测量元件和 3 个相相故障(P-P)测量元件。距离动作特性有圆特性的也有四边形特性及多边形特性的。

10.5.4 接地保护

在大短路电流接地系统中发生接地故障后，就有零序电流、零序电压和零序功率出现，利用这些电量构成保护接地故障的继电保护装置统称为零序保护。

目前，多采用零序电流量(包括零序电流分量的大小和方向)构成的零序电流方向保护作为线路的接地保护。电力系统故障统计资料表明，大短路电流接地系统电力网中线路接地故障占线路全部故障的 80%～90%，零序电流方向接地保护的正确动作率约 97%，是高压线路保护中正确动作率最高的一种。根据规程规定，都装设了零序电流方向接地保护作为基本保护。

在发生单相接地故障时，一次故障电流随着网络的情况，故障类型及故障位置的不同而不同。多数情况下，故障电阻比测量阻抗的距离保护所能覆盖的电阻高得多。

可通过测量零序电流($3I_0$)来检测高电阻接地故障。

当对直接接地的变压器上电时，励磁涌流可引起接地故障过流保护误跳闸。因此在接地故障过流保护中有二次谐波制动，如果零序电流($3I_0$)含有 20%及以上的二次谐波分量时，就闭锁保护动作。

在有些情况下可对反时限特性添加一可整定的最小动作电流(I_{min})及最小动作时间(t_{min})来增强选择性，该功能包含在接地故障保护模块中。

为减少动作时间，在断路器合于故障时，零序过流保护模块配有合于故障逻辑，其在断路器合闸时启动，可临时将跳闸时间缩短至 300 ms。

为得到最灵敏的接地故障保护，可使用不带方向的保护功能。在正常运行期间当零序电流很小时可将整定值设定得很低。当零序电流很小时，由于高电阻接地故障或纵向故障，系统中的零序电压可能很低，纵向故障可能是导线不接触地的导线断相故障，或是断路器或者隔离刀闸发生三相不一致，最普遍的纵向故障类型为断路器操作时发生三相不一致。

在发生高电阻接地故障及纵向故障时，零序电压常常非常小，可能不能使用任何方向元件。

该功能可以有不同的时间-电流特性：定时限延时特性或不同类型的反时限延时特性。可通过使用反时限延时特性使不带方向的零序保护之间有一定的选择性。

通过测量零序电流及零序电流与零序电压($3U_0$)之间的夹角实现方向接地故障保护。

可以由电压互感器的开口三角绕组或供给终端的三个相电压之和得到极化电压($-3U_0$)。

电流 $3I_0$ 滞后极化电压($-3U_0$)的相角等于零序电源阻抗角。在强接地网络中，该角度在 40°～90°的范围内。变电站的接地变压器用开口三角绕组直接接地，该角度值较高。要在各种情况下有最大的灵敏度，正方向测量元件的特性角应为 65°。

按照常规惯例，使用带方向的接地故障保护而不用不带方向的接地故障保护更易得到选择性，但必须有足够的极化电压。

使用电流、电压的零序分量不能测量故障距离，因为零序电压为电流的零序分量与电源阻抗的积。可以借助线路两端之间的通信使用方向比较方案得到选择性。

如果不能使用通信方案，通常采用反时限延时得到最好的选择性。网络中的所有继电器必须有相同的反时限特性。如果故障线路上流出的零序电流($3I_0$)与其他线路上流出零序电流时的时间差为 0.3～0.4 s，则线路上的接地故障保护可以有选择性跳闸。通常对数时间特性最适合于这种场合，因为对某一电流之比，时间差为常量。

零序电流方向接地保护的优点：

(1) 结构及工作原理简单；

(2) 整套保护中间环节少，特别是对近处故障，可以实现快速动作，有利于减少发展性故障；

(3) 在电网零序网络基本保持稳定的条件下，保护范围比较稳定；

(4) 保护反应零序电流的绝对值，受故障过渡电阻的影响较小；

(5) 保护定值不受负荷电流的影响。

一般对于零序电流方向接地保护定值整定中都设置最小动作时间及最小动作电流来保证其选择性。

10.5.5 过电压保护

过电压保护功能的应用领域在配电网络及输电网络中是不同的。

过电压保护用于保护设备及其绝缘，使其不承受过电压，这样可防止电力系统中的设备遭到损坏。

零序过电压保护主要用在配电网络中，主要作为线路馈线中零序过电流保护的后备保护，以保证隔离接地故障。

相过电压保护功能连续测量三相电压，当测量的相电压超过预设定值(启动值)并且保持时间长于定时器(跳闸)设定的延时时，启动相应的输出信号。该功能也检测引起保护动作的相别。

零序过电压保护功能由测量的三相电压计算出零序电压 $3U_0$，当零序电压大于预设定值(启动值)并且保持时间长于定时器(跳闸)设定的延时时,启动相应的输出信号。

当检测到本侧保护安装处产生过电压时,一般逻辑是向线路对侧发出远跳命令,跳开对侧开关,以消除过电压。

10.5.6 自动重合闸

自动重合闸装置是将因故跳开后的断路器按需要自动投入的一种自动装置。

电力系统运行经验表明,架空线路绝大多数的故障都是瞬时的,永久性故障一般不到10%。因此,在由继电保护动作切除短路故障之后,电弧将自动熄灭,绝大多数情况下短路处的绝缘可以自动恢复。因此,自动将断路器重合,不仅提高了供电的可靠性,减少了停电损失,而且还提高了电力系统的暂态稳定水平,增大了高压线路的送电容量。所以,架空线路要采用自动重合闸装置。

在线路发生瞬时故障后,自动重合闸(AR)被证明是恢复电力线路运行的一种良好方法。大多数线路故障为闪络电弧,其特性为瞬时性,当线路由线路保护及断路器动作切除后,电弧去游离并以某种变化率恢复电压的承受能力。因此需要一定的线路熄弧(无电流)时间,然后通过线路断路器的自动重合闸恢复线路的运行。选择无电流的时间应使得故障电弧能够去游离,有很好的概率成功重合。

采用单相跳闸单相重合是限制线路单相故障对系统运行影响的一种方式,尤其对较高等级的电压,大多数线路故障为单相故障,这种方法对有限的网状系统或并列引出线系统维持其稳定运行特别有作用。它需要分相操作的断路器,这种断路器在较高输电压网络中较普遍。

同高速三相重合相比,单相重合可能需要稍长一些的无电流时间,这是由于非跳闸相电压、电流对故障电弧影响的缘故。

当三相中有两相发生故障且平行线路处于运行时,也可以跳断路器的两相并重合两相。同单相故障相比这种故障不大普遍,但比三相故障普遍一些。

为了有最大的系统可用率,可以选择单相故障时跳单相且重合单相,在两相故障时跳两相并重合两相、三相故障时跳三相并重合三相几种方式。

在单相开断期间,在系统中有一个等效的“纵向”故障,因而有零序电流流通,故零序电流保护必须同单相跳闸单相重合相配合。

对单个线路断路器及自动重合闸装置,采用自动重合闸开断时间 (AR Open Time)表述。在线路两端同时跳闸、合闸时,自动重合闸开断时间约等于线路的无电流时间,否则二者有差别。

自动重合闸的分类:

(1) 按重合闸的动作性能,可分为机械式和电气式;

(2) 按重合闸作用于断路器的方式,可分为三相、单相和综合重合闸三种;

(3) 按动作次数,可分为一次式和二次式(多次式);

(4) 按重合闸的使用条件,可分为单侧电源重合闸和双侧电源重合闸。双侧电源重合闸又可分为检定无压和检定同期重合闸、非同期重合闸。

一般 500 kV 线路均采用一次式单相重合闸。

10.5.7 短引线保护

在 3/2 断路器或环形母线结线布置中，当线路由两个断路器供电时，线路保护也包含两个电流互感器(CT)之间的区域，但是当线路隔离刀闸打开时，如果线路电压互感器连接在隔离刀闸的线路侧，则用于距离保护的线路电压互感器不能提供短引线(CT 与线路隔离刀闸之间的区域)正确的电压。

短引线保护对该区域故障进行保护。如果线路隔离刀闸打开且电流超过任一相的设定值，则保护进行过电流跳闸。须用一个单独的二进制输入配置连接线路隔离刀闸的辅接点(常闭辅接点)。

短引线保护的原理：电流测量元件连续测量三相电流，并将其与设定值进行比较，递归付氏滤波器对电流信号进行滤波，并有一个独立的跳闸计数器防止测量元件发生超越。

如果保护开放，线路隔离刀闸打开且电流超过任何一相的设定值，则经一短延时后，保护发出三相跳闸输出信号。

10.5.8 断路器失灵保护

当断路器(CB)的跳闸失灵时，该功能根据所保护对象的保护要求，发出后备跳闸命令，去跳相邻的断路器并清除故障。

断路器失灵保护功能通过跳相关断路器的线路保护、母线保护的跳闸继电器的保护跳闸命令来启动，启动可以是单相启动、或是三相启动，通过每一相的电流检查，检测出的故障电流被正确清除或者是发生失灵，该电流值可设定为额定电流的 0.05～2 倍。

故障断路器的重跳闸可以经或不经电流检查，重跳闸的延时可设为 0～60 s。

如果断路器失灵保护功能(BFP)在测试或其他维护工作期间被错误启动，则使用重跳闸可限制其对系统的影响。

第二个时间段用于后备跳闸命令，它应被连接去跳相邻断路器，根据要求去清除相关的母线段、联跳远端断路器。时间整定范围为 0～60 s。

对每一相使用单独的定时器，可保证在发生转换性故障时正确动作。时间的整定选择应带有一定的裕度，以允许有正常的故障清除时间差别。BFP 功能的特性允许使用小裕度值。

10.5.9 母差保护

母线保护与变压器同属于元件保护，因此其主保护均采用比率差动保护。为了防止电流回路断线引起差动保护误动，同样采用复合电压闭锁整套保护装置。同时母线差动保护(简称母差保护)应具有一般差动保护具有的选择性好、灵敏度高、动作速度快的特点。

母线保护的特殊之处在于母线是各路电流的汇流处，当发生区外故障时，故障元件的 TA 流过连接在母线上各元件的总故障电流，使得该 TA 严重饱和，由此产生的差动不平衡电流比变压器、发电机等差动保护的区外故障不平衡电流大得多。

有效克服区外故障的不平衡电流防止母线差动保护误动，是提高母线保护性能的关键因素。目前普遍采用微机母线差动保护，通过充分发挥微机硬软件的特点，和对保护软件算法的深入开发，使母线保护的灵敏度和可靠性不断提高。

复习题

1. 继电保护的作用是什么？对继电保护的基本要求是什么？
2. 继电保护装置由哪些部分组成？
3. 电动机保护装置具有哪些保护功能？
4. 低压厂用变压器保护一般如何配置？
5. 6 kV 开关柜弧光保护原理是什么？
6. 6 kV 工作电源馈线一般配有哪些保护？
7. 大型发电机配置了哪些保护？
8. 发电机差动保护有哪些特点？
9. 发电机100％定子接地保护由哪几部分组成？各自的保护范围是什么？
10. 发电机反时限负序过负荷保护由哪几部分组成？
11. 大型主变压器配置了哪些保护？
12. 变压器差动保护的特点有哪些？
13. 500 kV 线路配置了哪些保护？
14. 高频保护是如何分类的？
15. 距离保护的原理是什么？
16. 自动重合闸有哪几种运行方式？

索　引

（本索引按汉语拼音排序，每个词条后面的数字，是它在本书中首次出现地方的页码）

D

低励限制 155
电枢反应 156
电压变化率 95
电压调整率 162
短路特性 161
短路阻抗 94

F

浮充电 63

G

过励限制 155

H

恒流充电 68
后备保护 217

J

近后备 218
均衡充电 63

L

励磁系统 8
励磁涌流 85
漏磁通 79

W

无功功率 148
无刷励磁系统 150

Y

有功功率 75
远后备 217

Z

整流器 57
主保护 217
自然过零 4
纵吹 6

参考文献

[1] 王辉，孟庆波．电力电子技术．北京：北京师范大学出版社，2008.
[2] 王兆安，黄俊．电力电子技术．北京：机械工业出版社，2000.
[3] 白忠敏，於崇干等．现代电力工程直流系统．北京：中国电力出版社，2003.
[4] 涂光瑜．汽轮发电机及电气设备．北京：中国电力出版社，1998.
[5] 华东电力集团公司．600 MW 火电机组技术丛书——电气分册．北京：中国电力出版社，1999.
[6] 朱阿富．核电厂电气．北京：原子能出版社，1999.
[7] 王正茂，阎治安，崔新艺，苏少平．电机学．西安：西安交通大学出版社，2005.
[8] 陶苏东，荀堂生，张盛智．电气设备及系统．北京：中国电力出版社，2006.
[9] 李建基．高中压开关实用技术．北京：机械工业出版社，2001.
[10] 华东六省一市电机工程学会．电气设备及系统．北京：中国电力出版社，2000.
[11] 黄栋，吴轶群．发电厂及变电站二次回路．北京：中国水利水电出版社，2009.
[12] 张玉诸．发电厂及变电所的二次接线．南京电力高等专科学校学报．
[13] 宋继成．220～500 kV 变电所二次接线设计．北京：中国电力出版社，2002.
[14] 何永华．发电厂及变电站的二次回路．北京：中国电力出版社，2008.
[15] 崔建华．数字式励磁装置讲义．天津：河北工业大学，2000.
[16] 崔家佩．电力系统继电保护与安全自动装置整定计算．北京：中国电力出版社，1993.
[17] 高春如．大型发电机组继电保护整定计算与运行技术．北京：中国电力出版社，2006.
[18] 李基成．现代同步发电机励磁系统设计及应用．北京：中国电力出版社，2002.
[19] 王维俭．电气主设备继电保护原理与应用．北京：中国电力出版社，2002.
[20] 徐国政，张节容等．高压断路器原理和应用．北京：清华大学出版社，2000.
[21] 要焕年，曹梅月．电力系统谐振接地．北京：中国电力出版社，2000.
[22] 刘笙．电气工程基础．北京：科学出版社，2002.
[23] 贺家里．电力系统继电保护原理．北京：中国水利电力出版社，1984.
[24] 梁世康，许光仪．厂用电系统保护．北京：中国水利电力出版社，1985.